运动控制系统应用与实践

陈胜利　高建设　陈光华　王淑敏　编著

電子工業出版社
Publishing House of Electronics Industry
北京 · BEIJING

内 容 简 介

本书以 Basic 语言为基础，带领读者从零开始逐步学习和使用正运动控制器，了解正运动控制器的软硬件特点，掌握多种运动控制功能。本书提供了不同类型的开发案例，以提高读者的开发能力。

本书主要内容有运动控制概述、运动控制应用系统、运动控制系统编程基础、运动控制系统之多任务编程、运动控制系统之触摸屏通信、运动控制系统之单轴应用、运动控制系统之多轴插补应用、运动控制系统之电子凸轮应用、运动控制系统之机械手应用、运动控制系统之 PC 软件开发、运动控制系统之 G 代码应用。

本书适合高等院校电气工程、自动化等相关专业师生阅读，也可供工业自动化等领域的工程技术人员参考。

图书在版编目（CIP）数据

运动控制系统应用与实践 / 陈胜利等编著. 一北京：电子工业出版社，2022.9
ISBN 978-7-121-44150-9

Ⅰ. ①运…　Ⅱ. ①陈…　Ⅲ. ①运动控制－控制系统－研究　Ⅳ. ①TP24

中国版本图书馆 CIP 数据核字（2022）第 151381 号

责任编辑：许存权　　文字编辑：苏颖杰
印　　刷：涿州市般润文化传播有限公司
装　　订：涿州市般润文化传播有限公司
出版发行：电子工业出版社
　　　　　北京市海淀区万寿路 173 信箱　邮编：100036
开　　本：787×1 092　1/16　印张：20　字数：512 千字
版　　次：2022 年 9 月第 1 版
印　　次：2024 年 11 月第 4 次印刷
定　　价：68.00 元

凡所购买电子工业出版社图书有缺损问题，请向购买书店调换。若书店售缺，请与本社发行部联系，联系及邮购电话：（010）88254888，88258888。

质量投诉请发邮件至 zlts@phei.com.cn，盗版侵权举报请发邮件至 dbqq@phei.com.cn。

本书咨询联系方式：（010）88254484，xucq@phei.com.cn。

前　言

随着科学技术的发展，自动控制技术已经成为人类社会各种生产活动中不可或缺的部分，运动控制技术又是其中的重点之一。本书将带领读者从运动控制相关概念入手，逐步学会开发运动控制程序。

本书以深圳市正运动技术有限公司（以下简称“正运动”）自主研发的控制器为例，描述常见的运动控制原理、运动控制功能、控制器的使用与编程方法。本书中的程序均使用该公司自主研发的 IDE 环境——ZDevelop 的 Basic 语言进行开发，当然也支持使用上位机软件进行开发。本书内容适用于该公司的所有运动控制产品，同时也支持使用该公司的仿真平台进行模拟。

本书将带领读者从零开始，逐步学习使用正运动控制器，了解正运动控制器的软硬件特点，讲解多种运动控制功能，侧重培养实践技能，提供不同类型的开发案例，最终帮助读者具备运动控制的项目开发能力。

本书由河源职业技术学院陈胜利教授、郑州大学高建设教授、正运动技术有限公司技术工程师陈光华先生和王淑敏女士共同编著。另外，由衷感谢为本书提供帮助的各界人士。

读者可在正运动的官方网站下载本书涉及的应用工程源代码，该网站有专业的技术工程师负责解答读者的疑问；关注“正运动小助手”微信公众号可获取更多控制器的相关学习视频与教学内容。

由于时间仓促，加之编著者水平有限，书中难免存在错漏之处，欢迎各位同人批评指正，若有问题请发送到 728292025@qq.com，我们将及时回复。希望本书能给读者、相关行业从业人员带来一定的帮助。

注：书中程序代码、指令代码不区分大小写，并且尽量与控制器编程界面保持一致，全文相关英文字母大小写不统一。

编著者

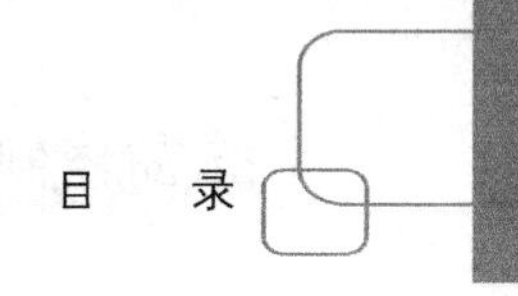

目　录

第1章 运动控制概述

1.1 运动控制系统简介

运动控制实现了对机械传动部件的位置、速度、加速度等的实时控制，使其按照预期的轨迹与规定的运动参数完成相应的动作。

控制系统以处理器、检测机构、执行机构为核心，实现逻辑控制、位置控制、轨迹加工控制、机器人运动控制等。其中，处理器通常是可编程控制器、单片机或控制器，相当于系统的大脑，主要负责对接收到的信号进行逻辑处理，并给执行机构下发指令，协调系统的正常运转。检测机构通常由各种传感器构成，相当于系统的眼睛，目的是检测系统条件的变化并反馈给控制器。执行机构通常由伺服单元、阀门构成，相当于系统的双手，主要执行控制器下发的指令。

正运动的控制器产品主要分为脉冲型控制器、总线型控制器、嵌入式控制卡等，部分控制器额外集成了 PLC 功能。

1.2 运动控制系统的组成

控制结构的模式一般是：控制器+驱动器+执行机构（步进或伺服电动机）+反馈装置（如编码器）。控制系统的基础架构如图 1-1 所示，在此基础上还可以接入触摸屏和机器视觉产品。

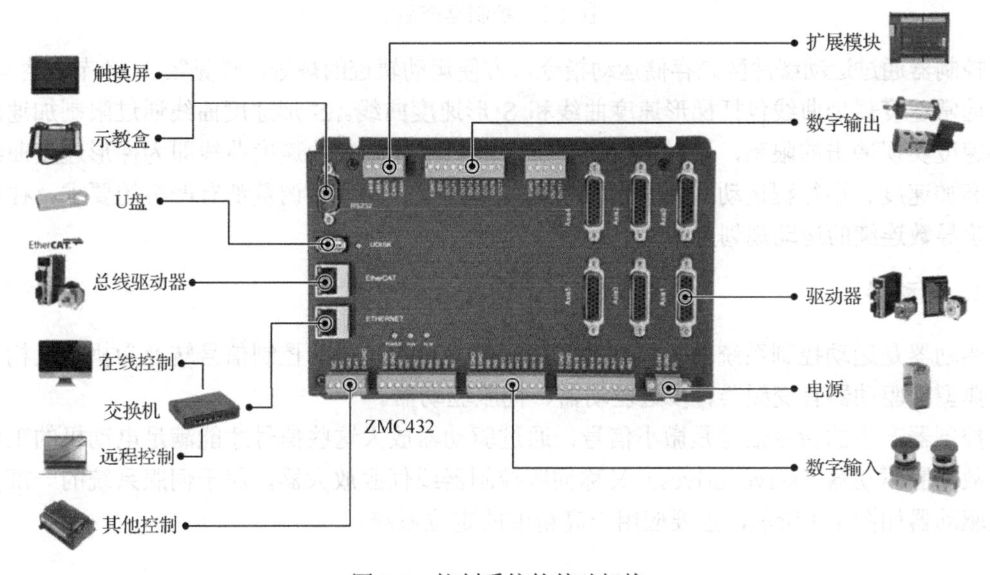

图 1-1　控制系统的基础架构

1．控制器

控制器是运动控制系统的核心部件，负责产生运动路径的控制指令，用于设备的逻辑控制，将运动参数分配给需要运动的轴，并对被控对象的外部环境变化及时做出响应。

通用控制器通常提供一系列运动规划方法，基于对冲击、加速度和速度等这些可影响动态轨迹精度的量值的限制，提供对运动控制过程的运动参数的设置和运动相关的指令，使其按预先规定的运动参数和规定的轨迹完成相应的动作。

控制器通过一定的通信手段将控制信号或指令发送给驱动器，驱动器为执行机构（通常为电动机）提供能源动力，控制器接收并分析反馈信号，得到跟随误差后，根据控制器的算法，产生减小误差的控制信号，从而提高运动控制的精度。典型的控制器有 PLC 可编程逻辑控制器、专用控制器。

图 1-2 所示是一些控制器产品。

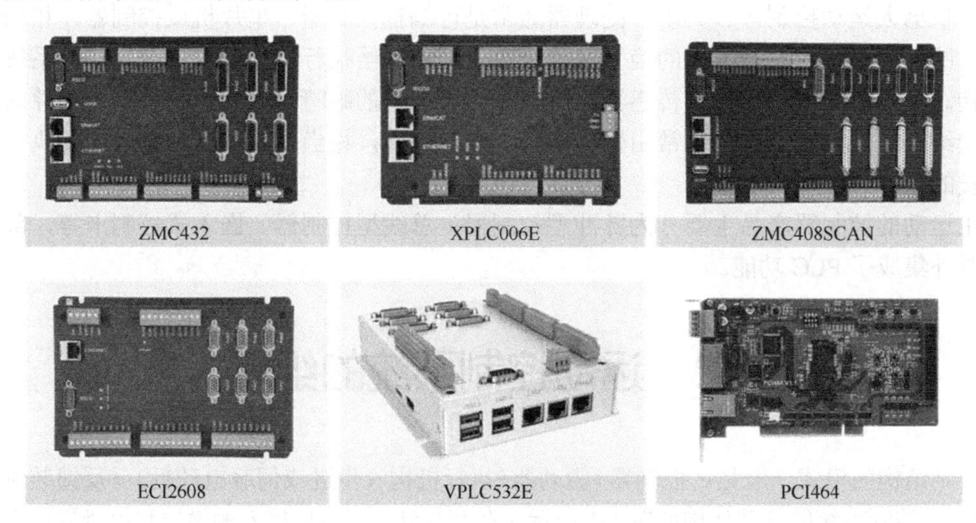

图 1-2　控制器产品

控制器通过运动缓冲区来存储运动指令，方便运动轨迹的规划，详见第 3.2.4 节内容。

通常速度规划曲线包括梯形速度曲线和 S 形速度曲线。S 形速度曲线通过限制加速度和加加速度实现冲击的限制，可以使运动更加平滑。不加限制的速度曲线即为梯形速度曲线。对于高加速度、小行程运动的快速定位系统，其定位时间和超调量都有严格的要求，往往需要高阶导数连续的运动规划方法。

2．驱动器

驱动器是运动控制系统的转换装置，用于将来自控制器的控制信号转换为执行机构的运动，典型的驱动器有变频器、步进驱动器、伺服驱动器。

控制器产生的指令信号是微小信号，通过驱动器放大这些信号才能满足电动机的工作需求，故伺服驱动器（servo drives）又称伺服控制器或伺服放大器，属于伺服系统的一部分。伺服驱动器如图 1-3 所示，主要应用于高精度的定位系统。

伺服驱动器一般通过位置、速度和力矩三种方式对伺服电动机进行控制，从而实现高精度传动系统的控制。尤其是应用于交流永磁同步电动机控制的伺服驱动器，已经成为国内广泛采用的产品。伺服驱动器调速范围宽、精度高、可靠性高，还提供多种参数供用户调节。

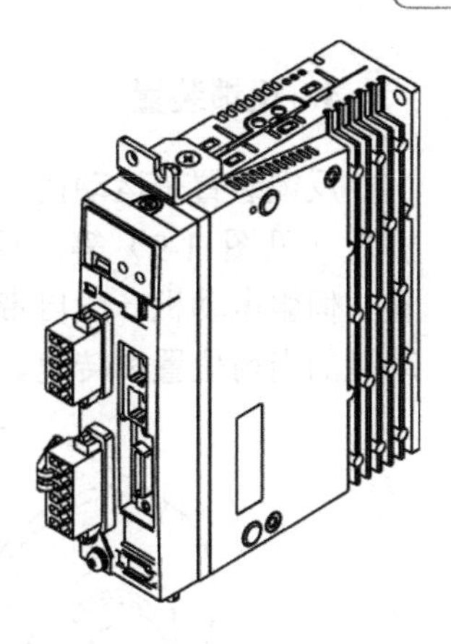

图 1-3　伺服驱动器

步进驱动器是将接收到的运动指令转换为步进电动机的角位移（对应步距角）的执行机构。在通常情况下，接收对应位移的脉冲信号时，当步进驱动器接收到一个脉冲信号后，按设定的方向转动一个步距角，它的旋转是以固定的角度一步一步运行的。外部控制器可以通过控制脉冲个数来控制步进电动机的角位移量，从而达到调速和定位的目的。步进系统被广泛应用于雕刻机、计算机绣花机、数控机床、包装机械、点胶机、切料送料系统、测量仪器等设备。

3．执行机构

执行机构是运动控制系统中的控制对象，用于将驱动信号转换为位移、旋转角度等，通过一些机械机构连接，实现控制对象的运动。常见的执行机构有各种类型的电动机、液压机构、启动设备。

常见的传动方式有滚珠丝杆传动（见图 1-4）、齿轮传动（见图 1-5）、齿条传动（见图 1-6）、带传动、丝杆传动，链传动、液压传动、气压传动等。电动机也是常见的执行器。

电动机主要分为步进电动机和伺服电动机，二者的控制方式不同，步进电动机通过控制脉冲的个数控制转动角度，一个脉冲对应一个步距角；伺服电动机通过控制定子电角度的旋转，带动转子的旋转，并经过编码器的反馈构成闭环，从而定位到目标角度，如图 1-7 所示。伺服电动机运行平稳，具有较强的过载能力，各方面性能优于步进电动机。

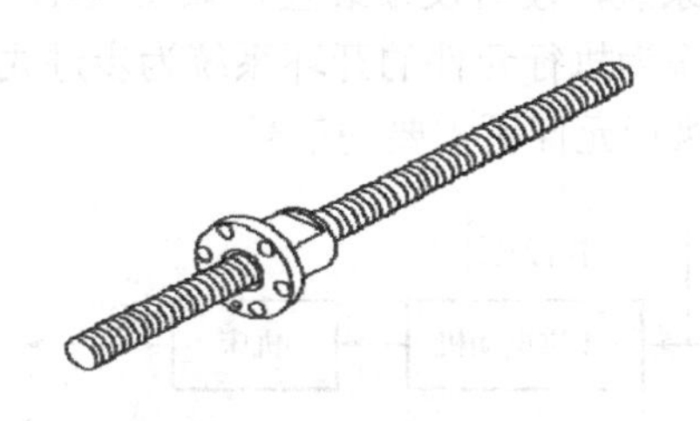

图 1-4　滚珠丝杆传动

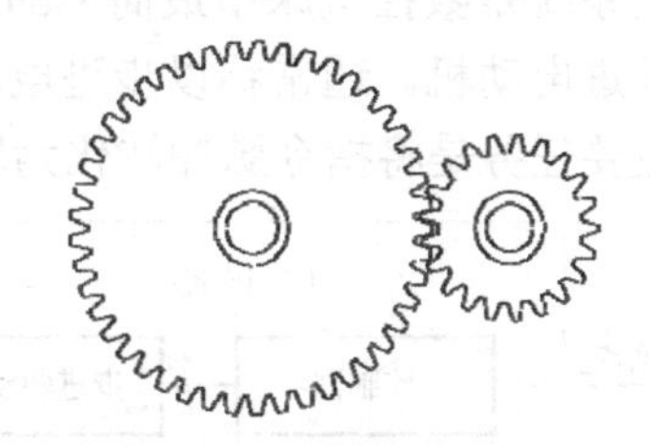

图 1-5　齿轮传动

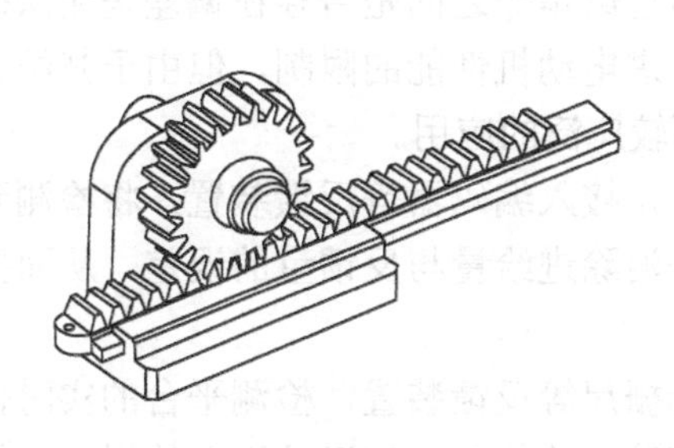

图 1-6　齿条传动

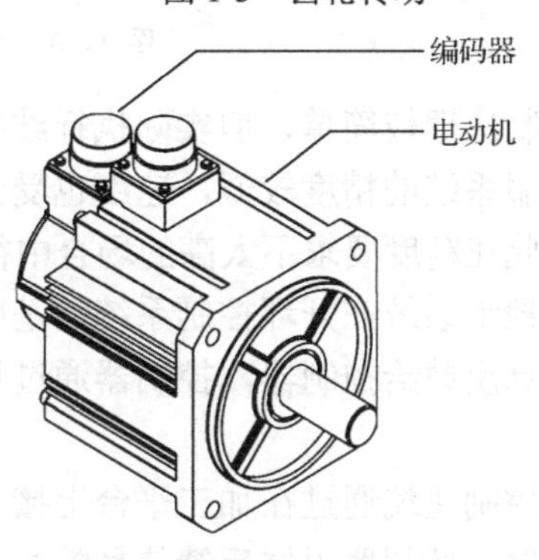

图 1-7　伺服电动机（带编码器）

4．反馈装置

反馈装置是运动控制系统中进行检测并处理反馈的装置，如旋转编码器（见图 1-8）、光栅尺（见图 1-9）等。反馈的主要是负载的位置和速度。编码器是一种非常常见的反馈装置。伺服电动机一般自带编码器（见图 1-7），编码器用于反馈电动机的实际运行情况，如电动机的当前位置和转速。

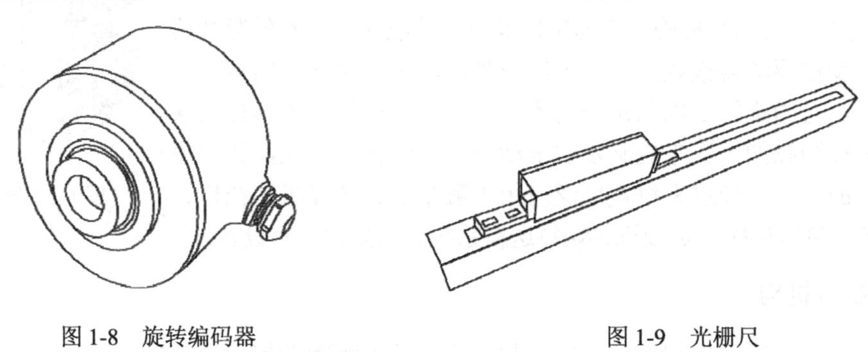

图 1-8　旋转编码器　　　　图 1-9　光栅尺

1.3　运动控制系统的分类

1．按控制方式分类

运动控制系统按有无反馈装置及反馈装置的位置，可分为三类：开环控制系统、半闭环控制系统、全闭环控制系统。

开环控制系统是数控机床中最简单的控制系统，没有反馈装置，如图 1-10 所示，执行元件一般为步进电动机。通常称以步进电动机作为执行元件的开环系统为步进式伺服系统。控制电路的主要任务是将指令脉冲转化为驱动执行元件所需要的信号。

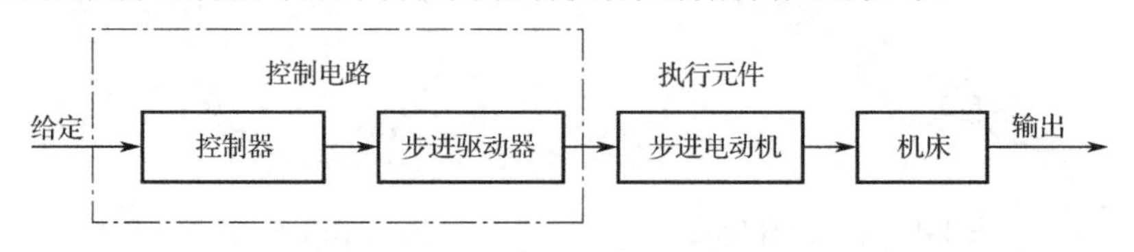

图 1-10　开环控制系统示意图

开环控制原理较简单，但实际执行结果与进给指令之间是否存在偏差是无法确定的，故开环进给伺服系统的精度较低，速度也受到步进电动机性能的限制，但由于其结构简单、易于调整，因此在精度要求不太高的场合中得到较广泛的应用。

半闭环控制系统在开环控制系统的基础上，接入编码器等反馈装置，将检测到的速度信息和位置信息反馈给控制器，控制器通过算法消除进给量与反馈量的误差，从而提高了运动控制精度。

全闭环控制系统通过在加工平台上接入光栅尺等反馈装置，检测平台的实时位置信息并反馈给控制器，控制器根据反馈信号随时调整发出的信号，使运动平台的误差始终控制在允许精度范围内。闭环控制系统的特点是精度较高，但系统的结构较复杂、成本高，且调试、维修较难，因此适用于大型精密机床。

2．按应用类型分类

运动控制系统按应用类型分可分为通用运动控制系统和专用运动控制系统。

通用运动控制系统没有特定的应用领域，可以应用在任意自动化设备上，控制器具备多种功能，用户自行编写程序，通过调用各种功能指令实现动作过程，使用更灵活。且通用运动控制系统对配套设备没有要求，用户可自行选择控制器、驱动器、电动机、触摸屏、传感器等设备。

专用控制系统有数控机床系统、机器人控制系统、缝纫机控制系统、切割机控制系统等，其中，数控机床系统应用十分广泛。

专用运动控制系统与通用运动控制系统相比，其最大的不同在于，硬件和软件都是配备完善的，功能专一，控制程序已经编写完备，无须用户进行二次编程，虽然对用户来说比较简单、便捷，但是核心技术掌握在系统制造商手中，用户接触不到。

正运动控制器作为通用控制器，包含丰富的运动控制功能，封装了许多指令以方便客户直接调用，用户编写工艺流程后便能使用，且将专门的控制器编程软件 ZDevelop 开放给用户使用，助力快速开发。

1.4　应用领域

控制器在自动化领域的应用十分广泛，如图 1-11 所示。

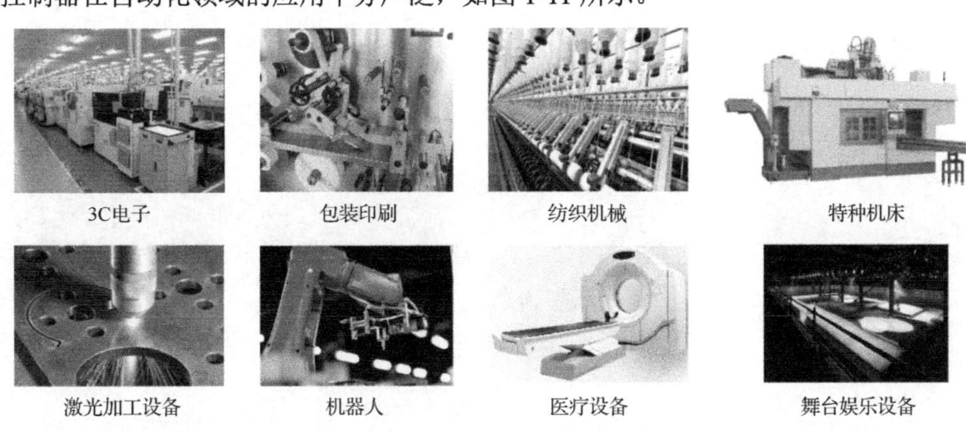

图 1-11　控制器应用场景

正运动控制器经过众多合作伙伴多年的开发应用，产品广泛应用于 3C 电子、包装印刷、纺织机械、特种机床、激光加工设备、机器人、医疗设备、舞台娱乐设备等领域。

电子产品加工行业有贴片机、点胶机、印制电路板钻孔机、绕线机、焊接机、上下料机械手、紧螺钉机等设备。

纺织服装行业有经编机、染色机、印花机、工业缝纫机、绣花机、切布机、精梳机、捻线机、制鞋机等设备。

包装印刷行业有自动吹瓶机、制袋机、模切机、烫金机、开箱机、装箱机，贴标机、自动颗粒包装机、袋装包装机、报纸印刷机、凹版印刷机等。

哪里有自动化设备，哪里就有运动控制，正运动控制器以其优异的性能、完善的功能，可为各行各业提供优秀的解决方案。

第2章　运动控制应用系统

2.1　控制器的基本构成

正运动控制器产品包括脉冲型独立式控制器、脉冲型网络运动控制卡、总线型独立式控制器、总线型 PCI 运动控制卡等，能满足各行各业的需求。

产品主要有五大系列：ZMC 系列、XPLC 系列、ECI 系列、PCI 系列、VPLC 系列。不同的产品的使用方法基本相同，基础控制需求均能满足，不过硬件参数、高级软件功能存在差异。

产品支持直线、圆弧、空间圆弧、椭圆、螺旋等插补运动功能，单个插补通道最多支持 16 轴，最多支持 16 个通道并行插补，支持速度前瞻、电子凸轮、电子齿轮、螺距补偿、同步跟随、运动叠加、虚拟轴设置、硬件位置锁存、位置比较输出、连续插补、运动暂停等功能，采用优化的网络通信协议可以实现实时的运动控制。

部分产品内置了 SCARA、DELTA、六关节机械手运动控制算法，可轻松满足 30 多种机械手独立或叠加应用。

总线型独立式控制器产品支持 EtherCAT、RTEX 等多种工业以太网运动控制总线，在性能和稳定性方面均处于领先地位，并可支持 EtherCAT 与 RTEX 总线混合使用，可实现总线轴和脉冲轴的混合插补运动，支持总线轴硬件位置锁存和位置比较输出。

产品支持以太网、USB、CAN、232、485、EtherCAT、RTEX 等通信接口，通过 CAN 总线或 EtherCAT 总线可以连接扩展模块，从而扩展了输入/输出点数或脉冲轴。各类接口的特点与使用方法详见第 3.3 节内容。

正运动控制器上均带有数字量输入/输出接口，对于特殊输入，如原点信号，正、负限位信号，报警信号等，用户可通过指令自定义映射到输入接口；部分控制器的输入接口支持配置为编码器输入，输出接口支持配置为脉冲输出。部分正运动控制器还带有 AD/DA 接口，所有产品均支持扩展模拟量输入/输出点数。

视觉运动控制系统架构为“机器视觉+运动控制”一体机，如图 2-1 所示，一台控制器同时具备运动控制、机器视觉、HMI 组态显示和 PLC 等功能。

除强大的运动控制功能外，正运动控制器支持的视觉功能有图像预处理、视觉定位、照相机标定、Blob 分析、视觉测量、缺陷检测、识别检测、视觉飞拍等。

激光振镜控制器 ZMC420SCAN 是一款支持激光振镜控制的控制器，其系统架构如图 2-2 所示。它除包含通用控制器的功能外，还包含两个振镜轴接口，这是此控制器特有的功能，可支持 XY2-100 振镜协议，主要应用在激光打标和激光切割领域。

激光振镜运动有两种基本的运动：跳转运动和打标运动。

在跳转运动的过程中，轴移动到要加工的位置，激光呈关闭状态，不影响轨迹的加工，因此可以很高的速度运动。在打标运动过程中，激光呈开启状态，进行轨迹的加工，用户需要根据实际加工要求设置合适的运动速度。

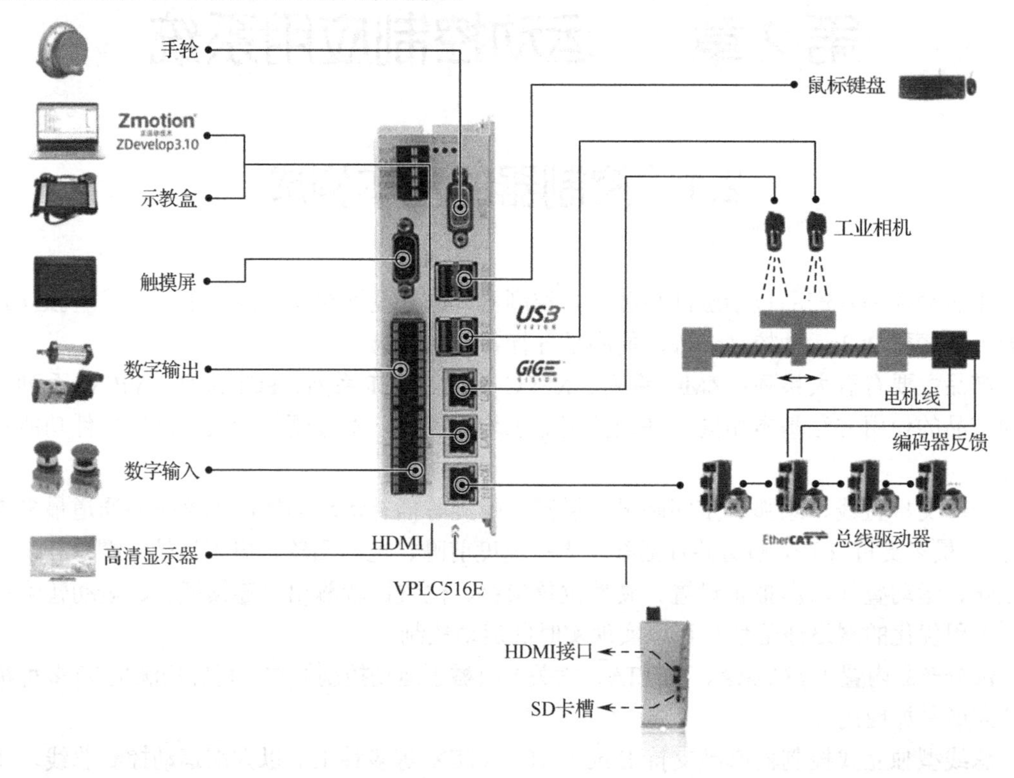

图 2-1　视觉运动控制系统架构

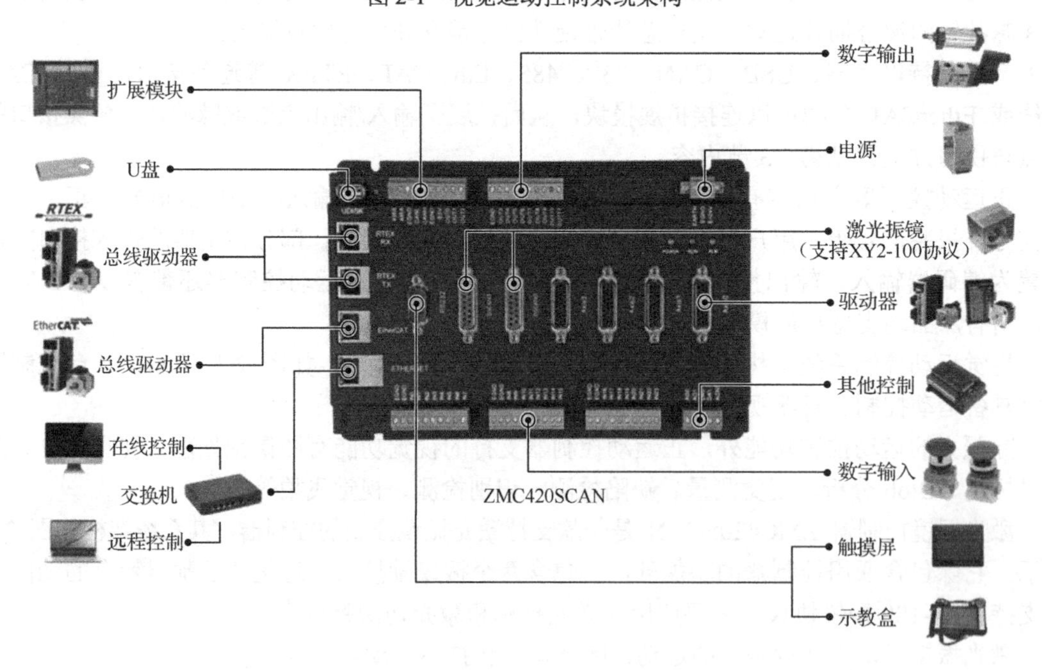

图 2-2　ZMC420SCAN 系统架构

用户在使用该控制器的过程中，只需对振镜轴发送运动控制指令，就可控制激光的轨迹，包括走直线或圆弧等各种轨迹，激光的开关和能量控制可使用控制器上具有 PWM 功能的通用输出接口。

2.2　控制器的使用流程

第一步：硬件接线。

参考图 1-1，接入主电源（控制器采用 24V 直流电源供电）、驱动设备、I/O 设备、触摸屏、扩展模块等。

第二步：系统配置。

设置伺服驱动器的参数，配置 PC 与控制器连接所需的串口或网口参数等。

修改 PC 的 IP 地址的方法如图 2-3 所示。

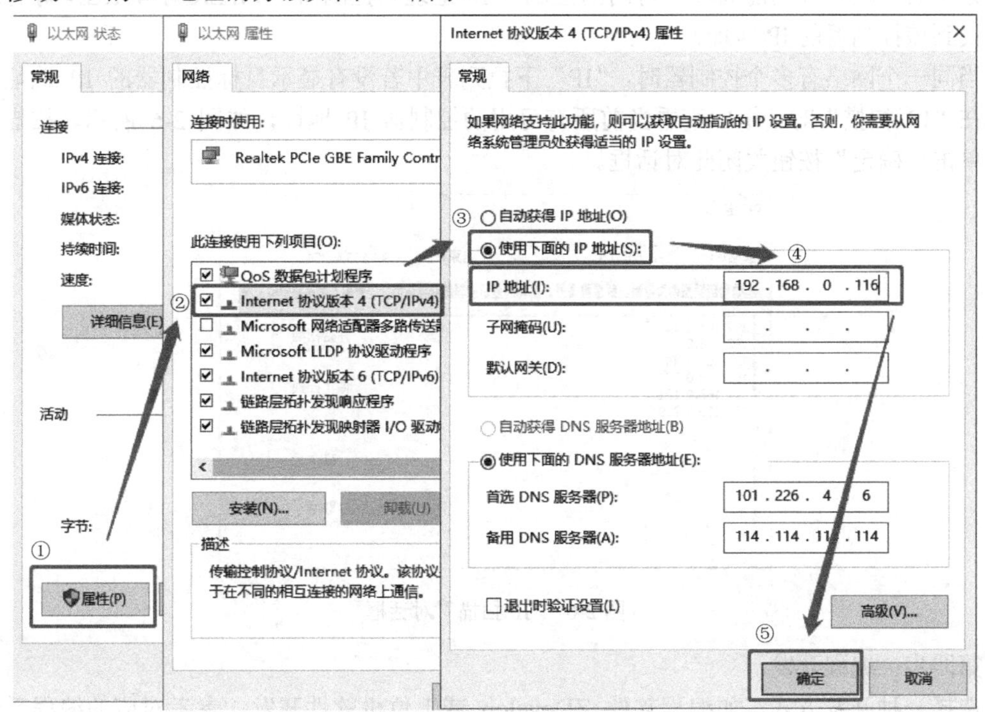

图 2-3　修改 PC 的 IP 地址的方法

修改控制器的 IP 地址的方法如图 2-4 所示。

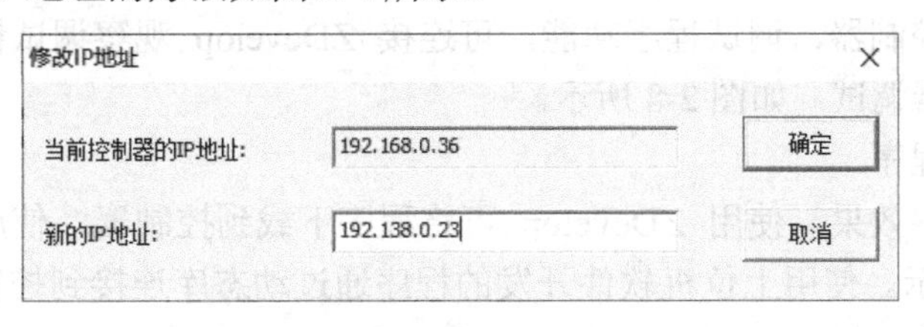

图 2-4　修改控制器的 IP 地址的方法

第三步：连接控制器。

打开如图 2-5 所示“连接到控制器”对话框，采用串口或网口连接 PC 与控制器，建立通信连接。

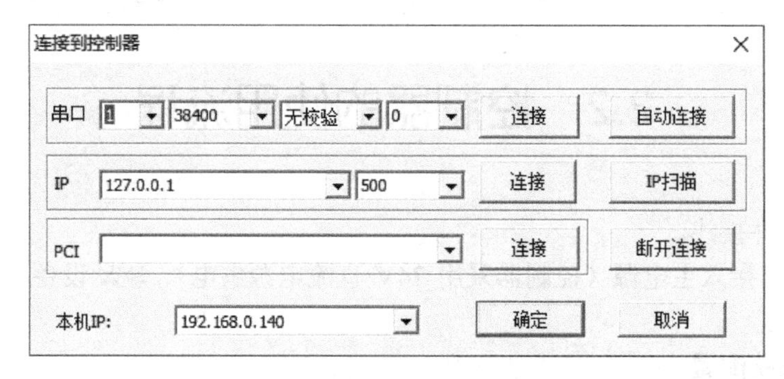

图 2-5 “连接到控制器”对话框

系统会自动查找当前局域网可用的控制器 IP 地址（控制器 POWER 灯和 RUN 灯亮时就能查找到该控制器的 IP 地址）。

当同一个网络有多个控制器时，“IP”下拉列表中若没有显示目标控制器的 IP 地址，则可以在“IP 扫描”对话框中查看当前所有可用的控制器 IP 地址，如图 2-6 所示。扫描完成之后单击“确定”按钮关闭此对话框。

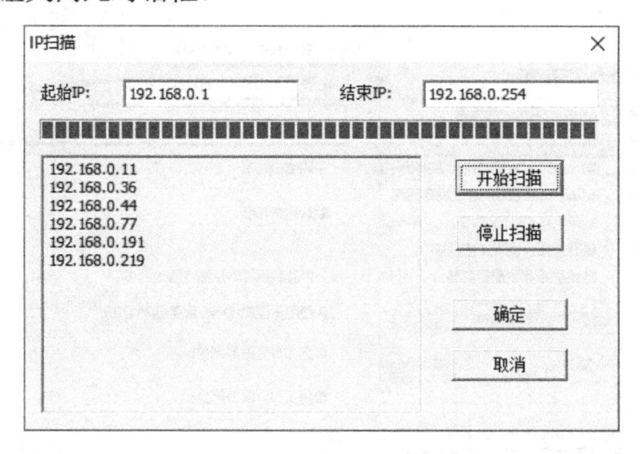

图 2-6 “IP 扫描”对话框

第四步：编程开发。

选择一种开发方式，如编程软件 ZDevelop 或上位机软件开发，参考对应的编程手册和例程编写程序。相关指令说明可通过查看“帮助”文档获得，如图 2-7 所示。

第五步：程序调试。

将程序下载到控制器，调试程序功能，可连接 ZDevelop 观察调试情况。在没有控制器的场合连接到仿真器调试，如图 2-8 所示。

第六步：运行程序。

运行程序并观察效果，使用 ZDevelop 可将程序下载到控制器，使用示波器观察各数据波形，如图 2-9 所示。使用上位机软件开发的程序通过动态库连接到控制器使用，控制器接收到指令后执行运动控制。

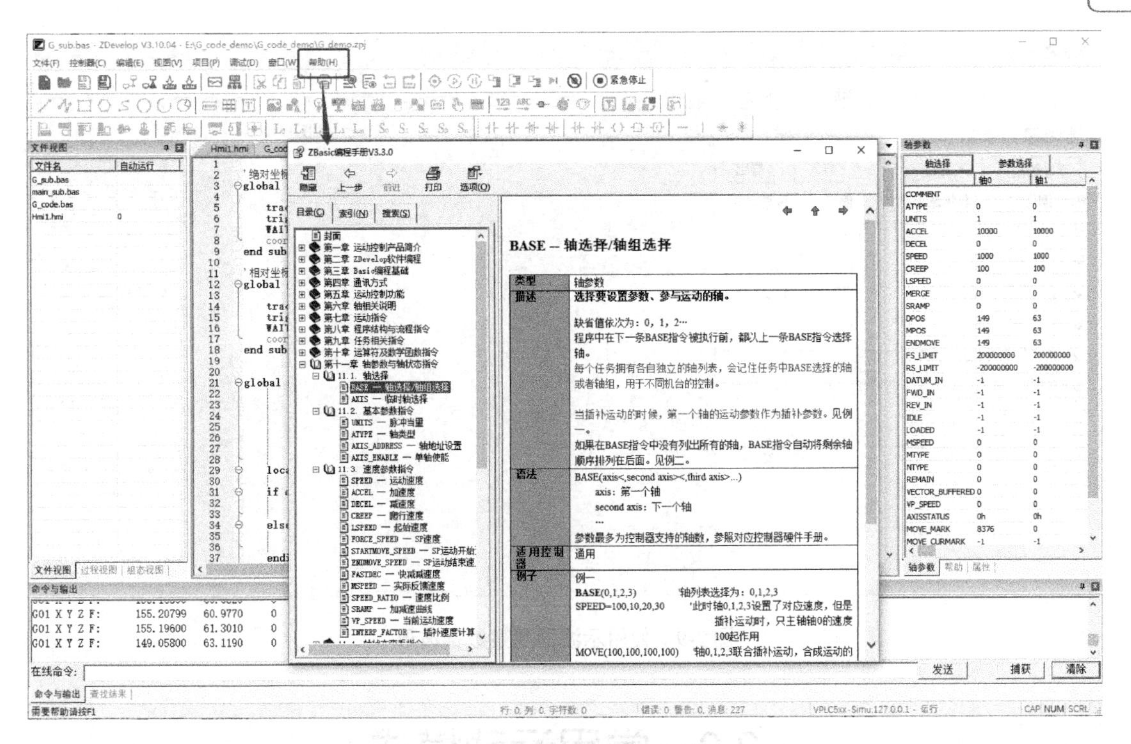

图 2-7　查看“帮助”文档

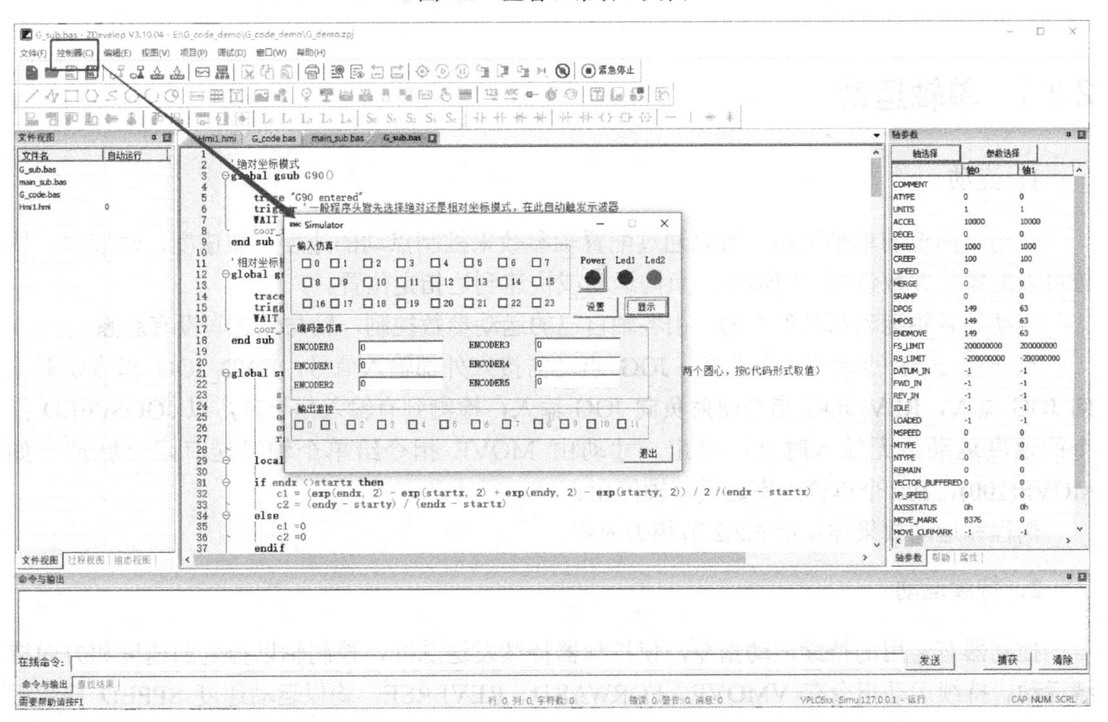

图 2-8　连接到仿真器

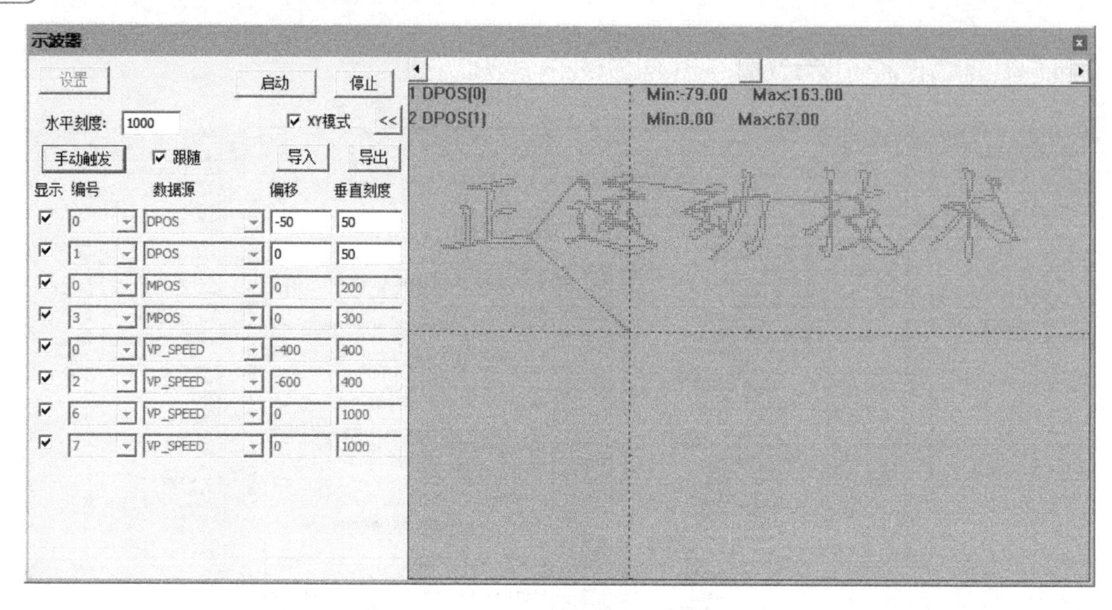

图 2-9 使用示波器观察数据波形

2.3 常用运动模式

2.3.1 单轴运动

1. 点动

点动是简单的单轴运动，可以通过配置轴参数来控制点动的速度、加速度、轨迹等，轨迹可以配置的参数包括正向运动、负向运动或快速到达指定位置。

点动的各轴运动都是独立的，由各轴自己的运动参数控制，轴与轴之间没有联系。

点动有 JOG 点动和寸动两类。JOG 点动需接入外部输入信号，FWD_JOG 指令映射正向 JOG 输入，REV_JOG 指令映射负向 JOG 输入，检测到有输入信号时，以 JOGSPEED 指令的速度运动，无输入时立即停止。寸动由 MOVE 指令给单个轴发送有限个脉冲，如 MOVE(100)，100 个单位走完之后，轴停止。

例程和运动效果详见第 6.2.2 节相关内容。

2. 持续运动

控制器有专用的持续运动指令，使控制器持续发送脉冲，控制轴以指定的速度和方向持续运动。持续运动指令有 VMOVE、FORWARD、REVERSE，均以运动速度 SPPED 持续运动，停止轴运动使用 CANCEL 或 RAPIDSTOP 指令。

选择 VMOVE 指令的参数可实现正向或负向运动，VMOVE(1)为正向，VMOVE(−1)为负向，后面的 VMOVE 指令会自动替换前面的 VMOVE 指令。FORWARD 为正向持续运动，REVERSE 为负向持续运动，这两个指令均不带参数，需要先 CANCEL 才能切换

FORWARD 和 REVERSE。

例程和运动效果详见第 6.2.2 节有关内容。

3．回零

高精度自动化设备都有自己的参考坐标系。工件的运动可以定义为在坐标系上的运动，坐标系的原点即为运动的起始位置，各种加工数据都是以原点为参考点计算的，因此启动控制器执行运动指令之前，设备都要进行回零操作，即回到设定的参考坐标系原点，否则会导致后续运动轨迹错误。

正运动控制器提供了多种回零方式，通过 DATUM 单轴回零指令，不同模式值对应不同的回零方式，各轴按照设置的回零方式自动回零。

DATUM 指令为单轴回零指令，每次作用在一个轴上，多轴回零时，需要对每个轴都使用 DATUM 指令。

回零时机台需要接入原点开关（指示原点的位置）和正、负限位开关（均为传感器，传感器检测到信号则表示有输入）。

单个轴找原点时，原点开关由 DATUM_IN 设置，正、负限位开关分别通过 FWD_IN 和 REV_IN 设置。控制器正、负限位信号生效后，会立即停止轴，停止减速度为 FASTDEC。

例程和运动效果详见第 6.3.2 节相关内容。

2.3.2　多轴运动

1．插补运动

插补是一个实时进行的数据密化的过程，控制器根据给定的运动信息进行数据计算，不断计算出参与插补运动的各坐标轴的进给，然后分别驱动各自相应的执行部件产生协调运动，以使被控机械部件按理想的轨迹与速度移动。

插补最常见的两种方式是 MOVE（直线插补）和 MOVECIRC（圆弧插补）。插补运动至少需要两个轴参与，进行插补运动时，将规划轴映射到相应的机台坐标系中，控制器根据坐标映射关系，控制各轴运动，实现要求的运动轨迹。

插补运动的特点是参与插补运动的所有轴在进行一段插补运动时，同时启动或同时停止。插补运动参数采用主轴的运动参数（速度、加速度等），主轴为 BASE 指令选择的第一个轴。

插补运动指令会存入主轴的运动缓冲区，不进入从轴的运动缓冲区，再依次从主轴的运动缓冲区中取出指令执行，直到插补运动全部执行完。

例程和运动效果详见第 7.1 节相关内容。

2．同步运动

同步运动描述的是不同轴之间的联动运动，如电子齿轮、电子凸轮、自动凸轮等。

1）电子齿轮

电子齿轮用于两个轴的连接，将主轴与从轴按照某个齿轮比建立连接，不需要物理齿轮，使用指令直接设置电子齿轮的齿轮比。由于是使用软件实现的，故齿轮比可以随时更改。

电子齿轮功能通过指令 CONNECT、CONNPATH 实现，将一个轴按照一定比例连接到另一个轴上做跟随运动，一条运动指令就能驱动两个电动机，通过对这两个电动机轴移动量的检测，将位移偏差反馈到控制器并获得同步补偿，使两个轴之间的位移偏差量控制在精度允许的范围内。

电子齿轮的连接依赖于脉冲个数。例如，主、从轴连接比例为 1∶5，若给主轴发送 1 个脉冲，则对应地给从轴发送 5 个脉冲。

CONNPATH 与 CONNECT 的语法相同，连接的都是脉冲个数，CONNPATH 连接到单个轴的运动效果与 CONNECT 相同。

CONNPATH 与 CONNECT 的区别是 CONNECT 连接的是单个轴的目标位置，而 CONNPATH 连接的是插补轴的矢量长度，此时需要连接在插补运动的主轴上，若连接到插补运动的从轴上，则无法跟随插补运动。CONNPATH 会跟踪 X、Y 轴插补的矢量长度变化，而不是跟踪单独的 X 轴或 Y 轴。

语法：CONNECT/CONNPATH（齿轮比，被连接轴）AXIS（连接轴）

电子齿轮的齿轮比可为正数、负数，也可为小数，连接的是脉冲个数，要考虑不同轴 UNITS 的比例。

齿轮比可以通过重复调用 CONNECT/CONNPATH 指令动态变化（连接成功后保持连接状态），取消连接需使用 CANCEL 或 RAPIDSTOP 指令。

假设连接轴 0 的 UNITS 为 10，被连接轴 1 的 UNITS 为 100，使用 CONNECT 连接，齿轮比（ratio）为 1，语句为 CONNECT(1,1) AXIS(0)。

当轴 1 运动 S1=100 时，轴 0 运动 S0=S1×UNITS(1)×ratio/UNITS(0)=100×100×1/10=1000。

例如：

```
RAPIDSTOP(2)
WAIT  IDLE(0)
WAIT  IDLE(1)

BASE(0,1)
ATYPE=1,1
UNITS=10,100
DPOS=0,0
SPEED=100,100
ACCEL=1000,1000
DECEL=1000,1000
SRAMP=100,100
TRIGGER                      '自动触发示波器
MOVE(100)   AXIS(1)          '轴 1 运动 100，此时轴 0 不动
WAIT IDLE(1)                 '上一段运动不连接
DELAY(10)                    '延时 10ms
CONNECT(0.5,1)   AXIS(0)     '轴 0 连接到轴 1，齿轮比为 0.5
MOVE(100)   AXIS(1)          '轴 1 运动 100，轴 0 运动 500
END
```

轴 0 的目标位置 DPOS(0)=DPOS(1)×UNITS(1)×ratio/UNITS(0)=100×100×0.5/10=500，运动波形如图 2-10 所示。

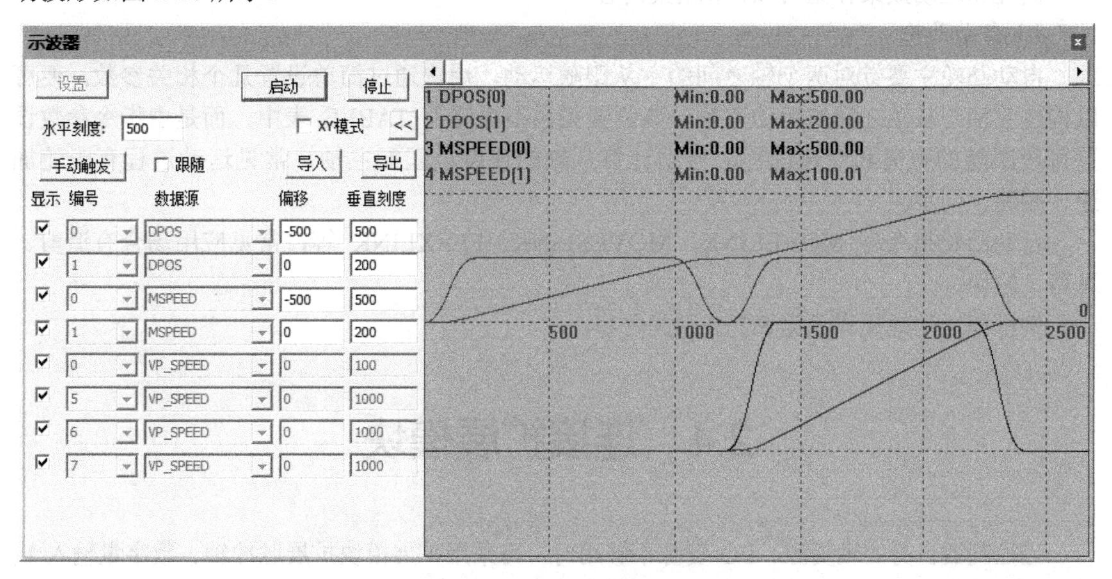

图 2-10　运动波形

2）电子凸轮

凸轮的作用是将旋转运动转换为线性运动，包括直线运动、摆动、匀速运动和非匀速运动。

电子凸轮属于多轴同步运动，这种运动基于主轴外加一个或多个从轴系统，是在机械凸轮的基础上发展而来的，多用于周期性曲线运动场合。

电子凸轮是利用构造的凸轮曲线来模拟机械凸轮，以实现与机械凸轮系统相同的凸轮轴与主轴之间相对运动的软件系统。它通过控制器控制伺服电动机来模拟机械凸轮的功能，不需要另外安装如图 2-11 所示的机械凸轮。

图 2-12 所示是机械凸轮按照凸轮的轮廓得出的一段随转动角度变化形成的加工位置的运动轨迹，即凸轮曲线。此轨迹为弧线，可将该段弧线分解成无穷多个直线或圆弧轨迹，电子凸轮将这些轨迹的运动参数装入运动指令，组合起来即可控制轴走出目标轨迹。

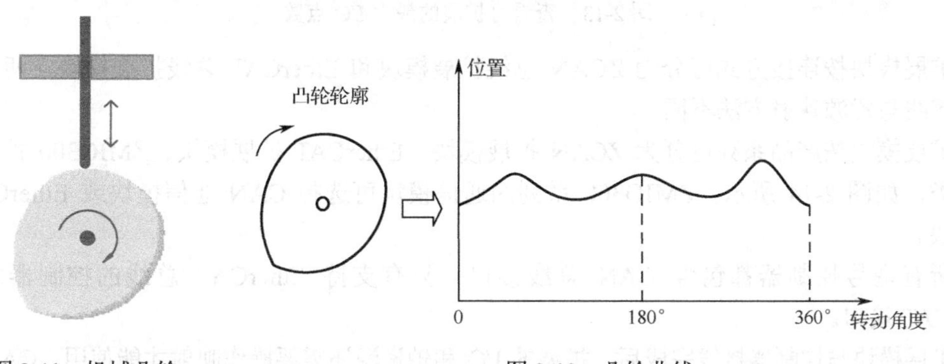

图 2-11　机械凸轮　　　　图 2-12　凸轮曲线

电子凸轮由软件控制，改变程序的相关运动参数就能改变运动曲线，应用灵活性高，工作可靠，操作简单，不需要额外安装机械构件，因而不存在磨损。

例程和运动效果详见第 8.1 节相关内容。

3）自动凸轮

自动凸轮主要针对两个轴之间的主从跟随运动，用户通过简单设置几个相关参数，便可以构建主轴与从轴之间的运动关系，该位置关系不存储于 TABLE 表中，而是由指令参数设置每段跟随的距离和变速过程，自动计算从轴的速度以匹配主轴，常见运动过程有跟随加速、减速、同步。

自动凸轮指令有 MOVELINK、MOVESLINK、FLEXLINK 等，常见应用场合有追剪、飞剪、轮切。

例程和运动效果详见第 8.2 节相关内容。

2.4 连接扩展模块

当控制器自身的轴资源、I/O 资源不够用时，可采用扩展模块扩展脉冲轴、数字量输入/输出、模拟量输入/输出。只有带脉冲轴接口的扩展模块才支持扩展脉冲轴，总线轴不可扩展。

数字量扩展：4 系列及以上的 ZMC 控制器的 I/O 点数可扩展至 4096。

模拟量扩展：4 系列及以上的 ZMC 控制器的 AI/O 点数可扩展至 520。

ZCAN 总线轴扩展：只能扩展 4 个脉冲轴，不建议使用过多轴扩展板，可选用支持脉冲轴数较多的控制器产品。

控制器可扩展的最大 I/O 点数可在硬件手册或“命令与输出”对话框输入“?*max”查看，如图 2-13 所示。

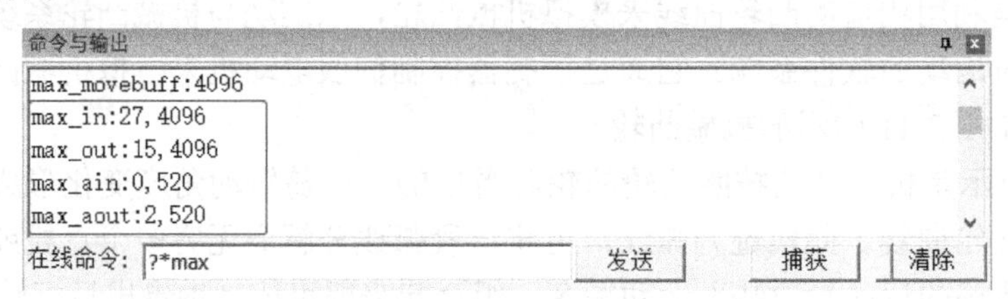

图 2-13 查看可扩展的最大 I/O 点数

扩展模块按连接方式可分为 ZCAN 总线扩展模块和 EtherCAT 总线扩展模块，两类总线扩展接线与资源映射方法不同。

扩展模块按产品系列可分为 ZCAN 扩展模块、EtherCAT 扩展模块、ZMIO300 扩展模块三大类，如图 2-14 所示。ZMIO300 系列的通信模块可选择 CAN 通信模块或 EtherCAT 通信模块。

所有型号控制器都包含 CAN 总线接口，只有支持 EtherCAT 总线的控制器才支持 EtherCAT 接口。

扩展模块与控制器接线完成后，扩展的 I/O 和轴资源还需要操作映射才能使用，CAN 总线扩展与 EtherCAT 总线扩展的映射方法不同，映射时映射的编号在整个控制系统中不得重复，当控制器或扩展模块的 I/O 编号范围重复时，只有一个有效；若轴号映射重复则会报错提示。

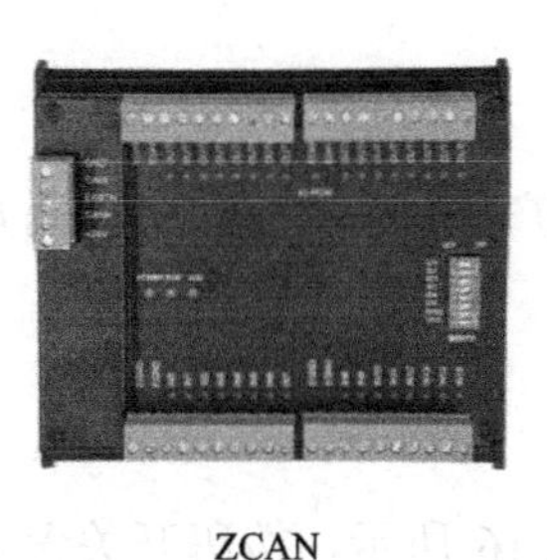
ZCAN

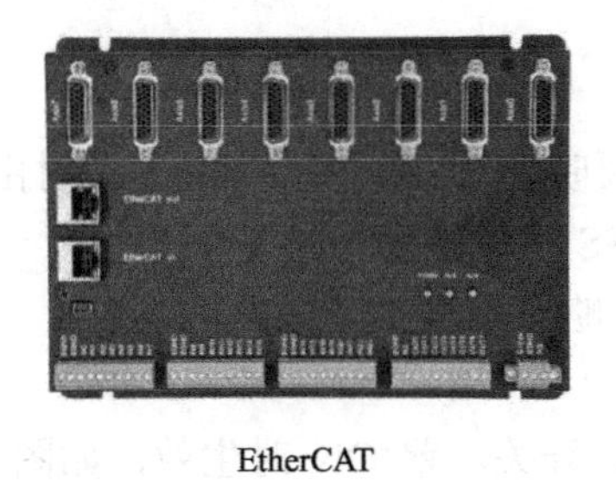
EtherCAT

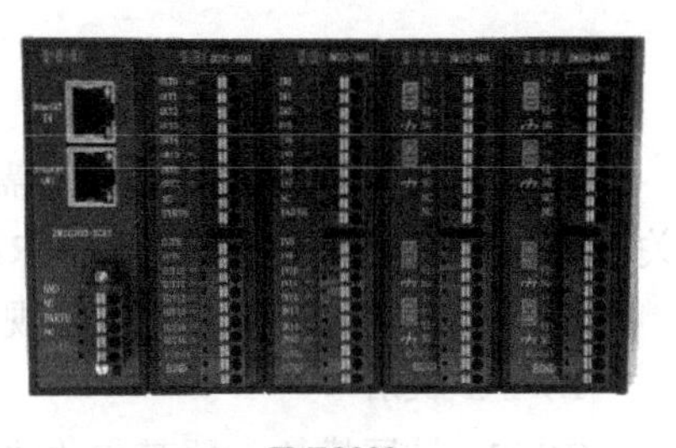
ZMIO300

图 2-14　扩展模块

2.4.1　ZCAN 扩展模块

1．扩展接线

控制器连接 CAN 扩展模块的接线方法如图 2-15 所示，在控制器的 CANL 和 CANH 之间接入一个 120Ω 电阻，并将 CAN 扩展模块的第 8 位拨码开关置 ON（表示 CANL 与 CANH 之间接入了一个 120Ω 的电阻）。当连接多个 CAN 扩展模块时，只需操作最末端扩展模块的第 8 位拨码开关，其他模块无须操作。

CAN 通信必须保证对应的 GND 相连，或者控制器主电源和扩展模块主电源用同一个电源，以防止扩展模块烧坏。CAN 扩展时建议使用双绞屏蔽线，屏蔽层接地。

ZIO 扩展模块为双电源供电，需要主电源和 I/O 电源；ZAIO 扩展模块为单电源供电，只需要主电源。

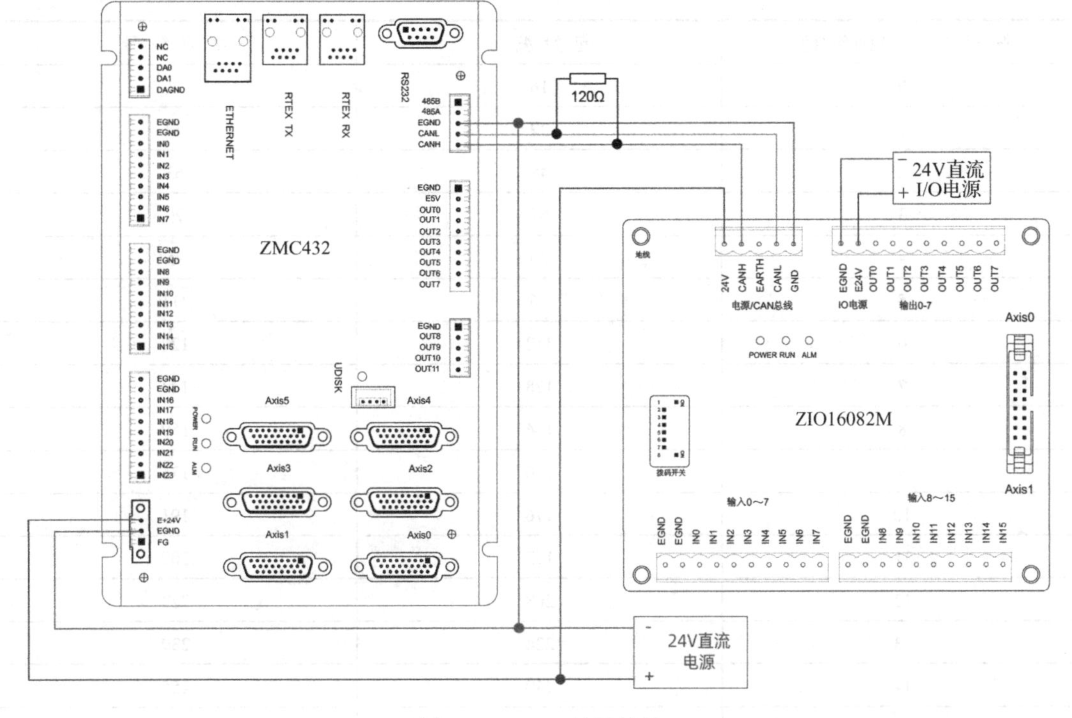

图 2-15　CAN 扩展接线

2．资源映射

ZCAN 扩展模块扩展的资源需要映射后才能使用，I/O 映射由扩展模块上自带的拨码开关设置，轴映射采用 AXIS_ADDRESS 指令映射轴号。

数字量和模拟量的映射编号规则略有不同，下面具体说明。

1）I/O 映射

ZCAN 扩展模块一般带 8 位拨码开关，置 ON 时生效，如图 2-16 所示，拨码开关含义如下。

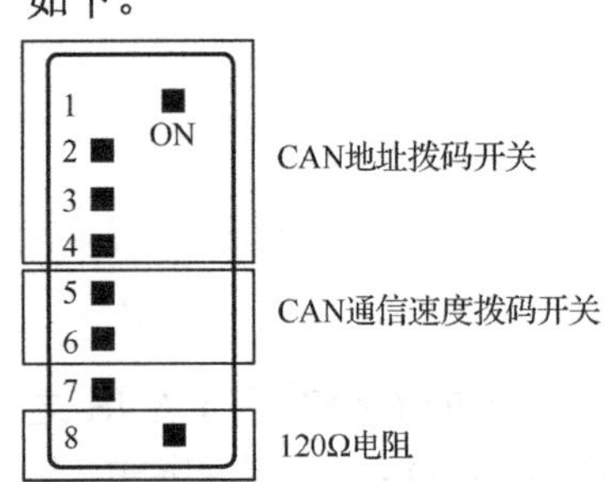

图 2-16 8 位拨码开关

1～4：4 位 CAN ID，用于 ZCAN 扩展模块 I/O 地址映射，对应值 0～15。

5～6：CAN 通信速度，对应值 0～3，可选四种不同的速度。

7：预留。

8：120Ω 电阻，置 ON 时表示 CANL 和 CANH 之间接入了 120Ω 电阻。

拨码开关 1～4 用于选择 CAN 地址，控制器根据 CAN 地址来设定对应扩展模块的 I/O 编号范围。拨码开关置 OFF 时对应值为 0，置 ON 时对应值为 1，地址组合值=拨码开关 4×8+拨码开关 3×4+拨码开关 2×2+拨码开关 1。

拨码开关必须在上电之前拨好，上电后重拨无效，需再次上电才生效。

不同地址对应的数字量 I/O 编号如表 2-1 所示，起始编号从 16 开始，按 16 的倍数递增。

表 2-1 地址对应的数字量 I/O 编号

拨码开关 1～4 地址组合值	起 始 编 号	结 束 编 号
0	16	31
1	32	47
2	48	63
3	64	79
4	80	95
5	96	111
6	112	127
7	128	143
8	144	159
9	160	175
10	176	191
11	192	207
12	208	223
13	224	239
14	240	255
15	256	271

不同地址对应的模拟量 I/O 编号如表 2-2 所示，模拟量 AD 的 I/O 编号从 8 开始，按 8 的倍数递增；模拟量 DA 的 I/O 编号从 4 开始，按 4 的倍数递增。

表 2-2　地址对应的模拟量 I/O 编号

拨码开关 1～4 地址组合值	AD 起始编号	AD 结束编号	DA 起始编号	DA 结束编号
0	8	15	4	7
1	16	23	8	11
2	24	31	12	15
3	32	39	16	19
4	40	47	20	23
5	48	55	24	27
6	56	63	28	31
7	64	71	32	35
8	72	79	36	39
9	80	87	40	43
10	88	95	44	47
11	96	103	48	51
12	104	111	52	55
13	112	119	56	59
14	120	127	60	63
15	128	135	64	67

拨码开关 5～6 用于选择 CAN 通信速度，速度组合值=拨码开关 6×2+拨码开关 5×1，对应的速度如表 2-3 所示。

表 2-3　地址对应的 CAN 总线通信速度

拨码开关 5～6 速度组合值	CANIO_ADDRESS 高 8 位值	CAN 通信速度/bps
0	0（对应十进制 128）	500K（默认值）
1	1（对应十进制 256）	250K
2	2（对应十进制 512）	125K
3	3（对应十进制 768）	1M

控制器端通过 CANIO_ADDRESS 指令设置 CAN 通信速度，同样也有四种速度可供选择，需要与组合值对应的扩展模块的通信速度一致才可以实现通信。

CANIO_ADDRESS 指令还可以设置 CAN 通信的主、从端，默认值为 32，作主端，设置为其他值时作从端。

CAN 通信配置情况可在如图 2-17 所示的“控制器状态”对话框中查看。

设置拨码开关的注意事项如下。

（1）扩展模块拨码开关要避开当前控制模块已包含 I/O 点数的 IN 和 OP 最大编号（外部 I/O 接口数+脉冲轴内的 I/O 接口数）。

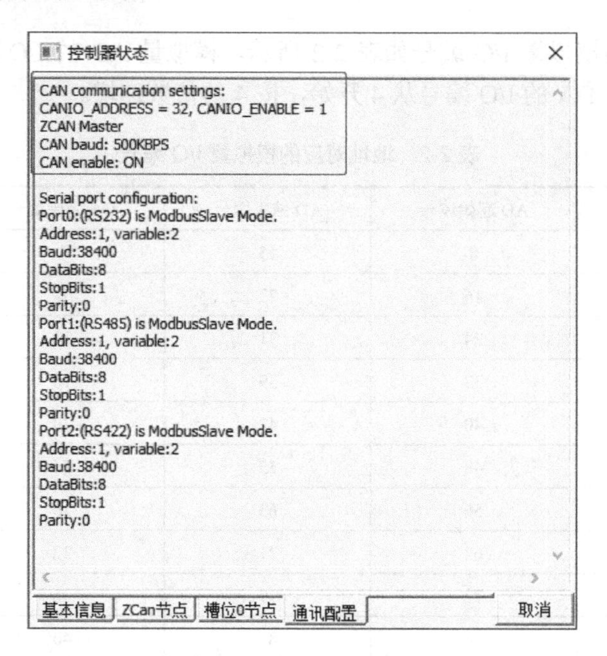

图 2-17 查看 CAN 通信配置

（2）如果控制器本身包含 28 个 IN、16 个 OP，那么第一个扩展模块设置的起始地址应超过最大值 28，按 I/O 映射规则应将地址拨码设置为组合值 1（二进制组合值 0001，从右往左对应拨码开关 1～4，此时拨码开关 1 置 ON，其他置 OFF），此时扩展模块上的 I/O 编号为 32～47，其中，29～31 空缺出来的 I/O 编号舍去不用。

（3）后续的扩展模块依次按 I/O 点数进行拨码开关设置。

（4）当控制器或扩展模块的 I/O 编号范围重复时，只有一个有效。因此，建议重新设置拨码开关，使整个控制系统的 I/O 编号均不重复。

ZCAN 扩展模块 I/O 映射配置示例如下。

控制模块配置：1 个 ZMC432+1 个 ZIO1632MT+1 个 ZIO16082M+1 个 ZAIO0802M。

接线方法如图 2-18 所示。正确设置每个模块的拨码开关，并将最后一个扩展模块的第 8 位拨码开关置 ON（表示 CANL 和 CANH 之间接入了 120Ω 电阻），使用 ZDevelop 连接控制器，打开“控制器状态”对话框，查看 ZCAN 节点信息，如图 2-19 所示。

ZIO1632 的 CAN ID 设置为 1，扩展的数字量输入 I/O 编号为 32～47，共 16 个；扩展的数字量输出 I/O 编号为 32～63，共 32 个。

ZIO16082 的 CAN ID 设置为 3，扩展的数字量输入 I/O 编号为 64～79，共 16 个；扩展的数字量输出 I/O 编号为 64～71，共 8 个。此外，还带 2 个脉冲轴。

ZAIO0802 的 CAN ID 设置为 4，扩展的模拟量输入 AD 的 I/O 编号为 40～47，共 8 个；扩展的模拟量输出 DA 的 I/O 编号为 20～21，共 2 个。

2）轴映射

以 CAN 总线扩展方式扩展脉冲轴时，可选 ZIO16082M，扩展 2 个脉冲轴。例如，ZMC432 控制器，本地的脉冲轴号为 0～5，连接 ZIO16082M 扩展模块后，两个扩展轴的轴号可绑定为 6 和 7，接线方法如图 2-20 所示。

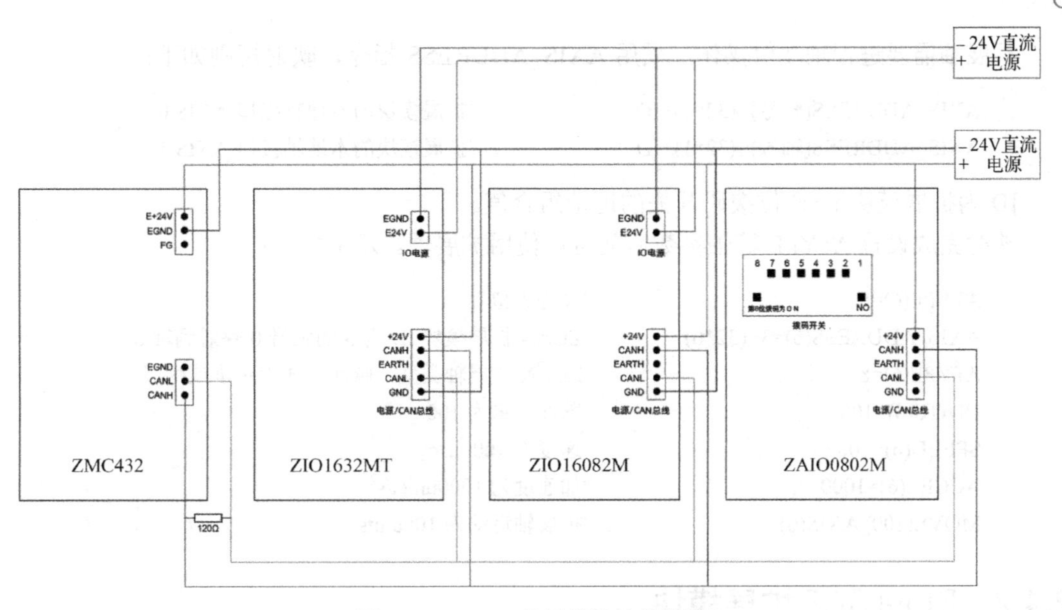

图 2-18　ZCAN 扩展模块接线方法

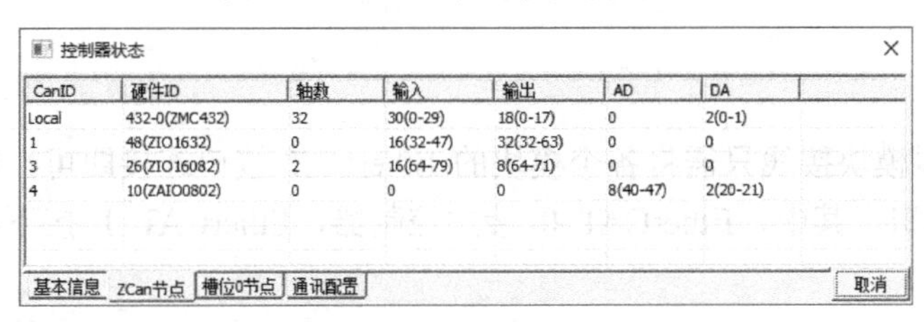

控制器状态

CanID	硬件ID	轴数	输入	输出	AD	DA
Local	432-0(ZMC432)	32	30(0-29)	18(0-17)	0	2(0-1)
1	48(ZIO1632)	0	16(32-47)	32(32-63)	0	0
3	26(ZIO16082)	2	16(64-79)	8(64-71)	0	0
4	10(ZAIO0802)	0	0	0	8(40-47)	2(20-21)

基本信息　ZCan节点　槽位0节点　通讯配置　取消

图 2-19　查看 ZCAN 节点信息

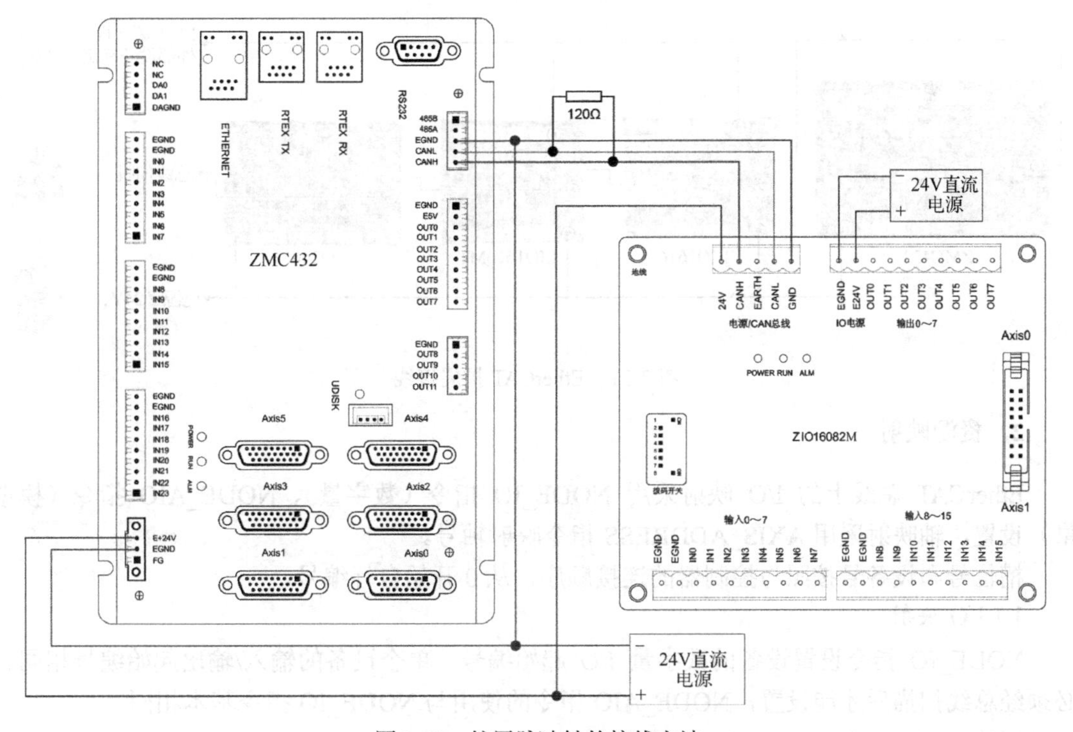

图 2-20　扩展脉冲轴的接线方法

扩展轴需要进行轴映射操作，采用 AXIS_ADDRESS 指令，映射规则如下：

```
AXIS_ADDRESS(轴号)=(32*0)+ID                    '扩展模块的本地轴接口 AXIS 0
AXIS_ADDRESS(轴号)=(32*1)+ID                    '扩展模块的本地轴接口 AXIS 1
```

ID 为扩展模块 1～4 位拨码开关的地址组合值。

映射完成设置 ATYPE 等轴参数后就可以使用扩展轴。示例如下：

```
ATYPE(6)=0                      '设为虚拟轴
AXIS_ADDRESS(6)=3+(32*0)        'ZCAN 扩展模块 ID 为 3 的轴号 0 映射到轴 6
ATYPE(6)=8                      'ZCAN 扩展轴类型，脉冲方式为步进或伺服
UNITS(6)=100                    '脉冲当量为 100
SPEED(6)=100                    '速度为 100uits/s
ACCEL(6)=1000                   '加速度为 1000units/s²
MOVE(100) AXIS(6)               '扩展轴运动为 100units
```

2.4.2 EtherCAT 扩展模块

1．扩展接线

EtherCAT 扩展模块接线只需将各个模块的 EtherCAT 接口连接即可，EIO 系列扩展板带两个 EtherCAT 接口，其中，EtherCAT 0 接主控制器，EtherCAT 1 接下级扩展板或驱动设备，不可混用。

EIO 扩展接线参考如下：ZMC432+EIO1616+EIO1616MT+EIO24088，接线如图 2-21 所示。

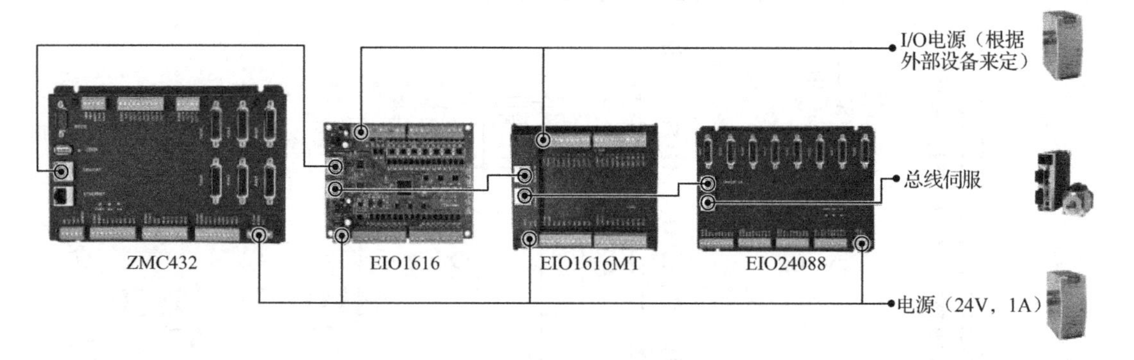

图 2-21　EtherCAT 扩展接线

2．资源映射

EtherCAT 总线上的 I/O 映射采用 NODE_IO 指令（数字量）、NODE_AIO 指令（模拟量）设置，轴映射采用 AXIS_ADDRESS 指令映射轴号。

槽位号和设备号按照与控制器的连接顺序，从 0 开始自行编号。

1）I/O 映射

NODE_IO 指令设置设备的数字量 I/O 起始编号，单个设备的输入/输出起始编号相同。必须经总线扫描后才能设置，NODE_AIO 指令的使用与 NODE_IO 指令基本相同。

语法：NODE_IO(slot, node)=iobase

slot：槽位号，默认为 0。

node：设备编号，从 0 开始。

ioBASE：映射 I/O 起始编号，设置结果只能是 8 的倍数。

语法：NODE_AIO(slot, node[,idir])=aiobase

slot：槽位号，默认为 0。

node：设备编号，从 0 开始。

idir：AD/DA 选择；默认为 0，同时设置 AIN、AOUT，读取时只读 AIN；3 为 AIN，4 为 AOUT。

I/O 映射示例：ZMC432 控制器上依次连接两个 EtherCAT 扩展模块。

配置：1 个 ZMC432+1 个 ZMIO300-ECAT 通信模块+4 个 ZMIO300-16DI 输入+2 个 ZMIO300-16DO 输出+1 个 ZMIO300-4AD+1 个 ZMIO300-4DA。

```
SLOT_SCAN(0)                      '扫描总线
IF NODE_COUNT(0)>0 THEN           '判断槽位 0 上是否有设备
    NODE_IO(0,0)=32               '设置槽位 0 接口设备 0 的 I/O 起始编号为 32
    NODE_AIO(0,0,0)=4             '设置槽位 0 接口设备 0 的 AIN 起始编号为 4
ENDIF
```

查看扩展模块的节点编号如图 2-22 所示。

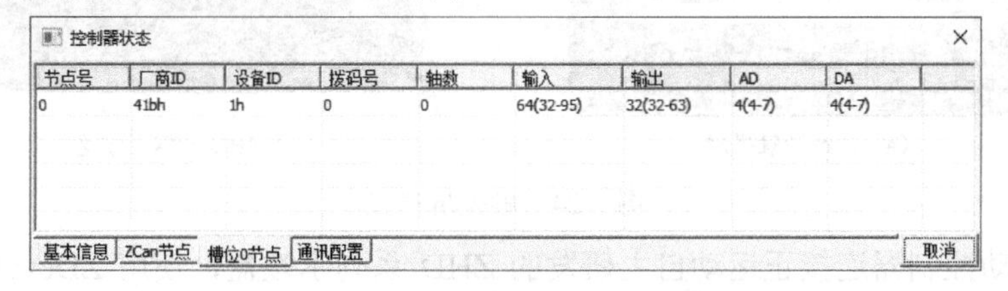

控制器状态

节点号	厂商ID	设备ID	拨码号	轴数	输入	输出	AD	DA
0	41bh	1h	0	0	64(32-95)	32(32-63)	4(4-7)	4(4-7)

基本信息 ZCan节点 槽位0节点 通讯配置 取消

图 2-22　查看扩展模块的节点编号

2）轴映射

总线轴需要进行轴映射操作，采用 AXIS_ADDRESS 指令映射，操作方法如下：

```
AXIS_ADDRESS(轴号)=(槽位号<<16)+驱动器编号+1
```

轴映射写在总线初始化程序中，位于扫描总线之后、开启总线之前。

示例如下：

```
AXIS_ADDRESS (0)=(0<<16)+0+1      '第一个 ECAT 驱动器，驱动器编号为 0，绑定为轴 0
AXIS_ADDRESS (1)=(0<<16)+1+1      '第二个 ECAT 驱动器，驱动器编号为 1，绑定为轴 1
ATYPE(0)=65                       '设置为 EtherCAT 轴类型，65—位置，66—速度，67—转矩
ATYPE(1)=65
```

查看驱动器的节点信息如图 2-23 所示。

控制器状态

节点号	厂商ID	设备ID	拨码号	轴数	输入	输出	AD	DA
0	99998888h	20001h	1	1	0	0	0	0
1	1ddh	10305070h	0	1	0	0	0	0

基本信息 ZCan节点 槽位0节点 通讯配置 取消

图 2-23　查看驱动器的节点信息

2.5 连接人机界面

触摸屏是人与设备之间传递信息的媒介，简单来讲，通过触摸触摸屏就能给控制器发送控制信号，控制器完成处理后反馈信号给触摸屏，从而达成数据交互。

控制器与 HMI 建立连接之后，可以通过 HMI 实现设备运行状态监控、设备参数设置，以及将设备内的数据直观地显示出来。

通常，HMI 设备通过通信接口与控制器建立信息交互。市面上的触摸屏产品多种多样，如图 2-24 所示。凡是支持 MODBUS 通信协议的触摸屏，如威纶通、昆仑通态等，都能与正运动控制器通信。触摸屏通过 MODBUS_RTU 协议连接控制器的串口，通过 MODBUS_TCP 协议连接控制器的网口。

（a）威纶通触摸屏

（b）ZHD500X 示教盒

图 2-24　触摸屏产品

使用正运动控制器连接正运动自主研发的 ZHD 系列示教盒，使用 ZDevelop 的 zhmi 编程方式开发示教盒的组态程序，简单便捷，编程界面如图 2-25 所示。

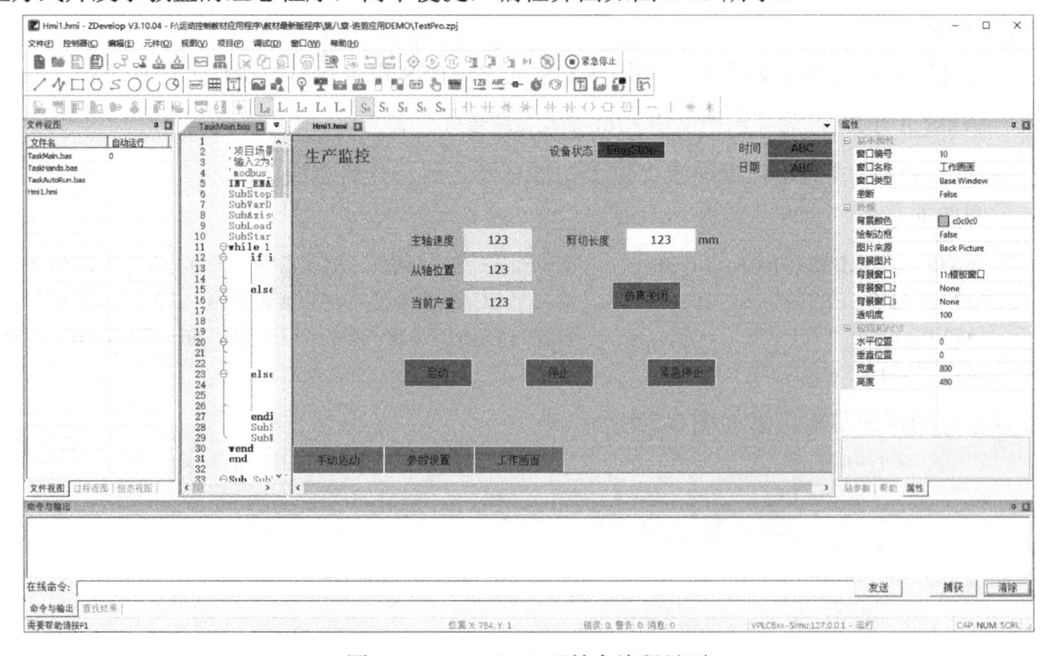

图 2-25　ZHD500X 示教盒编程界面

或者使用 ZDevelop 编写控制器程序，使用第三方软件编写对应的组态程序，分别下载运行。图 2-26 所示为威纶通触摸屏编程界面。

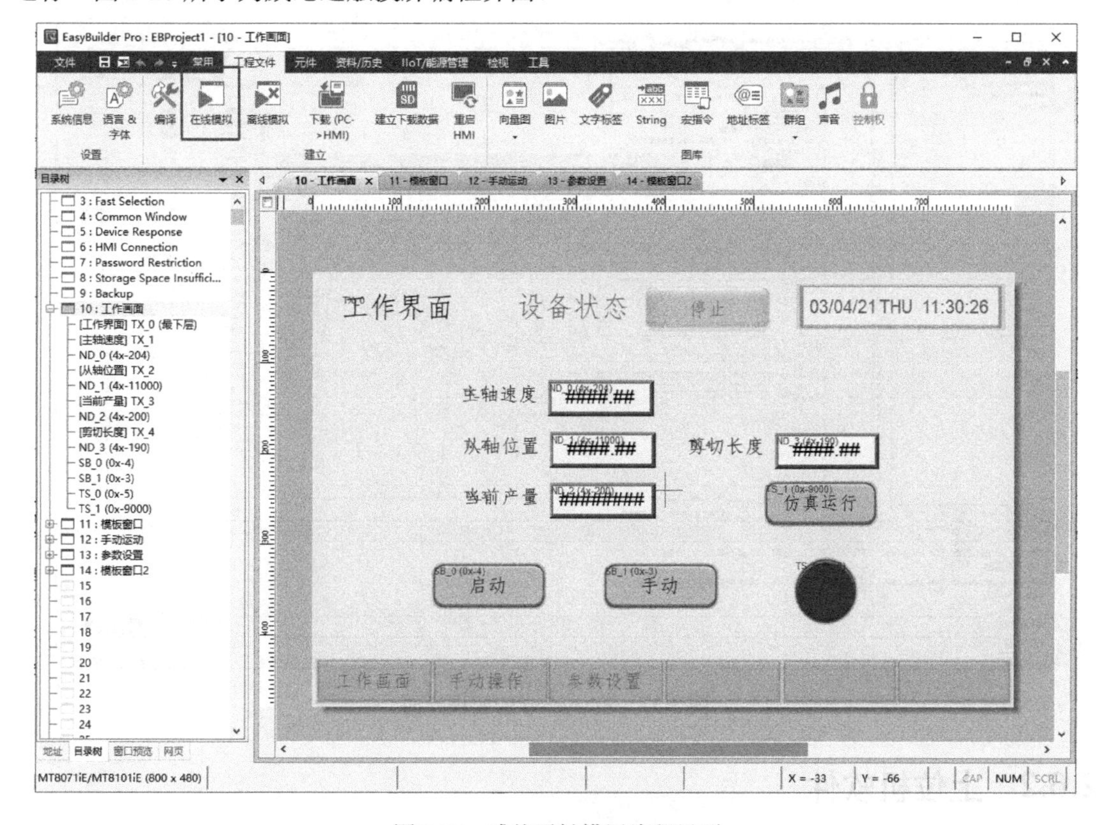

图 2-26　威纶通触摸屏编程界面

2.6　控制器的开发环境

正运动控制器需要用户进行二次开发，开发方式可分为两类，一类是使用正运动自主研发的 ZDevelop 开发，另一类是使用常用的上位机软件开发。

2.6.1　ZDevelop

在正运动官方网站可下载最新版本的 ZDevelop，下载压缩包后解压缩即可使用，无须安装。

ZDevelop 支持三种编程语言：Basic、PLC、HMI，三种语言可以混合编程、互相调用。三种语言的编程手册均可在 ZDevelop 菜单栏的“帮助”文档中查看。

使用 ZDevelop 的优势是程序可以下载到控制器脱机运行，从而节省上位机开发成本；同时提供仿真、调试、参数监控等功能，可辅助用户开发，加快项目进度。ZDevelop 的编程界面如图 2-27 所示。

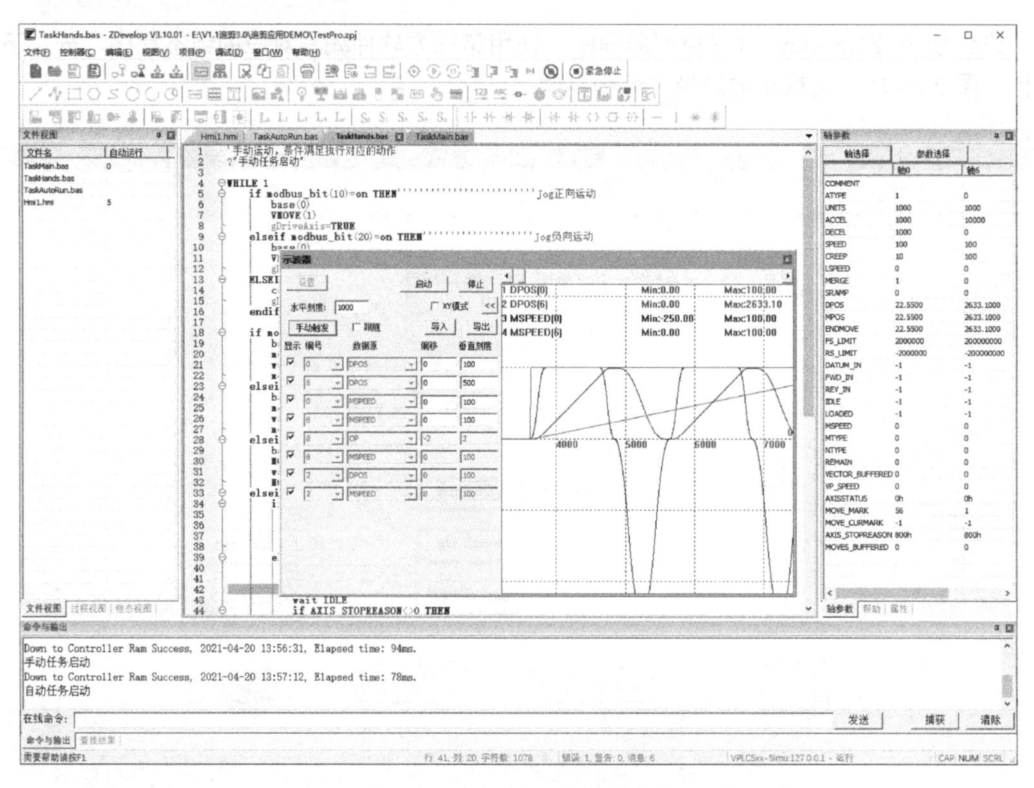

图 2-27　ZDevelop 的编程界面

2.6.2　上位机软件

正运动控制器支持在 Windows、Linux、Mac、Android、Wince 等各种操作系统中开发，提供 VC、C#、VB、net、Labview 等各种环境的 DLL 库，如图 2-28 所示。使用上位机软件编程可参考《ZMotion PC 函数库编程手册》。

图 2-28　常用开发环境

使用 PC 上位机软件开发的程序无法下载到控制器，可通过 DLL 动态库连接到控制器。各平台开发的详细资料可在正运动官网下载。

与本章内容相关的“正运动小助手”微信公众号文章和视频讲解

1. 快速入门|篇四：运动控制器与触摸屏通信
2. 快速入门|篇七：运动控制器 ZCAN 总线扩展模块的使用
3. 快速入门|篇十三：运动控制器 ZDevelop 编程软件的使用
4. 8 轴 EtherCAT 轴扩展模块 EIO24088 的使用

第 3 章　运动控制系统编程基础

3.1　ZDevelop 的使用方法

ZDevelop 是 ZMoiton 系列控制器的 PC 端程序开发调试与诊断软件，用户通过它能够很容易地对控制器进行程序编辑与配置，快速开发应用程序，实时监控轴运行参数，以及对正运动控制器（以下简称“控制器”）正在运行的程序进行实时调试。ZDevelop 支持中英双语环境。

ZDevelop 支持三种编程方式，分别为 ZBasic、ZPLC（梯形图）、ZHMI（组态）。使用 ZDevelop 编写的程序可以下载到控制器，也可以下载到仿真器后在 PC 平台上仿真运行。

ZDevelop 可通过串口或网口连接控制器，程序下载到控制器时可选择下载到 ROM（掉电保存）或 RAM（掉电不保存），掉电保存的程序可以脱机运行。

ZBasic、ZPLC 和 ZHMI 可以多任务运行，其中，ZBasic 不仅可以多任务运行，而且可与 ZPLC 与 ZHMI 混合编程。

ZDevelope 具有多种视图，便于查看各类参数。具体视图功能详见《ZDevelop 软件使用帮助手册》。

3.1.1　新建项目运行程序

首先在计算机里新建一个文件夹，用来保存即将要建立的新项目，然后启动 ZDevelop（这里使用的版本为 V3.10）。更新软件版本请前往正运动官方网站下载。

使用三种编程语言 ZBasic、ZPLC 和 ZHMI 新建项目运行程序的方法相同，只不过是程序存在差异。三种编程语言都有对应的编程手册供用户参考。

（1）新建项目：在菜单栏依次单击“文件”→“新建项目”，如图 3-1 所示。

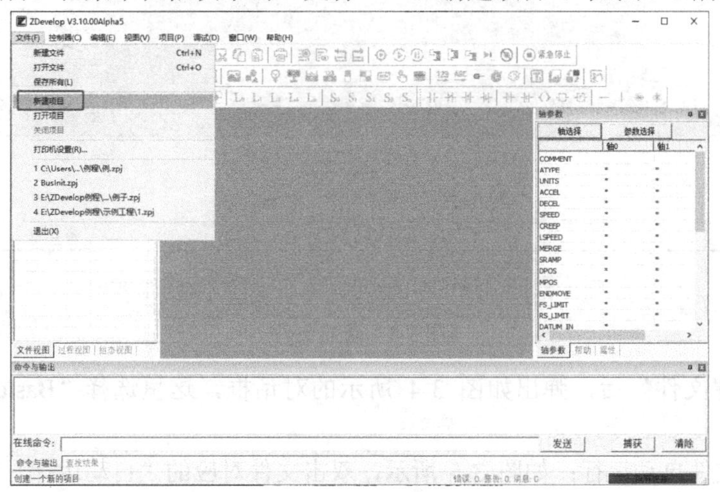

图 3-1　新建项目

（2）单击“新建项目”后弹出“另存为”对话框，选择新建的文件夹并打开，输入文件名后单击“保存”按钮，文件扩展名为 zpj，如图 3-2 所示。

图 3-2　保存项目

（3）新建文件：在菜单栏依次单击“文件”→“新建文件”，如图 3-3 所示。

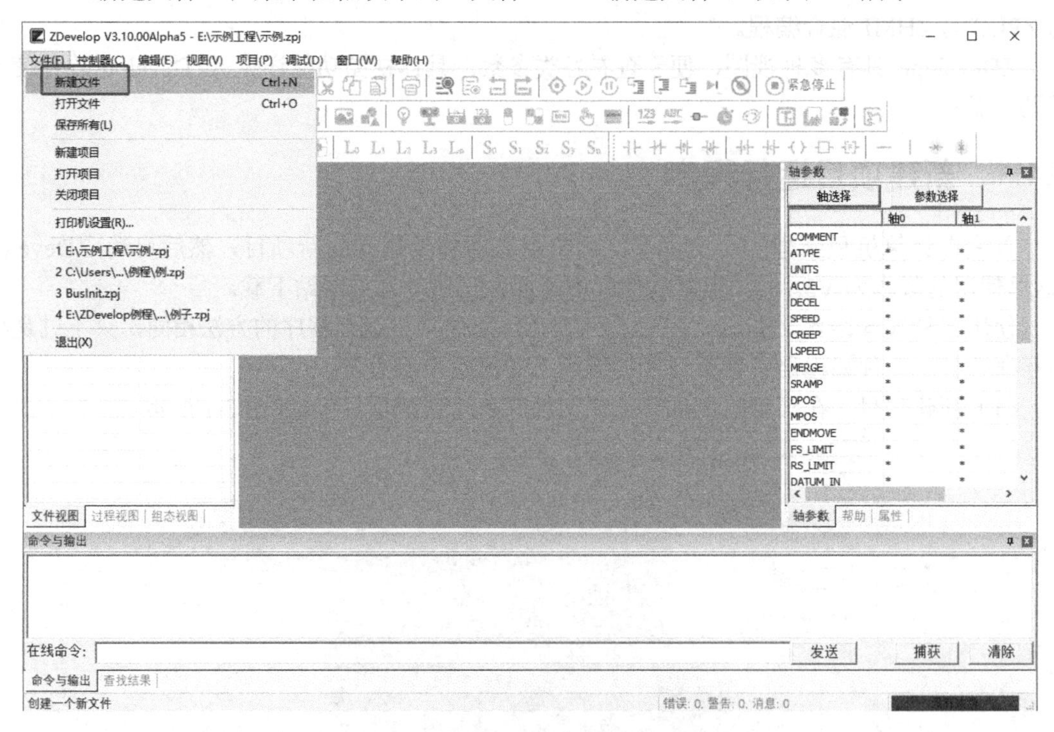

图 3-3　新建文件

单击“新建文件”后，弹出如图 3-4 所示的对话框，这里选择“Basic”，并单击“确认”按钮。

（4）设置文件自动运行：如图 3-5 所示，双击文件对应的“自动运行”的位置，输入任务号“0”。

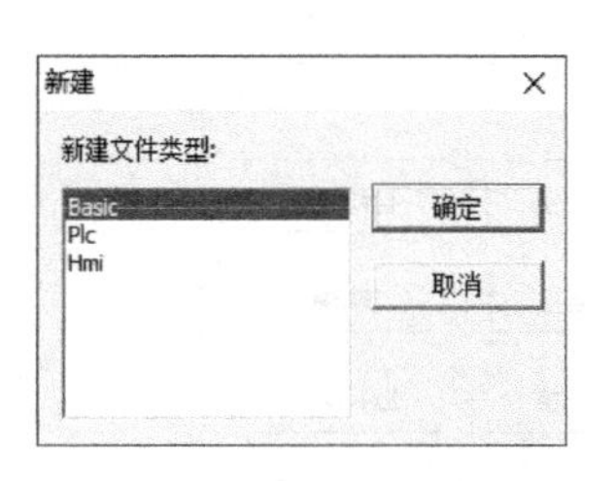

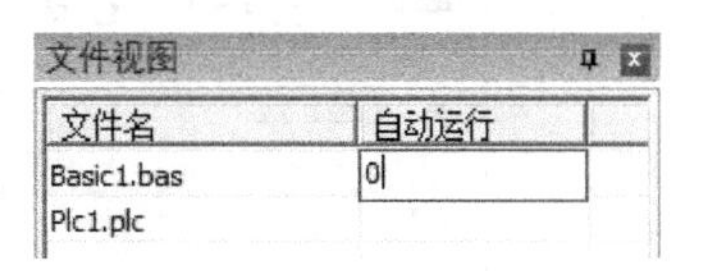

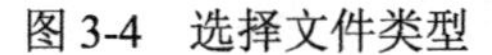
图 3-4　选择文件类型

图 3-5　设置自动运行任务号

（5）编辑程序：程序编写完成后，保存文件，新建的 Basic 文件会默认保存到 zpj 项目文件中。

（6）连接到控制器：在程序输入对话框中编辑程序后，依次单击“控制器”→“连接”，如图 3-6 所示。

没有控制器时可选择连接到仿真器进行仿真运行。依次单击“控制器”→“连接到仿真器”，便可成功连接到仿真器，并弹出仿真器连接成功提示。

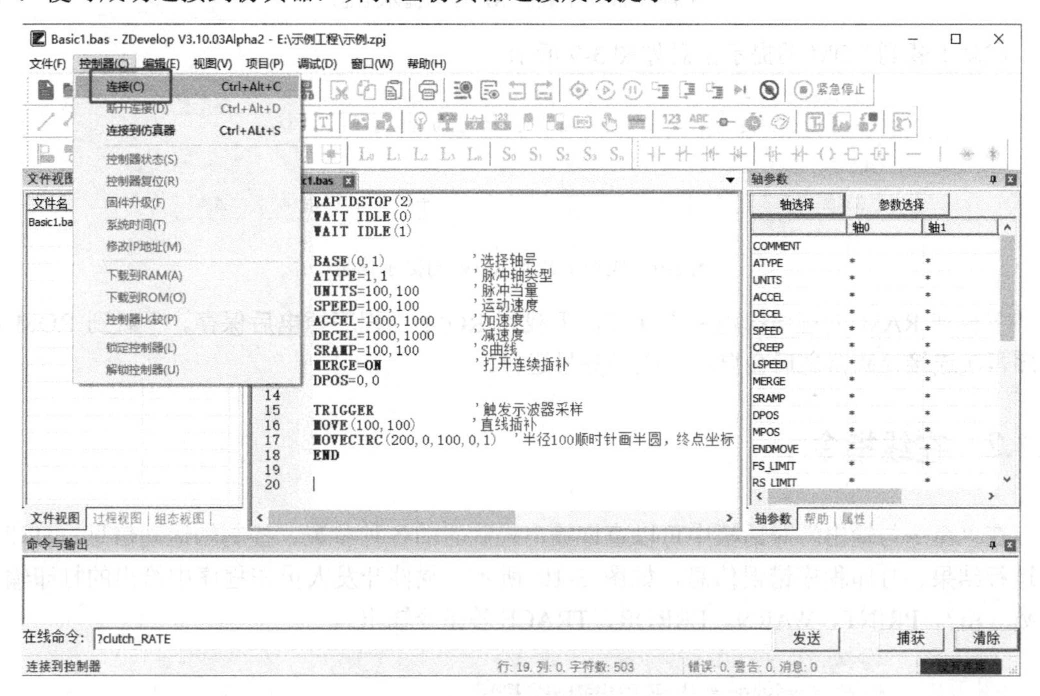

图 3-6　连接到控制器

单击“连接”时，会弹出“连接到控制器”对话框，如图 3-7 所示，可选择串口连接或网口连接，选择匹配的串口参数或网口 IP 地址后，单击“连接”按钮即可。连接成功指令与输出窗口打印信息如下：Connected to Controller:ZMC432 Version:4.64-20170623。

串口连接和网口连接的详细方法可在菜单栏依次单击“帮助”→“ZDevelop 帮助”后获得的文档中查阅。

（7）下载程序：在菜单栏单击“下载到 RAM”或“下载到 ROM”，下载成功后，在“命令与输出”对话框中会有提示信息，同时程序自动运行。

成功下载到 RAM 的提示信息如图 3-8 所示。

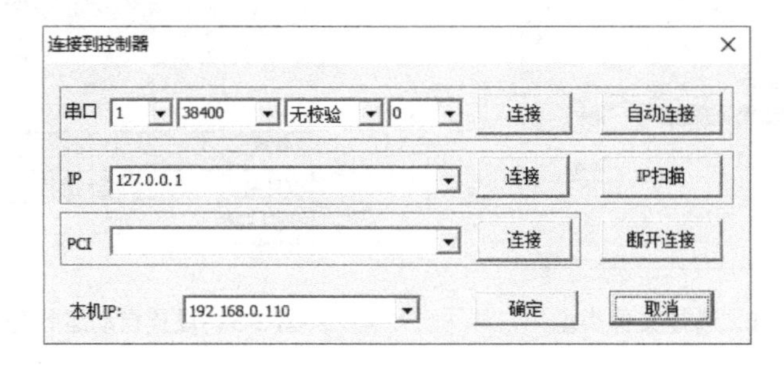

图 3-7 “连接到控制器”对话框

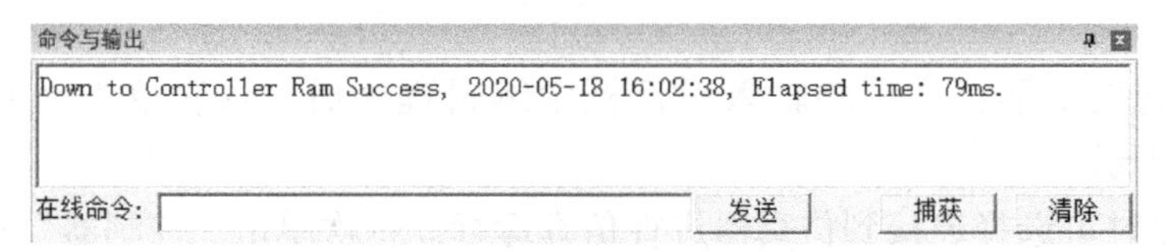

图 3-8 成功下载到 RAM 的提示信息

成功下载到 ROM 的提示信息如图 3-9 所示。

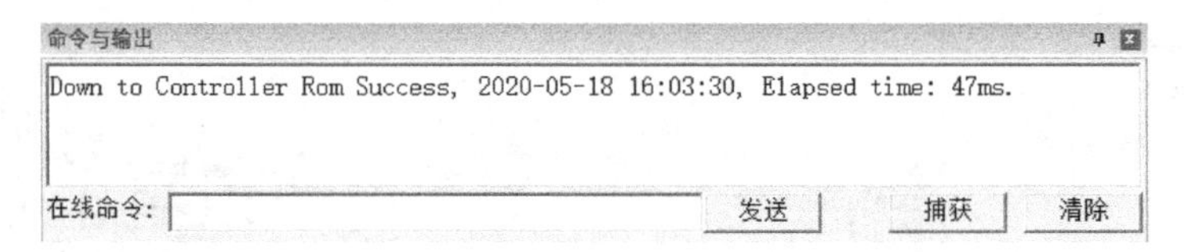

图 3-9 成功下载到 ROM 的提示信息

下载到 RAM 的程序掉电后不保存，下载到 ROM 的程序掉电后保存。下载到 ROM 的程序再次连接控制器之后会自动按照任务号运行。

3.1.2 在线指令

在“命令与输出”对话框中可以查询输出控制器的各种参数、控制轴运动信息、打印程序运行结果、打印程序错误信息，如图 3-10 所示。软件开发人员在程序中给出的打印输出函数（由?、PRINT、WARN、ERROR、TRACE 等指令输出）。

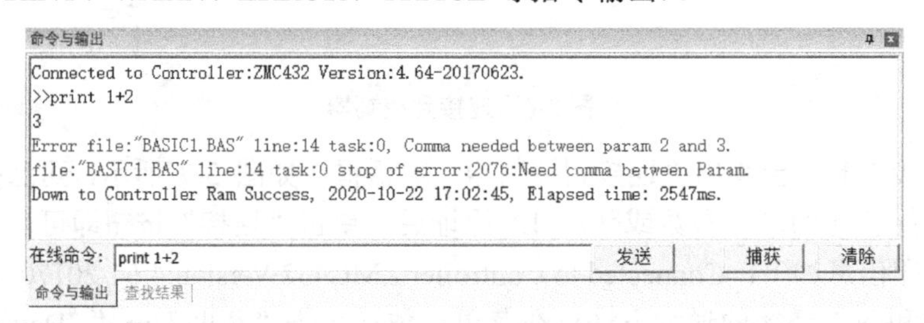

图 3-10 “命令与输出”对话框

?为 PRINT 的简写，WARN 为警告信息，ERROR 为错误信息，TRACE 为打印信息。

其中，WARN、ERROR、TRACE 等指令是否输出由 ERRSWITCH 指令控制。

语法：ERRSWITCH=switch

switch：调试输出的开关，各值的含义如表 3-1 所示。

表 3-1　switch 值的含义

switch 值	含　义
0	TRACE、WARN、ERROR 指令全部不输出
1	只输出 ERROR 指令
2	输出 WARN、ERROR 指令
3	TRACE、WARN、ERROR 指令全部输出
4	TRACE、WARN、ERROR 指令全部输出，以及运动指令监控

连接控制器或仿真器后就可以使用在线指令功能，而不受程序运行状态的限制。“清除”按钮用于清空“命令与输出”对话框中的所有内容。

单击“捕获”按钮后弹出“另存为”对话框，默认保存文件的类型为 txt 文件，原“捕获”按钮变为“捕获中”按钮，如图 3-11 所示，将接下来“命令与输出”对话框中输出的所有内容都保存到该 txt 文件中，直到再次按下“捕获中”按钮，停止捕获保存信息。

图 3-11　“捕获”按钮的作用

常用打印查看指令有以下几种。

?*set　打印所有参数值。

?*task　打印任务信息，任务正常时只打印任务状态，任务出错时还会打印出错误任务号、具体错误行。

?*max　打印所有规格参数。

?*file　打印程序文件信息。

?*setcom　打印当前串口的配置信息。

?*base　打印当前任务的 BASE 列表（140123 以上版本支持）。

?*数组名　打印数组的所有元素，数组长度不能太大。

?*参数名　打印所有轴的单个参数。

?*ethercat　打印 EtherCAT 总线连接设置状态。

?*rtex　打印 RTEX 总线连接设置状态。

?*frame　打印机械手参数（161022 及以上版本支持）。

?*slot　打印控制器槽位接口信息（RTEX 接口、EtherCAT 接口）

?*port　打印所有 PORT 通信接口信息。

例如，?*max 示例如图 3-12 所示。不同型号的控制器硬件规格是不同的，因此图 3-12 中的信息仅供参考，具体说明如下。

max_axis:32　所有轴的最大轴数。

max_motor:32　最大可控电动机轴数。

max_movebuff:4096　每个轴或轴组的最大运动缓冲。

max_in:30,4096　控制器自带 IN 输入个数，最大支持 IN 输入个数。

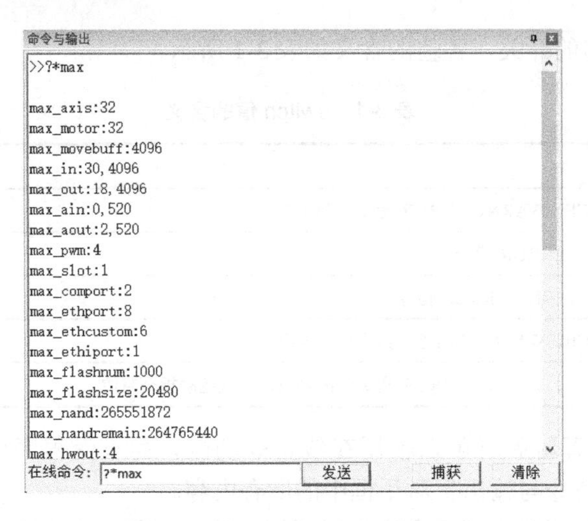

图 3-12 打印所有规格参数示例

max_out:18,4096 控制器自带 OUT 输出个数，最大支持 OUT 输出个数。

max_ain:0,520 控制器自带模拟量输入个数，最大支持模拟量输入个数。

max_aout:2,520 控制器自带模拟量输出个数，最大支持模拟量输出个数。

max_pwm:4 PWM 输出个数。

max_slot:1 总线个数。

max_comport:2 串口个数。

max_ethport:8 与 PC、API 函数的网口通信连接个数。

max_ethcustom:6 自定义网口通信的连接个数。

max_ethiport:1 控制器互联互通的网口通信连接。

max_flashnum:1000 Flash 块数。

max_flashsize:20480 每个 Flash 的空间大小。

max_nand:265551872 NandFlash 存储的总空间。

max_nandremain:264765440 NandFlash 存储的剩余可用空间。

max_hwout:4 硬件位置比较输出的个数。

max_pswitch:16 软件位置比较输出的最大个数。

max_file:61 系统支持的最大文件数。

max_3file:2 系统最多支持同时运行三次的文件数。

max_task:22 任务数。

max_timer:1024 定时器个数。

max_loopnest:8 内部循环或选择的次数。

max_callstack:8 子程序调用的堆栈层数。

max_local of one sub:16 SUB 的局部变量数。

max_vr:8000 VR 寄存器个数。

max_table:320000 TABLE 数组个数。

max_modbusbit:8000 MODBUS_BIT 位寄存器空间。

max_modbusreg:8000 MODBUS_REG 字寄存器空间。

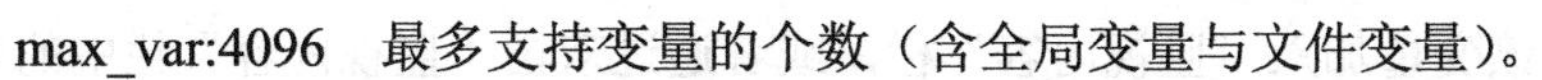

max_var:4096　最多支持变量的个数（含全局变量与文件变量）。

max_array:1024　最多支持数组的个数（含全局数组与文件数组）。

max_arrayspace:2560000　所有数组的总空间。

max_sub:1500　最多支持 SUB 子程序的个数。

max_edgescan:1024　最多支持的上升沿/下降沿扫描个数。

max_lablelength:21　数组与变量等自定义字符的最大长度。

max_hmi:1,x:1024 y:800　支持 1 个远端 HMI，最大尺寸为 1024×800。

function support:Coder Cam MultiMove Circ Merge Frame　支持的运动控制功能。

3.1.3　程序调试

1．进入程序调试

调试功能可以实现快速调试程序，以及查看程序中各任务的运行情况。

ZDevelop 连接控制器后可启动调试，如图 3-13 所示，在菜单栏依次单击“调试”→“启动/停止调试”，弹出如图 3-14 所示“进入调试”对话框。

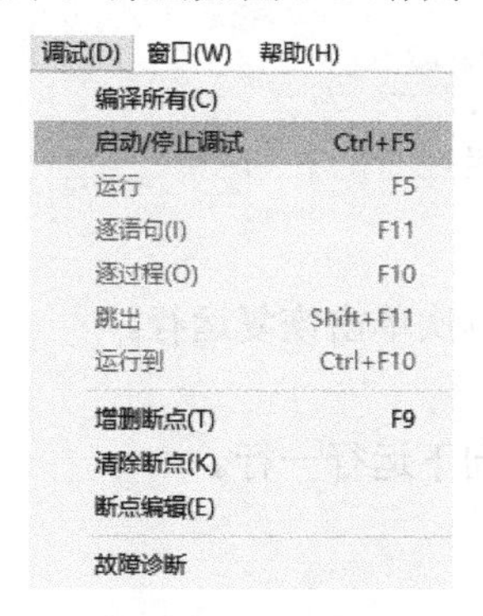

图 3-13　启动调试

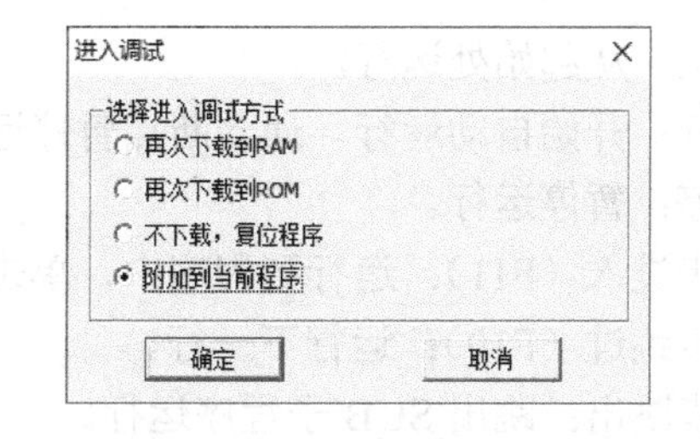

图 3-14　“进入调试”对话框

进入调试有以下四种方式。

（1）再次下载到 RAM：程序再次下载到 RAM 运行，RAM 掉电不保存。

（2）再次下载到 ROM：程序再次下载到 ROM 运行，ROM 掉电保存。

（3）不下载，复位程序：不下载程序，在重新运行之前下载的程序，并打开“任务”对话框显示目前的运行状态。

（4）附加到当前程序：不下载程序，仅打开“任务”对话框显示目前的运行状态。

2．“监视”与“任务”对话框

选择进入调试的方式后，单击“确定”按钮，即可打开“监视”与“任务”对话框，如图 3-15 所示。

“任务”对话框用于查看任务的运行状态、任务所在的文件和行号。

可以把全局变量和文件模块变量等有效表达式加入“监视”对话框，不支持局部变量，程序运行时自动获取并显示参数值。也可以在调试状态下，在程序编辑区选择并右击变量，单击“增加到监视”将该变量加入“监视内容”栏，或者通过双击“监视内容”栏中的名称来修改或增加监视项。

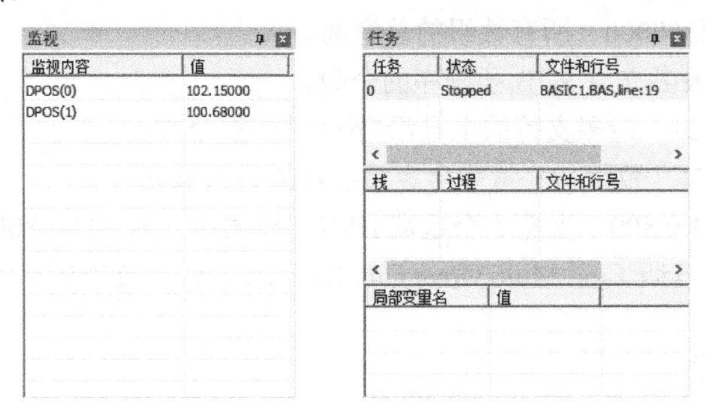

图 3-15　“监视”与“任务”对话框

3．调试工具栏的使用

开启程序调试后，调试工具栏变为有效，如图 3-16 所示，按从左到右的顺序，各按钮介绍如下。

图 3-16　调试工具栏

（1）复位：从起始处运行。

（2）运行：开始自动运行，遇到断点暂停运行，再次单击恢复运行。

（3）暂停：暂停运行。

（4）单步进入（F11）：运行到程序中，单击一次向下运行一行。

（5）单步跳过（F10）：运行下一行。

（6）单步跳出：跳出 SUB 子程序运行。

（7）运行到：运行到光标指定行。

（8）设置断点：单击一次设置断点，在原位置再次单击取消断点。

（9）强制停止所有程序运行。

当程序与控制器设置不一致或对程序修改后没有及时下载，会导致调试指定的行号时产生偏移。

暂停时，当前已经提交的运动并不会暂停。

4．断点调试

增加断点可以捕获或暂停程序的运行。

断点调试可以查看程序运行的具体过程，主要用于检查程序逻辑错误。配合监视内容和轴参数变化情况可以查看程序每执行一步对寄存器、变量、数组等的影响。

可使用快捷键 F9 或在菜单栏依次单击“调试”→“增删断点”设置断点，如图 3-17 所示。断点可以添加多个。在菜单栏依次单击“调试”→“清除断点”可一次性清除项目文件中的所有断点。如图 3-18 所示，在“编辑断点”对话框中可快速清除目标断点或定位到断点处编辑代码。

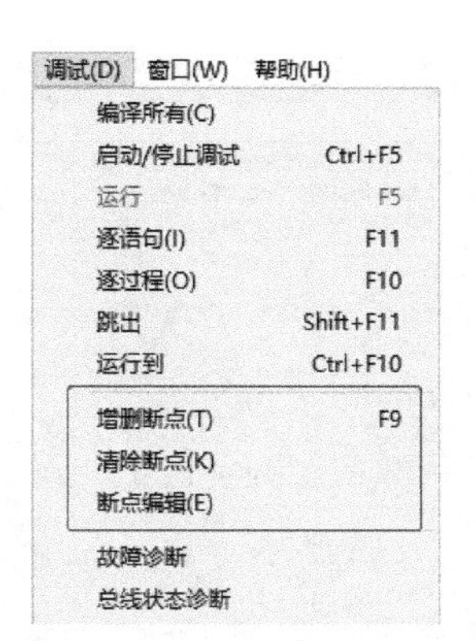

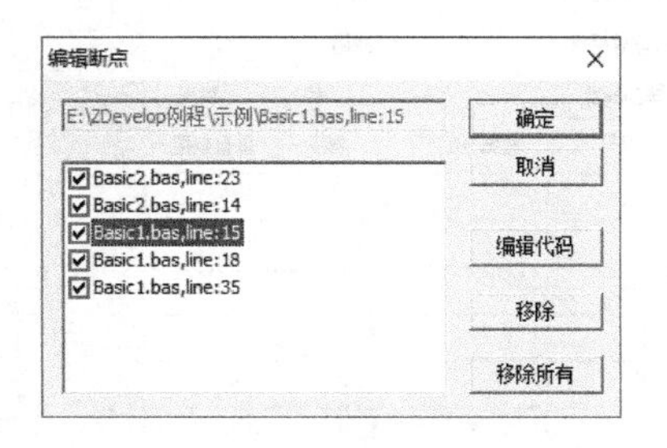

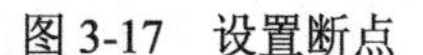
图 3-17　设置断点

图 3-18　“编辑断点”对话框

程序停止在断点处后，可以进行逐步调试，每按一次快捷键 F11 程序就向下执行一行。

如图 3-19 所示，调试的光标停在第 17 行，此时第 17 行语句并未执行，第 16 行语句已执行，按快捷键 F11 才能执行第 17 行语句。

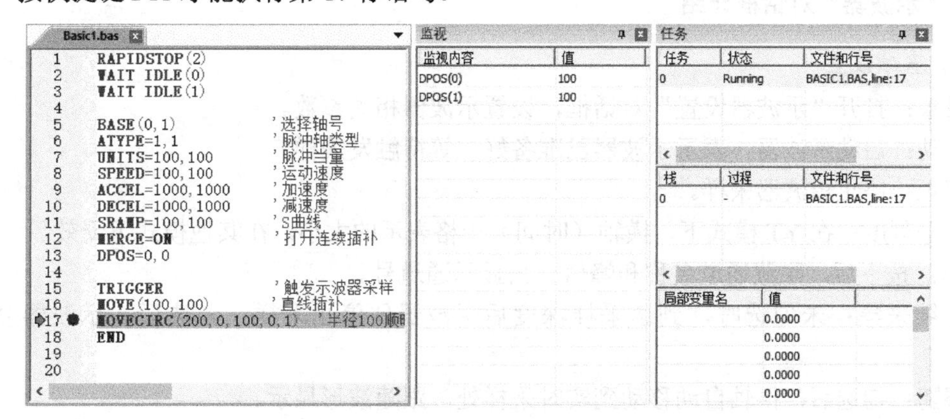

图 3-19　断点调试举列

如果断点设置在循环中，那么每次循环运行到断点处时，程序都会暂停。

程序调试完成后，需要清除所有断点，再下载程序到控制器运行，否则会打印提示信息 Warn file:"Basic1.BAS" line:17 task:0, Paused.，断点后的程序暂不运行。

程序在运行过程中出现 Warn 警告时，仍可以继续运行；程序下载后出现 ERROR 错误时会停止运行。

3.1.4　示波器

示波器是程序调试与运行中极其重要的部分，它用于把肉眼看不到的信号转换成图形，以便用户研究各种信号的变化过程。示波器利用控制器内部处理的数据，把数据显示为图形。示波器可以显示各种不同的信号，如轴参数、轴状态等。在菜单栏中依次单击“视图”→“示波器”，弹出“示波器”对话框，如图 3-20 所示。

示波器必须先启动后触发才能成功采样。设置相关参数后单击“启动”按钮，可手动触发采样，也可在程序中加入 TRIGGER 指令触发示波器采样。

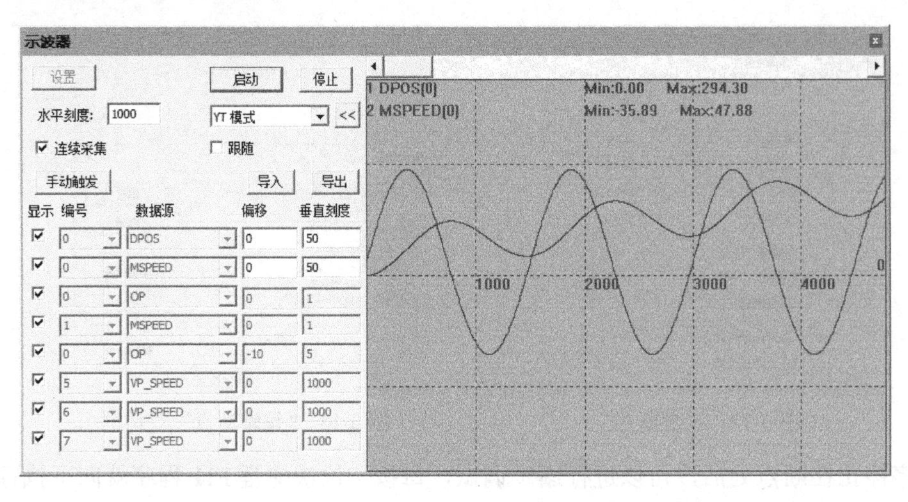

图 3-20 “示波器”对话框

1.“示波器”对话框介绍

1）基础设置

设置：打开“示波器设置”对话框，设置示波器相关参数。

启动：启动示波器，表示示波器已准备好，等待触发采样。

停止：停止示波器采样。

水平刻度：在 YT 模式下，横轴（时间）一格表示的大小，在其他模式下无效。

<<：按下后，隐藏通道名称和峰值，只显示通道号。

连续采集：未勾选时，到达采样深度后示波器便停止采样；勾选后，示波器会持续采样。

跟随：勾选后，横轴自动移动到实时采样处，跟随波形显示。

手动触发：手动触发示波器采样按钮，自动触发使用 TRIGGER 指令。

导入/导出：导出指将示波器采样数据导出为 txt 文件；再次加载时，可导入数据。

2）显示模式

YT 模式：显示不同数据源随时间变化的曲线。

XY 模式：显示两个轴在某个平面的合成轨迹，将第一、二通道的曲线合成显示，适用于两轴插补运动。

XYZ 模式：显示三个轴在空间的合成轨迹，将第一、二、三通道的曲线合成显示，适用于三轴插补运动。

3）采样数据设置

显示：勾选需要显示曲线的通道。

编号：选择需要采集的数据源编号，需参考数据源，如轴号、数字量 I/O 编号、模拟量 I/O 编号、TABLE 编号、VR 编号、MODBUS 编号等。

数据源：选择要采集的数据类型，有多种类型可选。

偏移：设置波形纵轴偏移量。

垂直刻度：纵轴一格表示的大小。

4）示波器设置

单击“设置”按钮，弹出如图 3-21 所示“示波器设置”对话框。

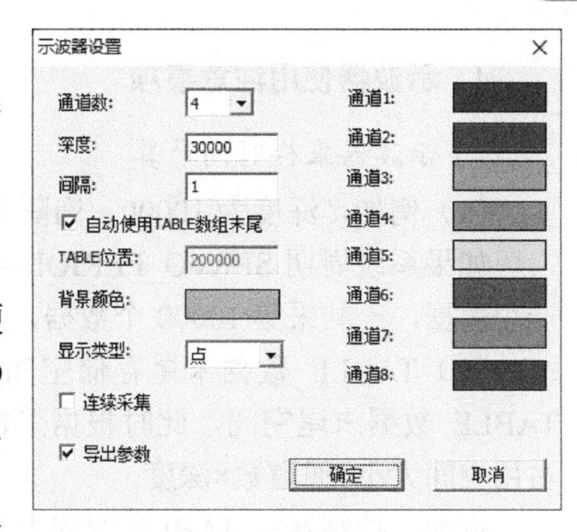

图 3-21 “示波器设置”对话框

通道数：选择要采样的通道总数。

深度：采样总次数，深度越大采样范围越大。

间隔：采样时间间隔，单位为系统周期，与控制器硬件版本有关，默认为 1ms，可使用指令 SERVO_PERIOD 查看。一般来说，间隔越小，采样数据越准确，单位时间内数据量越大。

TABLE 位置：设置采样数据存放的位置，一般默认勾选自动使用 TABLE 数据末尾，也可以自定义配置，但是设置时注意不要与程序使用的 TABLE 数据区域重合。

背景颜色/通道：设置背景/每个通道波形的颜色。

显示类型：可选点或线段。线段显示更容易发现异常的数据。

连续采集：若未勾选，则连续采样时到达采样深度便停止；若勾选，则持续采样。

导出参数：需要导出示波器数据时勾选。

2．示波器数据导入/导出

（1）导入：示波器必须在停止状态下才能导入数据，导入成功后能复现采样波形。

导入采样数据方法：单击“示波器”对话框中的“导入”按钮，选择导入的数据文件类型与之前从示波器导出的文件类型相同即可。

（2）导出：导出参数包括示波器参数设置情况，以及各个通道的数据类型和所有采样数据。

导出采样数据的方法：首先在“示波器设置”对话框中勾选“导出参数”，然后启动示波器采样，采样完成后单击“导出”按钮，选择文件夹保存示波器数据，导出数据文件为文本文件。

3．示波器采样方法

（1）打开项目，先连接控制器或仿真器，再打开“示波器”对话框。

（2）在“示波器”对话框中单击“设置”按钮，打开“示波器设置”对话框，设置采样通道数、采样深度、采样间隔、采样数据 TABLE 存储位置（一般自动使用 TABLE 数组末尾空间即可）和显示类型等，设置完成后单击“确认”按钮保存当前设置。

（3）在“示波器”对话框中选择采样数据编号和数据源，单击“启动”按钮。

（4）将程序下载到控制器并运行，程序里需要包含 TRIGGER 自动触发示波器采样指令，此时示波器开始采样，显示不同数据源的波形。可调整显示刻度和波形偏移，以便观察波形。

若波形精度不高或显示不完整，则可单击“停止”按钮后再次单击“设置”按钮，在“示波器设置”对话框中调整采样间隔和采样深度后重新执行上述操作。

若需要采样的时间较长，则应在“示波器设置”对话框中勾选“连续采集”。

4．示波器使用注意事项

1）示波器采样时间计算

（1）例如，深度为 10000，间隔为 5。

如果系统周期 SERVO_PERIOD=1000（1ms 轨迹规划周期），则间隔 5 表示每 5ms 采集一个数据，一共采集 10000 个数据，采样时间为 50s。

（2）TABLE 数据末尾存储空间计算：设置采样数据存放的位置，一般默认自动使用 TABLE 数据末尾空间，此时根据采样数据占用空间大小自动计算起始空间地址。采样数据占用空间大小=通道数×深度。

例如，控制器的 TABLE 空间大小为 320000，采样 4 个通道，深度为 30000，每个采样数据占用 1 个 TABLE，共占用 4×30000 = 120000 个 TABLE 位置，320000−120000=200000，此时 TABLE 的起始位置为 200000。

数据存放的位置也可以自定义。仍以上述通道数和深度为例，TABLE 空间的起始位置不能超过 200000，否则无法设置，如图 3-22 所示。

示波器采样数据占用的空间不要与程序使用的 TABLE 数据区域重合。

控制器 TABLE 空间大小可使用 TSIZE 指令读取，可在“控制器状态”对话框查看，或用在线指令?*max 打印查看。

2）连续采集功能

不勾选“连续采集”时，到达采样深度后示波器自动停止采样。

勾选“连续采集”，如图 3-23 所示，再开启示波器，示波器触发采样后会持续采样，到达采样深度后仍继续采样，直到单击“停止”按钮才会停止采样。

连续采集的所有波形采样数据均能导出。

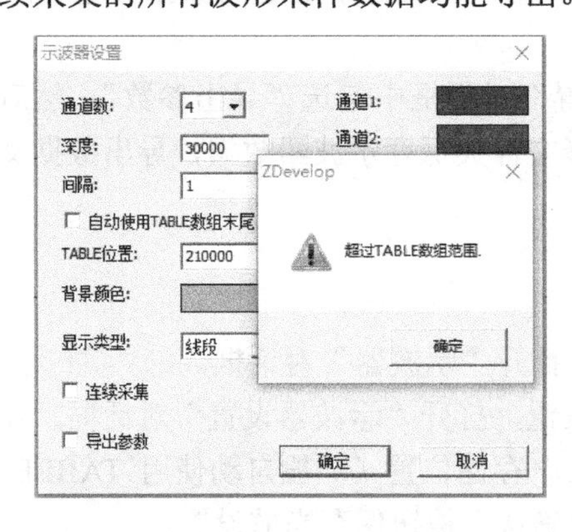

图 3-22　TABLE 空间的起始位置超范围

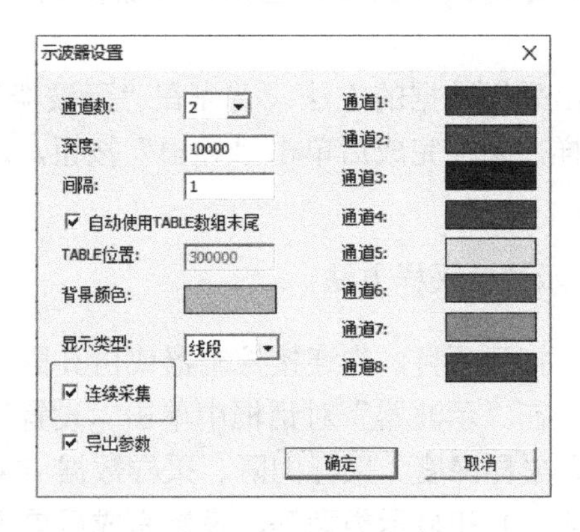

图 3-23　勾选“连续采集”

5．示波器使用例程

例程一：连续轨迹前瞻应用。

```
RAPIDSTOP(2)
WAIT IDLE(0)
WAIT IDLE(1)
```

```
BASE(0,1)
DPOS=0,0
ATYPE=1,1
UNITS=100,100
SPEED=100,100
ACCEL=1000,1000
DECEL=1000,1000
SRAMP=100,100
MERGE=ON
CORNER_MODE=2                       '启动拐角减速
DECEL_ANGLE = 15 * (PI/180)         '设置开始减速角度
STOP_ANGLE = 45 * (PI/180)          '设置结束减速角度
FORCE_SPEED=100                     '等比减速时起作用
TRIGGER                             '自动触发示波器
MOVE(100,100)
MOVECIRC(200,0,100,0,1)             '半径 100 顺时针画半圆，终点坐标为（300,100）
END
```

采集到的位置和速度波形如图 3-24 所示；XY 模式下的合成插补轨迹如图 3-25 所示。

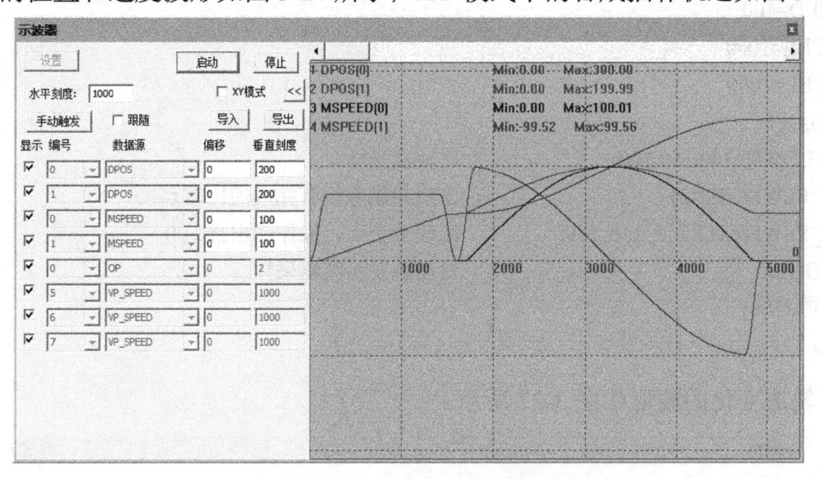

图 3-24　位置和速度波形

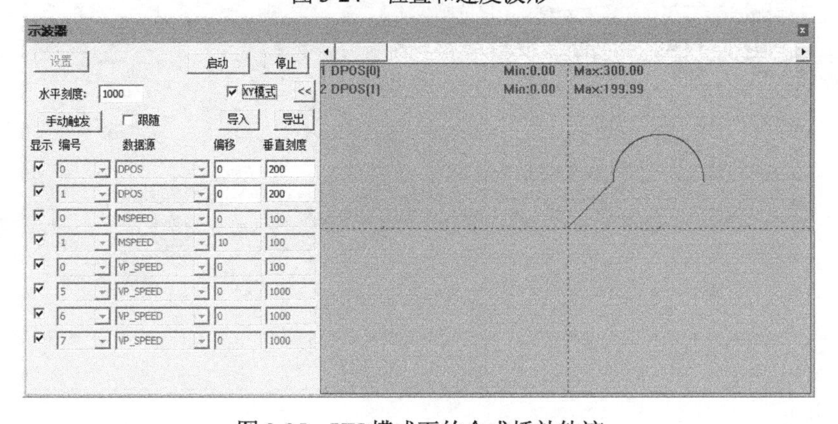

图 3-25　XY 模式下的合成插补轨迹

例程二：PSO 位置同步输出，到达比较点时输出 OP 信号，示意图如图 3-26 所示。

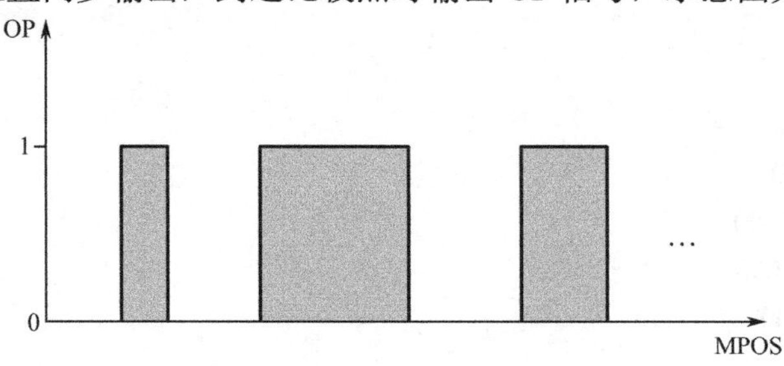

图 3-26　PSO 位置同步输出示意图

```
RAPIDSTOP(2)
WAIT IDLE(0)

BASE(0)
DPOS=0
MPOS=0
ATYPE=1
UNITS=100
SPEED=100
ACCEL=1000
DECEL=1000
OP(0,OFF)
TABLE(0,50,100,150,200)             '比较点坐标
HW_PSWITCH2(2)                      '停止并删除没有完成的比较点
HW_PSWITCH2(1, 0, 1, 0, 3,1)        '比较 4 个点，操作输出接口 0
TRIGGER                             '自动触发示波器采样
MOVE(300)
END
```

输出随轨迹变化的波形如图 3-27 所示。

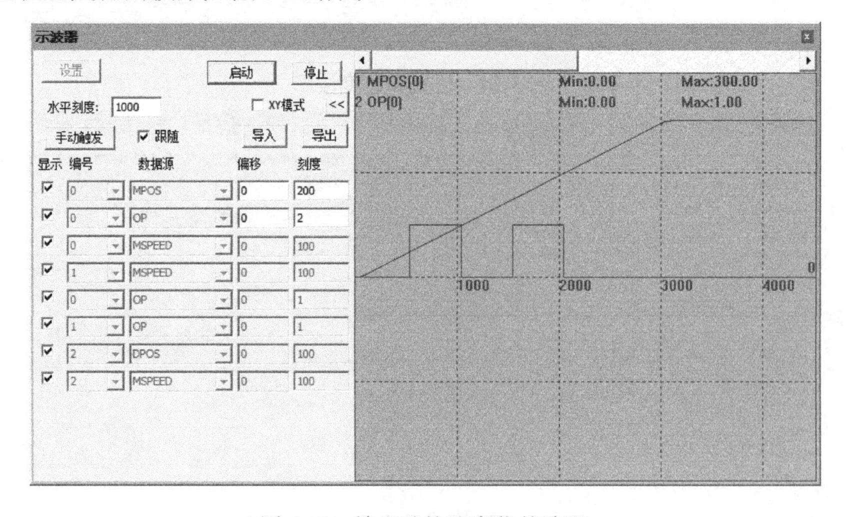

图 3-27　输出随轨迹变化的波形

例程三：电子凸轮的应用。

```
RAPIDSTOP(2)
WAIT IDLE(0)

BASE(0)          '选择第 0 轴
ATYPE=1          '脉冲方式步进或伺服
DPOS = 0
UNITS = 100      '脉冲当量
SPEED = 200
ACCEL = 2000
DECEL = 2000

'计算 TABLE 的数据
DIM deg, rad, x, stepdeg
stepdeg = 2      '修改段数，段数越多速度越平稳
FOR deg=0 TO 360 STEP stepdeg
    rad = deg * 2 * PI/360                     '转换为弧度
    X = deg * 25 + 10000 * (1-COS(rad))        '计算每小段位移
    TABLE(deg/stepdeg,X)                       '存储 TABLE
    TRACE deg/stepdeg,X
NEXT deg

TRIGGER          '触发示波器采样
WHILE 1          '循环运动
    CAM(0, 360/stepdeg, 0.1, 300)      '虚拟跟踪总长度为 300
    WAIT UNTIL IDLE                    '等待运动停止
WEND
END
```

每个凸轮指令的运动总时间=distance/speed=300/200=1.5（单位：秒）。

凸轮速度和位置的波形如图 3-28 所示。

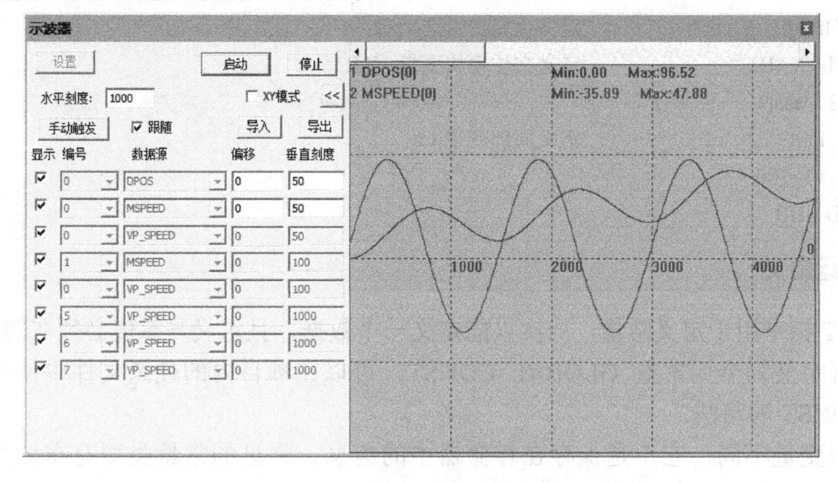

图 3-28　凸轮速度和位置的波形

3.2 控制器使用基础

在控制器编程中，Basic 与 PLC 的资源是共享的，PLC 可使用指令直接调用 Basic 的指令。

3.2.1 自定义变量与子函数

自定义变量或 SUB 子函数名称时要注意字符长度，在线指令?*max 可打印查看 max_lablelength 参数，获知控制器支持的参数长度，如图 3-29 所示。

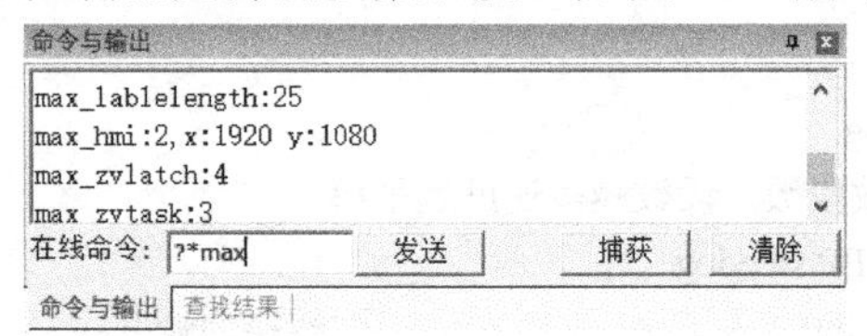

图 3-29　查看控制器支持的自定义参数字符长度

1．变量定义

用户可以自定义变量。变量用于暂时保存与外部设备的通信数据或任务内部处理需要的数据，即用于保存带名称和数据类型等属性的数据，无须指定变量的存储器地址分配。

变量定义指令分为全局变量（GLOBAL）、文件模块变量（DIM）、局部变量（LOCAL）三种。

全局变量（GLOBAL）：可以在项目内的任意文件中使用。

文件模块变量（DIM）：只能在本程序文件内部使用。

局部变量（LOCAL）：主要用在 SUB 中，其他文件无法使用。

变量可以不经过定义直接赋值，此时的变量默认为文件模块变量。

示例：

```
GLOBAL  g_var2            '定义全局变量 g_var2
DIM  VAR1                 '定义文件模块变量 VAR1
SUB  aaa()
    LOCAL  v1             '定义局部变量 v1
    v1=100
END SUB
```

2．常量定义

CONST 指令用于定义常量，一次只能定义一个数据，且定义与赋值必须在同一行。

常量可定义为全局常量 GLOBAL CONST，可以在项目内的任意文件中使用，不存在 LOCAL CONST 的写法。

常量与变量不同，它不是保存在存储器中的信息。常见的常量类型有布尔型、字符串型、时间型、日期型、整型等。

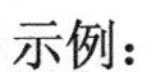

示例：

```
CONST     MAX_VALUE = 100000          '定义文件常量
GLOBAL CONST     MAX_AXIS=6           '定义全局常量
```

3．数组定义

数组定义是指将相同属性的数据集中后对其进行统一定义，并对数据个数进行指定。构成数组的各数据称为元素。

数组定义相关指令为 GLOBAL、DIM，不支持 LOCAL 定义。

数组定义时应注意数组空间大小的指定，不能使用超出定义范围的空间，否则程序会报错，并显示数组空间超限。

示例：

```
DIM    array1(15)        '定义文件数组，可使用的数组空间编号为0～14，共15个空间
GLOBAL    array2(10)  '定义全局数组，可使用的数组空间编号为0～9，共10个空间
```

4．SUB 子函数定义

SUB 指令用于定义子函数。子函数可以定义为 SUB 文件，或前面增加 GLOBAL 指令定义为全局使用的 SUB 过程，跨文件调用子函数必须增加 GLOBAL 指令定义为全局 SUB。

SUB 子函数可作为一个子函数开启，运行 END SUB 后返回主函数；也可以使用 RUN 或 RUNTASK 指令开启，作为一个任务单独运行，开启后与主程序无关，运行完成后子函数任务结束，不返回主函数。

示例：

```
SUB sub1()                              '定义过程sub1，只能在当前文件中使用
    ?1
    ...
END SUB                                 '自定义SUB过程结束

GLOBAL SUB g_sub2()                     '定义全局过程g_sub2，可以在任意文件中使用
    ?2
    ...
END SUB                                 '自定义SUB过程结束

GLOBAL SUB g_sub3(para1,para2)          '定义全局过程g_sub3，传递两个参数
    ?para1,para2
    ...
     RETURN para1+para2                 '函数返回参数相加
END SUB                                 '自定义SUB过程结束
```

3.2.2　寄存器与数据存储

控制器的寄存器主要有 TABLE、Flash、VR、MODBUS。将 ZDevelop 与控制器连接

后，可通过在菜单栏依次单击“控制器”→“控制器状态”，打开“控制器状态”对话框查看该控制器各寄存器的用户空间大小，如图 3-30 所示；也可以通过在“命令与输出”对话框中输入指令?*max 来查看各寄存器的数量，不同的控制器存储容量大小不同。

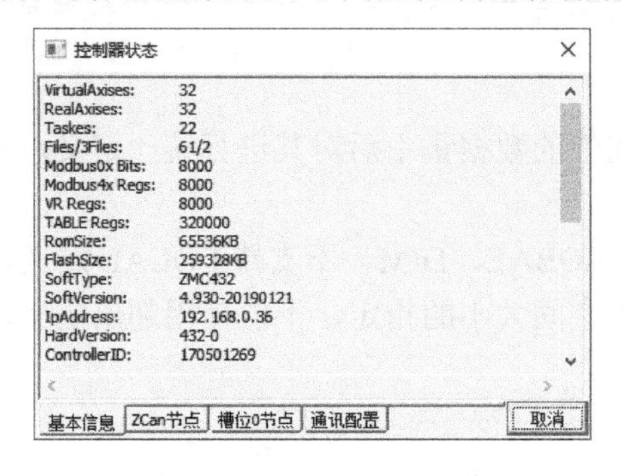

图 3-30　查看寄存器空间

1．TABLE

TABLE 是控制器自带的一个超大数组寄存器，数据类型为 32 位浮点型（正运动 4 系列及以上产品为 64 位浮点型），掉电不保存。

编写程序时，TABLE 数组不需要定义，可直接使用，索引下标从 0 开始。

ZBasic 的某些指令可以直接读取 TABLE 内的值作为参数，使用时先将参数存储在 TABLE 的某个位置，再使用指令参数调用 TABLE 数据，如 CAM、CAMBOX、CONNFRAME、CONNREFRAME、MOVE_TURNABS、B_SPLINE、CAN、CRC16、DTSMOOTH、PITCHSET、HW_PSWITCH 等指令。

示波器采样的参数存储在 TABLE 数组的末尾，因此在开发应用时要注意 TABLE 区域的分配与使用，不要与示波器采样的数据存储区域重合。

（1）用 TABLE 指令读/写数据。

```
TABLE(0) = 10                'TABLE(0)赋值为 10
TABLE(10,100,200,300)        '批量赋值，TABLE(10)赋值为 100，TABLE(11)赋值为 200，
                             TABLE(12)赋值为 300
```

（2）TSIZE 指令可读取 TABLE 空间大小，还可修改 TABLE 空间大小（不能超出 TABLE 最大空间）。

```
PRINT   TSIZE                '打印控制器 TABLE 大小
TSIZE=10000                  '设置 TABLE 的大小，不能超过控制器 TABLE 的最大 SIZE
```

（3）TABLESTRING 指令按照字符串格式打印 TABLE 中的数据。

```
TABLE(100,68,58,92)
PRINT TABLESTRING(100,3)     '以字符串形式打印数据，转换为 ASCII 码
打印结果：D:\
```

2．Flash

Flash 具有掉电存储功能，读/写次数限制为 10 万次左右，长期不上电也不会丢失数据，

一般用于存放较大的、不需要频繁读/写的数据，如加工的工艺文件。可以用一个扇区或者几个扇区来保存一个加工的工艺文件。

读/写时要注意操作的变量、数组等的名称和顺序应一致，否则会导致数据错乱。

如图 3-31 所示，Flash 在使用时是按块编号的，块数可由 FLASH_SECTES 指令查看，不同控制器的 Flash 的块数与块数据大小有所不同，每块数据的大小都可由 FLASH_SECTSIZE 指令查看。

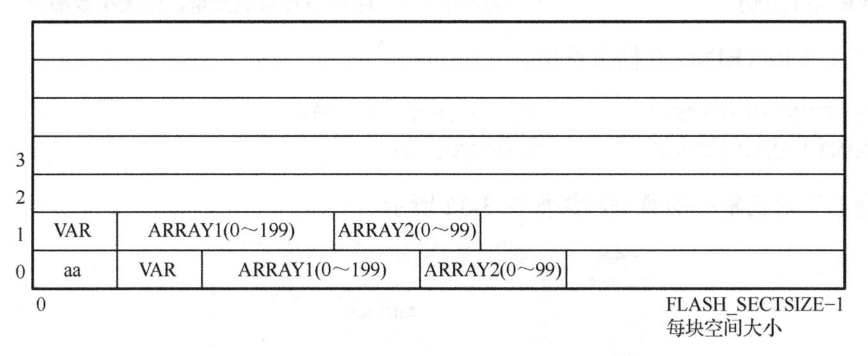

图 3-31　Flash 扇区存储

> **注意：** Flash 在读取之前先要写入，否则会提示警报（WARN）。

Flash 使用方法：

```
GLOBAL   VAR, aa                                   '定义变量
GLOBAL   ARRAY1(200)                               '定义数组
DIM    ARRAY2(100)
'数据存储到 Flash 块：把 VAR、ARRAY1、ARRAY2 数据依次写入 Flash 块 1
FLASH_WRITE 1，VAR，ARRAY1，ARRAY2
FLASH_WRITE 0，aa，VAR，ARRAY1，ARRAY2
'Flash 块数据读取：把 Flash 块 1 的数据依次读入 VAR、ARRAY1、ARRAY2
FLASH_READ 1，VAR，ARRAY1，ARRAY2              '读取顺序与写入顺序一致
```

3．VR

VR 具有掉电存储功能，可无限次读/写，但数据容量较小，一般只有 1024 位或者更少，最新系列控制器的 VR 空间为 8000 位。VR 主要用于保存需要不断修改的数据，如轴参数、坐标等。

VR 能够掉电保存是因为控制器内部有铁电存储器。因为其数据容量较小，所以数据量较大或需要长久保存的数据最好写入 Flash 或导出到 U 盘。

VR 存储数据类型为 32 位浮点型（正运动 4 系列及以上产品为 64 位浮点数），使用指令 VR_INT 可强制保存为 32 位整型，使用指令 VRSTRING 可强制保存为字符串型，保存的是 ASCII 码，一个字符占用一个 VR。

VR、VR_INT、VRSTRING 共用一个空间，地址空间是重叠的，VR 和 VR_INT 的读/写方法相同。

示例一：VR 使用方法。

```
VR(0) = 10.58                 '赋值
aaa = VR(0)                   '读取
```

示例二：VR 寄存器数据相互转换。

```
VR(100)=10.12
VR_INT(100)=VR(100)           '数据转换
?VR_INT(100)                  '打印结果：10，浮点型转换成整型，丢失小数部分
```

示例三：VRSTRING 存储字符串。

```
VRSTRING(0,4) = "abc"         '从 VR(0)开始保存字符串
PRINT VRSTRING(0,4)           '打印结果：abc
```

“寄存器”对话框中的查询结果如图 3-32 所示。

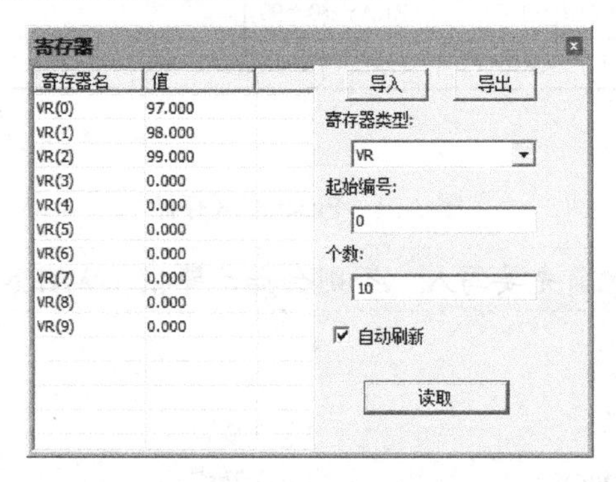

图 3-32 “寄存器”对话框中的查询结果

4．MODBUS

MODBUS 通信的数据使用 MODBUS 存储，MODBUS 符合 MODBUS 标准通信协议，分为位寄存器和字寄存器两类。

位寄存器：MODBUS_BIT，触摸屏一般称为 MODBUS_0X，布尔型。

字寄存器：包含 MODBUS_REG（16 位整型）、MODBUS_LONG（32 位整型）、MODBUS_IEEE（32 位浮点型）、MODBUS_STRING（8 位字符串型），触摸屏一般称为 MODBUS_4X，如图 3-33 所示。

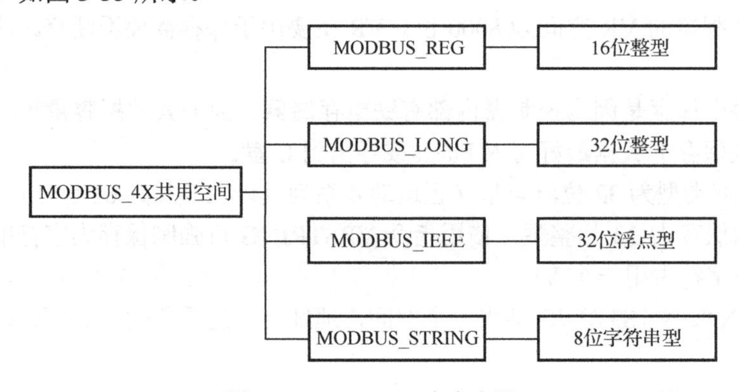

图 3-33 MODBUS 字寄存器

MODBUS 字寄存器占用同一个系统变量空间，其空间共用关系如图 3-34 所示，一个 LONG 占用两个 REG 地址，一个 IEEE 也占用两个 REG 地址，使用时要注意错开字寄存器编号地址。

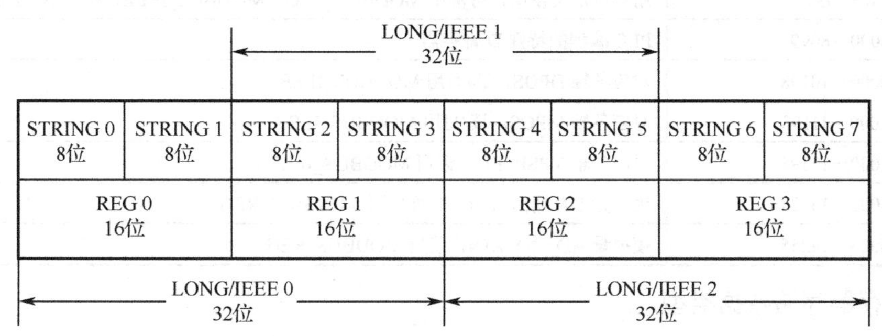

图 3-34　MODBUS 字寄存器空间共用关系

MODBUS_LONG(0)或 MODBUS_IEEE(0)占用 MODBUS_REG(0)与 MODBUS_REG(1)两个 REG 地址。

MODBUS_LONG(1)或 MODBUS_IEEE(1)占用 MODBUS_REG(1)与 MODBUS_REG(2)两个 REG 地址。

因此，要注意 MODBUS_STRING、MODBUS_REG、MODBUS_LONG、MODBUS_IEEE 地址在用户应用程序中不能重叠。

当使用 MODBUS 协议与其他设备通信时，需要将数据放在 MODBUS 寄存器内进行传递，如与触摸屏通信。不进行 MODBUS 通信时，可将 MODBUS 作为控制器本地数组寄存器使用。

控制器直接从 MODBUS_BIT 地址 10000 开始与输入接口 IN 对应，20000 与输出接口 OUT 对应（注意读取的 I/O 是原始的状态，INVERT_IN 反转输入指令不起作用），30000 与 PLC 编程的 S 寄存器对应，MODBUS 位寄存器地址分配如表 3-2 所示。

MODBUS_IEEE 地址从 10000 开始对应轴 DPOS 区间，从 11000 开始对应轴 MPOS 区间，从 12000 开始对应轴 VP_SPEED 区间；MODBUS_REG 从 13000 开始对应模拟量 DA 输出区间，从 14000 开始对应模拟量 AD 输入区间，MODBUS 字寄存器地址分配如表 3-3 所示。

表 3-2　MODBUS 位寄存器地址分配

MODBUS 位寄存器地址	含　义
0～7999	用户自定义使用
8000～8099	PLC 编程的特殊 M 寄存器
8100～8199	轴 0～99 的 IDLE 标志
8200～8299	轴 0～99 的 BUFFER 剩余标志
10000～14095	对应输入接口 IN
20000～24095	对应输出接口 OUT
30000～34095	对应 PLC 编程的 S 寄存器

表 3-3　MODBUS 字寄存器地址分配

MODBUS 字寄存器地址	含　义
0～7999	用户自定义使用，可混用 MODBUS_REG、MODBUS_IEEE、MODBUS_LONG
8000～8099	PLC 编程的特殊 D 寄存器
10000～10198	对应各轴 DPOS，读/写用 MODBUS_IEEE
11000～11198	对应各轴 MPOS，读/写用 MODBUS_IEEE
12000～12198	对应各轴 VPSPEED，读用 MODBUS_IEEE
13000～13127	模拟量 DA 输出 AOUT，读/写用 MODBUS_REG
14000～14255	模拟量 AD 输入 AIN，读用 MODBUS_REG

5．寄存器存储数据类型

常用寄存器存储的数据类型和每个数据存储单元的取值范围如表 3-4 所示。

表 3-4　寄存器属性

寄存器类型	数 据 类 型	取 值 范 围
MODBUS_BIT	布尔型	0 或 1
MODBUS_REG	16 位整型	-32768～32767
MODBUS_LONG	32 位整型	-2147483648～2147483647
VR_INT		
MODBUS_IEEE	32 位浮点型	-3.4028235E+38～-1.401298E-45
VR		
TABLE，自定义数组、变量（ZMC3 系列及之前）		
TABLE，自定义数组、变量（ZMC4 系列及之后）	64 位浮点型	1.7E-308～1.7E+308
VRSTRING	字符串型	1 个字符占 1 个 VR
MODBUS_STRING	字符串型	1 个字符占 8 位

不同类型数据之间的操作，会产生下列问题。

（1）数据丢失：浮点型向整型转换时会丢失小数部分。

示例：

```
VR(0)=10.314
MODBUS_REG(0)=0
MODBUS_REG(0)=VR(0)
?MODBUS_REG(0)          '结果为 10
```

（2）强制转换：整型存储到浮点型寄存器后会变成浮点型，再使用整型方式操作数据时可能会出错。

单精度数据只有 7 位有效数字，在计算的过程中如果有长期累加的数值，建议使用正运动 4 系列控制器。例如，获取日期时，不要使用单精度浮点型存储，因为日期格式是 8 位的，而单精度浮点数有效位只有 7 位，建议直接使用 32 位整型 MODBUS_LONG 来存储。

6．PLC 与 Basic 寄存器的对应关系

控制器兼容不同的编程语言，于是系统的 PLC 与 Basic 资源存在交叉关系，对应关系如表 3-5 所示。

表 3-5　PLC 与 Basic 寄存器的对应关系

PLC		Basic	
输入继电器 X	X0～X7	输入接口 IN	IN(0)～IN(7)
	X10～X17		IN(8)～IN(15)
	X20～X27		IN(16)～IN(23)
	X1770～X1777		IN(1016)～IN(1023)
输出继电器 Y	Y0～Y7	输出接口 OP	OP(0)～OP(7)
	Y10～Y17		OP(8)～OP(15)
	Y20～Y27		OP(16)～OP(23)
	Y1770～Y1777		OP(1016)～OP(1023)
辅助继电器 M	M0	MODBUS_BIT	MODBUS_BIT(0)
	M1		MODBUS_BIT(1)
	M1023		MODBUS_BIT(1023)
特殊继电器 D	D0	MODBUS_REG	MODBUS_REG(0)
	D1	MODBUS_LONG	MODBUS_REG(1)
	D1023	MODBUS_IEEE	MODBUS_REG(1023)
浮点寄存器 DT	DT0	TABLE	TABLE(0)
	DT1		TABLE(1)
	DT1023		TABLE(1023)
EXE　@Basic 指令	EXE　@MOVE(100)	Basic 指令	MOVE(100)
	EXE　@UNITS=100,100		UNITS=100,100
	EXE　@TABLE(0)=1.23		TABLE(0)=1.23

3.2.3　中断

控制器的中断分为三种，分别为掉电中断、外部中断、定时器中断。Basic 编程与 PLC 编程均支持这三类中断。

使用中断前必须开启中断总开关，为了避免程序没有完成初始化便进入中断，控制器上电时中断总开关默认是关闭的。

中断运行时，中断程序单独占用一个任务号运行。

1．掉电中断

控制器只有一个掉电中断，必须是全局的 SUB 函数。掉电中断在掉电瞬间触发执行，执行的时间很有限，因此只能写很少几条语句，将数据存储在 VR 里。

相关函数：ONPOWEROFF。

示例：

```
INT_ENABLE = 1
DPOS(0)=VR(0)                    '上电读取保存的数值，恢复坐标
DPOS(1)=VR(1)
DPOS(2)=VR(2)
END                              '主程序结束
```

```
GLOBAL SUB ONPOWEROFF ()          '掉电中断
    VR(0) = DPOS(0)               '保存坐标到 VR
    VR(1) = DPOS(1)
    VR(2) = DPOS(2)
END SUB
```

2. 外部中断

外部中断可设置上升沿触发或下降沿触发，必须是全局的 SUB 函数，目前只有 IN 0～31 可以使用，支持同时开启多个中断，必须是支持 PLC 功能的硬件才可使用。

相关函数：上升沿中断 INT_ON*n*、下降沿中断 INT_OFF*n*。

示例：

```
INT_ENABLE=1                  '开启中断
END                           '主程序结束

GLOBAL SUB INT_ON0 ()         '外部上升沿中断程序
    PRINT "输入 IN0 上升沿触发"
END SUB

GLOBAL SUB INT_OFF0 ()        '外部下降沿中断程序
    PRINT "输入 IN0 下降沿触发"
END SUB
```

3. 定时器中断

定时器中断是在达到设定时间后执行定时器中断函数，必须是全局的 SUB 函数。可同时开启多个定时器中断，个数由定时器个数决定，定时器个数由控制器型号决定，可输入指令?*max 打印查看。

相关函数：ONTIMER*n*，*n* 的取值范围为 0～定时器最大编号减 1。

示例：

```
INT_ENABLE=1                  '开启中断
TIMER_START(0,100)            '定时器 0 开启，100ms 后执行一次
END                           '主程序结束

GLOBAL SUB ONTIMER0()         '中断程序
    PRINT "ontimer0 enter"
    'TIMER_START(0,100)        '希望周期执行中断，在 SUB 里再次打开定时器
END SUB
```

中断使用注意事项如下。

各中断无优先级区别，支持中断嵌套，多个中断可以同时执行，同一时间处理的中断函数不宜过多。

控制器内部只有一个任务在处理所有的中断信号响应，有一个固定的中断任务号，如果一个中断程序处理的函数过多，并且中断程序代码太长，则会造成所有的中断响应都变慢，甚至使中断堵塞，影响其他中断执行。

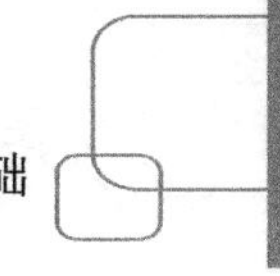

因此，应尽量减少中断的数量，尽量用循环扫描来处理。如果一个中断程序的代码特别长，则可调用一个单独的任务来处理中断中的复杂任务，这样就不会堵塞其他的中断响应了。

3.2.4　运动缓冲

1．运动缓冲的概念

在运行运动指令时，为了防止程序堵塞，控制器提供了一个缓冲区来保存进入运动指令的队列，使程序正常向下运行，不会堵塞，这个功能叫作运动缓冲。

正运动控制器具有多级运动缓冲。如图 3-35 所示，当运动缓冲开启后，程序在扫描识别到第一条运动指令时，将运动指令存入指定轴的运动缓冲区，电动机开始运动；程序继续向下扫描到第二条运动指令时，再进入运动缓冲区。控制器在不断扫描并存入运动指令的同时，从运动缓冲区中依次取出运动指令执行。

MTYPE、NTYPE 分别是当前运行的运动指令和第一个缓冲运动指令。

任意一段程序中的运动指令都可以进入任意轴的运动缓冲区，由轴号指定。

每个轴的运动缓冲区都是独立的，互不干扰。

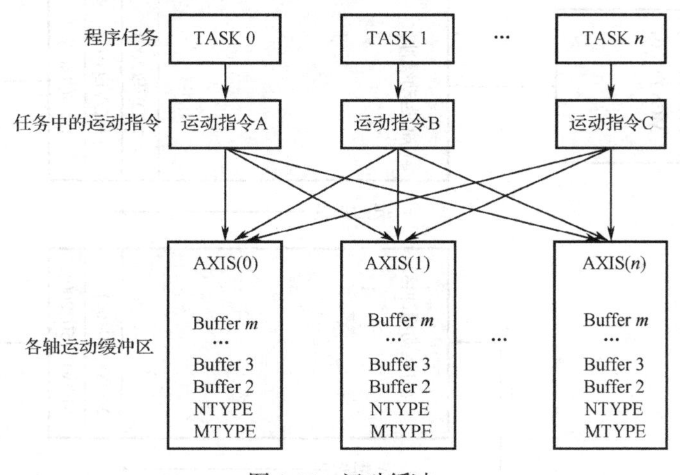

图 3-35　运动缓冲

2．运动缓冲区

在程序扫描过程中，将扫描到的运动指令存入对应轴的运动缓冲区，再从运动缓冲区中按先进先出的原则，依次取出运动指令执行。能进入运动缓冲区的指令除运动指令外，还包括一系列运动缓冲输出指令。

插补运动缓冲在主轴的运动缓冲区中。

缓冲多条运动指令时，为了判断当前运动执行到哪一条，可通过 MOVE_MARK 运动标号指令和 MOVE_CURMARK 当前运动标号指令查询。每扫描一条运动指令 MOVE_MARK 运动标号+1；MOVE_CURMARK 可提示当前运动到第几条运动指令，所有运动完成后运动标号-1。

当前运动完成后会自动执行运动缓冲区内的下一条运动指令。运动指令全部执行完后，运动缓冲区为空，或者可使用 CANCEL/RAPIDSTOP 指令清空运动缓冲区。

如图 3-36 所示，程序中有多条运动指令时，依据轴号的指示，按从上到下的顺序依次

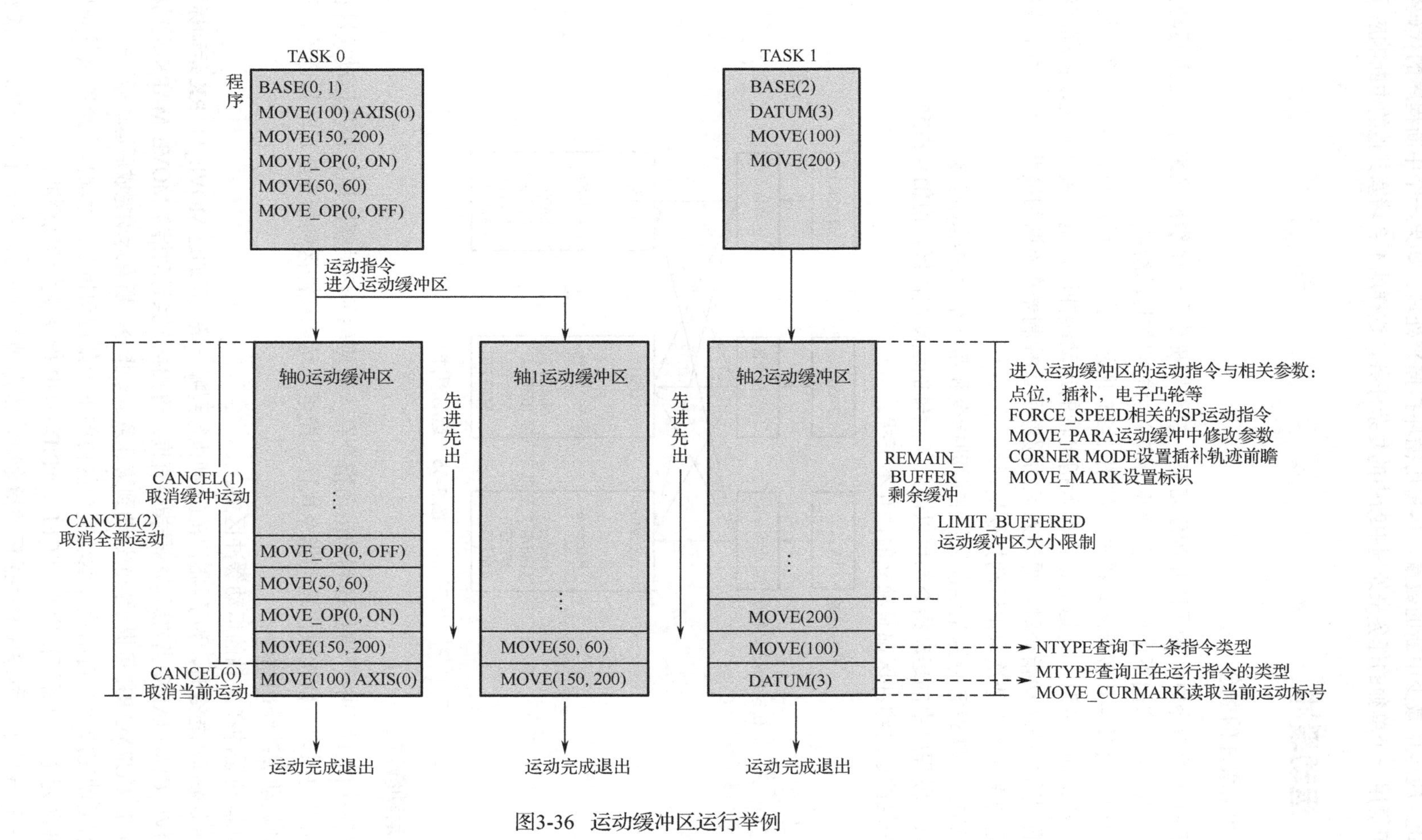

图3-36 运动缓冲区运行举例

扫描运动缓冲区，按先进先出的顺序依次执行。以轴 0 为例，第一条执行 MOVE(100)直线运动指令，可使用 MTYPE 指令查询运动指令的类型；MOVE(100)执行完成退出缓冲区，释放缓冲空间，接着执行下一条 MOVE(150,200)直线插补指令，依次类推。

SP 运动指令会写入运动缓冲区，使用 SP 运动指令（MOVESP、MOVECIRCSP 等直接在运动指令后方加上 SP）时，指令的速度按 SP 速度，而不是 SPEED 速度。SP 速度包含 FORCE_SPEED 强制速度、ENDMOVE_SPEED 结束速度和 STRATMOVE_SPEED 开始速度，设置的 SP 速度参数会在运动缓冲区中生效。

SP 指令与非 SP 指令的运行效果如图 3-37 所示，MOVE(100)的速度 SPEED=100，MOVESP(100)的速度 FFORCE_SPEED=150。

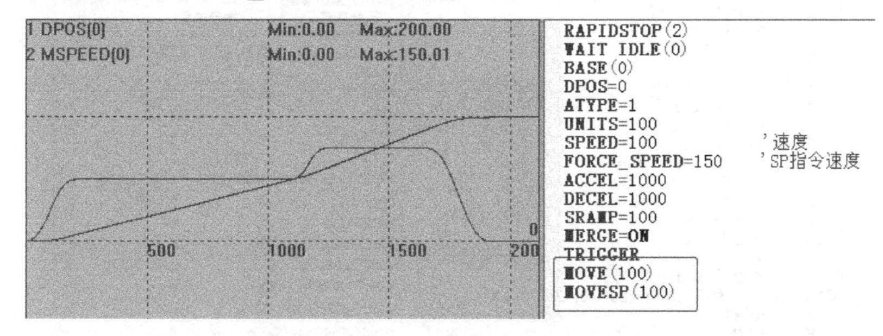

图 3-37　SP 指令与非 SP 指令的运行效果

ZMC4 系列控制器的每个轴可支持多达 4096 段运动缓冲（不同型号的控制器缓冲区数量不同，具体可参见控制器硬件手册，或使用指令?*max 打印查看 max_movebuff 参数，如图 3-38 所示。可以手动设置 LIMIT_BUFFERED 运动缓冲区限制。

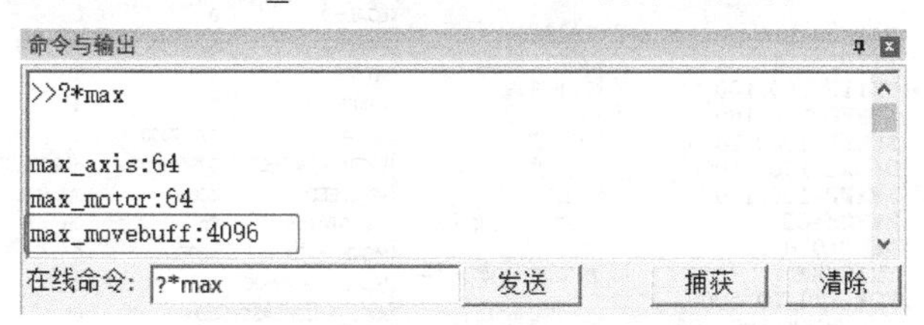

图 3-38　查看运动缓冲区数量

每个轴的运动缓冲区都是独立的，互不干扰，且轴的各缓冲区大小相同。使用指令 REMAIN_BUFFER(MTYPE) AXIS(*n*)可查看某个轴的剩余可用缓冲区的个数，如图 3-39 所示。

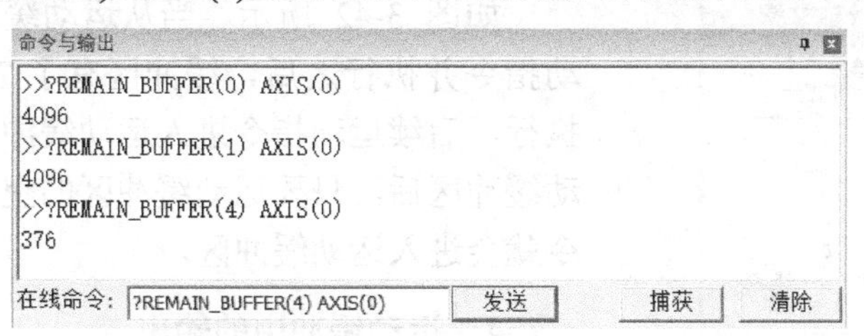

图 3-39　查看某个轴的剩余可用运动缓冲区个数

不同的运动指令占用的缓冲区是不同的，越复杂的运动占用的运动缓冲区越多。例如，ZMC432 控制器的运动缓冲区大小为 4096，缓冲区一次性可缓冲的 MOVE 直线插补指令和 MOVECIRC 圆弧插补指令个数是不同的。

3. 运动缓冲区堵塞

由于每个轴的运动缓冲空间是有限的，因此当太多运动指令进入运动缓冲区时，多级运动缓冲区会被塞满。此时，如果程序继续扫描到更多运动指令，则程序也会被堵塞，直到运动指令依次完成并退出，运动缓冲区有了空位，运动指令才能继续进入运动缓冲区。

以 V3.10 版本仿真器为例，默认为 4096 个运动缓冲，图 3-40 所示例程中显示该控制器的运动缓冲区最多能存放 459 条圆弧插补指令，下载程序后打印 i 的值为 458，表示当前 FOR 循环并未执行完，程序堵塞了。图 3-41 所示为直线插补指令过多而导致堵塞的情况。

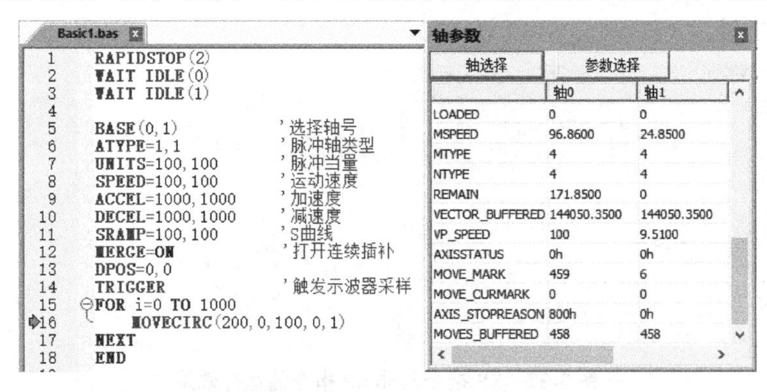

图 3-40 运动缓冲区堵塞——圆弧插补指令

```
1  RAPIDSTOP(2)
2  WAIT IDLE(0)
3  WAIT IDLE(1)
4
5  BASE(0,1)                 '选择轴号
6  ATYPE=1,1                 '脉冲轴类型
7  UNITS=100,100             '脉冲当量
8  SPEED=100,100             '运动速度
9  ACCEL=1000,1000           '加速度
10 DECEL=1000,1000           '减速度
11 SRAMP=100,100             'S曲线
12 MERGE=ON                  '打开连续插补
13 DPOS=0,0
14 TRIGGER                   '触发示波器采样
15 FOR i=0 TO 5000
16     MOVE(100,100)         '直线插补
17 NEXT
18 END
```

轴参数

	轴0	轴1
LOADED	0	0
MSPEED	70.7100	70.7100
MTYPE	1	1
NTYPE	1	1
REMAIN	128.7400	0
VECTOR_BUFFERED	579099.0200	579099.0200
VP_SPEED	100	70.7100
AXISSTATUS	0h	0h
MOVE_MARK	4096	6
MOVE_CURMARK	1	1
AXIS_STOPREASON	800h	0h
MOVES_BUFFERED	4094	4094

图 3-41 运动缓冲区堵塞——直线插补指令

轴参数

	轴0	轴1
LOADED	0	0
MSPEED	56.5100	-82.5100
MTYPE	4	4
NTYPE	4	4
REMAIN	147.5000	0
VECTOR_BUFFERED	144025.2000	144025.200
VP_SPEED	100	15.7600
AXISSTATUS	0h	0h
MOVE_MARK	499	0
MOVE_CURMARK	40	40
AXIS_STOPREASON	0h	0h
MOVES_BUFFERED	458	458

图 3-42 运动指令继续进入运动缓冲区

如图 3-42 所示，当从运动缓冲区取出部分圆弧运动指令并执行之后，缓冲区有了空间，FOR 循环继续执行，后续运动指令进入运动缓冲区。指令执行退出运动缓冲区后，只要运动缓冲区的空间足够，新的运动指令就会进入运动缓冲区。

4. 运动缓冲中的输出

利用运动缓冲中的输出指令能进入运动缓冲区，可在运动缓冲中开启 OP 接口、延时、输出参数、输出 PWM、开启任务等，详细指令说明参见 Basic 编程手册第 6 章。

普通输出与运动缓冲中输出的区别是普通输出指令在程序扫描到该行指令之时便执行输出；运动缓冲中的输出指令在程序扫描之后，被存入运动缓冲区，按先进先出的顺序依次取出指令执行，直到取出该输出指令时才会执行输出。

示例：对比 OP 和 MOVE_OP 的输出效果。

```
RAPIDSTOP(2)
WAIT IDLE(0)

BASE(0)              '选择轴 0
DPOS=0
UNITS=100            '脉冲当量
SPEED=100            '速度
ACCEL=1000           '加速度
DECEL=1000           '减速度
SRAMP=100            'S 曲线
TRIGGER              '触发示波器采样
OP(0,3,$0)           '关闭输出接口 0～3
DELAY(1000)          '延时
MOVE(100)
MOVE_OP(1,ON)        '运动缓冲中输出
OP(0,ON)             '普通输出
```

运行效果如图 3-43 所示，延时 1s 之后，程序扫描到 OP 指令，输出接口 0 立即执行输出；MOVE_OP 把 I/O 操作指令填入运动缓冲区，在运行完 MOVE(100)之后，输出接口 1 才输出。

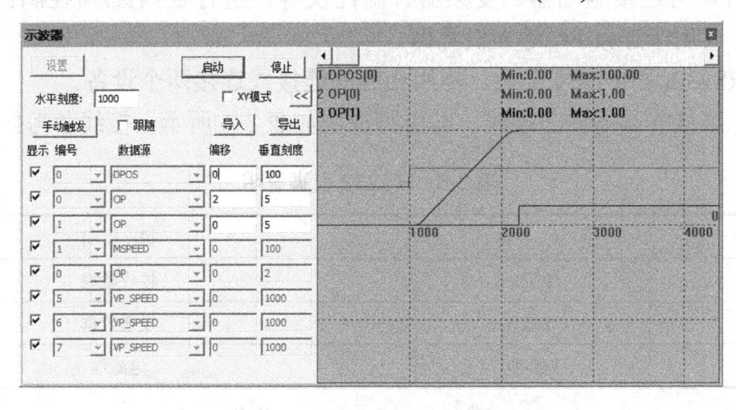

图 3-43　运动缓冲中的输出效果

3.3　通信方式

3.3.1　串口通信

1．控制器串口

控制器包含三类串口，即 RS232、RS485、RS422。其中，所有控制器都包含 RS232，

大部分控制器包含 RS485，只有少数型号的控制器有 RS422。

图 3-44 所示为 ZMC416BE 控制器，包含以上三种串口，RS232 采用 DB9 标准接口，RS485 和 RS422 均采用简易接口。

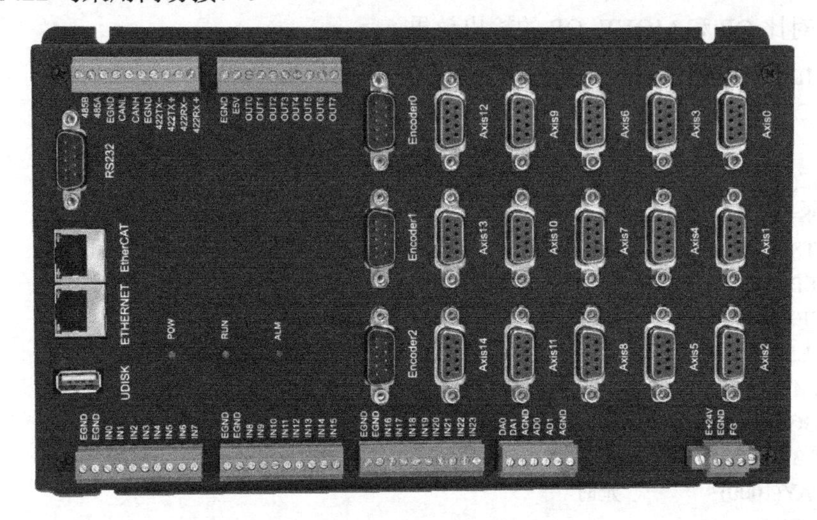

图 3-44　ZMC416BE 控制器

1）RS232

控制器的 RS232 可以作 MODBUS 主端或从端，支持 1 个主端发送数据、1 个从端接收数据。作主端时，可连接驱动器、变频器、温控仪等，进行数据读/写控制；作从端时，可监控运行状态，常用于连接 PC 等人机界面。

控制器的 RS232 采用 DB9 公头，需用相应的连接线连接两个设备。

RS232 的标准接线只需要三根线，其引脚说明如表 3-6 所示，接线参考如图 3-45 所示。

表 3-6　RS232 引脚说明

引 脚 号	名　称	说　明
2	RXD	接收数据
3	TXD	发送数据
5	EGND	电源地

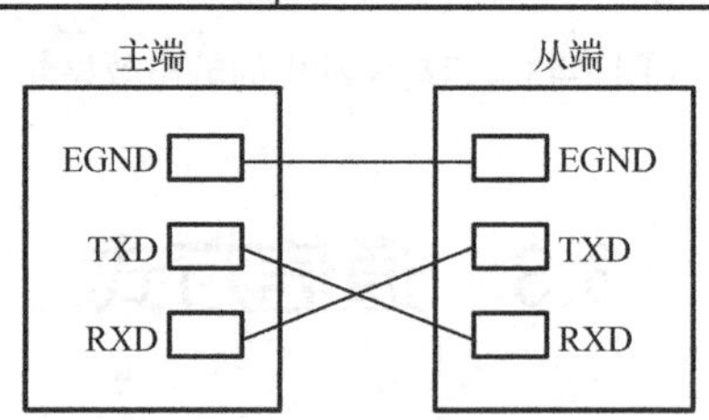

图 3-45　RS232 接线参考

2）RS485

RS485 主要用于实现主/从端的多台通信设备联机，理论上支持 128 个节点。作主端时，可连接驱动器、变频器、温控仪等，进行数据读/写控制；作从端时，能与 PLC 通信，可连接人机界面，用来监控运行状态。

RS485 采用差分传输方式，通过判断 A 与 B 之间的电压差来确定是高电平或低电平。

控制器的 RS485 采用简易接线方式，其引脚说明如表 3-7 所示，接线参考如图 3-46 所示。控制器的 485A、485B、EGND 分别接第一个从端的 A、B、地线，然后再接第二个从端的 A、B、地线（A 接 A，B 接 B，信号共地），且控制器和最后一个从端的 485A 和 485B 间要并联 120Ω 电阻，以防止信号反射。线缆需要使用屏蔽双绞线，以避免信号干扰，每个节点支线的长度要小于 3m。

表 3-7　RS485 引脚说明

引 脚 名 称	说　明
B	485-
A	485+
EGND	电源地

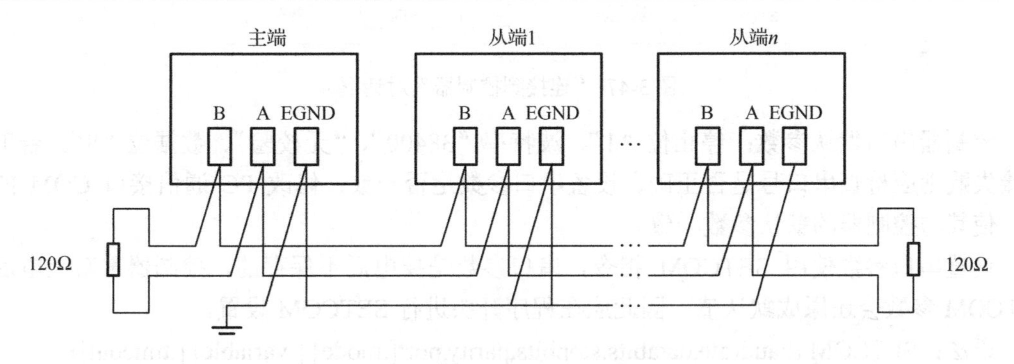

图 3-46　RS485 接线参考

3）RS422

控制器的 RS422 可以作 MODBUS 主端或从端，支持 1 个主端发送数据，10 个从端接收数据。

控制器的 RS422 采用简易接线方式，其引脚说明如表 3-8 所示。RS422 采用四线制，接线时需要五根线：RX+/RX-（接收信号）、TX+/TX-（发送信号）、信号地线，接线可参考 RS485。

相比于 RS485 和 RS232，控制器的 RS422 布线成本较高，接线容易出错，因此包含 RS422 的控制器很少。

表 3-8　RS422 引脚说明

引 脚 名 称	说　明
EGND	电源地
TX-	发送-
TX+	发送+
RX-	接收-
RX+	接收+

2．串口使用说明

串口支持 MODBUS 通信协议 RTU 模式，常用于连接 PC 或触摸屏，使用串口控制的方法如下。

先接好线，在 ZDevelop 菜单栏中依次单击“控制器”→“连接”，弹出如图 3-47 所示“连接到控制器”对话框，系统会自动列出计算机上可用的串口号，选择需要连接的串口号，设置波特率、校验位、停止位之后，单击“连接”按钮，输出对话框将自动显示连接是否成功的信息。

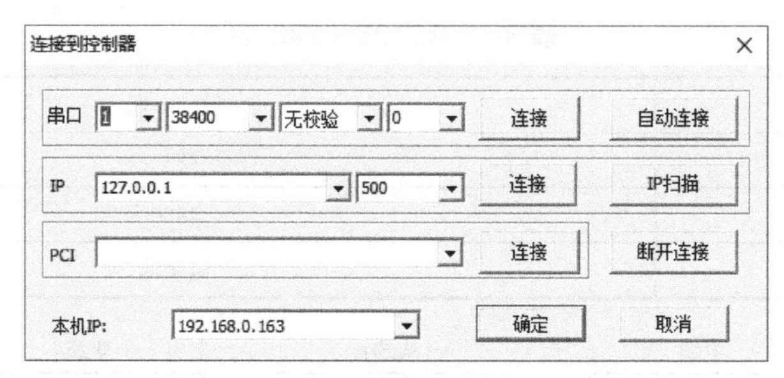

图 3-47 “连接到控制器”对话框

控制器串口默认参数：停止位“1”、波特率“38400”、“无校验”、数据位“8”。若串口连接失败则应检查串口号是否正确、设备串口参数是否一致，修改 PC 通信接口 COM 的配置，使其与控制器的默认参数一致。

设置串口参数使用 SETCOM 指令，串口参数是掉电后不保存的，控制器重新上电后，SETCOM 参数会还原成默认值，因此应在程序开头进行 SETCOM 设置。

语法：SETCOM (baudrate,databits,stopbits,parity,port[,mode] [,variable] [,timeout])

参数依次为：波特率、数据位、停止位、是否校验、串口号、串口模式、寄存器选择、消息超时时间，具体说明如下。

baudrate：波特率，9600、19200、4800、115200、38400（默认值）、57600、128000、256000。

databits：数据位数，8。

stopbits：停止位，只能设置 0、1、2。

parity：是否校验，默认为 0，无校验。

port：串口号，0～1，参见 PORT 描述，不同的控制器不一样。

mode：协议，参见下文。

variable：寄存器选择，0—VR，1—TABLE，2—系统 MODBUS 寄存器，参见下文。

timeout：mode=14 时为消息超时时间，单位为 ms，默认值为 1000。

串口默认为 MODBUS 从端，可在 SETCOM 指令中令 mode=14，设置为主端，或令 mode=0，开启串口自定义通信模式，即无协议模式。在串口自定义通信模式下，可使用 GET #指令从自定义串口通道读取数据，使用 PRINT #指令从自定义串口通道输出字符串，使用 PUTCHAR #指令从自定义串口通道输出字符（ASCII 码）。

SETCOM 指令的 mode 值对应的串口协议模式如表 3-9 所示。

表 3-9 mode 值对应的串口协议模式

mode 值	描 述
0	RAW 数据模式，无协议，此时可以使用 GET #指令读取；使用 PRINT #、PUTCHAR #指令发送
4（默认值）	MODBUS 从端（16 位整数）
14	MODBUS 主端（16 位整数）
15	直接指令执行模式，此时可以直接从串口输入字符串指令（以换行符结束）

串口协议模式配置示例。

（1）控制器作 MODBUS 从端的配置：

RS232 串口 Port0：SETCOM(38400,8,1,0,0,4,2,1000)

RS485 串口 Port1：SETCOM(38400,8,1,0,1,4,2,1000)

（2）控制器作 MODBUS 主端的配置：

RS232 串口 Port0：SETCOM(38400,8,1,0,0,14,2,1000)

RS485 串口 Port1：SETCOM(38400,8,1,0,1,14,2,1000)

（3）开启串口自定义通信（无协议）模式：

RS232 串口 Port0：SETCOM(38400,8,1,0,0,0,2,1000)

RS485 串口 Port1：SETCOM(38400,8,1,0,1,0,2,1000)

应用 variable 参数选择寄存器如表 3-10 所示，确定寄存器之间的映射关系，主要用来配置 MODBUS 字寄存器是否掉电保持。由于 MODBUS 寄存器无法掉电保持，因此需要掉电保持时，推荐 variable=3，将 MODBUS 字寄存器映射到 VR_INT，这样 MODBUS 通信时，存储在 MODBUS 中的数据同时会存到 VR 寄存器，达到掉电保持的目的；不需要掉电保持时，使 variable=2，variable 参数是全局的，对任意串口操作均可。

表 3-10 应用 variable 参数选择寄存器

variable 值	描 述
0	VR，此时一个 VR 映射到一个 MODBUS_REG。 VR 是 32 位浮点型，REG 是 16 位整数型，从 VR 向 REG 传递数据会丢失小数部分，当 VR 的数据超过 15 位时，REG 的数据会改变；从 REG 向 VR 传递数据不会有问题
1	TABLE，此时一个 TABLE 数据映射到一个 MODBUS_REG（不推荐）。 TABLE 是 32 位浮点型，REG 是 16 位整数型，从 TABLE 向 REG 传递数据会丢失小数部分，当 TABLE 的数据超过 15 位时，REG 的数据会改变；从 REG 向 TABLE 传递数据不会有问题
2（默认值）	系统 MODBUS 寄存器，此时 VR 与 MODBUS 寄存器是两个独立区间
3	VR_INT 模式，此时一个 VR_INT 映射到两个 MODBUS_REG（推荐）

3．示例

（1）MODBUS 作主端读取从端数据示例：

```
SETCOM(38400,8,1,0,1,14,2,1000)          '配置串口参数，RS485 作主端
WHILE 1
    FOR i = 1 TO 10                      '扫描 10 个从端协议站号
        MODBUSM_DES(i,1)                 '和从端建立通信连接
```

```
            MODBUSM_REGGET(0,8,i*10)              '将从端寄存器0~7的数据复制到主端
            WAIT UNTIL MODBUSM_STATE <> 1         '等待消息结束
            IF MODBUSM_STATE=0 THEN
                ?i,"号节点通信正常"
            ELSE
                ?i,"号节点通信出错!!!"
                '可以在此处加入用户的错误处理程序
            ENDIF
            DELAY(100)                            '两个节点之间的通信延时
        NEXT
    WEND
```

（2）variable 参数配置示例。

① variable=0，MODBUS 字寄存器掉电保持配置示例：

```
SETCOM(38400,8,1,0,0,4,0,1000)     '掉电保持模式 0，一个 VR 映射到一个 MODBUS_REG
```

选择模式 0 和 1 时应注意 MODBUS_REG 数据类型和 VR 或 TABLE 不一致的问题。模式 0 支持掉电保持，模式 1 因为映射到 TABLE，无法掉电保持，且模式 0 和 1 均存在以下问题：MODBUS_REG 的数据变化时，映射到 VR 或 TABLE 的数据正常，当 VR 或 TABLE 的数据有小数时，映射到 MODBUS_REG 时会导致数据丢失。

如图 3-48 所示，若数据均为整数，则使用正常。

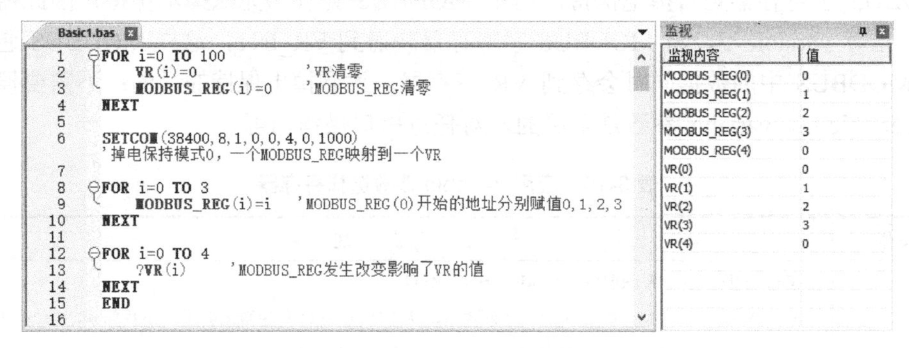

图 3-48　掉电保持模式 0 示例（数据为整数）

如图 3-49 所示，若 VR 的数据带小数位，则映射到 MODBUS_REG 时，小数位丢失。当 VR 的数据位过多时，映射到 MODBUS_REG 时也同样会发生数据丢失。

② variable=1，MODBUS 字寄存器配置示例：

```
SETCOM(38400,8,1,0,0,4,1,1000)  '模式 1，无法掉电保持，一个 TABLE 映射到一个 MODBUS_REG
```

模式 1 是 TABLE 映射到 MODBUS_REG 的情况，观察配置后不同的寄存器，除了 TABLE 寄存器无法掉电后保存数据，其他方面与模式 0 相同。

③ variable=2，默认配置示例：

```
SETCOM(38400,8,1,0,0,4,2,1000)     '默认模式 2，无法掉电保持，MODBUS 字寄存器和 VR 独立
```

可手动建立 MODBUS 寄存器和 VR 寄存器的关系，达到掉电保存的目的，如以下示例：

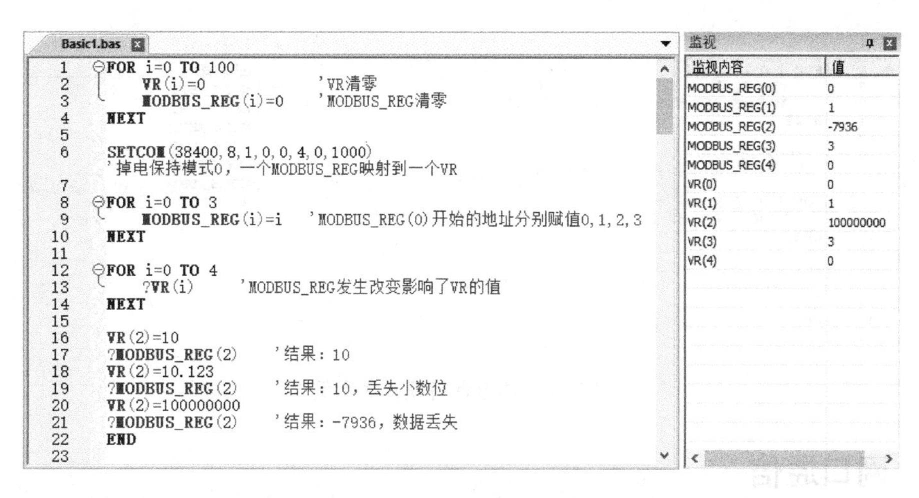

图 3-49　掉电保持模式 0 示例（数据为小数）

```
'寄存器初始化
FOR i=0 TO 200
    MODBUS_IEEE(i)=0                'MODBUS 寄存器清零
    VR(i)=0                         'VR 寄存器清零
NEXT

'MODBUS 的数据存入 VR，实现手动掉电保存数据
FOR i=0 TO 100
    MODBUS_IEEE(i)=i*10             'MODBUS 寄存器赋初始值
    VR(i)=MODBUS_IEEE(i)            'MODBUS 寄存器的数据传递给 VR 寄存器
    ?VR(i)
NEXT

'读取掉电前保存的数据
FOR i=0 TO 100
    MODBUS_IEEE(i+100)=VR(i)        'VR 寄存器的数据传递给 MODBUS 寄存器
    ?MODBUS_IEEE(i+100)
NEXT
END
```

④ variable=3，MODBUS 字寄存器掉电保持配置示例：

```
SETCOM(38400,8,1,0,0,4,3,1000)      '掉电保持模式 3，一个 VR_INT 映射到两个 MODBUS_REG
```

推荐使用模式 3，因为 VR_INT 使用 VR 寄存器存储 32 位整型数据，MODBUS_REG 存储 16 位整型数据，将一个 VR_INT 映射到两个 MODBUS_REG，数据长度和数据类型均相同，不会发生数据丢失的情况。实现方法参见图 3-50。

打印结果如下：

```
VR_INT(0)=MODBUS_REG(1)*(2^16)+ MODBUS_REG(0)=1*65536+0=65536
VR_INT(1)=MODBUS_REG(3)*(2^16)+ MODBUS_REG(2)=3*65536+2=196610
VR_INT(2)=0
```

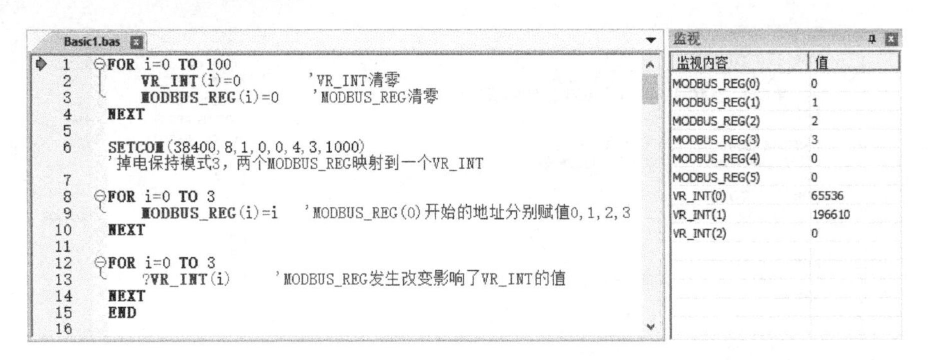

图 3-50 掉电保持模式 3 示例

3.3.2 网口通信

控制器网口支持 MODBUS TCP，常用于连接 PC 或触摸屏。控制器有一个 EtherNET 网口，需要使用网口连接多个设备时，可借助交换机。使用指令?*port 查看网口通道数，可知网口可连接多少个设备。

ZMC412 控制器如图 3-51 所示，查询其通信接口，如图 3-52 所示，包含 3 个不同类型的串口 COM、7 个标准 MODBUS 协议网口 ETH、6 个自定义网口 ECUSTOM、1 个控制器互联通道 CONNECT。

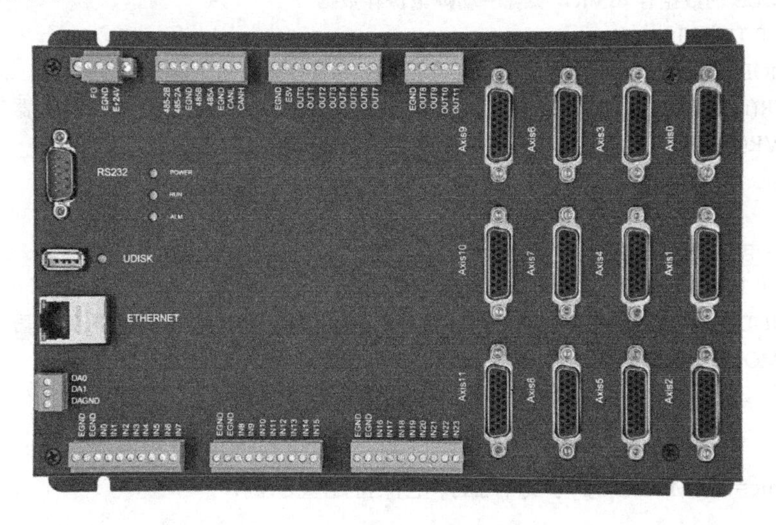

图 3-51 ZMC412 控制器

建议使用带屏蔽层的双绞线作为网线，以保证通信质量。在 ZDevelop 菜单栏中依次单击“控制器”→“连接”，弹出如图 3-53 所示“连接到控制器”对话框，可在下拉列表中选择 IP 地址，系统会自动查找当前局域网可用的控制器 IP 地址，选择正确的 IP 地址后单击“连接”按钮。

网口连接时需要保证控制器 IP 地址与 PC 的 IP 地址处于同一网段，即四段 IP 地址的前三段相同、最后一段不同，否则会连接失败。若连接失败，则修改控制器 IP 地址或 PC 的 IP 地址之一即可。

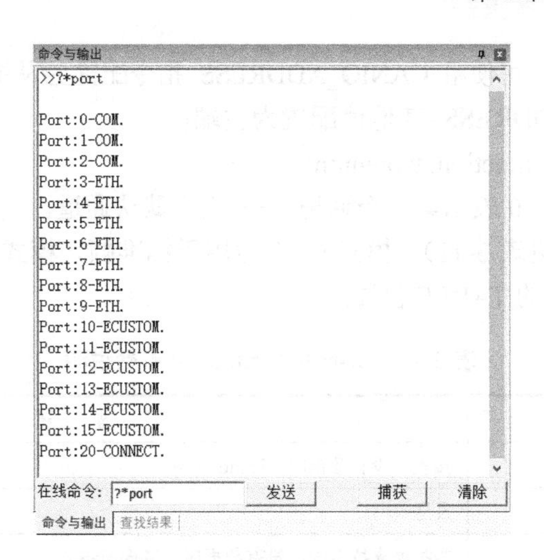

图 3-52　查询 ZMC412 的通信接口

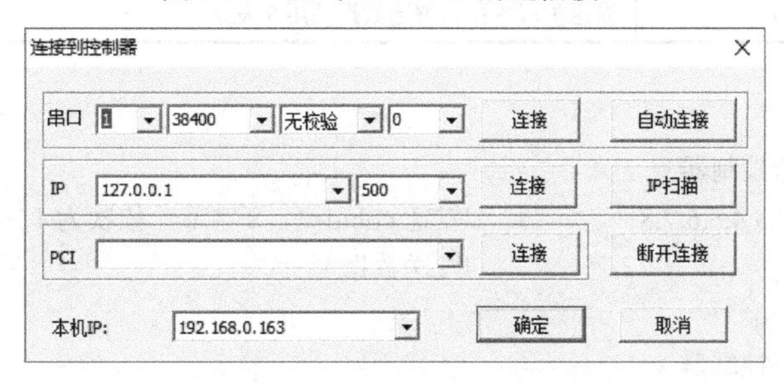

图 3-53　“连接到控制器”对话框

控制器出厂的 IP 地址是 192.168.0.11，一经修改将永久保存。

控制器网口也支持自定义通信，使用 OPEN #指令打开自定义网口通信，OPEN #指令支持配置网口通信主/从端，GET #指令可从自定义网口通道中读取数据，PRITNT #指令可从自定义网口通道中输出字符串，PUTCHAR #发指令可从自定义网口通道中输出字符（ASCII 码）。

3.3.3　CAN 总线通信

控制器的 CAN 总线接口用于连接 ZCAN 扩展模块或其他控制器。

使用 CAN 总线连接控制器的接线方法与连接 ZCAN 扩展模块相同，不同之处在于没有集成 120Ω 电阻，需要在 CANL 和 CANH 的首尾两端各接一个 120Ω 电阻，接线参考如图 3-54 所示。使用 CAN 总线连接扩展模块的接线方法参见第 2.4.1 节相关内容。

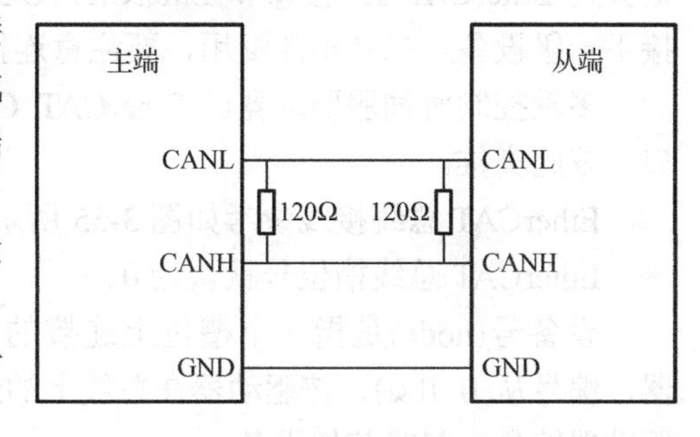

图 3-54　CAN 总线连接控制器的接线参考

使用 CAN 总线连接控制器时，控制器之间可以使用 CAN 指令通信，数据通过 TABLE 传递。

控制器默认作 CAN 通信的主端，因此需要把另一个控制器配置为从端。可使用 CANIO_ADDRESS 指令配置主/从端，CANIO_ADDRESS=32 配置为主端，CANIO_ADDRESS=其他值配置为主端。

语法：CAN(channel, function, tablenum)

channel：CAN 通道，0 表示第一个通道，-1 表示默认通道。

function：功能号（见表 3-11），模式 6、7 适用于标准帧，模式 16、17 适用于扩展帧。

tablenum：数据存储的 TABLE 位置。

表 3-11　CAN 指令 function 参数说明

function 值	描　述
6	接收；没有数据时，identifier<0
7	发送
16（需要升级硬件）	带扩展支持接收；没有数据时，identifier<0
17（需要升级硬件）	发送扩展数据，普通数据使用 7 发送

示例：

```
'发送端：第一个控制器
TABLE(0,1,8,1,2,3,4,5,6,7,8)          '发送 cobid=1，8 字节，依次为 1～8
CAN(0,7,0)                            '发送数据

'接收端：第二个控制器
CANIO_ADDRESS=1                       '设置为从端，此参数设置一次即可
CAN(0,6,0)                            '接收数据
?TABLE(0)
```

3.3.4　EtherCAT 总线通信

EtherCAT 总线接口可用于连接 EtherCAT 伺服驱动器和 EtherCAT 扩展模块，可使用一根网线将控制器的 EtherCAT 总线接口与其他设备的 EtherCAT 接口相连。

使用 EtherCAT 总线连接扩展模块的方法参见第 2.4.2 节相关内容。

注意，伺服驱动器的 EtherCAT 接口有两个，有些驱动器这两个接口可以随意接；有些则分为 EtherCAT IN 接口和 EtherCAT OUT 接口，其中，IN 接口接上一级设备，OUT 接口接下一级设备，二者不能混用，要注意连接顺序。

多轴控制时伺服驱动器的 EtherCAT OUT 接口可连接下一级驱动设备的 EtherCAT IN 接口，依此类推。

EtherCAT 总线接线参考如图 3-55 所示。

EtherCAT 总线槽位号默认为 0。

设备号(node)是指一个槽位上连接的设备的编号。控制器会自动识别出槽位上的驱动器，编号从 0 开始，按驱动器在总线上的连接顺序自动编号，与设备号不同，只是槽位上的驱动器编号，忽略其他设备。

EtherCAT 总线和 RTEX 总线的编号规则相同。

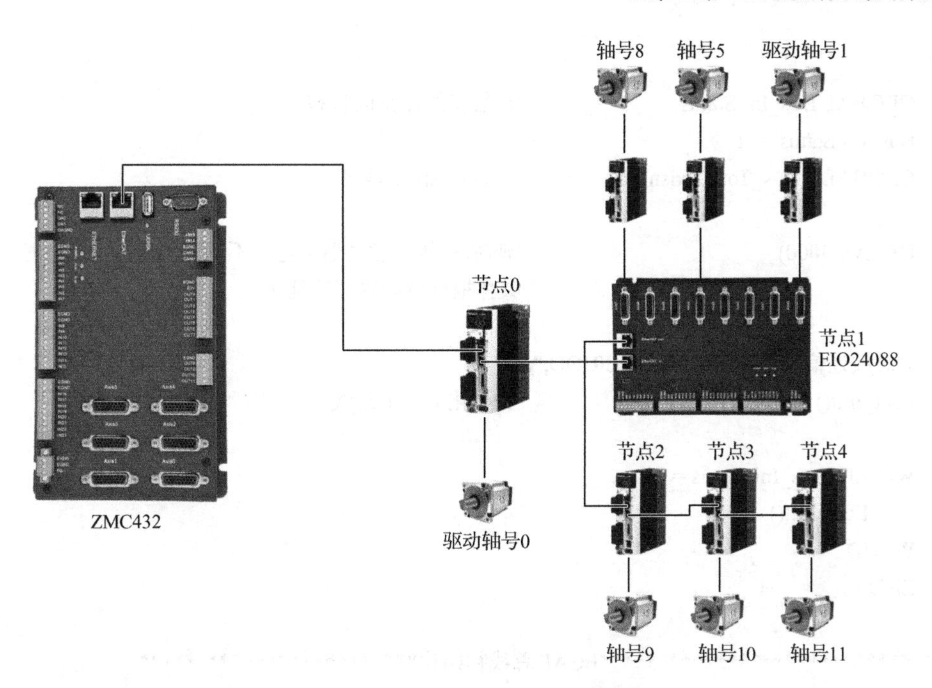

图 3-55　EtherCAT 总线接线参考

EtherCAT 总线上连接的电动机需要编写一段 EtherCAT 总线初始化程序进行使能。使能之后的应用与脉冲电动机一致，运动指令都是相同的。

初始化程序的一般过程如下。

（1）使用 SLOT_SCAN 扫描设备，判断 RETURN 是否正确，未连接设备时不会报错。

（2）通过 NODE_INFO/NODE_AXIS_COUNT 等对设备类型、信息等进行判断。

（3）依次设置 AIXS_ADDRESS、ATYPE、DRIVE_PROFILE、DRIVE_IO 等。

（4）SLOT_START 启动设备。

（5）设置每个轴的 AXIS_ENABLE=1，进行轴的使能，WDOG=1 时，所有轴使能。（部分驱动器需要使用 DRIVE_CONTROLWORD 指令清除驱动器报警。）

（6）建立连接后，主端和从端即可进行周期性数据交换。

1．EtherCAT 总线初始化程序

EtherCAT 总线初始化程序如下：

```
'**********************************ECAT 总线初始化
GLOBAL CONST PUL_AxisStart    = 0        '本地脉冲轴起始轴号
GLOBAL CONST PUL_AxisNum      = 0        '本地脉冲轴数量
GLOBAL CONST Bus_AxisStart    = 0        '总线轴起始轴号
GLOBAL CONST Bus_NodeNum = 1   '总线配置节点数量，用于判断实际检测到的从端数量是否一致
GLOBAL CONST BUS_TYPE = 0      '总线类型。可用于上位机区分当前总线类型
GLOBAL CONST Bus_Slot   = 0    '槽位号 0（单总线控制器默认为 0）

GLOBAL    MAX_AXISNUM              '最大轴数
MAX_AXISNUM = SYS_ZFEATURE(0)
```

```
GLOBAL Bus_InitStatus                  '总线初始化完成状态
Bus_InitStatus = -1
GLOBAL  Bus_TotalAxisnum               '检查扫描的总轴数

DELAY(3000)                            '延时 3s 等待驱动器上电，不同驱动器自身上电时间不同，
                                       具体根据驱动器调整延时

?"总线通信周期：",SERVO_PERIOD,"us"
Ecat_Init()                            '初始化 ECAT 总线

WHILE (Bus_InitStatus = 0)
    Ecat_Init()
WEND
END

'****************************ECAT 总线初始化************************
'初始流程： slot_scan（扫描总线） ->  从端节点映射轴/io  ->  SLOT_START（启动总线）  ->
初始化成功
'*************************************************************
GLOBAL SUB Ecat_Init()
    LOCAL Node_Num,Temp_Axis,Drive_Vender,Drive_Device,Drive_Alias
    RAPIDSTOP(2)
    WAIT IDLE(0)

    FOR i=0 TO MAX_AXISNUM - 1                              '初始化还原轴类型
        AXIS_ENABLE(i) = 0
        ATYPE(i)=0
        AXIS_ADDRESS(i) =0
        DELAY(10)  '防止所有驱动器同时切换使能导致瞬间电流过大
    NEXT

    Bus_InitStatus = -1
'    Bus_TotalAxisnum = 0
    SLOT_STOP(Bus_Slot)
    DELAY(200)       '延时时间可以按需调整，以确保驱动器已上电，可以等待 EtherCAT 到位

    SLOT_SCAN(Bus_Slot)              '扫描总线
    IF RETURN THEN
        ?"总线扫描成功","连接从端设备数："NODE_COUNT(Bus_Slot)
        IF NODE_COUNT(Bus_Slot) <> Bus_NodeNum THEN            '判断总线检测数量是否为
                                                               实际接线数量
            ?""
```

```
        ?"扫描节点数量与程序配置数量不一致!" ,"配置数量:"Bus_NodeNum,"检测数量:"NODE_COUNT(Bus_Slot)
        Bus_InitStatus = 0              '初始化失败，报警提示
        'RETURN
    ENDIF

    '"开始映射轴号"
    FOR Node_Num=0 TO NODE_COUNT(Bus_Slot)-1 '遍历扫描到的所有从端节点
        Drive_Vender = NODE_INFO(Bus_Slot,Node_Num,0)   '读取驱动器厂商
        Drive_Device = NODE_INFO(Bus_Slot,Node_Num,1)   '读取设备编号
        Drive_Alias = NODE_INFO(Bus_Slot,Node_Num,3)    '读取设备拨码 ID

        IF NODE_AXIS_COUNT(Bus_Slot,Node_Num) <> 0  THEN    '判断当前节点是否有电动机
        FOR j=0 TO NODE_AXIS_COUNT(Bus_Slot,Node_Num)-1     '根据节点带的电动机数量循环配置轴参数（针对一拖多驱动器）

        Temp_Axis = Bus_AxisStart + Bus_TotalAxisnum    '轴号按 NODE 顺序分配
        Temp_Axis = Drive_Alias                         '轴号按驱动器设定的拨码分配（一拖多时需要特殊处理）
        BASE(Temp_Axis)
        AXIS_ADDRESS(Temp_Axis)= (Bus_Slot<<16)+ Bus_TotalAxisnum + 1    '映射轴号

        ATYPE=65                  '设置控制模式，65—位置，66—速度，67—转矩
        DRIVE_PROFILE=-1          '配置为驱动器内置 PDO 列表，可改为 1、-1 等参数

'       Sub_SetDriverIo(Drive_Vender,Temp_Axis,128 + 32*Temp_Axis)
                    '映射驱动器 I/O，I/O 映射到控制器 IO32 以后每个驱动器间隔 32 点
                Sub_SetNodePara(Node_Num,Drive_Vender,Drive_Device,j)
                    '设置特殊总线参数

                DISABLE_GROUP(Temp_Axis)                '每轴单独分组
                Bus_TotalAxisnum=Bus_TotalAxisnum+1     '总轴数+1
            NEXT
        ELSE                                            'I/O 扩展模块
            Sub_SetNodeIo(Node_Num,Drive_Vender,Drive_Device,1024 + 32*Node_Num)
                                                        '映射扩展模块 I/O
        ENDIF
    NEXT
    ?"轴号映射完成","连接总轴数："Bus_TotalAxisnum

    DELAY(200)
    SLOT_START(Bus_Slot)                                '启动总线
```

```
            IF RETURN THEN

                ?"开始清除驱动器错误"
                FOR i= Bus_AxisStart TO Bus_AxisStart + Bus_TotalAxisnum - 1
                    BASE(i)
                    DRIVE_CLEAR(0)
                    DELAY 50
                    ?"驱动器错误清除完成"
                    DATUM(0)                    '清除控制器轴状态错误"
                    WA 100

                    WDOG=1                      '打开使能总开关
                    AXIS_ENABLE=1               '单轴使能
                NEXT
                Bus_InitStatus  = 1
                ?"轴使能完成"

                '本地脉冲轴配置
                FOR i = 0 TO PUL_AxisNum - 1
                    BASE(PUL_AxisStart + i)
                    AXIS_ADDRESS   = (-1<<16) +   i
                    ATYPE = 4
                NEXT
                ?"总线开启成功"
            ELSE
                ?"总线开启失败"
                Bus_InitStatus = 0
            ENDIF
        ELSE
            ?"总线扫描失败"
            Bus_InitStatus = 0
        ENDIF
    END SUB

    '****************************从端节点特殊参数配置*********************
    '通过 SDO 方式修改对应对象字典的值修改从端参数（具体对象字典查看驱动器手册）
    '*********************************************************************
    GLOBAL SUB Sub_SetNodePara(iNode,iVender,iDevice,Iaxis)
        IF    iVender = $41B AND iDevice = $1ab0    THEN                 '正运动 24088 脉冲扩展轴
            SDO_WRITE(Bus_Slot,iNode,$6011+Iaxis*$800,0,5,4)         '设置扩展脉冲轴 ATYPE 类型
            SDO_WRITE(Bus_Slot,iNode,$6012+Iaxis*$800,0,6,0)         '设置扩展脉冲轴 INVERT_STEP
                                                                      脉冲输出模式
            NODE_IO(Bus_Slot,iNode) = 32 + 32*iNode              '设置 240808 上 I/O 的起始映射地址
```

```
    ELSEIF iVender = $66f THEN                              '松下驱动器
        SDO_WRITE(Bus_Slot,iNode,$3741,0,3,0)               '以拨码为 ID
        SDO_WRITE(Bus_Slot,iNode,$3401,0,4,$10101)          '正限位电平 $818181
        SDO_WRITE(Bus_Slot,iNode,$3402,0,4,$20202)          '负限位电平 $828282

        SDO_WRITE(Bus_Slot,iNode,$6091,1,7,1)               '电子齿轮比分子
        SDO_WRITE(Bus_Slot,iNode,$6091,2,7,1)               '电子齿轮比分母
        SDO_WRITE(Bus_Slot,iNode,$6092,1,7,10000)           '电动机转一圈对应脉冲数

        SDO_WRITE(Bus_Slot,iNode,$607E,0,5,0)               '电动机正转 0，反转 224
        SDO_WRITE(Bus_Slot,iNode,$6085,0,7,4290000000)          '异常减速度

        'SDO_WRITE(Bus_Slot,iNode,$1010,1,7,$65766173)          '写 EPPROM（之后驱动器需要
                                                                重新上电）
        "?"写 EPPR0M OK  请断电重启"
    ENDIF
END SUB

'****************************总线驱动 I/O 映射****************************
'通过 DRIVE_IO 指令映射驱动器对象字典中 60FD/60FE 的输入/输出状态，要设置正确的
DRIVE_PROFILEE，或者 POD 后才可以正常映射
'DRIVE_PROFILE 模式包含 60FD/60FE
'iAxis—轴号  iVender—驱动器类型  i_IoNum—输入/输出起始编号
'*************************************************************************
GLOBAL SUB Sub_SetDriverIo(iVender,Iaxis,i_IoNum)
    IF iVender = $66f THEN                          '松下驱动器

        DRIVE_PROFILE(iAxis) = 5                    '设定对应的带 I/O 映射的 PDO 模式
        DRIVE_IO(iAxis) = i_IoNum

        REV_IN(iAxis) = i_IoNum                     '负限位对应 60FD BIT0
        FWD_IN(iAxis) = i_IoNum + 1                 '正限位对应 60FD BIT1
        DATUM_IN(iAxis) = i_IoNum + 2               '原点对应 60FD BIT2

        INVERT_IN(i_IoNum,ON)                       '特殊信号有效电平反转
        INVERT_IN(i_IoNum + 1,ON)
        INVERT_IN(i_IoNum + 2,ON)
    ENDIF
END SUB

'*****************************总线 I/O 扩展模块映射*****************************
'通过 NODE_IO(Bus_Slot,Node_Num)分配模块 I/O 起始地址
'**************************************************************************
```

```
GLOBAL SUB Sub_SetNodeIo(iNode,iVender,iDevice,i_IoNum)
    IF   iVender = $41B AND iDevice = $130   THEN          '正运动 EIO1616MT
        NODE_IO(Bus_Slot,iNode) = i_IoNum
    ENDIF
END SUB
```

EtherCAT 总线初始化成功之后，可通过以下三种方法查看总线上的所有节点状态。

（1）在 ZDevelop 菜单栏中依次单击“控制器”→“控制器状态”，在弹出的“控制器状态”窗口中查看“槽位 0 节点”，如图 3-56 所示。

控制器状态

节点号	厂商ID	设备ID	拨码号	轴数	输入	输出	AD	DA
0	66fh	525100a1h	0	1	0	0	0	0

基本信息　ZCan节点　槽位0节点　通讯配置　取消

图 3-56　查看“槽位 0 节点”

（2）在 ZDevelop 菜单栏中依次单击“调试”→“总线状态诊断”，弹出如图 3-57 所示“总线状态诊断”对话框，查看控制器总线槽位接口的设备信息。

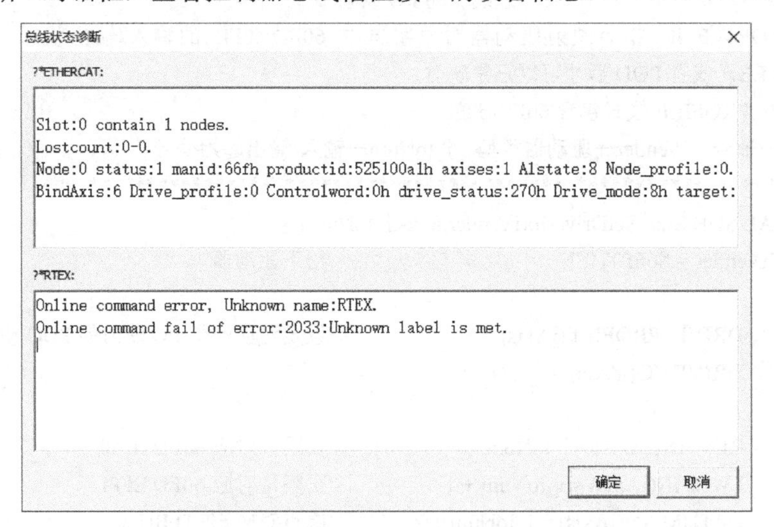

图 3-57　“总线状态诊断”对话框

（3）通过 ZDevelop 发送在线指令?*EtherCAT 打印 EtherCAT 总线上的全部设备信息，如图 3-58 所示，具体含义如下。

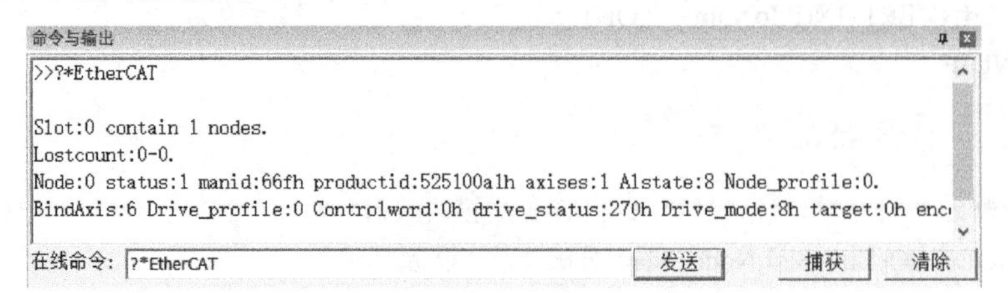

图 3-58　打印 EtherCAT 总线上的全部设备信息

Slot 0 contain 1 nodes：0 槽位接口共连接了 1 个设备。

Lostcount 0-0：丢包数。

Node：设备连接 NODE 编号。

status：设备连接状态，参考 NODE_STATUS。

manid：厂商 ID。

productid：设备 ID。

axises：设备总轴数。

aLStatus：设备 OP 状态。

Node_profile：设备 Profile 设置。

Bindaxis：映射到控制器轴号。

Drive_profile：设备收发 PDO 设置。

Controlword：控制字。

drive_status：设备当前状态，参考 DRIVE_STATUS。

Drive_mode：设备控制模式。

target：电动机位置。

Encoder：编码器位置。

2．通信周期

使用 EtherCAT 伺服驱动器时需要保证控制器与伺服周期一致才可正常通信。

EtherCAT 伺服驱动器一般支持不同通信周期，主要有 250μs、500μs、1ms、2ms、4ms，连接时自动匹配控制器周期，不需要设置。当通信周期无法自动匹配时，通信失败，可通过升级控制器硬件来修改控制器周期解决。

控制器一般默认通信周期为 1ms，使用 SERVO_PERIOD 指令查询控制器周期如图 3-59 所示。部分型号控制器支持发送 SERVO_PERIOD 在线指令修改控制器周期。

伺服周期越短，位置控制越精细，响应速度也越快。

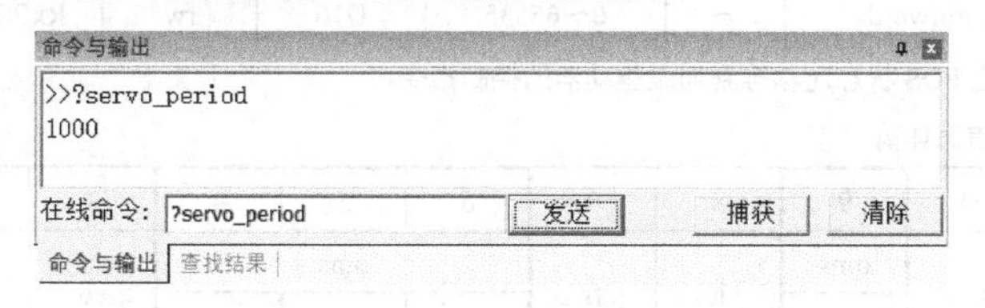

图 3-59　查询控制器周期

3．驱动器 PDO 设置

PDO 的全称为 Process Data Object，指在 EtherCAT 总线网络中周期性地进行主端与从端数据交互的功能，可以看作一个数组空间，每个数组元素存放着不同的功能码，PDO 在一个周期中执行这些功能码对应的操作，这些功能码叫作数据字典，数据字典用 4 位十六进制数来表示，如图 3-60 所示。其中，RxPDO 表示从主端给从端传送数据；TxPDO 表示从从端给主端传送数据。EtherCAT 总线上的控制器为主端，伺服驱动器为从端。

驱动 Profile 区域(6000h～6FFFh)

Index	Sub-Index	Name	Units	Range	Data Type	Access	PDO	Opmode	EEPROM	Attribute
6007h	00h	Abort connection option code	-	0-3	I16	rw	No	ALL	Yes	A
603Fh	00h	Error code	-	0-65535	U16	ro	TxPDO	ALL	No	X
6040h	00h	Controlword	-	0- 65535	U16	rw	RxPDO	ALL	No	A
6041h	00h	Statusword	-	0- 65535	U16	ro	TxPDO	ALL	No	X
605Ah	00h	Quick stop option code	-	0-7	I16	rw	No	ALL	Yes	A
605Bh	00h	Shuxdown option code	-	0-1	I16	rw	No	ALL	Yes	A
605Ch	00h	Disable operation option code	-	0-1	I16	rw	No	ALL	Yes	A
605Dh	00h	Halt option code	-	1-3	I16	rw	No	ALL	Yes	A
605Eh	00h	Fault reaction option code	-	0-2	I16	rw	No	ALL	Yes	A
6060h	00h	Modes of operation	-	-128-127	I8	rw	RxPDO	ALL	Yes	A
6061h	00h	Modes of operation display	-	-128-127	I8	ro	TxPDO	All	No	X

图 3-60　数据字典示例

图 3-61 所示为 6040h 控制字（用于控制伺服轴的使能、启动、停止、报警、复位等运行状态）。每个数据字典的 Index 都可包含 32 个子字典 Sub-Index。数据字典的功能和初始值可查看驱动器手册的描述。

数据字典的编号及功能是协议本身就确定好的，用户只需按照数据字典的描述设置数据字典的 bit 位，所有的标准 EtherCAT 设备都使用一套数据字典。

松下 A6B 伺服驱动器的 EtherCAT 相关说明可查看松下文档《技术资料-EtherCAT 通信规格篇》。

Index	Sub-Index	Name/Description	Units	Range	Data Type	Access	PDO	Opmode	EEPROM
6040h	00h	Controlword	—	0～65535	U16	rw	RxPDO	ALL	No

•设定 PDS 状态迁移等到伺服驱动器的控制指令。

Bit 信息详情

15…10	9	8	7	6	5	4	3	2	1	0
r	oms	h	fr	oms			eo	qs	ev	so
	r			r	r	r				

r　=reserved（未对应）

oms　=operat ion mode specific（控制模式依存 Bit）

h　=halt

fr　=fault reset

eo　=enable operation

qs　=quick step

ev　=enable voltage

so　=switch on

图 3-61　数据字典示例（6040h 控制字）

在 EtherCAT 初始化过程中必须进行驱动器 PDO 配置，DRIVE_PROFILE 指令可配置驱动器的 PDO 列表，如图 3-62 所示。目前提供 20 几种配置选择，每种配置包含哪些数据字典可查看该指令说明，如图 3-63 所示，具体内容可以在《ZBasic 编程手册 V3.2.5》中查看。

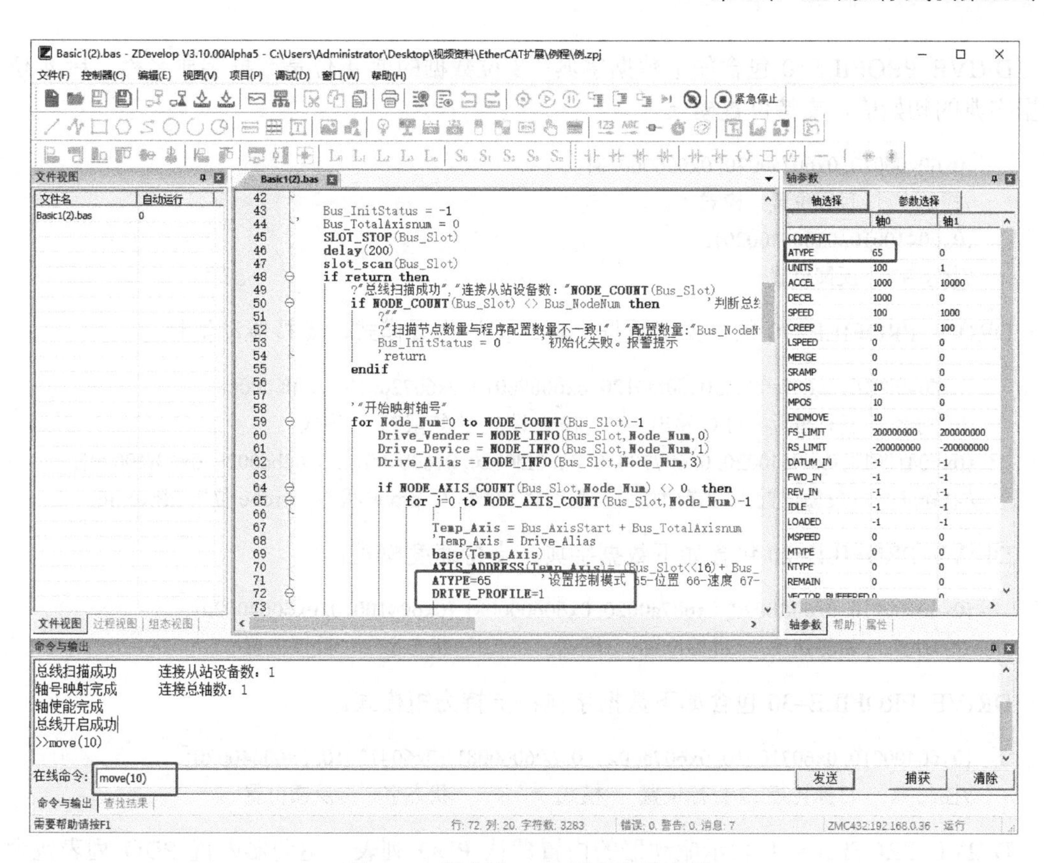

图 3-62　驱动器 PDO 列表配置示例

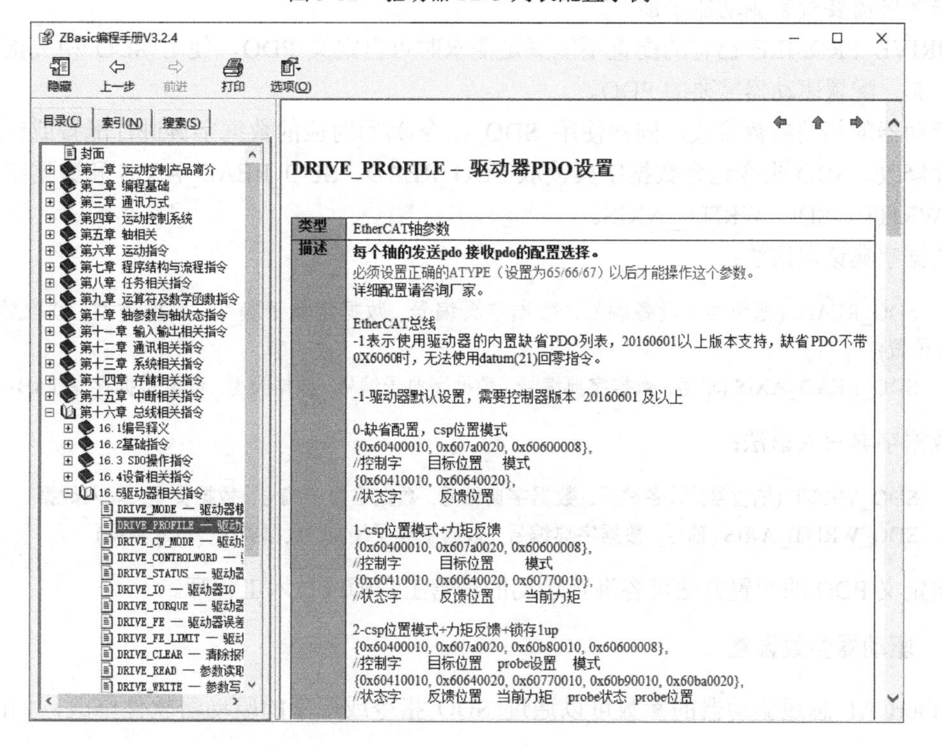

图 3-63　驱动器 PDO 列表配置指令说明示例

DRIVE_PROFILE=0 包含如下数据字典：8 位数据的前 4 位是数据字典名称，后 4 位是数据字典的初始值，支持位置模式。

```
{0x60400010, 0x607a0020, 0x60600008},
//控制字    目标位置   模式
{0x60410010, 0x60640020},
//状态字    反馈位置
```

DRIVE_PROFILE=10 包含如下数据字典：支持位置模式，支持驱动器锁存。

```
{0x60400010, 0x607a0020, 0x60fe0120, 0x60b80010, 0x60720010, 0x60600008},
//控制字    目标位置    I/O 输出      probe 设置  力矩限制    模式
{0x60410010, 0x60640020, 0x60770010, 0x60fd0020, 0x60b90010, 0x60ba0020, 0x60f40020},
//状态字     反馈位置     当前力矩     驱动器 I/O 输入  probe 状态   probe 位置  drive_fe
```

DRIVE_PROFILE=20 包含如下数据字典：支持速度模式。

```
{0x60400010, 0x60ff0020, 0x607a0020, 0x60600008},{0x60410010, 0x60640020},
//控制字    目标速度    目标位置    模式           状态字      反馈位置
```

DRIVE_PROFILE=30 包含如下数据字典：支持力矩模式。

```
{0x60400010, 0x60710010, 0x607a0020, 0x60600008},{0x60410010, 0x60640020},
//控制字    目标转矩    目标位置    模式           状态字      反馈位置
```

DRIVE_PROFILE=-1 表示驱动器的内置默认 PDO 列表，驱动器内置 PDO 列表包含哪些数据字典需要查看驱动器手册。

DRIVE_PROFILE 已有的配置不能满足需求时可自定义 PDO，使用 SDO 相关指令操作数据字典，配置驱动器需要的 PDO。

驱动器的相关参数修改，同样使用 SDO 指令读/写对应的数据字典进行配置或通过驱动器软件修改。SDO 指令包含数据字典读取 SDO_READ、SDO_READ_AXIS 和数据字典写入 SDO_WRITE、SDO_WRITE_AXIS。

数据字典读取语法：

```
    SDO_READ (槽位号, 设备编号, 数据字典编号, 数据字典子编号, 数据类型, 读取数据存储TABLE 位置)
    SDO_READ_AXIS (轴号, 数据字典编号, 数据字典子编号, 数据类型, 读取数据存储 TABLE 位置)
```

数据字典写入语法：

```
    SDO_WRITE (槽位号, 设备编号, 数据字典编号, 数据字典子编号, 数据类型, 写入数据)
    SDO_WRITE_AXIS (轴号, 数据字典编号, 数据字典子编号, 数据类型, 写入数据)
```

自定义 PDO 的配置方法可咨询正运动的销售工程师或技术工程师。

4．驱动器参数设置

EtherCAT 总线驱动器的参数可以通过 SDO 指令或厂家的驱动器软件修改，如图 3-64 所示。

示例：设置松下 A6B 驱动器的 UNITS 脉冲当量，即电动机转一圈需要发送多少个脉冲。SPEED 速度、ACCEL 加速度、DECEL 减速度和运动指令等都以 UNITS 为基本单位。

通过数据字典 6091h 设置电子齿轮比：6091h-01h 设置电子齿轮比分子，6091h-02h 设置电子齿轮比分母。此时，电子齿轮比=1/1，6092h-01h 设为 10000 表示给电动机发 10000 个脉冲能使电动机转一圈，对应的脉冲当量 UNITS=10000。MOVE(2)表示给电动机发送 20000 个脉冲，此时电动机转两圈。

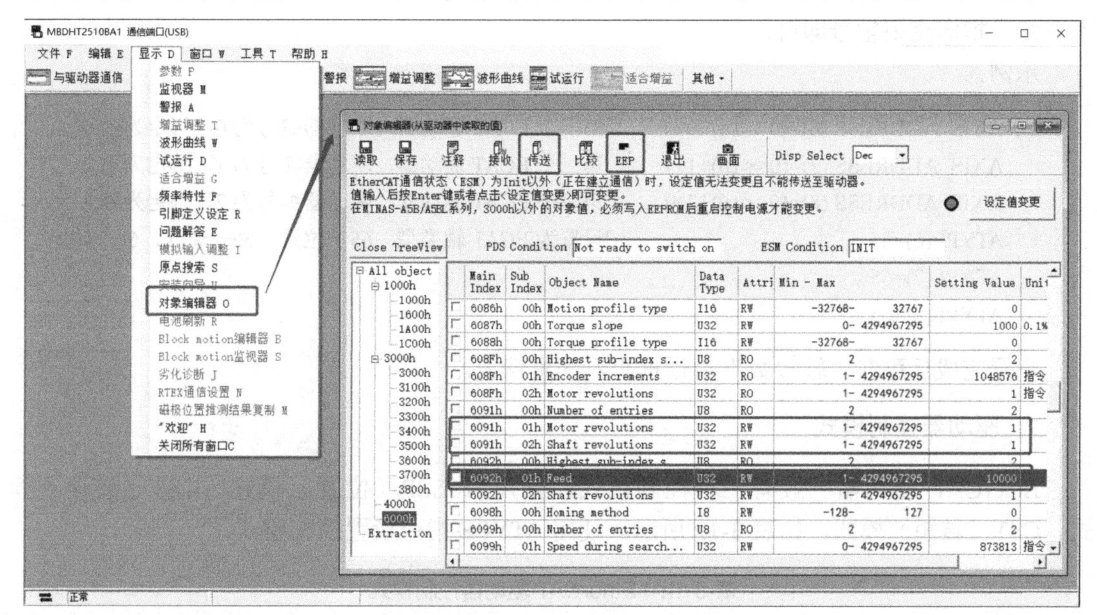

图 3-64　驱动器软件操作数据字典示例

使用 SDO 指令设置示例：

```
SDO_WRITE(Bus_Slot,iNode,$6091,1,7,1)        '电子齿轮比分子
SDO_WRITE(Bus_Slot,iNode,$6091,2,7,1)        '电子齿轮比分母
SDO_WRITE(Bus_Slot,iNode,$6092,1,7,10000)    '电动机转一圈对应的脉冲数
```

5. 驱动器 I/O 映射

需要使用驱动器 I/O 时要先对驱动器的 I/O 编号进行映射，后续根据需求接入实际信号。

驱动器 I/O 映射需要 PDO 包含数据字典 60FDh，然后使用 DRIVE_IO 指令设置驱动器 I/O 地址，映射的编号范围不能与总线上其他设备的 I/O 编号重复。

DRIVE_IO (轴号)=I/O 起始编号。

示例：

```
i_IoNum=32+32*5                  '配置的 DRIVE_IO 的地址为 32+32×5
DRIVE_PROFILE(iAxis) = 5         '设定对应的带 I/O 映射的 PDO 模式
DRIVE_IO(iAxis) = i_IoNum        '设定驱动器 I/O 起始编号
```

6. 驱动器轴号映射

EtherCAT 总线上的设备按照连接顺序从 0 开始自动编号，驱动器也是按连接顺序自动从 0 开始编号的，只算总线上的驱动器，其他设备忽略。

EtherCAT 总线上连接的驱动器需要使用 AXIS_ADDRESS 指令映射驱动器的轴号，映射完成之后才能使用 BASE 指令选择驱动器轴号，发送脉冲，控制驱动器所连的电动机。

轴映射写在总线初始化程序中，总线扫描之后，开启总线之前。

语法：AXIS_ADDRESS(轴号)=(槽位号<<16)+驱动器编号+1

EtherCAT 总线的槽位号是 0。轴号为驱动器映射的目标轴号，映射时每个驱动器的轴号不重复，指向空闲轴号即可。

示例：

```
AXIS_ADDRESS (6)=(0<<16)+0+1        '第一个 ECAT 驱动器，驱动器编号为 0，绑定为轴 6
AXIS_ADDRESS (7)=(0<<16)+1+1        '第二个 ECAT 驱动器，驱动器编号为 1，绑定为轴 7
AXIS_ADDRESS (8)=(0<<16)+2+1        '第三个 ECAT 驱动器，驱动器编号为 2，绑定为轴 8
ATYPE(6)=65                         '设置为 ECAT 轴类型，65—位置，66—速度，67—转矩
ATYPE(7)=65
ATYPE(8)=65
```

配置完成后可在“轴参数”对话框查看配置情况。

7．驱动器控制模式

EtherCAT 驱动器一般有三种控制模式，分别为 CSP（位置）模式、CSV（转速）模式，CST（转矩）模式，如表 3-12 所示。使用 ATYPE 指令设置控制模式。

表 3-12　EtherCAT 驱动器控制模式

ATYPE 值	描　述
65	CSP 模式，需支持 EtherCAT
66	CSV 模式，需支持 EtherCAT，DRIVE_PROFILE 需设置为 20 或以上
67	CST 模式，需支持 EtherCAT，DRIVE_PROFILE 需设置为 30 或以上

设置 CSP、CSV、CST 模式时，需要预先设置 PDO，PDO 同时包含下方数据字典时，可直接修改 ATYPE 进行模式切换。驱动器默认 PDO 列表内置有哪些数据字典可查看驱动器手册确定。

当 PDO 包含 607Ah 时，ATYPE 可设置为 65，位置模式，此时使用运动指令控制电动机运动。

当 PDO 包含 60FFh 时，ATYPE 可设置为 66，转速模式，此时使用 DAC 指令控制电动机以设置值的转速运行，转速单位有两个，脉冲数/s 和 r/min，由驱动器确定，使用时先给较小的数值，观察电动机转速情况，再逐渐加大。

当 PDO 包含 6071h 时，ATYPE 可设置为 67，转矩模式，此时使用 DAC 指令控制电动机以设置值的转矩运行，设置值范围为 0～1000，对应 6071 设置值的 0～100%。比如，DAC=10，此时电动机转矩=6071h 值的 1%。

注意转速模式和转矩模式切换时，先令 DAC=0，再修改 ATYPE，防止出现事故。

1）位置模式：ATYPE=65

将 DRIVE_PROFILE 设置为带位置的模式 1（包含 607Ah 的模式均可），如图 3-65 所

示，ATYPE=65，执行总线初始化程序后，设置轴的 UNITS、SPEED 等运行参数，使用运动指令给电动机发脉冲控制轴的运行，注意试运行时 SPEED 的值不要设置得过大。

位置模式是实际中使用较多的一种模式。

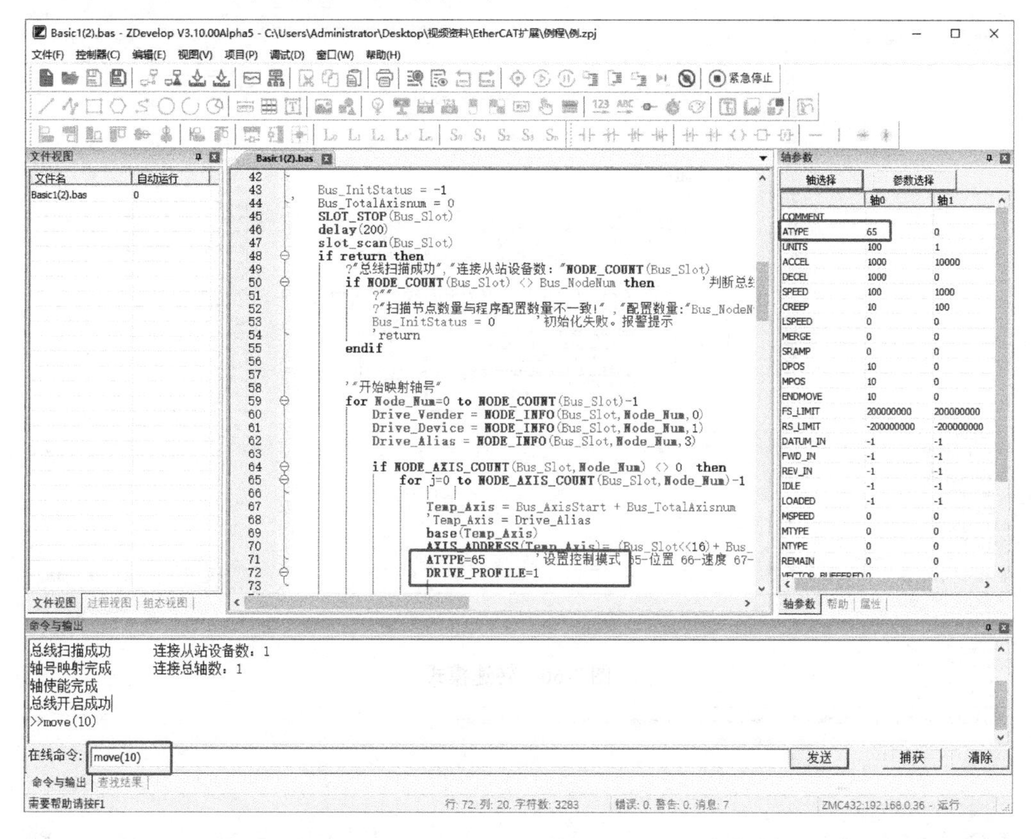

图 3-65　位置模式

2）转速模式：ATYPE=66

将 DRIVE_PROFILE 设置为带转速的模式 22（包含 60FFh 的模式即可），如图 3-66 所示，ATYPE=66，执行总线初始化程序后，发送 DAC 指令即可控制电动机运行。在图 3-66 中，DAC=5000 表示电动机以 5000 脉冲/s 的转速持续运行。DAC 指令发送后电动机一直运行，要提高转速时应将 DAC 值加大，DAC 值太小时电动机会因克服不了摩擦力而无法转动。

出于安全考虑，注意 DAC 值不要设置得过大，可先设置一个较小值，观察电动机运行情况后慢慢加大。

在此模式下，发送指令 DAC=0 即可停止电动机，或者单击“紧急停止”按钮。

3）转矩模式：ATYPE=67

将 DRIVE_PROFILE 设置为带转矩的模式 30（包含 6071h 的模式即可），如图 3-67 所示，ATYPE=67，执行总线初始化程序后，发送 DAC 指令即可控制电动机运行。图 3-67 中，DAC=30，当前驱动器为转矩的 0.03，DAC=1000 表示转矩的 100%。要加大转矩时应将 DAC 值加大，DAC 值太小时电动机会因克服不了摩擦力而无法转动。

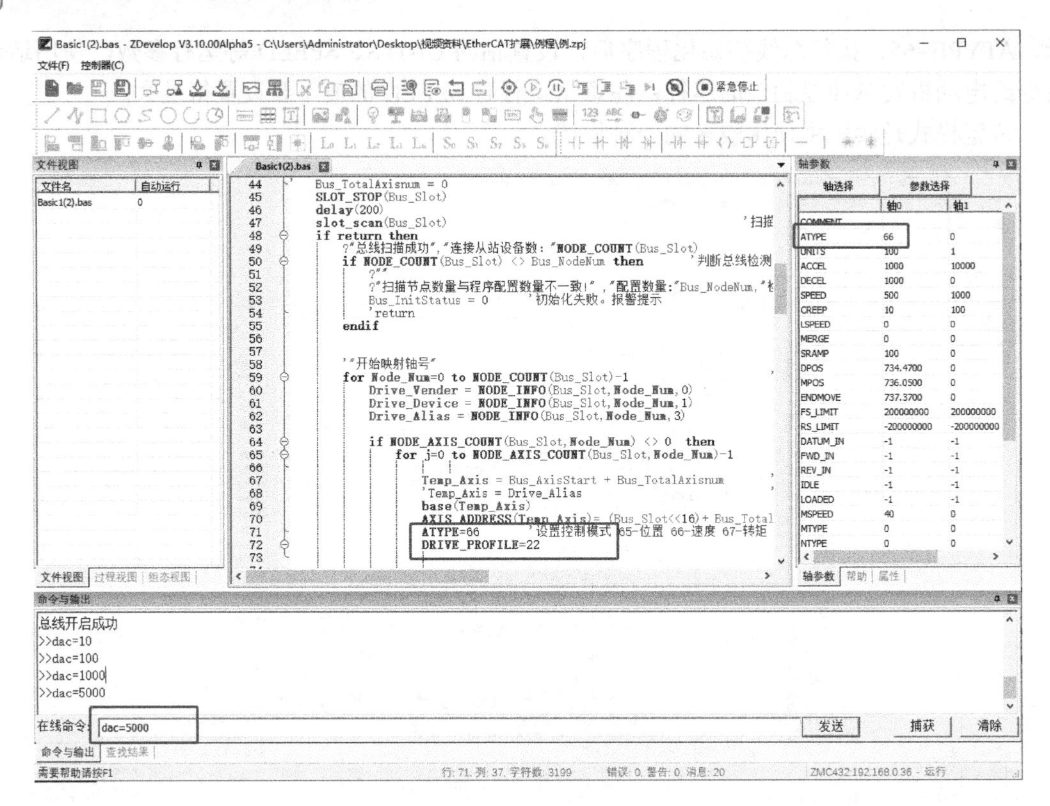

图 3-66 转速模式

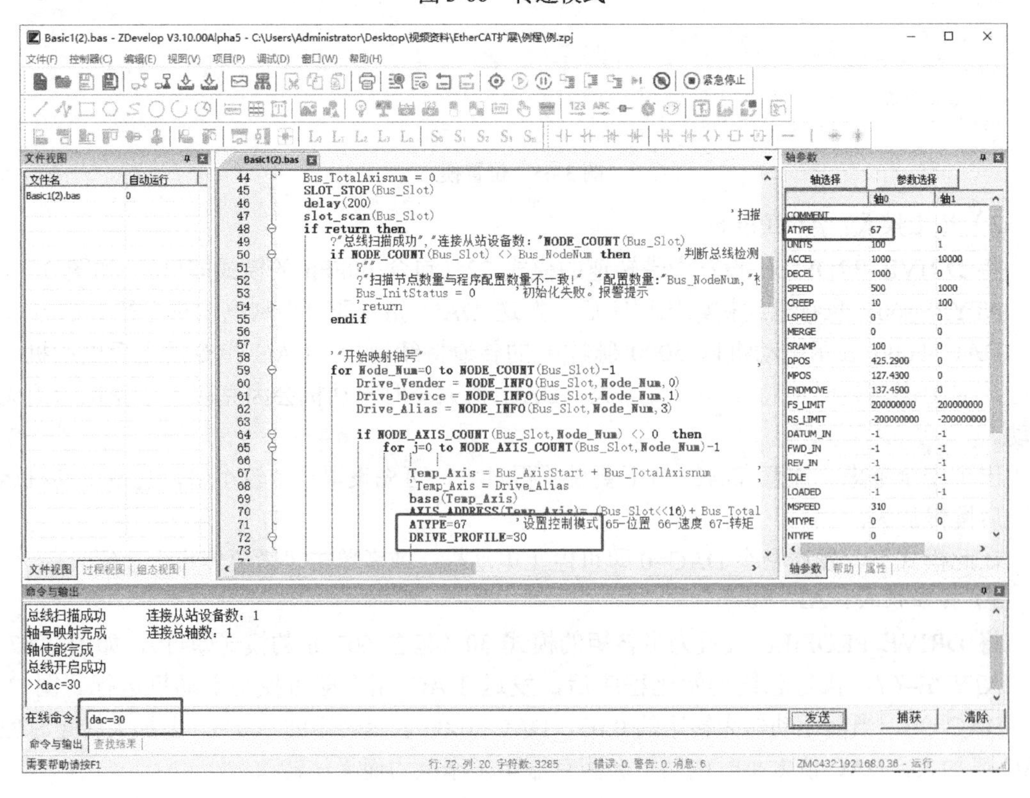

图 3-67 转矩模式

出于安全考虑，注意 DAC 值不要设置得过大，可先设置一个较小值，观察电动机运行情况后慢慢增大。

在此模式下，发送指令 DAC=0 即可停止电动机，或者单击“紧急停止”按钮。

8．驱动器报警

观察松下 A6B EtherCAT 伺服驱动器的 LED 面板上是否有报警信息，如图 3-68 所示，报警时会显示错误码，再根据驱动器手册排查错误，修正后报警清零。

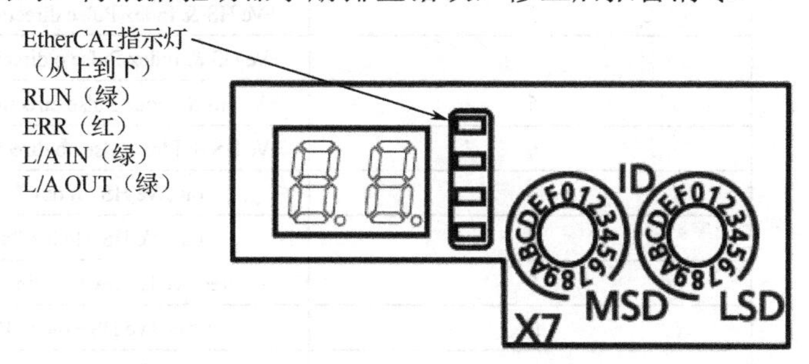

图 3-68　松下 A6B EtherCAT 伺服驱动器 LED 面板

在初始化过程中，按轴号清除驱动器错误，重复调用 DRIVE_CLEAR 指令可清除多个驱动器错误。

语法：DRIVE_CLEAR(模式值)

模式值 0—清除当前报警；1—清除历史报警；2—清除外部输入报警。

示例：

```
BASE(i)
DRIVE_CLEAR(0)                '清除驱动器错误
DELAY 50
DATUM(0)                      '清除控制器轴状态错误"
DELAY  100
```

9．驱动器回零

EtherCAT 总线可使用控制器提供的回零模式 DATUM(mode)，mode 值含义可查看 ZBasic 编程手册。

EtherCAT 总线也可以使用伺服驱动器本身的回零模式，前提是驱动器的 PDO 需要包含数据字典 6098h，若没有包含，则需用户提前配置驱动器 PDO 再使用。

EtherCAT 总线伺服驱动器本身回零使用指令 DATUM(21,mode2)，mode2 值含义可查询驱动器手册数据字典 6098h 中的回零模式。如图 3-69 所示，mode2 赋对应 Value 值，默认值为 0，也是驱动器回零模式。注意，此时的原点限位等信号要接在驱动器上，因此要使用驱动器回零时需要对驱动器的 I/O 进行映射，I/O 映射使用指令 DRIVE_IO，再使用指令 DATUM_IN 映射原点信号。

Index	Sub-Index	Name/Description	Units	Range	Data Type	Access	PDO	Opmode	EEPROM
6098h	00h	Homing method	—	-128～127	18	rw	RxPDO	hm	Yes

•设定原点复位方法。

Va ue	Definition
0	No homing method assigned
1	−Ve LS & Index Pulse
2	+Ve LS & Index Pulse
3	+Ve HS & Index Pulse direction reversal
	+Ve HS & Index Pulse o direction change
5	−Ve HS & Index Pulse direction reversal
6	−Ve HS & Idex Pulse no direction change
7	on +Ve HS −Index Pulse
8	on +Ve HS +Index Pulse
9	After +ve HS reverse +Index Pulse
10	After +ve HS +Index Pulse
11	on −Ve HS −Index Pulse
12	on −Ve HS +Index Pulse
13	After −ve HS reverse +Index Pulse
14	After −ve HS +Index Pulse
15	Reserved
16	Reserved
17	Same as 1 without Index Pulse
18	Same as 2 wi thout Index Pulse
19	Same as 3 without Index Pulse
20	Same as 4 without Index Pulse
21	Same as 5 without Index Pulse
22	Same as 6 without Index Pulse
23	Same as 7 without Index Pulse
24	Same as 8 without Index Pulse
25	Same as 9 without Index Pulse
26	Same as 10 without Index Pulse
27	Same as 11 without Index Pulse
28	Same as 12 without Index Pulse
29	Same as 13 without Index Pulse
30	Same as 14 without Index Pulse
33	On Index Pulse +Ve direction
34	On Index Pulse −Ve direction
35	Current position = home
37	Current position = hone

+Ve: positive 方向　　LS: Limit switch

−Ve: negative 方向　　HS: Home switch

图 3-69　驱动器回零模式（数据字典 6098h）

示例：初始化完成后再运行驱动器回零程序。

```
BASE(iAxis)              '按驱动器轴号逐个回零
AXIS_STOPREASON = 0
SPEED = 100              '回零速度
CREEP = 10               '反找速度
ACCEL = 1000
DATUM(21,2)              '驱动器回零模式 value=2
WAIT IDLE
IF AXIS_STOPREASON = 0 THEN
    ?"回零成功"
ELSE
    ?"回零失败","停止原因：",AXIS_STOPREASON,"状态字 0X",HEX(DRIVE_STATUS)
ENDIF
```

在驱动器找原点的过程中，AXISSTATUS 轴状态的值显示为“40h”，回零成功值变为“0h”，若回零失败，则 AXISSTATUS 会显示其他值报警。

10．EtherCAT 总线连接扩展模块

扩展的资源必须映射到控制器本地资源才可使用。

不同的 EtherCAT 扩展模块的 I/O 映射、轴映射方法相同，连接使用方法参见第 2.4.2 节相关内容。

扩展 I/O 映射采用指令 NODE_IO（数字量）、指令 NODE_AIO（模拟量）设置，扩展轴映射采用指令 AXIS_ADDRESS 映射轴号。

扩展模块也需要执行 EtherCAT 初始化程序后才能操作。

3.3.5 RTEX 总线通信

RTEX 总线用于连接松下 RTEX 伺服驱动器。RTEX 总线的接线参考如图 3-70 所示。

设备和驱动器按连接顺序自动从 0 开始编号，与 EtherCAT 总线编号规则相同。

RTEX 总线上连接的电动机需要编写一段 RTEX 总线初始化程序来进行使能。使能之后的应用与脉冲电动机一致，运动指令都是相同的。

初始化程序一般过程如下。

（1）使用 SLOT_SCAN 扫描设备，判断 RETURN 是否正确，未连接设备时会报错。

（2）通过 NODE_INFO、NODE_AXIS_COUNT 等对设备类型、信息等进行判断。

（3）依次设置 AIXS_ADDRESS、ATYPE、DRIVE_PROFILE、DRIVE_IO 等。

（4）SLOT_START 启动设备。

（5）建立连接后主端和从端即可进行周期性数据交换。

1．RTEX 总线初始化程序

RTEX 总线初始化程序与 EtherCAT 总线初始化程序类似，具体如下：

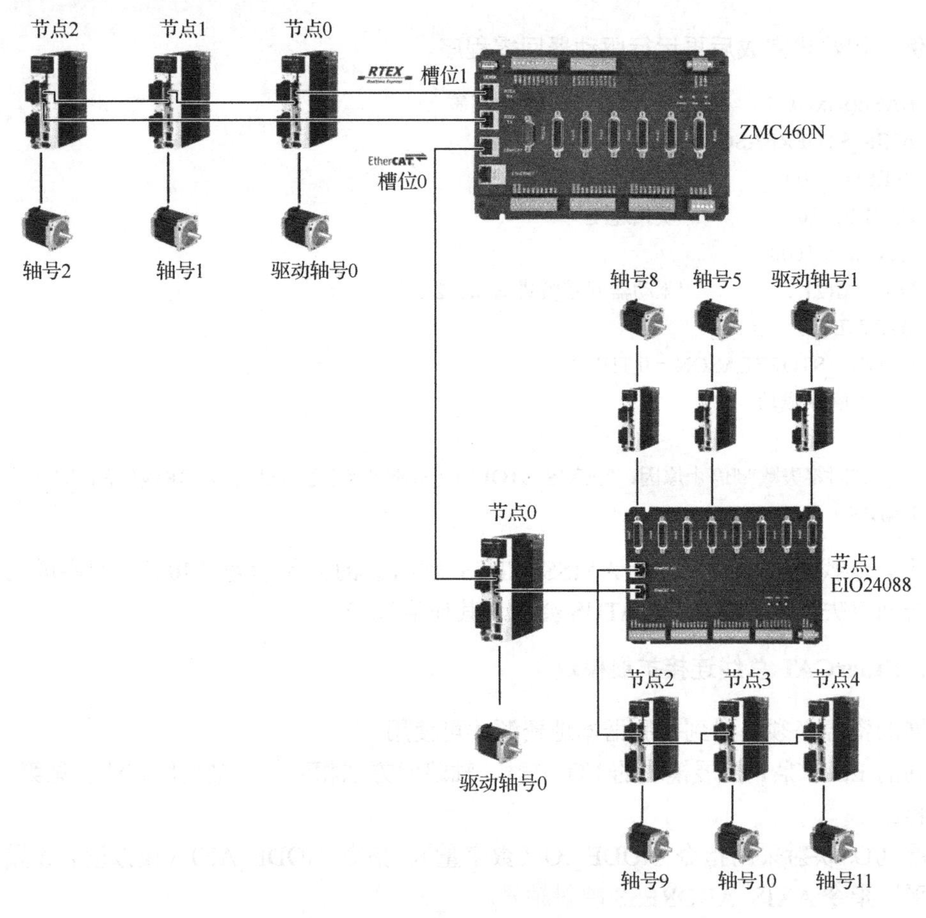

图 3-70　RTEX 总线的接线参考

```
'****************************RTEX 总线初始化
GLOBAL CONST BUS_TYPE = 0                '总线类型
GLOBAL CONST MAX_AXISNUM = 32            '最大轴数
GLOBAL CONST Bus_Slot   = 0              '槽位号 0（单总线控制器默认为 0）
GLOBAL CONST PUL_AxisStart    = 0        '本地脉冲轴起始轴号
GLOBAL CONST PUL_AxisNum    = 0          '本地脉冲轴轴数量
GLOBAL CONST Bus_AxisStart    = 0        '总线轴起始轴号
GLOBAL CONST Bus_NodeNum    = 1          '总线配置节点数，用于判断实际检测到的从端数是否
                                         一致

GLOBAL Bus_InitStatus                    '总线初始化完成状态
Bus_InitStatus = -1
GLOBAL    Bus_TotalAxisnum               '检查扫描的总轴数

DELAY(3000)                              '延时 3s 等待驱动器上电，具体根据驱动器调整延时

?"总线通信周期：",SERVO_PERIOD,"us"
RTEX_Init()                              '初始化 RTEX 总线
```

```
        WHILE (Bus_InitStatus = 0)                                '重新初始化
            RTEX_Init()
        WEND
        END
        '**************************RTEX 总线初始**********************
        '初始流程: slot_scan（扫描总线） ->   从端节点映射轴/io  ->  SLOT_START（启动总线） ->
初始化成功
        '*************************************************************
        GLOBAL SUB RTEX_Init()
            LOCAL Node_Num,Temp_Axis
            RAPIDSTOP(2)
            FOR i=0 TO MAX_AXISNUM - 1                            '初始化还原轴类型
                AXIS_ENABLE(i) = 0
                ATYPE(i)=0
                DELAY(20)
            NEXT

            Bus_InitStatus = -1
            Bus_TotalAxisnum = 0
            SLOT_STOP(Bus_Slot)
            DELAY(200)
            SLOT_SCAN(Bus_Slot)                                   '扫描总线
            IF RETURN THEN
                ?"总线扫描成功","连接从端设备数："NODE_COUNT(Bus_Slot)
                IF NODE_COUNT(Bus_Slot) <> Bus_NodeNum THEN       '判断总线检测数是否为实际接线数
                    ?""
                    ?"扫描节点数量与程序配置数量不一致!","配置数量:"Bus_NodeNum,"检测数量：
"NODE_COUNT(Bus_Slot)
                    Bus_InitStatus = 0                            '初始化失败，报警提示
                    RETURN
                ENDIF

                '"开始映射轴号"
                FOR Node_Num=0 TO NODE_COUNT(Bus_Slot)-1          '遍历扫描到的所有从端节点
                    IF NODE_AXIS_COUNT(Bus_Slot,Node_Num) <> 0  THEN         '判断当前节点是
                                                                             否有电动机
                        FOR j=0 TO NODE_AXIS_COUNT(Bus_Slot,Node_Num)-1      '根据节点带的电
                                                    动机数循环配置轴参数（针对一拖多驱动器）

                            Temp_Axis = Bus_AxisStart + Bus_TotalAxisnum         '轴号按 NODE
                                                                                 顺序分配
                            'Temp_Axis = Dirve_Alias                      '轴号按驱动器设定的拨码分配
                                                                          （一拖多需要特殊处理）
                            BASE(Temp_Axis)
                            AXIS_ADDRESS= (Bus_Slot<<16)+ Bus_TotalAxisnum + 1  '映射轴号
```

```
                    ATYPE=50                                    '设置控制模式，50—位置，51—
                                                                速度，52—转矩

                    Sub_SetNodePara(Node_Num,Temp_Axis)
                    IF RETURN = FALSE THEN
                        Bus_InitStatus = 0                      '通信周期不匹配
                        RETURN
                    ENDIF
                    DISABLE_GROUP(Temp_Axis)                    '每轴单独分组
                    Bus_TotalAxisnum=Bus_TotalAxisnum+1         '总轴数+1
                NEXT
            ENDIF
        NEXT
        ?"轴号映射完成","连接总轴数："Bus_TotalAxisnum

        WA 200
        SLOT_START(Bus_Slot)                                    '启动总线
        IF RETURN THEN
            WDOG=1                                              '使能总开关
            '?"开始清除驱动器错误"
            FOR i= Bus_AxisStart TO Bus_AxisStart + Bus_TotalAxisnum - 1
                BASE(i)
                DRIVE_CLEAR(0)
                DELAY 50
                ?"驱动器错误清除完成"
                DATUM(0)                                        '清除控制器轴状态错误"
                WA 50
                '"轴使能"
                AXIS_ENABLE=1
            Next
            Bus_InitStatus   = 1
            ?"轴使能完成"

            '本地脉冲轴配置
            FOR i = 0 TO PUL_AxisNum - 1
                BASE(PUL_AxisStart + i)
                AXIS_ADDRESS   = (-1<<16) + i
                ATYPE = 4
            NEXT
            ?"总线开启成功"
        ELSE
            ?"总线开启失败"
            Bus_InitStatus = 0
        ENDIF
    ELSE
```

```
            ?"总线扫描失败"
            Bus_InitStatus = 0
        ENDIF
    END SUB

    '******************从端节点特殊参数配置**************************
    '通过 DRIVE_READ/DRIVE_WRITE 修改从端参数(具体参数查看驱动器手册)
    '*************************************************************
    GLOBAL SUB Sub_SetNodePara(iNode,Iaxis)
        BASE(Iaxis)
        VR(0) = 0
        VR(1) = 0
        DRIVE_READ(7*256+20,0)          'Pr7.20=7×256+20，RTEX 通信周期：3～0.5ms，6～1ms
        DRIVE_READ(7*256+21,1)          'Pr7.21=7×256+21，RTEX 指令更新周期比：1
        IF (VR(0)/6 *1000 <>   SERVO_PERIOD) OR (VR(1) <> 1) THEN    '判断驱动器周期和控制器
                                                                      周期是否匹配
            ?"总线周期不匹配：","控制周期-",SERVO_PERIOD,"轴号-",Iaxis,"伺服周期-",(vr(0)/6
*1000*vr(1))
            DRIVE_WRITE(7*256+20,SERVO_PERIOD/1000*6)          'Pr7.20=7×256×20，RTEX
                                                              通信周期：3～0.5ms，6～1ms
            DRIVE_WRITE(7*256+21,1)                  'Pr7.21=7×256+21，RTEX 指令更新周期比：1
            DRIVE_WRITE(128,1)                       '写 EEPROM，修改完成后需要断电
            RETURN FALSE
        ENDIF
        RETURN TRUE
    END SUB
```

初始化完成之后，RTEX 总线的节点信息查看方法与 EtherCAT 总线相同，可通过槽位节点窗口、总线诊断窗口或指令?*RTEX 查看。

2．通信周期

目前 RTEX 总线通信周期有两种，即 0.5ms 和 1ms，可通过设置驱动器参数 P7.20 和 P7.21 选择，参数说明如图 3-71 所示。

P7.20	RTEX 通信周期设定	-1～12	—	设定 RTEX 通信的通信周期。 -1：将 Pr7. 91 的设定设为有效 3：0.5ms 6：1.0ms 上述以外，厂家使用（请勿设定）
P7.21	RTEX 指令更新周期比设定	1～2	—	设定 RTEX 通信的指令更新周期比。 设定值=指令更新周期/通信周期 1：1 倍 2：2 倍

图 3-71　RTEX 总线通信周期参数说明

注意，P7.21 参数一定要设置为 1，否则无法通信。

控制器周期默认为 1ms，可通过硬件修改控制器周期。

3．驱动器参数修改

驱动器参数修改类似 EtherCAT，一是采用松下驱动器软件修改；二是使用指令修改，指令 DRIVE_READ 读取参数，指令 DRIVE_WRITE 写入参数，在总线开启后再使用指令修改。伺服参数的功能与设置参见松下 RTEX 驱动器手册。

语法：DRIVE_READ(参数名称,数据存储到 VR 的位置)

　　　DRIVE_WRITE(参数名称,参数值)

示例：

```
BASE(0)                          '选择轴 0 对应的驱动器
DRIVE_WRITE(7*256+11,6)          '写 Pr7.11 参数为 6
DRIVE_READ(7*256+11,0)           '读取 Pr7.11 参数值，保存到 vr(0)
DRIVE_READ($10000+$01)           '读取厂商名，直接打印
```

4．驱动器 I/O 映射

驱动器 I/O 映射需要先令 DRIVE_PROFILE=1 为带驱动器 I/O 映射（DRIVE_PROFILE=0 为不带驱动器 I/O 映射），然后使用指令 DRIVE_IO 设置驱动器 I/O 地址，映射的编号范围不要与总线上其他设备的 I/O 编号重复。

语法：DRIVE_IO (轴号)=I/O 起始编号

示例：

```
i_IoNum=32+32*3                  'I/O 编号设置
DRIVE_PROFILE(iAxis) = 1         '带驱动器 I/O 映射
DRIVE_IO(iAxis) = i_IoNum        '设定驱动器 I/O 起始编号
```

5．驱动器轴号映射

RTEX 总线上的设备按照连接顺序从 0 开始自动编号，驱动器也是按连接顺序自动从 0 开始编号的，只算总线上的驱动器，其他设备忽略。

RTEX 总线上连接的驱动器需要使用 AXIS_ADDRESS 指令映射驱动器的轴号，映射完成之后才能使用 BASE 指令选择驱动器轴号，发送脉冲，控制驱动器所连的电动机。

轴映射写在总线初始化程序中，总线扫描之后，开启总线之前。

语法：AXIS_ADDRESS(轴号)=(槽位号<<16)+驱动器编号+1

单总线控制器的总线槽位号默认为 0，双总线控制器 EtherCAT 总线槽位号为 0，RTEX 的槽位号为 1。轴号为驱动器映射的目标轴号，映射时每个驱动器的轴号不重复，指向空闲轴号即可。

示例：

```
AXIS_ADDRESS (6)=(0<<16)+0+1     '第一个 RTEX 驱动器，驱动器编号为 0，绑定为轴 6
AXIS_ADDRESS (7)=(0<<16)+1+1     '第二个 RTEX 驱动器，驱动器编号为 1，绑定为轴 7
AXIS_ADDRESS (8)=(0<<16)+2+1     '第三个 RTEX 驱动器，驱动器编号为 2，绑定为轴 8
```

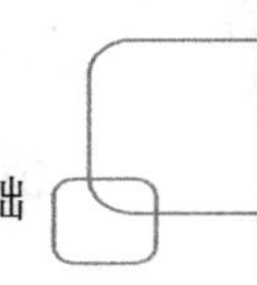

```
ATYPE(6)=50                    '设置为 RTEX 轴类型，50—位置，51—速度，52—转矩
ATYPE(7)=50
ATYPE(8)=50
```

配置完成后可在“轴参数”对话框查看配置情况。

6. 驱动器控制模式

RTEX 总线的控制模式有三种，如表 3-13 所示，使用 ATYPE 指令设置，ATYPE=50 对应位置模式，ATYPE=51 对应转速模式，ATYPE=52 对应转矩模式。

表 3-13　RTEX 驱动器控制模式

ATYPE 值	描　　述
50	位置模式，需 RTEX 控制器
51	转速模式，需 RTEX 控制器
52	转矩模式，需 RTEX 控制器 请先关闭驱动器 2 自由度控制模式，并设置速度限制

位置模式采用运动指令控制轴运动，如图 3-72 所示，转速和转矩模式采用 DAC 指令控制轴运动，切换至其他模式时先将 DAC 置 0，再修改 ATYPE 值，防止发生事故。

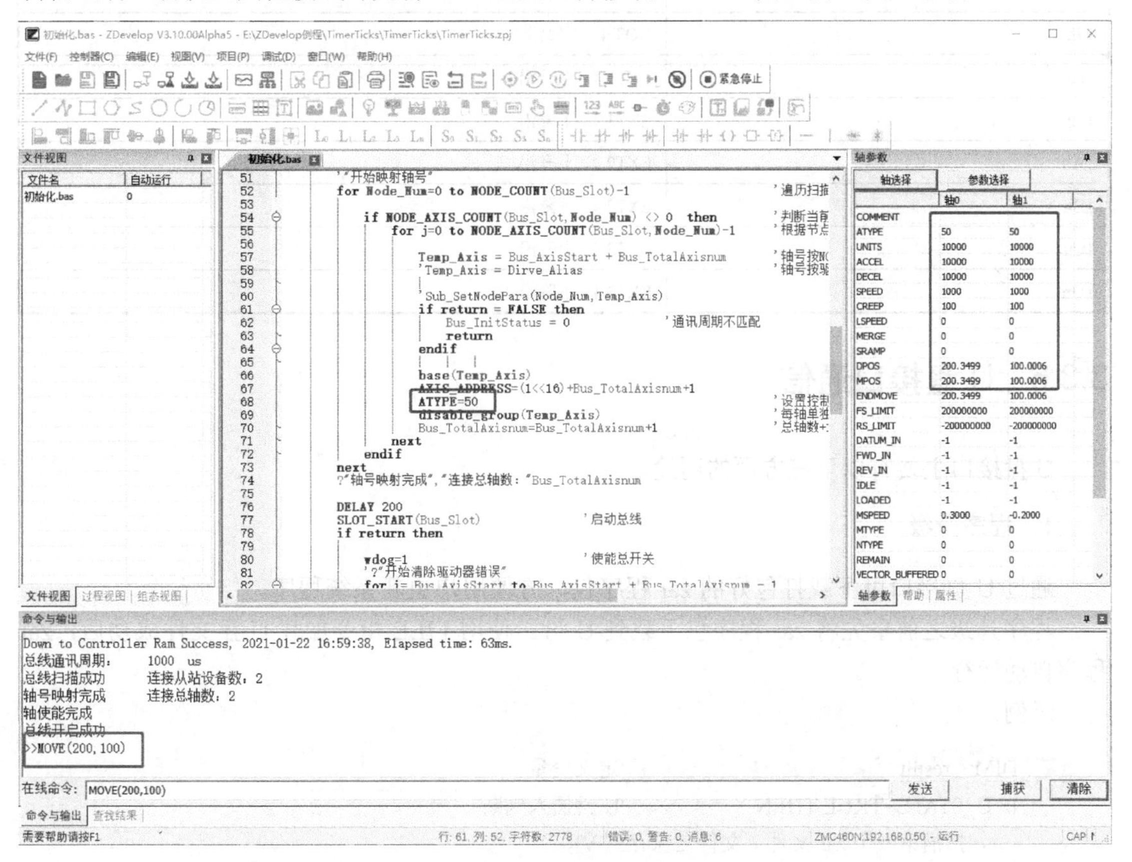

图 3-72　RTEX 总线位置模式

7. 驱动器回零

RTEX 总线可使用控制器提供的回零模式 DATUM(mode)，mode 值含义可查看 ZBasic 编程手册。RTEX 总线也可以使用驱动器本身的回零模式。

驱动器本身回零使用指令 DATUM(21,mode2)，mode2 值含义可查询驱动器手册，mode2 赋对应回零模式值。表 3-14 所示为松下驱动器提供的回零模式，注意此时的原点限位等信号要接在驱动器上，因此使用驱动器回零时需要进行驱动器 I/O 映射。

语法：DATUM(21,$11)　　'按驱动器当前回零模式开始回零

表 3-14　松下驱动器 RTEX 回零模式

回零模式值	动　作
11h	Z 相
12h	HOME↑ 上升沿
13h	HOME↓ 下降沿
14h	POT↑ 上升沿
15h	POT↓ 下降沿
16h	NOT↑ 上升沿
17h	NOT↓ 下降沿
18h	EXT1↑ 上升沿
19h	EXT1↓ 下降沿
1Ah	EXT2↑ 上升沿
1Bh	EXT2↓ 下降沿
1Ch	EXT3↑ 上升沿
1Dh	EXT3↓ 下降沿

3.3.6 U 盘接口通信

U 盘接口主要有以下三方面的用途。

1. 程序升级

通过 U 盘接口可下载打包好的 zar 程序包，方便用户更新系统程序。

程序升级之前事先将 zar 程序包下载到 U 盘。使用 FILE 指令加载 U 盘文件成功后，zar 程序自动运行。

示例：

```
DIM   result                              '定义变量
IF U_STATE=TRUE THEN                      'U 盘插入判断
    '扫描第一个 zar 文件，文件名保存到 VR
    result = FILE "find_first",".zar",10
    IF result=TRUE THEN                   '扫描文件成功判断
```

```
            '下载扫描到文件名与存储到 VR 中的字符相同的 zar 文件
            FILE"load_zar",VRSTRING(10,20)
        ENDIF
    ENDIF
    END
```

2．加载三次文件

使用 FILE 指令加载 U 盘里保存的三次文件执行。

示例：

```
    IF  U_STATE=TRUE  THEN                      '判断 U 盘是否插入
        FILE "FIND_FIRST",".Z3P",800            '查找 Z3P 文件
        ?"文件名："VRSTRING(800,20),"等待下载"
        FILE "COPY_TO",VRSTRING(800,20),VRSTRING(800,20)    '下载 Z3P 文件
        ?"下载 Z3P 文件完成"
    ENDIF
```

3．U 盘与寄存器交互数据

U 盘可读/写变量和数组。

多个控制器中 Flash 存储的数据可以通过 U 盘来传递。

VR 寄存器、TABLE 寄存器与 U 盘里的数据可互相传递。

读/写文件类型为 SD(filenum).BIN 或 SD(filenum).CSV，不同的指令可操作的文件类型有所区别。

不同型号控制器的 U 盘接口的使用方法是相同的，将 U 盘插在控制器的 UDISK 接口即可。控制器上电后，有 U 盘插入时，U 盘指示灯亮。

在对 U 盘进行操作之前，先使用 U_STATE 指令判断 U 盘的状态，以确保 U 盘能成功通信，再使用 U 盘相关指令操作，指令用法参见 ZMotion Basic 编程手册。

示例：

```
    DIM a,array1(2)                         '变量、数组定义
    a=123
    array1(0)=10
    array1(1)=20

    IF  U_STATE = TRUE THEN                 '判断 U 盘是否插入
        U_WRITE 0,a,array1                  '将变量、数组写入 U 盘的 SD0 文件
        a=456
        array1(0)=11
        U_READ   0,a,array1                 '读取 U 盘文件 SD0 中的数据
        PRINT a,array1(0)                   '结果：123，10
        IF a <> 123 THEN                    '判断 U 盘读/写是否成功
            PRINT "U 盘读取错误"
        ELSE
```

```
            PRINT "U盘成功读取"
        ENDIF
    ELSE
        PRINT "U盘未插入"
    ENDIF
    END
```

与本章内容相关的“正运动小助手”微信公众号文章和视频讲解

1. 快速入门|篇一：如何进行运动控制器硬件升级
2. 快速入门|篇二：如何进行运动控制器 ZBasic 程序开发
3. 快速入门|篇六：如何进行运动控制器数据与存储的应用
4. 快速入门|篇七：如何进行运动控制器 ZCAN 总线扩展模块的使用
5. 快速入门|篇八：如何进行运动控制器 EtherCAT 总线的基础使用
6. 快速入门|篇九：如何进行运动控制器示波器的应用
7. 快速入门|篇十一：正运动技术运动控制器中断的应用
8. 快速入门|篇十二：正运动技术运动控制器 U 盘接口的使用
9. 快速入门|篇十三：正运动技术运动控制器 ZDevelop 编程软件的使用
10. 快速入门|篇十六：正运动控制器 EtherCAT 总线快速入门
11. 快速入门|篇二十：正运动技术运动控制器 MODBUS 通信
12. 快速入门|篇二十一：正运动技术运动控制器自定义通信
13. EtherCAT 总线运动控制器应用进阶一
14. 运动控制器 RTEX 总线使用入门
15. 离线仿真调试，加快项目进度

第 4 章　运动控制系统之多任务编程

4.1　多任务的概念

任务是执行 I/O 刷新和用户程序等的一系列指令，一个任务是指一个正在运行的程序。

如果多个程序模块能够互不干扰地同时运行，则称为多任务运行，如图 4-1 所示。多任务编程可用 ZDevelop 实现。

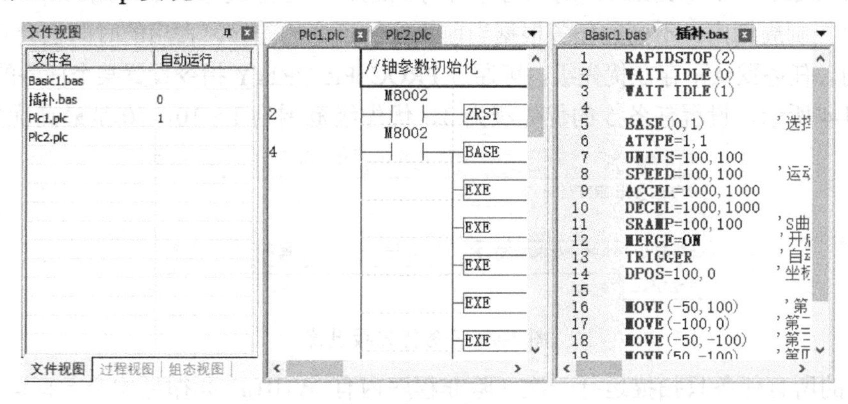

图 4-1　多任务运行

多任务可以将复杂的程序分成几部分同时运行，每部分的任务是独立的，这样就可以使设备的复杂运动过程变得简单明了，使编程更灵活。在没有多任务的场合，程序只能顺序执行，效率很低。

ZMC 控制器支持多任务编程，每个任务都有唯一的编号，此编号没有优先级，只是标识当前程序属于哪个任务。

不同型号控制器支持的任务数有所不同，支持的具体任务数量，可通过连接控制器后，在 ZDevelop 的“控制器状态”对话框查看或用?*max 指令查看。如图 4-2 所示，表示该控制器最多支持 22 个任务，任务编号范围为 0～21。

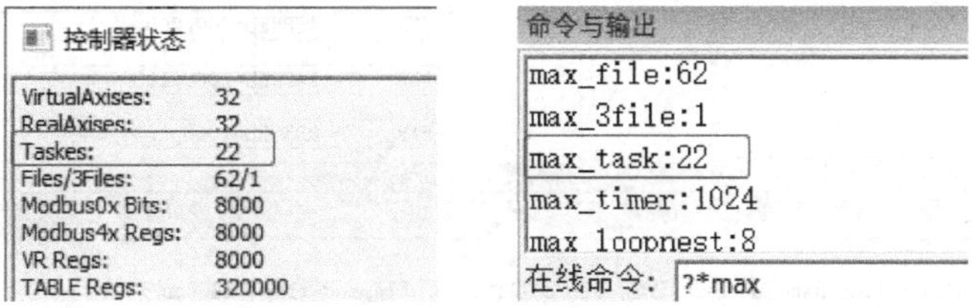

控制器状态
VirtualAxises: 32
RealAxises: 32
Taskes: 22
Files/3Files: 62/1
Modbus0x Bits: 8000
Modbus4x Regs: 8000
VR Regs: 8000
TABLE Regs: 320000

命令与输出
max_file:62
max_3file:1
max_task:22
max_timer:1024
max_loopnest:8
在线命令: ?*max

图 4-2　任务数查看

控制器的每个运动控制周期（SERVO PERIOD）都包含 MC、SS 及用户多任务程序的运行，如图 4-3 所示。

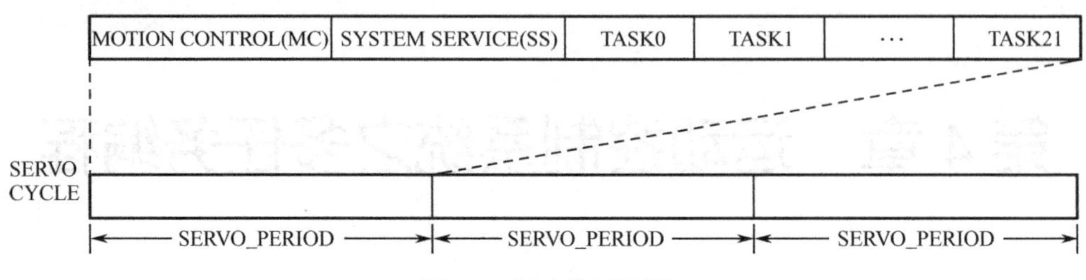

图 4-3　运动控制周期

（1）MC：运动控制、EtherCAT 通信、中断的实现。运动控制包含单轴运动控制、多轴插补运动、机械手正反解算法等；EtherCAT 通信包含 PDO 通信与 SDO 通信。

（2）SS：包含 RS232 通信、RS485 通信、CAN 通信、EtherNET 通信（MODBUS RTU 主从通信及 ZDevelop 相关软件服务）。

（3）TASK0、…、TASK21：对应各个任务的运行，任务编号从 0 开始。

在一个控制周期内，不同的任务根据当前执行的指令的差异，占用的时间也会有差异，并不完全相同。任务默认不存在优先级，可通过 PROC_PRIORITY 指令设置某个任务的优先级。

如图 4-4 所示，设置任务 5 的优先级为 3，优先级范围为 1～10，10 是最高优先级。

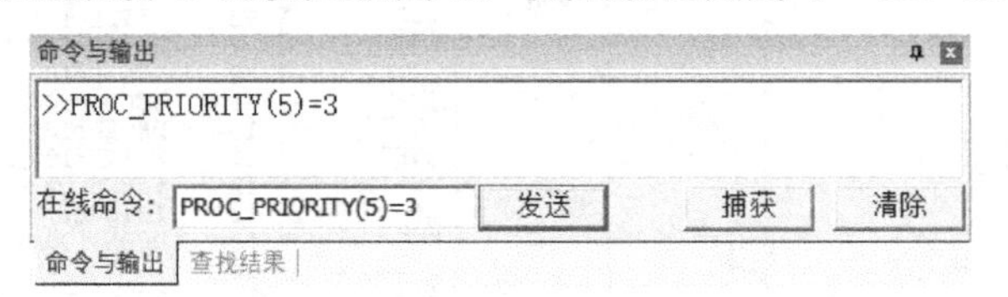

图 4-4　任务优先级设置

Basic 的所有任务只扫描运行一次（除非程序内有 WHILE 死循环才会一直运行）。一个工程项目中的 Basic 文件支持同时存在多个自动运行任务。

PLC 主任务循环执行，PLC 子程序任务只运行一次。若一个工程项目中有多个 PLC 文件，则建议只给 PLC 主文件设置一个自动运行任务号。如图 4-5 所示，若设置多个 PLC 自动运行任务号，会弹出报警信息。

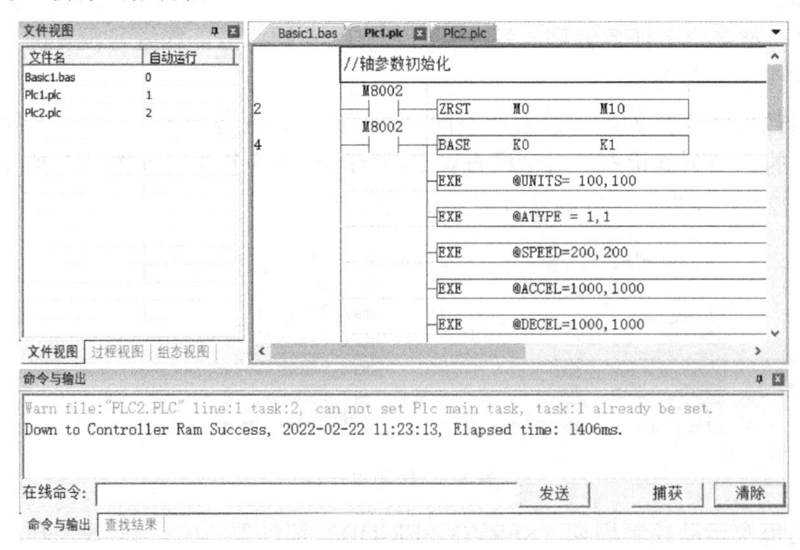

图 4-5　PLC 任务报警信息

HMI 程序需要设置自动运行任务号，初始化函数只扫描执行一次，周期函数循环扫描。一个工程项目中仅支持一个 HMI 文件，要运行组态程序只能通过给 HMI 文件设置自动运行任务号。

如图 4-6 所示，控制器同时处理四个任务，任务 0～3 是并行的，互不干扰，控制器下载程序后，这四个任务同时启动，在任务执行时，还能使用任务指令开启 SUB 子程序任务或标记任务。SUB 子程序任务或标记任务一旦开启，便与主程序无关，任务运行停止后可重复触发任务执行。

文件视图

文件名	自动运行
Basic1.bas	0
Basic2.bas	1
Basic3.bas	
Plc1.plc	2
Hmi1.hmi	3

任务

任务	状态	文件和行号
0	Stopped	BASIC1.BAS,line:31
1	Stopped	BASIC2.BAS,line:18
2	Running	PLC1.PLC,line:1
3	Running	HMI1.HMI,line:1

图 4-6　控制器同时处理四个任务

多任务运行有以下优势。

（1）程序模块化：用户可以将程序分解成多个较短的、特定的程序，来实现客户设备指定的功能。

（2）并发性：每个任务都可以独立运行，不受其他任务的影响。

（3）简化错误处理：多任务运行时，错误处理变得简单，只需处理出错的任务。

（4）指令交互：程序处于运行状态时，用户可以随时进行指令交互，如在线修改运动参数，在“在线命令”栏发送指令等，其他程序不受影响。

4.2　多任务状态查看

任务状态有三种，即正在运行、停止和暂停，任务状态查看有以下三种方式。

1. 通过指令查看

通过指令 PROC_STATUS 查看任务状态。返回值：0—任务停止，1—任务正在运行，3—任务暂停。

示例：

```
PRINT    PROC_STATUS(0)          '打印任务 0 状态
?*PROC_STATUS                    '打印控制器支持的所有任务的状态
```

如图 4-7 所示，Basic 任务 0 和 1 已停止，PLC 任务 2 正在运行。

2. 通过“任务”对话框查看

在菜单栏中依次单击“调试”→“启动/停止调试”，弹出“任务”对话框，如图 4-8 所示。在“任务”对话框中可以查看已经开启的任务的任务编号、运行状态、当前文件和运行行号，看不到未开启的任务。

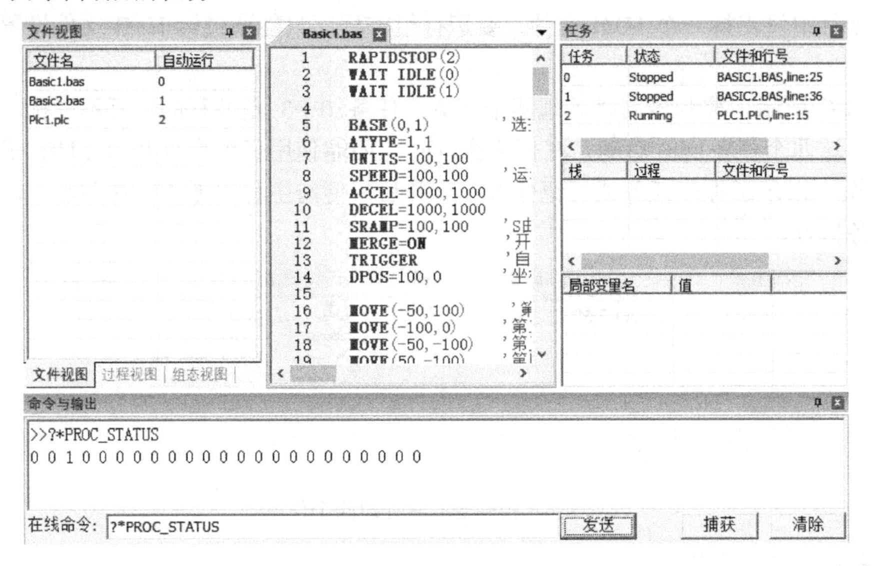

图 4-7 任务状态查看

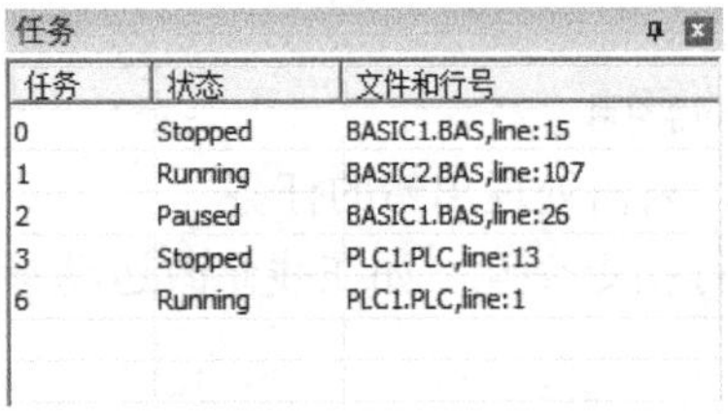

任务

任务	状态	文件和行号
0	Stopped	BASIC1.BAS,line:15
1	Running	BASIC2.BAS,line:107
2	Paused	BASIC1.BAS,line:26
3	Stopped	PLC1.PLC,line:13
6	Running	PLC1.PLC,line:1

图 4-8 “任务”对话框

Basic 任务在程序结束后，变为“Stopped”（停止）状态；PLC 主任务由于会循环扫描，所以一直处于“Running”（正在运行）状态。

3. 通过“故障诊断”对话框查看

在菜单栏中依次单击“调试”→“故障诊断”，弹出“故障诊断”对话框，如图 4-9 所示，可查看控制器所支持的所有任务的状态、所处的文件和程序运行的行号，也可以显示各任务的报错信息。

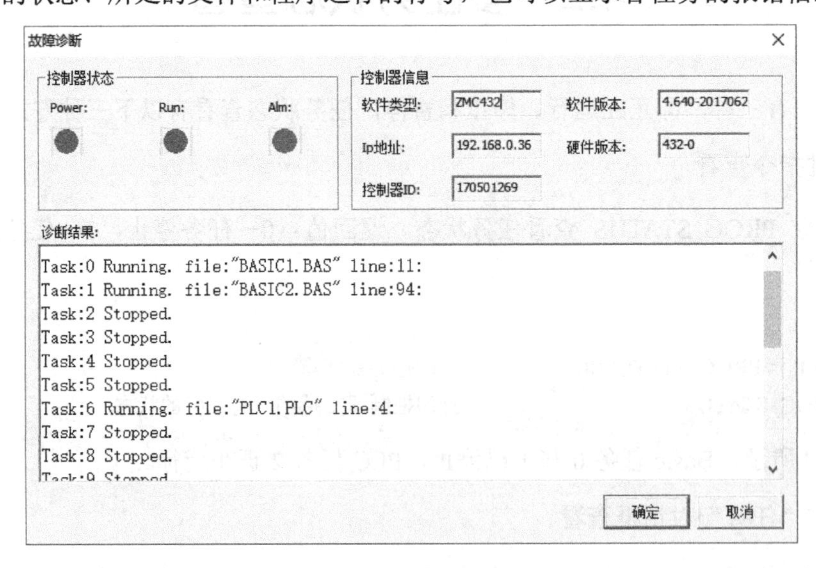

图 4-9 “故障诊断”对话框

4.3　多任务启动与停止

4.3.1　多任务操作指令

多任务操作主要有以下指令。

◆ END：当前任务正常结束。

◆ STOP：停止指定文件运行的任务。

◆ STOPTASK：停止指定任务。

◆ HALT：停止所有任务。

◆ RUN：启动新任务，运行一个文件。

◆ RUNTASK：启动新任务，运行一个 SUB 或一个带标签的程序。

◆ PAUSETASK：暂停指定任务。

◆ RESUMETASK：恢复指定任务，任务从上次停止处继续执行。

Basic 和 PLC 的任务操作均使用以上指令。

如图 4-10 所示，在“控制器状态”对话框或使用指令?*MAX，均可以查看控制器支持的任务总数和文件总数。

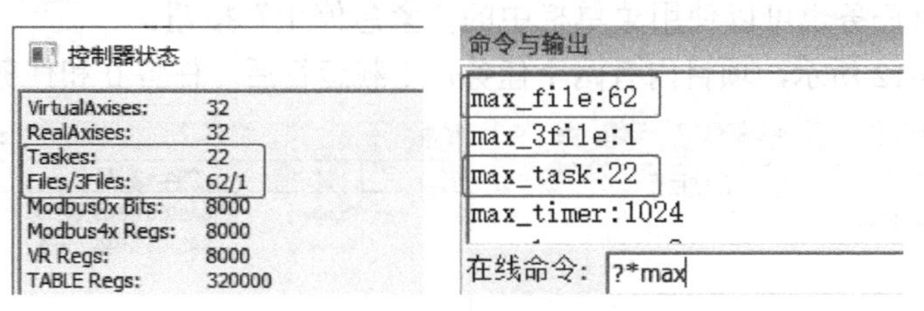

图 4-10　查看任务总数和文件总数

4.3.2　多任务启动

任务启动有三种方式，分别是自动运行任务号、RUN 指令和 RUNTASK 指令。使用指令开启任务时，程序执行到该指令后开启任务。

开启任务时注意任务编号的填写，任务不能重复开启。

（1）在“文件视图”对话框设置自动运动任务号示例如图 4-11 所示。控制器上电后首先执行带自动运行任务号的文件。自动运行任务号在 Basic 文件中可设置多个，在 PLC 文件和 HMI 文件中仅支持一个。自动运行文件并行运行，上电后同时开启。

（2）RUN 指令将文件作为一个任务启动。

示例：RUN "TuXing_001.bas",2　　'将 TuXing_001.bas 文件作为任务 2 启动

（3）RUNTASK 指令将一个 SUB 子程序或带标签的程序作为任务启动，可运行全局定义的 SUB 子程序，要开启任务的标签程序只能存在本文件内。

示例：RUNTASK 1,task_home　　'以任务 1 启动 task_home 子程序

文件视图

文件名	自动运行
Basic1.bas	0
Basic2.bas	1
Basic3.bas	
Plc1.plc	2
Hmi1.hmi	3

任务

任务	状态	文件和行号
0	Stopped	BASIC1.BAS,line:31
1	Stopped	BASIC2.BAS,line:18
2	Running	PLC1.PLC,line:1
3	Running	HMI1.HMI,line:1

图 4-11　设置自动运行任务号示例

4.3.3　多任务停止

停止任务的指令有 STOPTASK、STOP、HALT。

任务停止后再启动会从头执行。

开启任务时，一般先使用 STOPTASK 指令停止任务，再用 RUNTASK 指令开启，以避免任务重复开启报错。

（1）STOPTASK 支持停止文件任务、SUB 子程序任务和带标签的程序任务。

示例：STOPTASK　2　　　'停止任务 2

（2）STOP 指令支持停止 Basic 文件任务，推荐使用 STOPTASK 指令，操作更简单。

（3）HALT 指令停止所有任务。

示例：HALT　　　　　　'停止项目内的所有任务

快速停止所有任务也可以使用菜单栏中的“紧急停止”按钮。

示例：如图 4-12 所示，项目内有两个任务，下载运行后，任务 0 和任务 1 正在运行中。

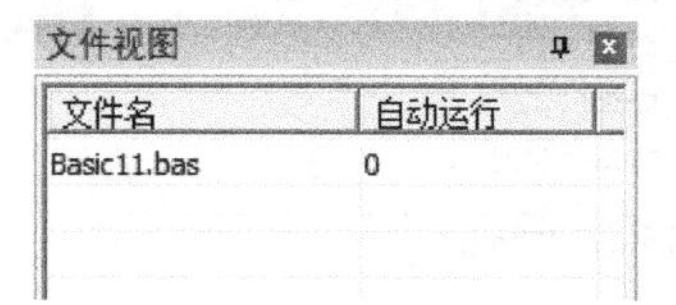

文件视图

文件名	自动运行
Basic11.bas	0

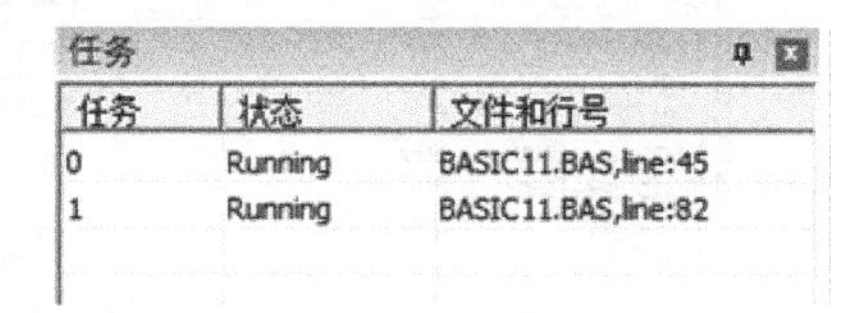

任务

任务	状态	文件和行号
0	Running	BASIC11.BAS,line:45
1	Running	BASIC11.BAS,line:82

图 4-12　项目内有两个任务

如图 4-13 所示，发送在线指令“STOPTASK　0”。

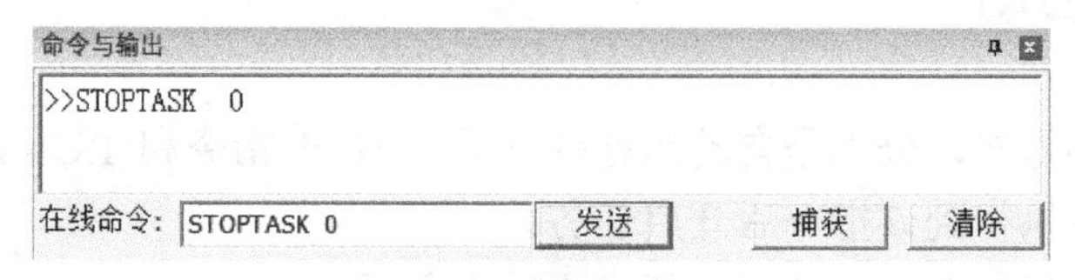

图 4-13　发送在线指令停止任务

如图 4-14 所示，发送在线指令 STOPTASK 后停止任务 0。

文件视图

文件名	自动运行
Basic11.bas	0

任务

任务	状态	文件和行号
0	Stopped	BASIC11.BAS,line:57
1	Running	BASIC11.BAS,line:82

图 4-14　停止任务 0

再次启动任务可再次下载程序。

上述程序不能使用 RUN 指令开启自动运行文件任务 0，因为任务 0 中自动开启的任务 1 仍在运行，若使用指令再次开启任务 0，则会导致任务 1 重复开启。若停止任务 1，则可以使用 RUNTASK 指令单独开启任务 1。

4.3.4　任务暂停与恢复

暂停任务使用 PAUSETASK 指令，恢复任务使用 RESUMETASK 指令。恢复后的任务从暂停处继续执行。暂停的任务支持停止。

（1）PAUSETASK：暂停指定任务。

示例：PAUSETASK　1　　　　　　　'暂停任务 1

（2）RESUMETASK：恢复指定任务。

示例：RESUMETASK　1　　　　　　'继续运行任务 1

示例：如图 4-15 所示，项目内有两个任务，下载运行后，任务 0 和任务 1 正在运行中。

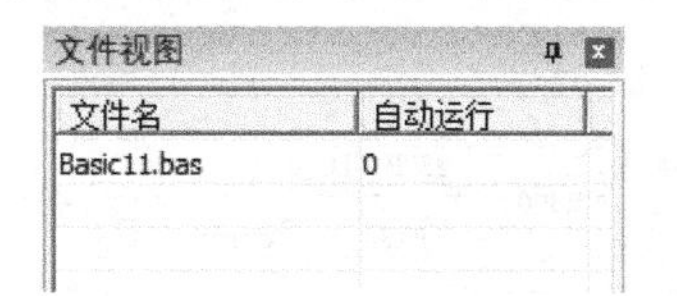

图 4-15　任务 0 和任务 1 正在运行中

如图 4-16 所示，发送在线指令“PAUSETASK 0”和“RESUMETASK 0”分别控制任务 0 的暂停和恢复。

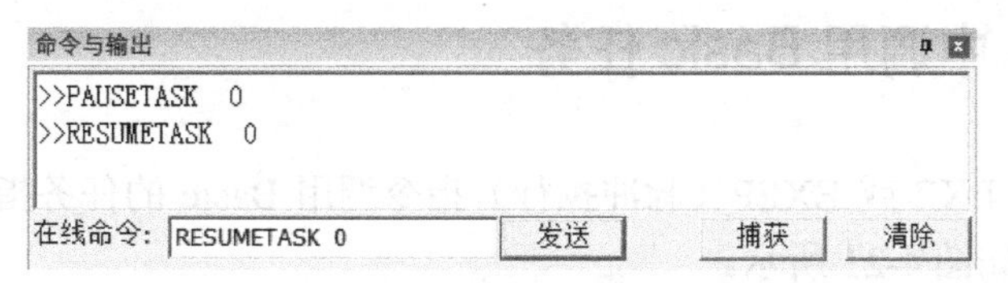

图 4-16　发送在线指令暂停/恢复任务

如图 4-17 所示，任务 0 暂停。

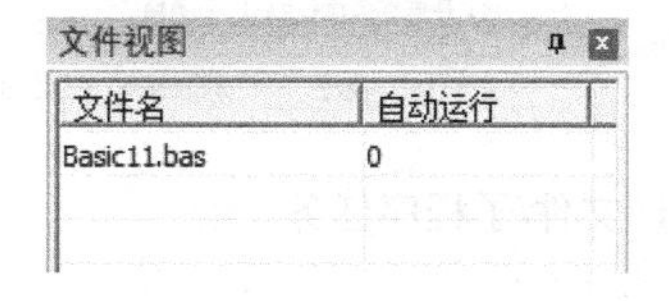

图 4-17　任务 0 暂停

如图 4-18 所示，任务 0 恢复运行。

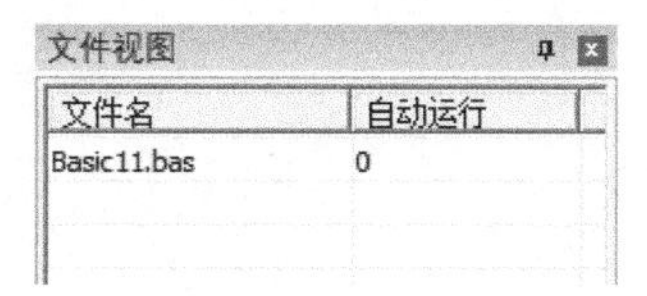

图 4-18　任务 0 恢复运行

4.4　Basic 和 PLC 任务相互调用

4.4.1　在 Basic 中调用 PLC 任务

（1）在 Basic 中使用 RUN 指令调用 PLC 任务，如图 4-19 所示。

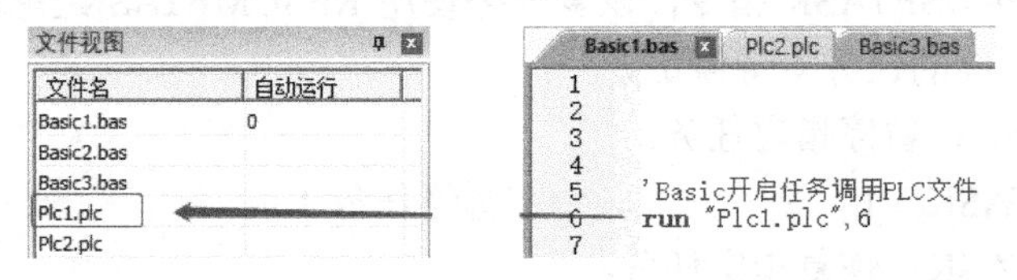

图 4-19　在 Basic 中使用 RUN 指令调用 PLC 任务

（2）在 Basic 中使用 RUNTASK 指令调用 PLC 文件中 LBL 指令定义的子程序任务，如图 4-20 所示。

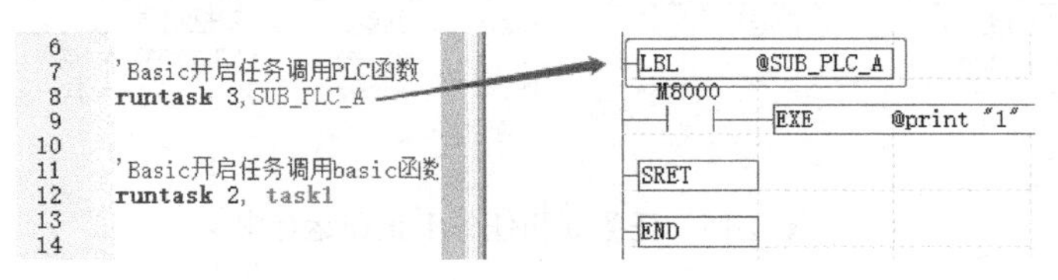

图 4-20　在 Basic 中用 RUNTASK 指令调用 PLC 中的子程序任务

4.4.2　在 PLC 中调用 Basic 任务

在 PLC 中使用 EXE 或 EXEP（脉冲执行）指令调用 Basic 的任务指令，从而调用 Basic 文件/子程序任务，如图 4-21 所示。

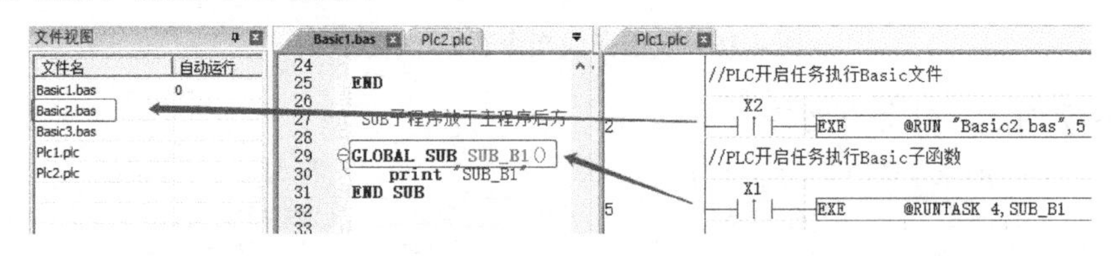

图 4-21　在 PLC 中调用 Basic 文件/子程序任务

4.5　多任务调用实例

4.5.1　多任务调用框架

程序下载运行时，首先启动带自动运行任务号的文件，自动运行任务号可设置多个，也可以只设置一个，其他文件任务采用 RUN 指令开启。

根据要调用程序所处的位置，在自动运行的文件中用 RUN 或 RUNTASK 指令调用其他任务。

编程时按功能进行模块划分，每个模块都指定一个任务号运行，模块在需要时才调用任务，可减少程序扫描时间，提高控制器的执行效率。

4.5.2　多任务编程

1．Basic 多任务编程

本实例程序分为两个 Basic 文件，Main 文件上电自动以任务 0 运行，其他任务在任务 0 中使用指令开启，如图 4-22 所示。多任务调用框架如图 4-23 所示。

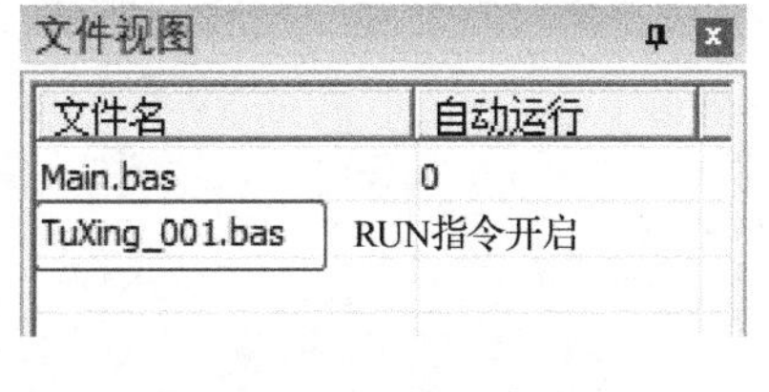

图 4-22　自动开启任务

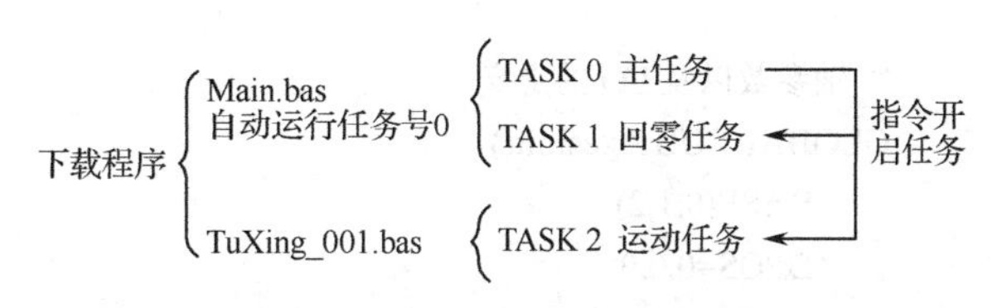

图 4-23　多任务调用框架

（1）Main.bas 程序。

```
RAPIDSTOP(2)
WAIT IDLE

GlobalInit          '参数定义
AxesInit            '轴参数初始化

WHILE 1
    IF  SCAN_EVENT(IN(0))> 0 THEN       '启动主运动
        STOPTASK 2

        'Basic 开启任务，调用 Basic 文件
        RUN "TuXing_001.bas",2          '以任务 2 运行主运动程序
    ENDIF

    IF  SCAN_EVENT(IN(1))> 0 THEN       '停止
        sub_stop
    ENDIF

    IF  SCAN_EVENT(IN(2))> 0 THEN       '回零
        RUNTASK 1,task_home             '以任务 1 启动回零
    ENDIF
WEND
```

```
END '主程序结束

'''参数定义
GLOBAL SUB GlobalInit()
    '主程序
    GLOBAL CONST AXISNUM = 3                '总轴数
    GLOBAL g_state                          '控制器状态
    g_state = 0                             '0—初始状态，1—待机，2—回零，3—运行

    GLOBAL deal_home                        '回零标志
    deal_home = 0
END SUB

''' 轴参数以及 I/O 的定义
GLOBAL SUB AxesInit()
    BASE(0,1,2)
    DPOS=0,0,0
    MPOS=0,0,0
    UNITS = 100,100,100                     '脉冲当量
    ATYPE = 1,1,1                           '步进方式
    SPEED=100,100,100
    LSPEED=0,0,0                            '起始速度
    CREEP=10,10,10                          '回零反找速度
    ACCEL=1000,1000,1000
    DECEL=1000,1000,1000
    SRAMP = 20,20,20                        'S 曲线时间设置

    DATUM_IN=8,9,10                         '原点输入配置
    REV_IN=-1,-1,-1                         '负向限位，与原点连到一起
    FWD_IN=-1,-1,-1                         '正向限位
    ALM_IN = -1,-1,-1

    '特殊 I/O 反转改为常开输入
    INVERT_IN(8,ON)
    INVERT_IN(9,ON)
    INVERT_IN(10,ON)

    MERGE = ON                              '默认配置主轴 0 进行连续插补运动
    CORNER_MODE = 2                         '启动拐角减速
    DECEL_ANGLE = 15 * (PI/180)             '开始减速的角度，15 度
    STOP_ANGLE = 45 * (PI/180)              '降到最低转速的角度，45 度
END SUB
```

```
GLOBAL SUB task_home()
    g_state = 2                         '回零中

    FOR i = 0 TO AXISNUM - 1
        BASE (i)                        '选择参与运动的轴
        CANCEL(2)                       '停止
        WAIT IDLE
    NEXT

    FOR i=0 TO AXISNUM-1
        SPEED(i)=50                     '回零速度
        HOMEWAIT(i)=100                 '反找等待时间
        DATUM(3) AXIS(i)                '回零方式
    NEXT

    WAIT UNTIL IDLE(0) AND IDLE(1) AND IDLE(2)
    WA 10
    PRINT "回零完成..."

    BASE(0,1,2)
    DPOS=0,0,0
    MPOS=0,0,0

    g_state = 1                         '回零完成，回到待机状态
    deal_home = 1                       '回零完成标志
END SUB

GLOBAL SUB sub_stop()                   '停止
    STOPTASK 2                          '停止运动主程序
    STOPTASK 1

    RAPIDSTOP(2)
    WAIT IDLE

    g_state = 1                         '轴停止，回到待机状态
END SUB
```

（2）TuXing_001.bas 程序。

```
IF  deal_home = 1 THEN                  '判断回零是否完成，执行主程序模块
    g_state = 3                         '运动中

    PRINT "开始运动..."
```

```
        TRIGGER
        BASE(0,1,2)
        MOVEABS(0,0,0)
        MOVE(100) AXIS(2)
        MOVECIRC(200,0,100,0,1)             '以半径 100 顺时针画半圆
        MOVE(0,-200)
        MOVECIRC(-200,0,-100,0,1)
        MOVE(0,200)

        WAIT IDLE(0)
        WAIT IDLE(2)

        PRINT "结束运动..."
        g_state = 1                         '运动完成

    ELSE
        PRINT "轴未回零,请先回零..."
    ENDIF
    END
```

用示波器采样各轴位置曲线，如图 4-24 所示，XY 模式下的合成轨迹如图 4-25 所示。

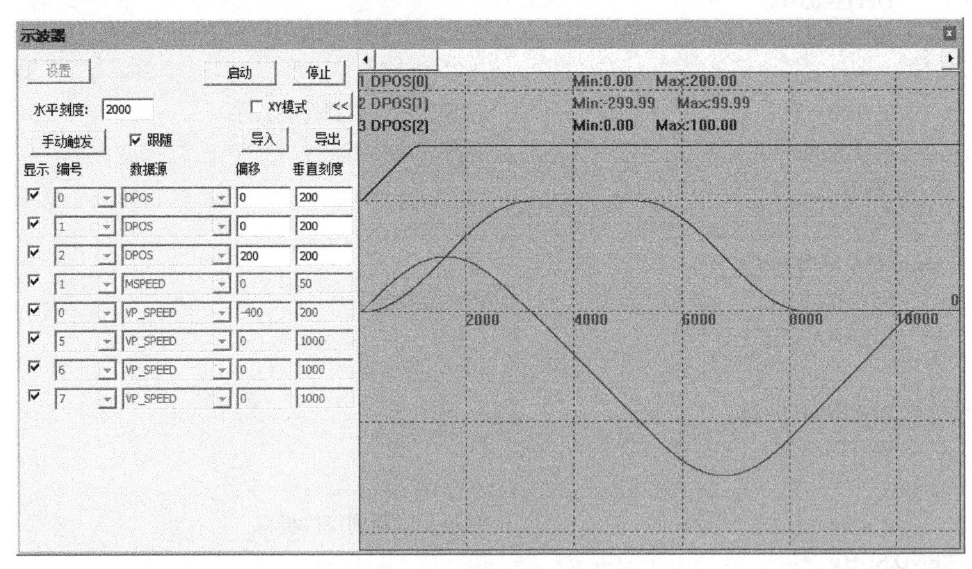

图 4-24　各轴位置曲线

2. Basic 和 PLC 多任务混合编程

PLC 文件任务建议只设置一个，若同时运行两个 PLC 文件任务，会提示如图 4-26 所示报警信息：Warn file:"PLC2.PLC" line:1 task:2, can not set PLC main task, task:1 already be set.

含义是 PLC 已经有一个主任务 1 了，但任务 2 仍能正常运行。

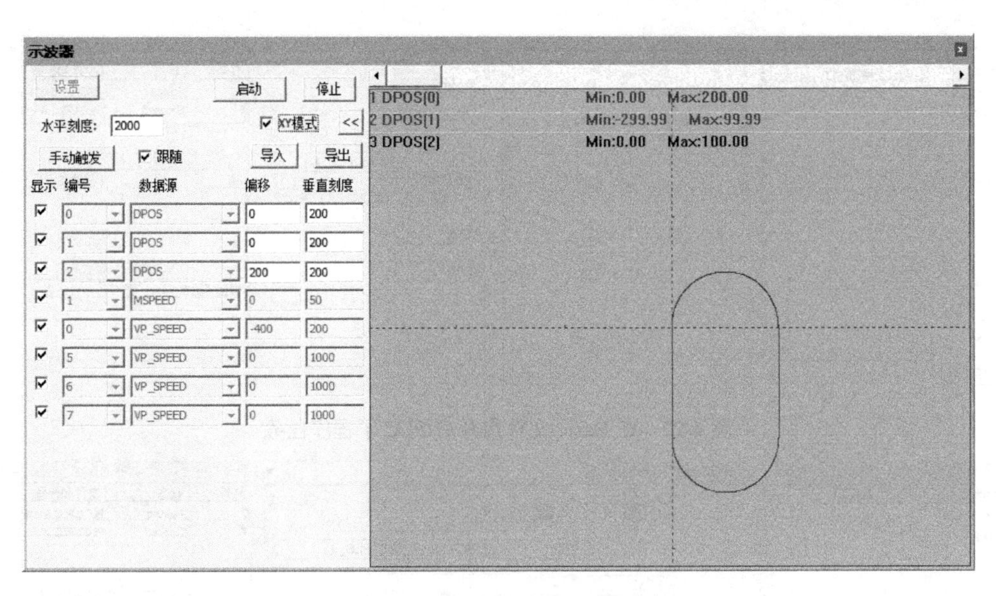

图 4-25 XY 模式下的合成轨迹

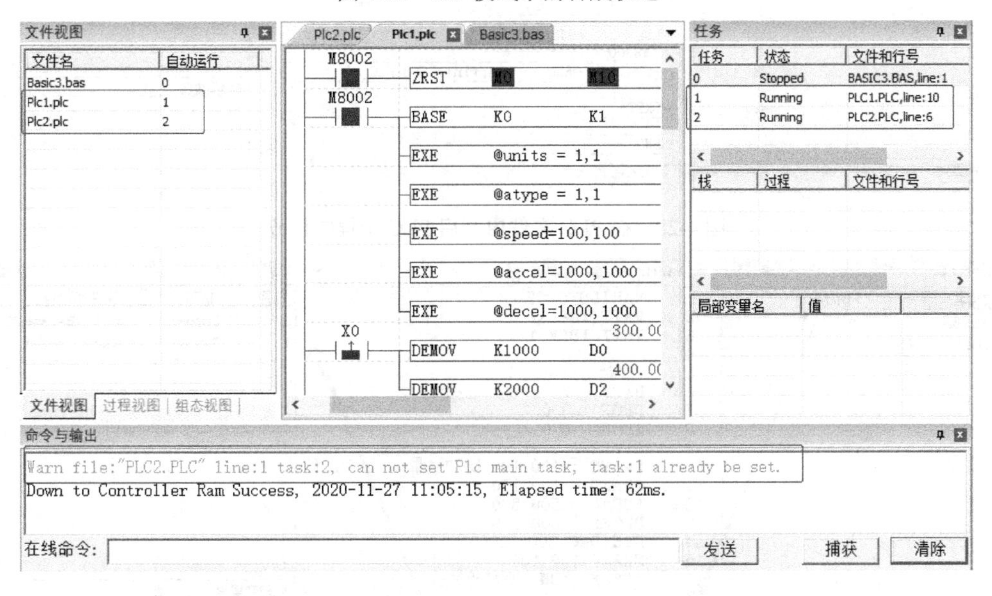

图 4-26 提示报警信息

在 PLC 文件或 Basic 文件中使用 RUNTASK 指令开启的 PLC 子程序任务只能运行一次，与在 PLC 内开启 PLC 子程序的效果相同。

在 Basic 文件内使用 RUNTASK 指令开启 PLC 子程序任务如图 4-27 所示。

在 PLC 文件内使用 RUNTASK 指令开启 PLC 子程序任务如图 4-28 所示。

示例：如图 4-29 所示，Basic 文件用于参数初始化，PLC 文件用于条件控制。

Basic 文件由自动运行任务号 0 开启，PLC 文件由 Basic 文件中的 RUN 指令开启，开启后循环扫描。

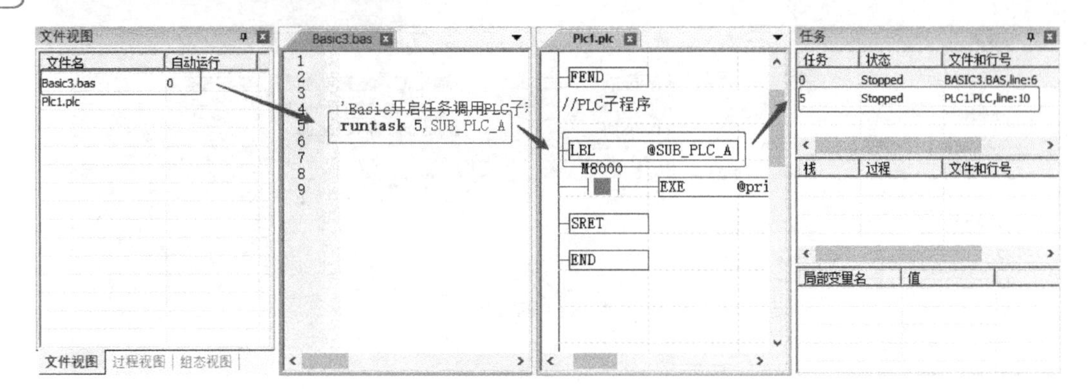

图 4-27　在 Basic 文件内开启 PLC 子程序任务

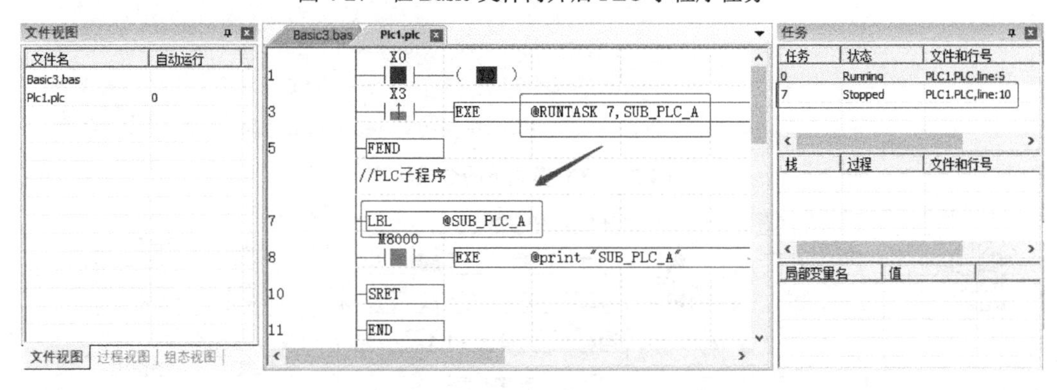

图 4-28　在 PLC 文件内开启 PLC 子程序任务

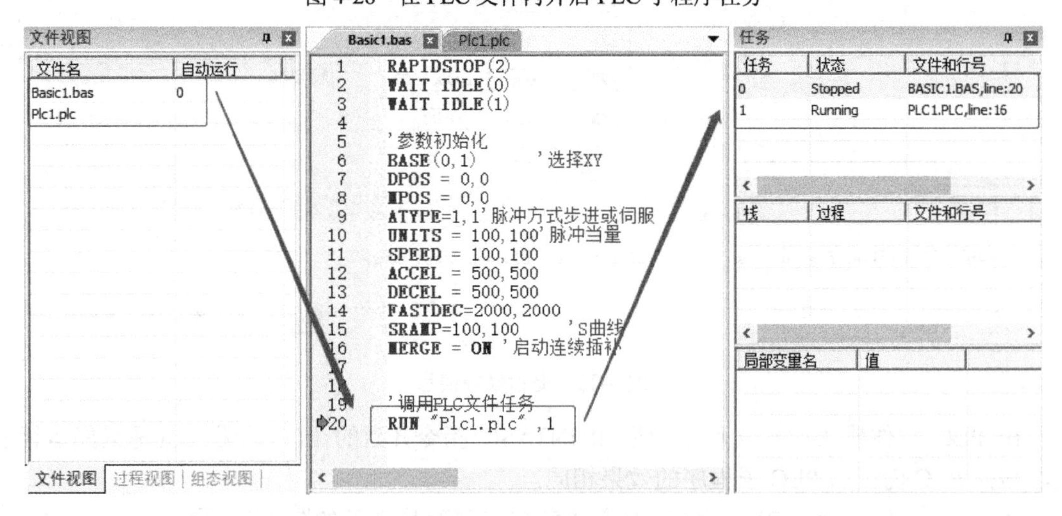

图 4-29　任务调用示例

示例程序如下。

（1）Basic 文件程序。

```
RAPIDSTOP(2)
WAIT IDLE(0)
WAIT IDLE(1)
```

```
'参数初始化
BASE(0,1)              '选择 XY
DPOS = 0,0
MPOS = 0,0
ATYPE=1,1              '脉冲方式步进或伺服
UNITS = 100,100        '脉冲当量
SPEED = 100,100
ACCEL = 500,500
DECEL = 500,500
FASTDEC=2000,2000
SRAMP=100,100          'S 曲线
MERGE = ON             '启动连续插补
RUN "PLC1.PLC" ,1      '调用 PLC 文件任务
```

（2）PLC 文件梯形图程序。

上述 Basic 程序对应的 PLC 梯形图如图 4-30 所示。

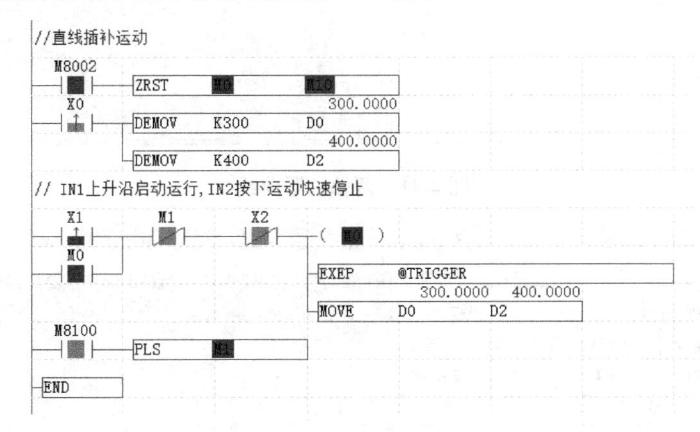

图 4-30　PLC 梯形图

（3）PLC 梯形图对应的语句表程序（PLC 梯形图和语句表可互相转换）。

```
//直线插补运动
LD M8002
ZRST M0 M10
LDP X0
DEMOV K300 D0
DEMOV K400    D2
// IN1 上升沿启动运行,IN2 按下运动快速停止
LDP X1
OR     M0
ANI    M1
ANI    X2
OUT M0
EXEP       @TRIGGER
```

```
MOVE D0 D2
LD M8100
PLS M1
END
```

直线插补运动的两轴位置曲线如图 4-31 所示，XY 模式合成轨迹如图 4-32 所示。

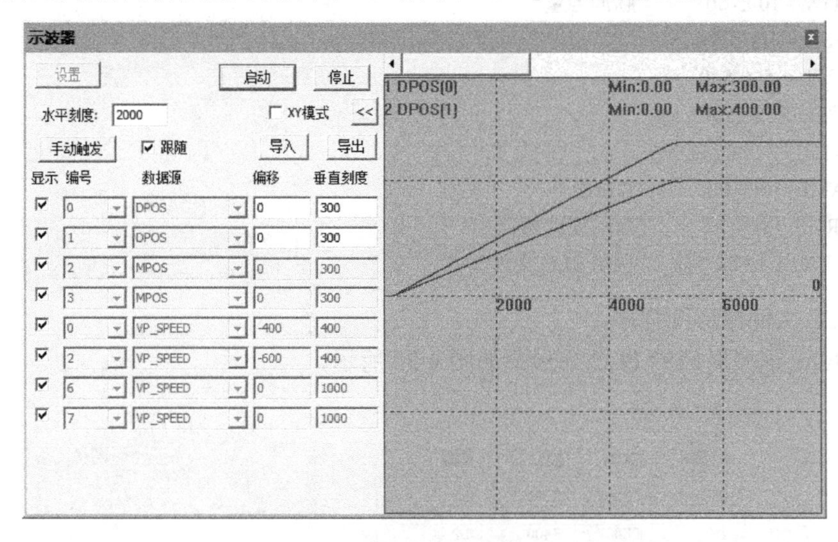

图 4-31　两轴位置曲线

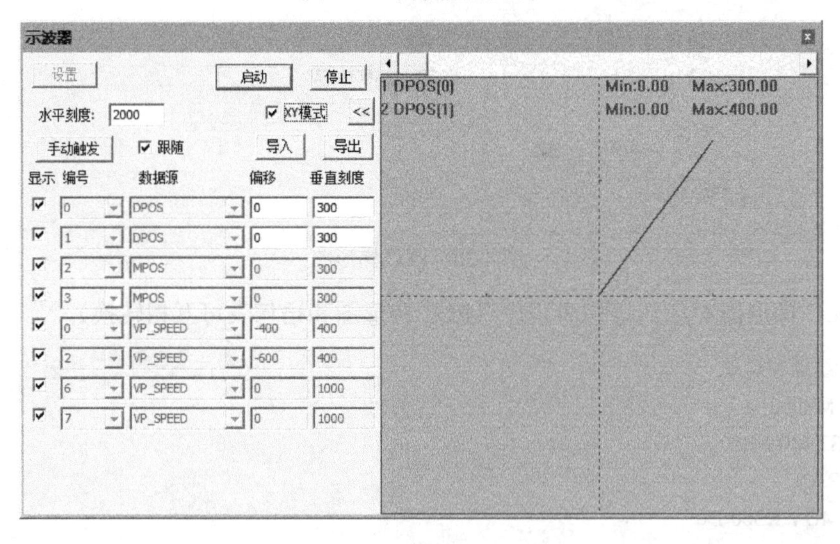

图 4-32　XY 模式合成轨迹

与本章内容相关“正运动小助手”微信公众号的文章和视频讲解

1. 快速入门|篇二：如何进行运动控制器 ZBasic 程序开发
2. 快速入门|篇三：如何进行运动控制器 ZPLC 程序开发
3. 快速入门|篇十：运动控制器多任务运行特点

第 5 章　运动控制系统之触摸屏通信

5.1　控制器与触摸屏通信简介

控制器的串口和网口采用 MODBUS 协议，支持 MODBUS 通信协议的触摸屏包括正运动自主研发的 ZHD 系列触摸屏，都可以与正运动控制器连接使用。

控制器使用 MODBUS 协议与第三方触摸屏通信时，需要将数据存入 MODBUS 寄存器进行传递。控制器搭配 ZHD 系列触摸屏编程更为灵活、自由。

控制器的 MODBUS 地址与触摸屏 modbus 寄存器地址的映射关系如下。

（1）控制器的 MODBUS 地址从 0 开始，与威纶触摸屏通信时，地址也是从 0 开始的，一一对应。

控制器 MODBUS_BIT(0)对应威纶触摸屏 MODBUS_0X_0，布尔型寄存器。

控制器 MODBUS_REG(0)对应威纶触摸屏 MODBUS_4X_0，字寄存器。

（2）与昆仑通态触摸屏通信时，地址从 1 开始，没有 0 地址，而控制器地址从 0 开始，因此触摸屏地址需加 1。

控制器 MODBUS_BIT(0)对应昆仑通态触摸屏 MODBUS_0X_1，布尔型寄存器。

控制器 MODBUS_REG(0)对应昆仑通态触摸屏 MODBUS_4X_1，字寄存器 。

控制器端程序可使用 ZDevelop 支持的 Basic 语言或 PLC 梯形图编程，ZHD 系列触摸屏的程序则用 ZDevelop 的 HMI 语言编程。

Basic 语言中的 MODBUS_BIT(0)对应 PLC 梯形图的 M0，MODBUS_REG(0)对应 PLC 梯形图的 D0。

图 5-1 所示为 ZDevelop 通过“寄存器”对话框批量查询 MODBUS 寄存器的值。

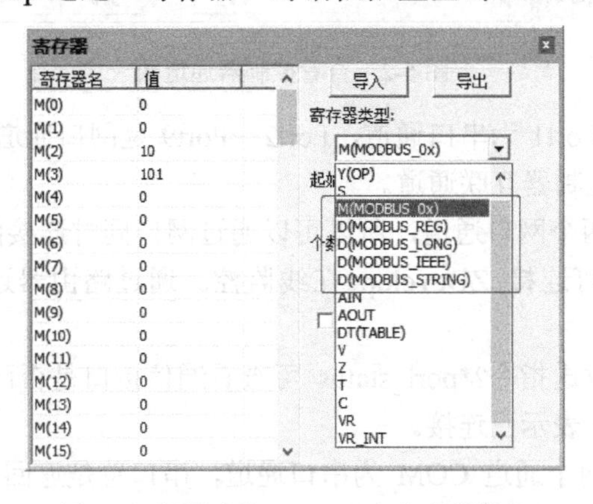

图 5-1　批量查询 MODBUS 寄存器的值

MODBUS 寄存器的说明参见 3.2.2 节相关内容。

5.2 触摸屏与控制器的连接方式

根据触摸屏和控制器的通信接口选择连接方式，可选择网口连接或串口连接。

5.2.1 网口连接

控制器的出厂默认 IP 地址为 192.168.0.11，IP 地址可在“控制器状态”对话框中查看。可使用 IP_ADDRESS 指令或在“IP 地址设置”对话框中修改 IP 地址，修改一次，永久生效。控制器至少包含两个网口通道，网口的端口号为 502，支持触摸屏的 MODBUS-TCP 连接。

网口通信的详细连接方法参见 3.3.2 节相关内容。

不同型号控制器支持的串口通道数和网口通道数不同，可使用指令?*port 查看通道数，如图 5-2 所示。通道数决定了控制器能同时连接的设备数。

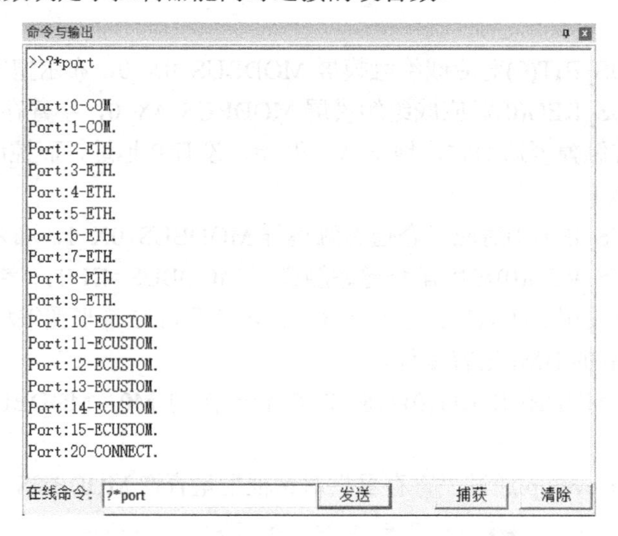

图 5-2 查看控制器通道数

图 5-2 中的 Port0～Port1 为串口通道，Port2～Port9 是网口通道，Port10～Port15 为自定义网口通道，Port20 为控制器互联通道。

因为控制器至少有两个网口通道，所以可以通过网口同时连接两个设备。比如，在连接上位机程序的同时，还可连接 ZDevelop 在线监控。通过路由器连接两个不同设备也是可以的。

在“在线命令”栏发送指令?*port_status 可查看通信接口是否已被使用，返回值为 0 表示没有连接，返回值为 1 表示已连接。

如图 5-3 所示，前两个通道 COM 为串口通道，串口总是返回 1；第三个通道为网口通道，用于连接 ZDevelop。

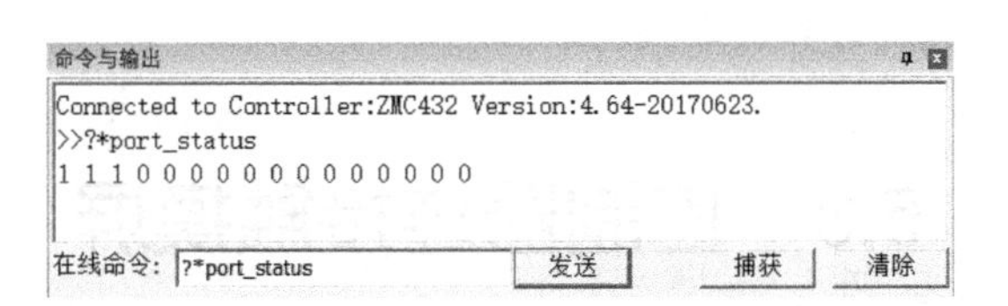

图 5-3　查看通信接口是否已被使用

查看当前网口通道协议，可使用 PROTOCOL 指令，根据表 5-1 所示返回值判断。

```
VAR1 = PROTOCOL(port)
port：通道号
```

表 5-1　PROTOCOL 指令返回值对应网口通道协议

返　回　值	通 信 协 议
0	RAW 数据格式，无协议
3	MODBUS 协议，控制器为从端（默认）
14	MODBUS 协议，控制器为主端
15	直接指令执行方式

5.2.2　串口连接

串口通常可选 RS232 或 RS485。串口默认参数为：波特率—38400，数据位—8，停止位—1，无校验位，采用 SETCOM 指令配置串口参数。控制器重新上电后，SETCOM 指令参数会还原成默认值，因此应在程序开头进行 SETCOM 设置。控制器所有串口的 MODBUS 协议站号 ADDRESS 为 1～127，默认为 1。

串口参数可在“控制器状态”对话框的“通迅配置”页面查询，如图 5-4 所示，或者使用指令?*SETCOM 打印查看。

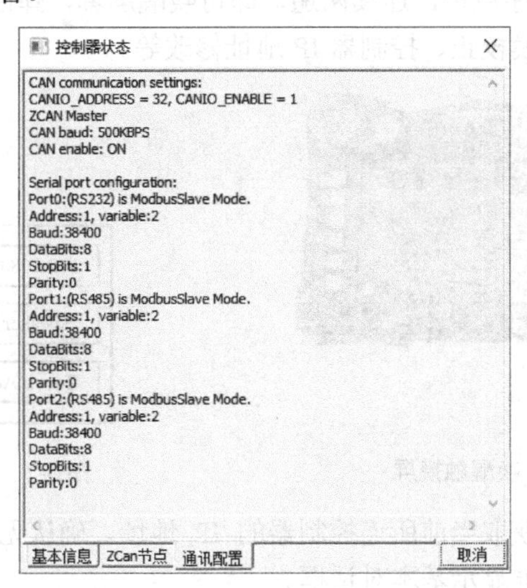

图 5-4　在“控制器状态”对话框查询串口参数

串口通信的详细连接方法参见 3.3.1 节相关内容。

5.3 控制器连接触摸屏

控制器连接触摸屏的一般流程如下。

（1）控制器端使用 ZDevelop 编写程序并下载到控制器。

（2）触摸屏端使用对应的编程软件编写程序并下载到触摸屏。

（3）选择串口或网口连接触摸屏与控制器脱机运行。

5.3.1 连接 ZHD 系列触摸屏

正运动控制器连接正运动 ZHD300X 和 ZHD400X 系列触摸屏十分便捷，触摸屏端程序可下载到控制器。ZHD300X 和 ZHD400X 的不同之处在于，前者使用串口 RS232 通信，后者使用网口通信，其他配置方法均相同。

图 5-5 ZHD400X 触摸屏配有一根网线

ZHD400X 触摸屏配有一根网线，如图 5-5 所示。将此网线连接到控制器的网口 EtherNET，网线水晶头边上引出三根线，分别是示教盒电源线和急停信号线，红色线为 24V 电源正极，黑色线为 24V 电源负极，紫色线为急停信号线。

触摸屏和控制器的主电源可共用一个。

控制器连接触摸屏的步骤如下。

（1）使用 ZDevelop 编写 HMI 程序，连接控制器，将程序下载到 ROM 保存后，就可以断开控制器和 ZDevelop 的连接，然后给触摸屏上电。

（2）使用配置的网线将 ZHD400X 接到控制器的网口上，然后在触摸屏的四个角（如图 5-6 所示）按画 Z 字顺序单击，连续两遍，即可唤醒屏幕，弹出图 5-7 所示设置对话框，可以在此对话框中进行触摸校正、控制器 IP 地址修改等。

图 5-6 唤醒触摸屏

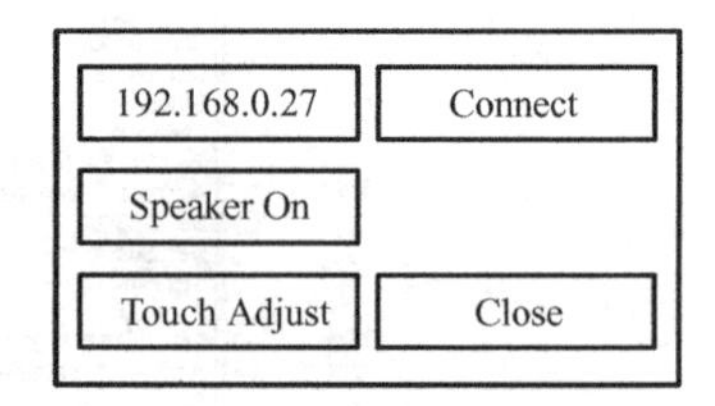

图 5-7 触摸屏设置对话框

（3）该对话框可自动获取当前所连控制器的 IP 地址，确认无误后单击“Connect”按钮即可完成连接，此时触摸屏显示基本对话框。

（4）若没有实物触摸屏，可将 HMI 程序下载到仿真器，如图 5-8 所示，在 XPLC screen 平台上进行仿真。

下载完成后，单击“显示”按钮即可弹出图 5-9 所示仿真界面。

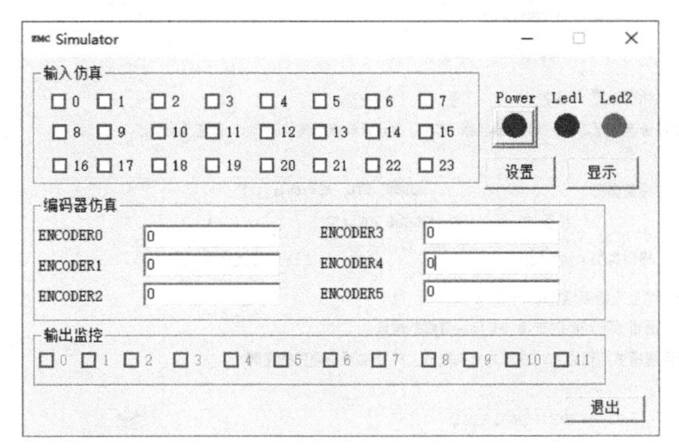

图 5-8　仿真器

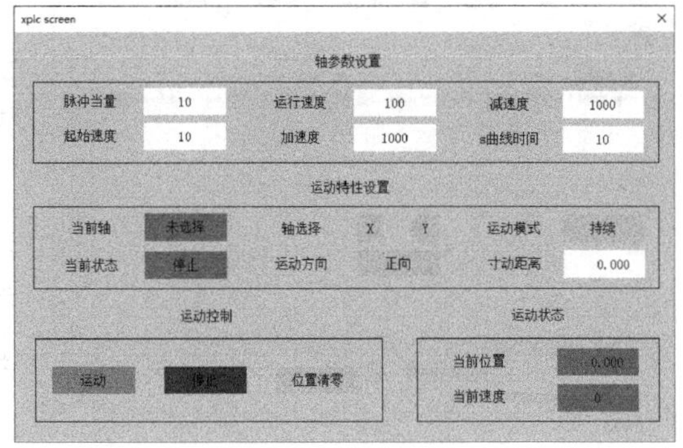

图 5-9　仿真界面

5.3.2　连接第三方触摸屏

支持标准 MODBUS 协议的触摸屏都可以与正运动控制器进行通信，需要将数据存入 MODBUS 寄存器进行传递，支持通过串口或网口连接控制器。

触摸屏和控制器建立通信连接时，主要在触摸屏端操作，对应的串口或网口参数要匹配。

通信时的可用寄存器类型有 MODBUS_BIT（布尔型），MODBUS_REG（16 位整型），MODBUS_LONG（32 位整型），MODBUS_IEEE（32 位浮点型），MODBUS_STRING（8 位字节型）。

下面以控制器和威纶触摸屏的通信为例进行说明。

1．下载控制器程序

控制器端使用 ZDevelop 编写程序并下载，详细步骤参见 3.1.1 节相关内容。

2．下载触摸屏程序

威纶触摸屏端的程序用 EasyBuilder 编写完成后，依次单击“常用”→“系统参数”，如图 5-10 所示，弹出图 5-11 所示“系统参数设置”对话框。

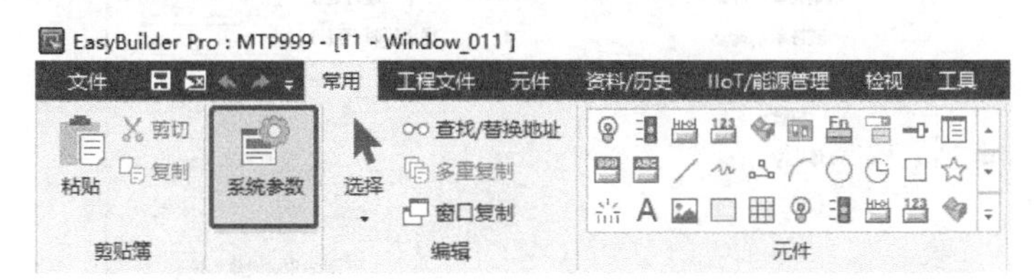

图 5-10　依次单击“常用”→“系统参数”

1）添加与触摸屏连接的设备

“设备列表”栏中会显示本机触摸屏和本机设备，若有本机设备则双击该行，若没有本机设备，则单击“新建设备/服务器”按钮，弹出图 5-12 所示“设备属性”对话框。

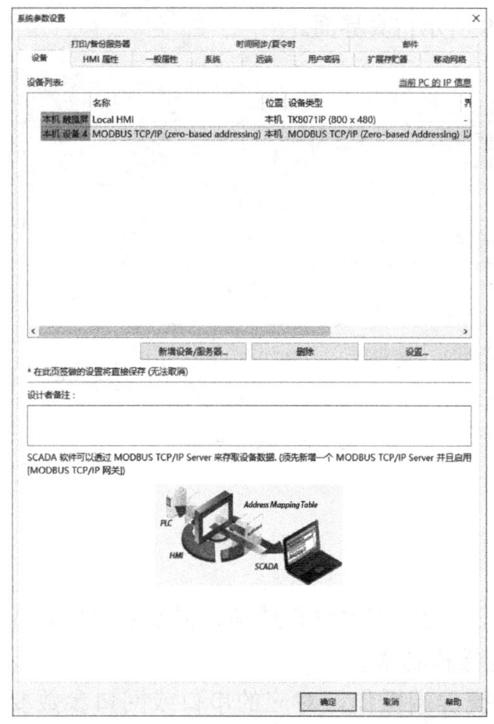

图 5-11 “系统参数设置”对话框

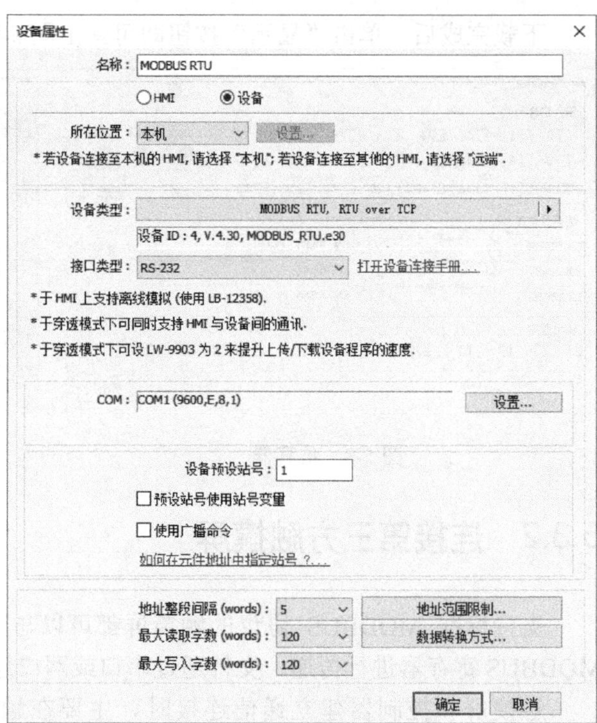

图 5-12 “设备属性”对话框

2）设置设备属性

如图 5-12 所示，先选择“设备类型”，再根据触摸屏与控制器的实际连接方式进行设置。串口通信和网口通信所选的设备类型不同。

（1）采用串口连接时，按下述设置。

设备类型：选择模式 MODBUS RTU(Zero-based Addressing)。

接口类型：选择串口（RS485 或 RS232）。

COM：设置串口参数，如图 5-13 所示。参数必须与连接控制器的端口参数一致，设置完成后单击“确定”按钮关闭该对话框。

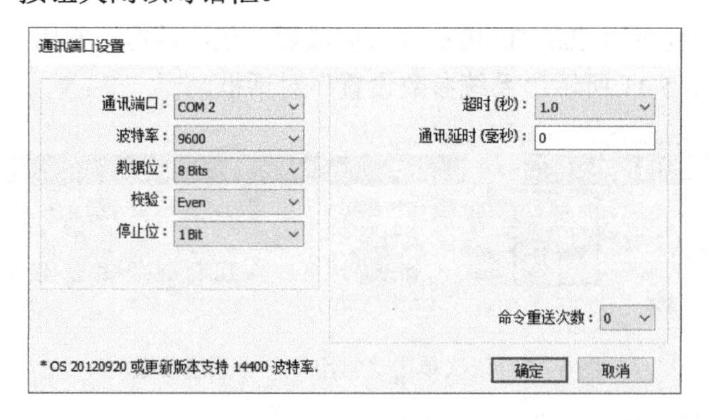

图 5-13 串口参数设置

（2）采用网口连接时，按下述设置。

设备类型：选择 MODBUS TCP/IP(Zero-based Addressing)。

接口类型：自动改为以太网。

IP 地址：输入当前要连接的控制器的 IP 地址和端口号，如图 5-14 所示。

设置完成后单击“确定”按钮关闭该对话框。

系统参数设置完成后，需要编译写好的组态程序。如图 5-15 所示，单击菜单栏中的“编译”按钮，弹出如图 5-16 所示的“编译”对话框。

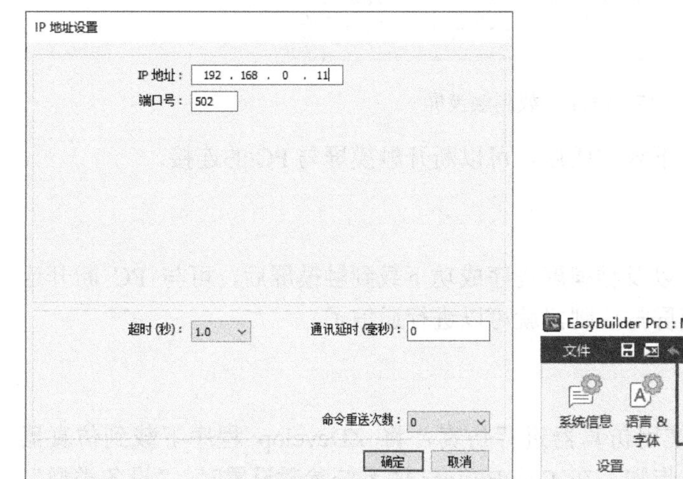

图 5-14　IP 地址设置

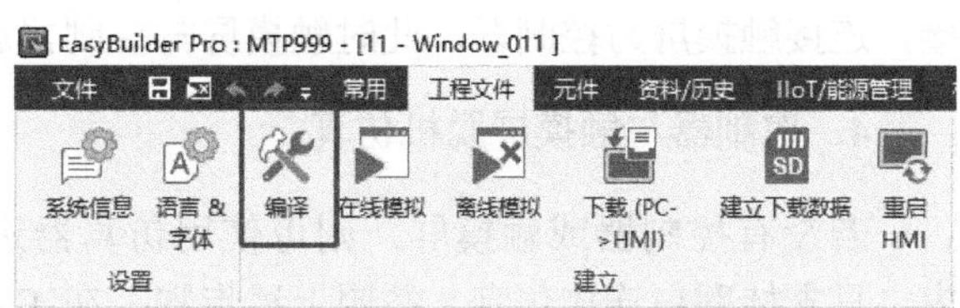

图 5-15　单击菜单栏中的“编译”

单击“开始编译”按钮进行编译，编译成功后显示提示信息，“开始编译”按钮变成“编译”按钮。若编译中发现程序中有错误，则“编译”对话框显示出错误信息，应修改程序直到编译成功。

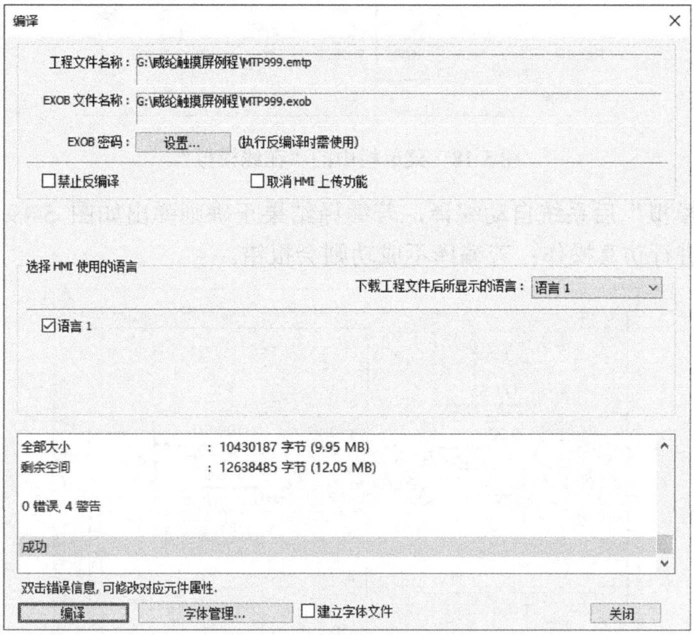

图 5-16　“编译”对话框

程序编译成功后，将触摸屏连接到 PC，下载程序，在菜单栏单击“下载（PC→HMI）”即可，如图 5-17 所示。

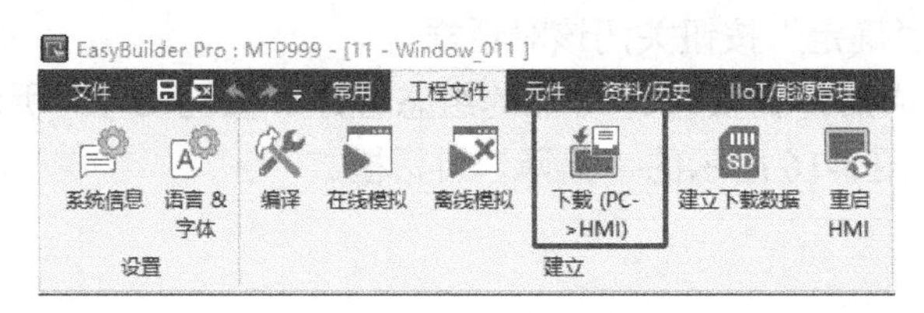

图 5-17　程序下载到触摸屏

程序通过以太网下载到触摸屏，下载完成后，可以断开触摸屏与 PC 的连接。

3．触摸屏与控制器的通信

控制器程序成功下载到控制器，以及触摸屏程序成功下载到触摸屏后，可与 PC 断开连接，连接触摸屏与控制器，此时触摸屏与控制器就可以进行通信了。

4．控制器与触摸屏脱机仿真

若没有控制器或触摸屏，则可使用仿真器进行仿真，将 ZDevelop 程序下载到仿真器内，只支持网口连接仿真，按照上述步骤，在 EasyBuilder 的系统参数设置时，“设备类型”选择 MODBUS IDA—MODBUS TCP/IP(Zero-based Addressing)，“IP 地址”输入仿真器 IP 地址 127.0.0.1。如图 5-18 所示，单击菜单栏中的“在线模拟”按钮，即可连接控制器程序与组态程序进行仿真。

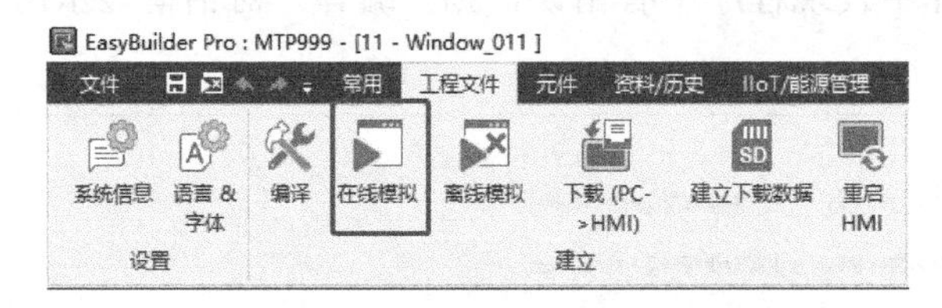

图 5-18　菜单栏中的“在线模拟”

单击“在线模拟”后系统自动编译，若编译结果正确则弹出如图 5-19 所示触摸屏仿真界面，此时可以进行仿真操作；若编译不成功则会报错。

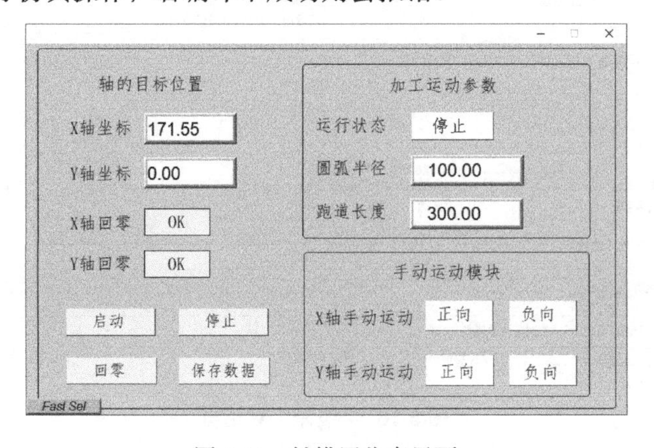

图 5-19　触摸屏仿真界面

5.4　控制器与触摸屏通信实例

5.4.1　系统架构

所需设备如下。

◆ 计算机 1 台：用于程序开发。
◆ 控制器 1 个：任意型号产品均可控制单轴运动。
◆ 24V 直流电源 1 个：用于控制器供电。
◆ 总线驱动器+电动机（或步进驱动器+电动机）若干：数量根据轴数确定。
◆ 威纶触摸屏 1 个：用于人机交互。
◆ 控制器接线端子若干。
◆ 网线若干。
◆ 连接线若干。

5.4.2　系统配置

寄存器地址分配如表 5-2 所示。

表 5-2　寄存器地址分配

	名　称	功　能		名　称	功　能
位寄存器（0x）	M(0)	启动按钮	字寄存器（4x）	D(0)	当前运行状态显示
	M(1)	停止按钮		D(2)	圆弧半径设置与显示
	M(4)	回零按钮		D(4)	跑道长度设置与显示
	M(5)	保存数据按钮		D(10000)	X 轴当前位置显示
	M(10)	X 轴负向手动		D(10002)	Y 轴当前位置显示
	M(11)	X 轴正向手动		块 0	保存加工数据
	M(20)	Y 轴负向手动			
	M(21)	Y 轴正向手动			
	M(1000)	X 轴回零状态显示			
	M(1001)	Y 轴回零状态显示			

本系统使用的 D 寄存器均为 MODBUS_IEEE。

任务框架如图 5-20 所示，共占用三个任务，具体如下。

任务 0：主任务，循环扫描外部输入信号，以决定其他任务的启动。

任务 1：由任务 0 启动，加工前运行回零程序，回零完成后运行加工程序。

任务 2：由任务 0 启动，用于手动运动。

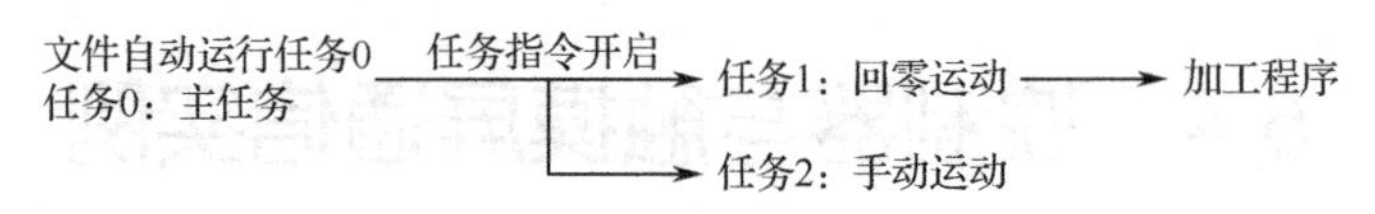

图 5-20　任务框架

5.4.3　应用程序

1．威纶触摸屏程序

本项目使用触摸屏厂商提供的组态软件编写程序，界面如图 5-21 所示。触摸屏通过 MODBUS 与控制器通信，各按钮相应元件属性设置对应 MODBUS 寄存器地址，按下按钮可进行地址修改，传递给控制器处理。

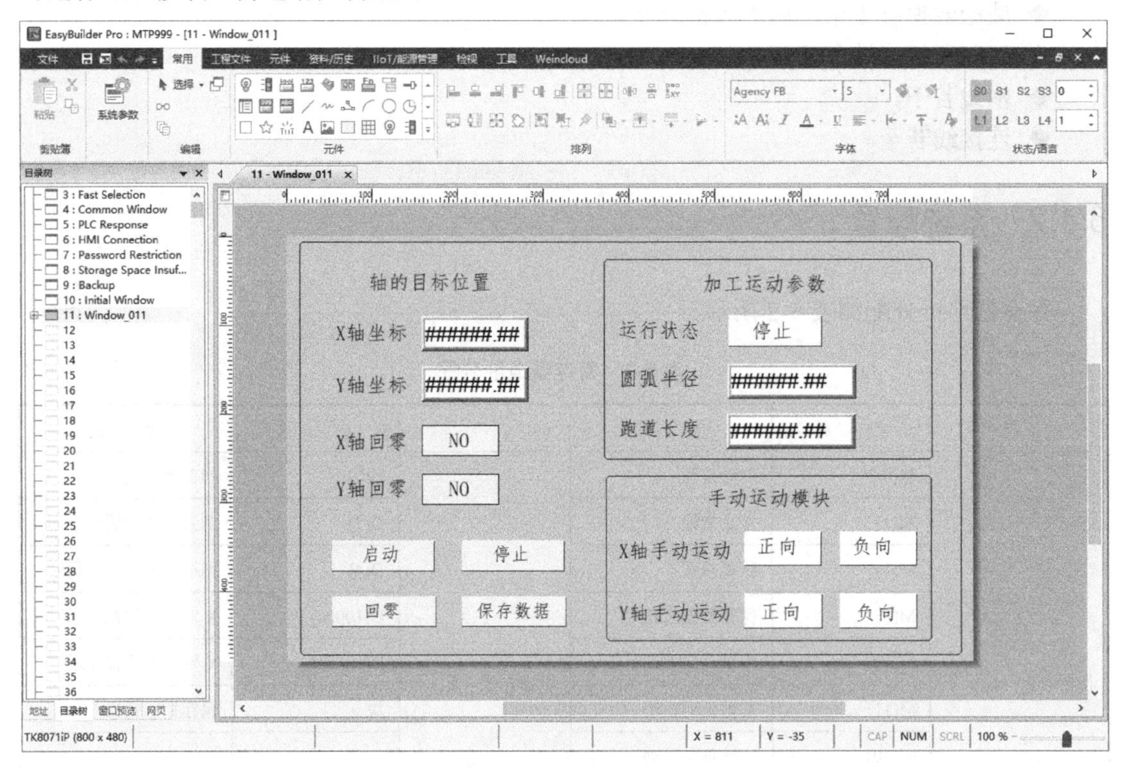

图 5-21　触摸屏编程界面

2．控制器程序

控制器编程界面如图 5-22 所示。

控制器端通过连续扫描 MODBUS 寄存器值来决定是否执行对应的程序。具体程序如下。

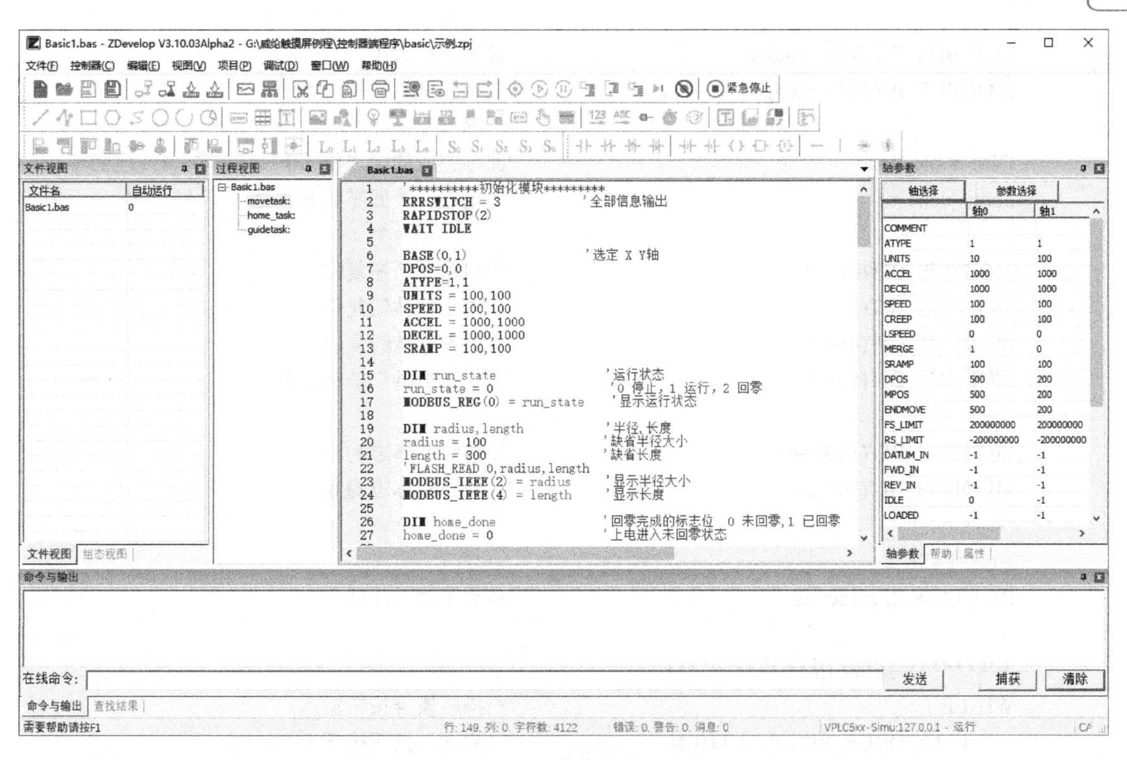

图 5-22　控制器编程界面

```
'**********初始化模块*********
SETCOM(38400,8,1,0,0,4,2,1000)          '出厂模式，MODBUS 字寄存器和 VR 空间独立
ERRSWITCH = 3                           '全部信息输出
RAPIDSTOP(2)
WAIT IDLE

BASE(0,1)                               '选定 XY 轴
DPOS=0,0
ATYPE=1,1
UNITS = 100,100
SPEED = 100,100
ACCEL = 1000,1000
DECEL = 1000,1000
SRAMP = 100,100

DIM run_state                           '运行状态
run_state = 0                           '0—停止，1—运行，2—回零
MODBUS_REG(0) = run_state               '显示运行状态

DIM radius,length                       '半径，长度
radius = 100                            '默认半径大小
length = 300                            '默认长度
'FLASH_READ 0,radius,length
```

```
MODBUS_IEEE(2) = radius                        '显示半径大小
MODBUS_IEEE(4) = length                        '显示长度

DIM home_done                                  '回零完成的标志位，0—未回零，1—已回零
home_done = 0                                  '上电进入未回零状态

MODBUS_BIT(0) = 0                              '“启动”按钮复位
MODBUS_BIT(1) = 0                              '“停止”按钮复位
MODBUS_BIT(4) = 0                              '“回零”按钮复位
MODBUS_BIT(5) = 0                              '“保存数据”按钮复位

MODBUS_BIT(1000)=0                             'X 轴回零标志为 0
MODBUS_BIT(1001)=0                             'Y 轴回零标志为 0

STOPTASK 2
RUNTASK 2, guidetask                           '启动手动运行任务

'**********按键扫描模块*********
WHILE 1                                        '扫描触摸屏按钮输入
    IF MODBUS_BIT(0)= 1 THEN                   '“启动”按钮按下
        MODBUS_BIT(0) = 0                      '按钮复位

        IF run_state = 0 THEN                  '待机停止状态
            IF home_done = 0 THEN              '未回零时不启动运动
                TRACE "before move need home"
            ELSEIF home_done = 1 THEN          '已回零，启动任务运行
                TRACE "move start"
                STOPTASK 1                     '软件安全，停止任务 0
                RUNTASK 1, movetask            '启动运行加工任务 1
            ENDIF
        ENDIF

    ELSEIF MODBUS_BIT(1) = 1 THEN              '“停止”按钮按下
        TRACE "move stop"
        MODBUS_BIT(1) = 0                      '按钮复位

        RAPIDSTOP(2)
        STOPTASK 1
        RAPIDSTOP(2)
        WAIT IDLE(0)

        run_state = 0                          '停止标志
        MODBUS_REG(0) = run_state              '显示状态
    ENDIF
```

```
        IF MODBUS_BIT(4) = 1 THEN                          '“回零”按钮按下
            MODBUS_BIT(4) = 0                              '回零复位

            IF run_state= 0    THEN
                stoptask 1
                runtask 1,home_task                        '启动回零任务
            ENDIF
        ENDIF

        '保存数据处理
        IF MODBUS_BIT(5) = 1 THEN                          '“保存数据”按钮按下
            MODBUS_BIT(5) = 0                              '“保存数据”按钮复位

            PRINT "写数据到 Flash"
            radius = MODBUS_IEEE(2)
            length = MODBUS_IEEE(4)
            FLASH_WRITE 0,radius,length                    '往扇区 0 写数据
        ENDIF
    WEND
    END

    '**********加工运动模块*********
    movetask:                                              '运行画圆弧+跑道的任务
        run_state =1                                       '进入运行状态
        MODBUS_REG(0) = run_state
        radius = MODBUS_IEEE(2)                            '读取半径
        length = MODBUS_IEEE(4)                            '读取长度

        TRIGGER
        BASE(0,1)                                          '选定 XY 轴
        MOVEABS(0,0)

        MOVE(length,0)                                     '从原点开始走跑道轨迹
        MOVECIRC(0,radius*2,0,radius,0)
        MOVE(-length,0)
        MOVECIRC(0,-radius*2,0,-radius,0)
        WAIT IDLE(0)

        run_state = 0                                      '进入待机状态
        MODBUS_REG(0) = run_state
    END

    '**********回零任务*********
    home_task:
        TRACE "enter home task"
```

```
        run_state = 2                                  '回零标志
        MODBUS_REG(0) = run_state                      '显示状态

        TRIGGER
        BASE(0,1)
        CANCEL(2) AXIS(0)                              '先轴 0、轴 1 停止
        CANCEL(2) AXIS(1)
        WAIT IDLE(0)
        WAIT IDLE(1)
        MOVEABS(0) AXIS(0)                             '虚拟设备轴 0 的归零，实际轴使用 DATUM 回零
        MOVEABS(0) AXIS(1)                             '虚拟设备轴 1 的归零

        WAIT IDLE(0)
        MODBUS_BIT(1000)=1                             '设置轴 0 已归零的标志
        WAIT IDLE(1)
        MODBUS_BIT(1001)=1                             '设置轴 1 已归零的标志

        home_done = 1
        TRACE "home task done"

        run_state = 0                                  '回到待机状态
        MODBUS_REG(0) = run_state
    END

    '**********手动运动*********
    guidetask:
    WHILE 1
        IF run_state = 0 THEN                          '判断是否处于停止状态
            BASE(0)
            IF MODBUS_BIT(10) = 1 THEN         '左
                MODBUS_BIT(10) = 0
                VMOVE(-1)
            ELSEIF MODBUS_BIT(11) = 1 THEN     '右
                MODBUS_BIT(11) = 0
                VMOVE(1)
            ELSEIF MTYPE = 10 OR MTYPE = 11 THEN               '非 VMOVE 运动
                CANCEL(2)
            ENDIF

            BASE(1)
            IF MODBUS_BIT(20) = 1 THEN                         '左
                MODBUS_BIT(20) = 0
                VMOVE(-1)
            ELSEIF MODBUS_BIT(21) = 1 THEN                     '右
                MODBUS_BIT(21) = 0
```

```
                VMOVE(1)
            ELSEIF MTYPE = 10 OR MTYPE = 11 THEN            '非 VMOVE 运动
                CANCEL(2)
            ENDIF
        ENDIF
        DELAY(100)
    WEND
    END
```

程序运行后，轴位置曲线如图 5-23 所示，XY 轴模式下的合成插补轨迹如图 5-24 所示。

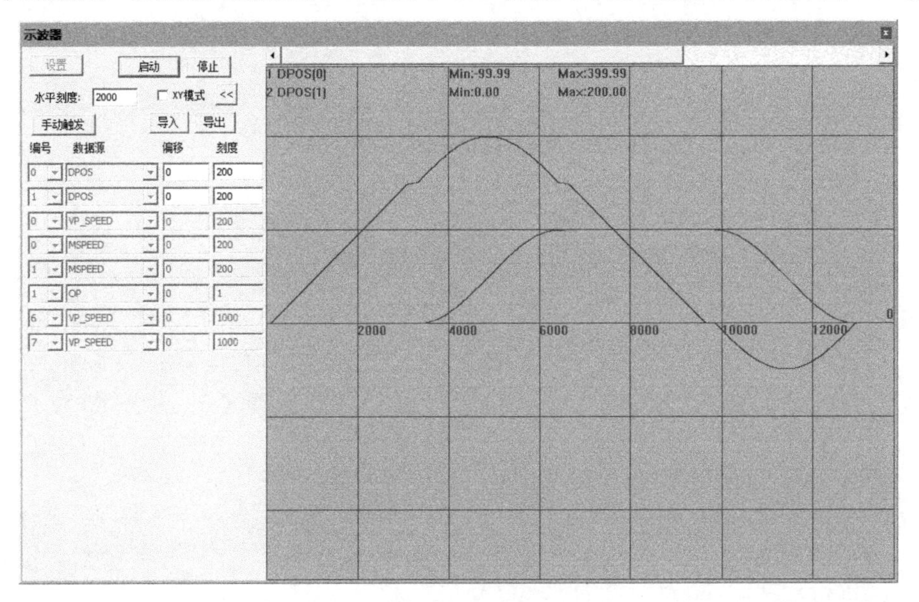

图 5-23　轴位置曲线

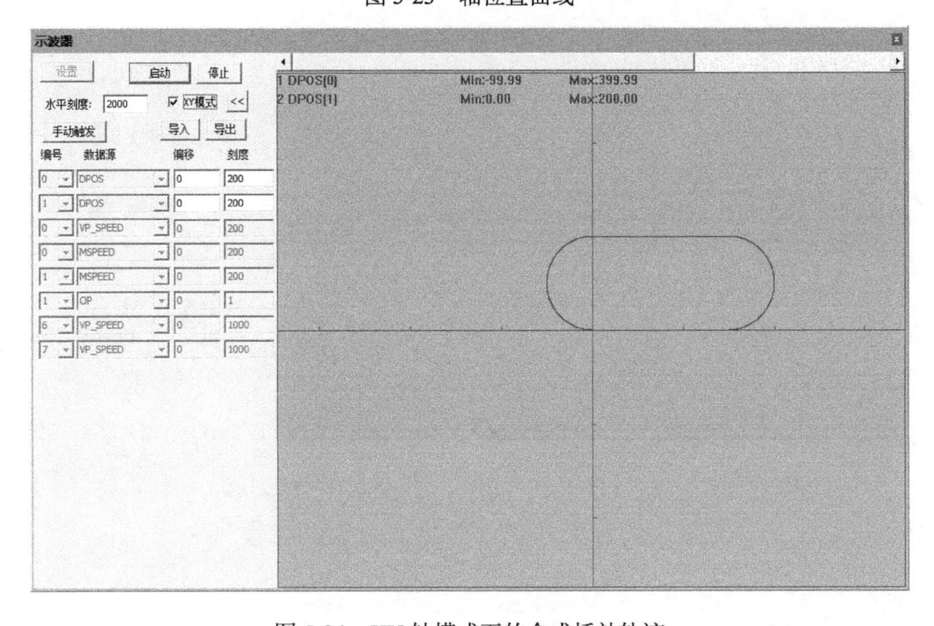

图 5-24　XY 轴模式下的合成插补轨迹

与本章内容相关的"正运动小助手"微信公众号文章和视频讲解

1. 快速入门|篇四：如何进行运动控制器与触摸屏通信
2. 快速入门|篇二十：正运动技术运动控制器 MODBUS 通信
3. 快速入门|篇二十二：运动控制器 ZHMI 组态编程简介一
4. 离线仿真调试，加快项目进度

第6章　运动控制系统之单轴应用

一套完整的运动控制系统，包含控制器、驱动器、电动机、滑台、显示屏、传感器等。控制器作为主控单元，是整个系统的核心。驱动器、电动机和滑台为系统的执行单元，由控制器控制其运行速度、位置等。显示屏可以是 PC 端的显示器，也可以是通用触摸屏，主要用来反馈运动的实时信息和相关功能参数的设置。传感器通常用来将外部的数字量信号或者模拟量信号反馈到控制器，让控制器及时且正确地输出相应的控制指令。

简易的单轴运动控制系统架构如图 6-1 所示。

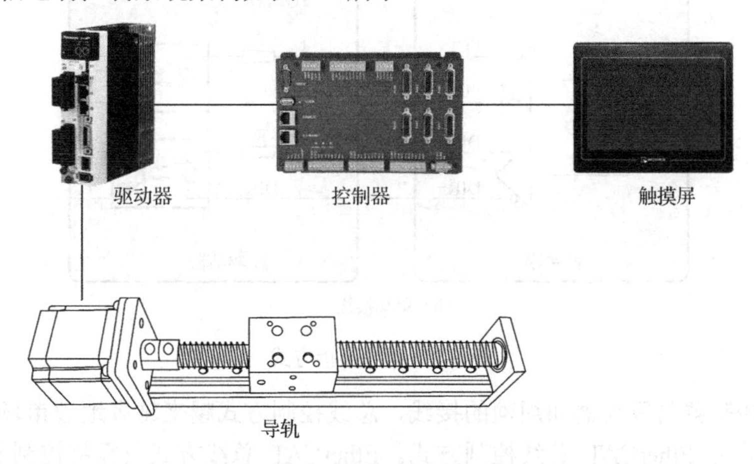

图 6-1　单轴运动控制系统架构

机械设备一般由多轴组成，如 3～4 轴的桌面点胶设备、螺钉锁附设备，6～8 轴的电子上下料设备、机械手、精密激光切割设备，10 轴以上的经编机、分光机、绕线机及自动化产线等。多轴的设备都是由单个轴组装起来的，因此要了解多轴控制，首先要学习单轴控制。

6.1　轴的基本概念

6.1.1　轴的定义

轴最简单的控制方式是位置控制，通过控制器向驱动器发送脉冲信号，由驱动器将脉冲信号转化成电动机的角位移，由电动机的旋转带动丝杠或皮带运动，从而将脉冲信号转换成位移。控制器和驱动器的脉冲连接方式如图 6-2 所示，有差分接线和单端接线两种方式。当然，除位置控制外，还可以用模拟量来实现速度、扭矩等的控制。

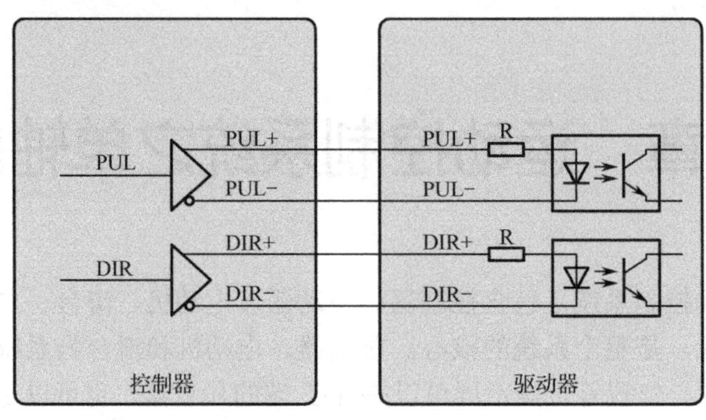

（a）差分接线

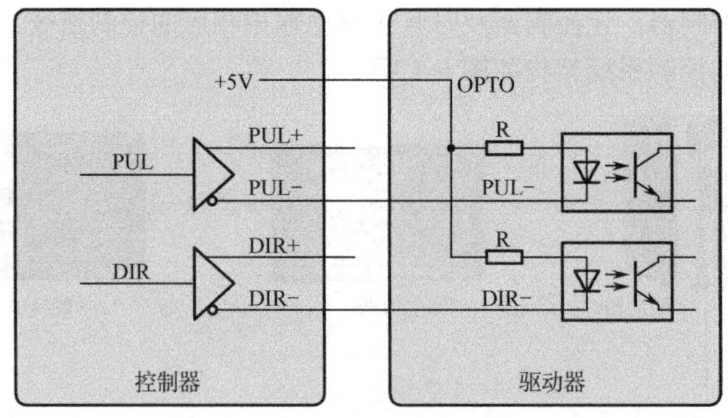

（b）单端接线

图 6-2　脉冲连接方式

为了避免控制器与驱动器间烦琐的接线，总线控制方式越来越多地被市场认可和接受。目前比较流行的是 EtherCAT 总线控制方式。EtherCAT 总线方式只需将控制器的 EtherCAT 接口与驱动器的 EtherCAT 接口用标准网线连接，如图 6-3 所示，通过简单的配置，即可实现轴的运动控制，接线方便，并且同步性高（64 轴的同步周期可以控制在 1ms 内）。

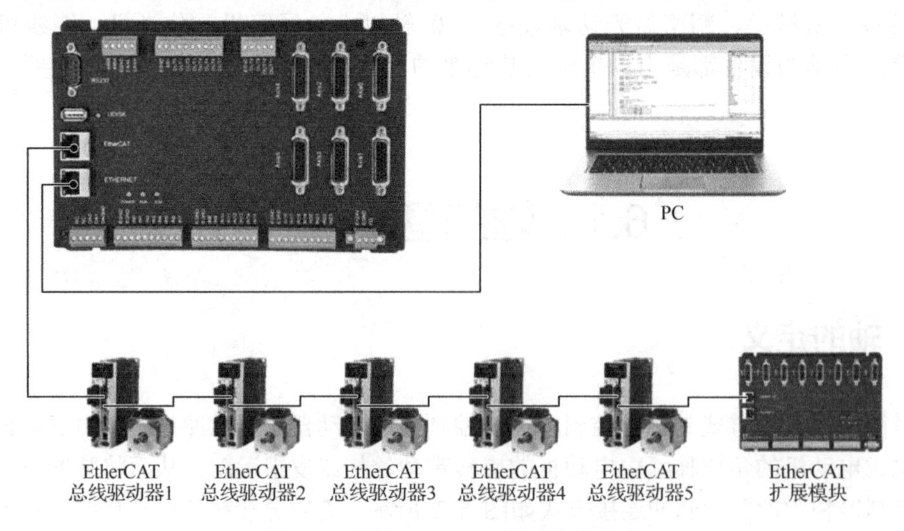

图 6-3　多轴 EtherCAT 系统接线参考

6.1.2　轴的参数配置

在轴运行之前，需要对轴的相关参数进行配置。常用轴的参数配置见表 6-1。

表 6-1　常用轴的参数配置

指　　令	含　　义	说　　明
BASE	轴选择	选择要设置和运行的轴号
ATYPE	轴功能类型	只能设置为轴具备的特性
UNITS	脉冲当量	指定每单位发送的脉冲数
ACCEL	轴加速度	单位为 UNITS/s^2
DECEL	轴减速度	单位为 UNITS/s^2
SPEED	运动速度	轴速度，单位为 UNITS/s
SRAMP	S 曲线加/减速	平滑加/减速过程
FASTDEC	急停减速度	在 CANCEL、RAPIDSTOP、达到限位或异常停止时自动采用

1．BASE

BASE 指令用于选择相应的轴号进行参数设置和运行控制。每个过程都有其 BASE 基本轴组，每个程序都能单独赋值。在设置轴参数或运行轴时，要在程序最开始用 BASE 指令选择相应的轴号，默认第一个轴为主轴。

语法：BASE(轴 0,轴 1,轴 2,…)

2．ATYPE

ATYPE 是对轴功能的定义，通常在程序初始化时定义轴的功能，可定义为无编码反馈类型、有编码器反馈类型、“编码器+Z 信号”反馈类型、EtherCAT 总线类型等。ATYPE 设置异常会导致轴运行异常或程序无法正常运行。

语法：ATYPE=类型值

表 6-2 是对 ATYPE 类型值的详细说明。

表 6-2　ATYPE 类型值的详细说明

类 型 值	功 能 描 述
0	虚拟轴
1	脉冲方向方式的步进或伺服，无编码器输入反馈
2	模拟信号控制方式的伺服
3	正交编码器
4	脉冲方向输出+正交编码器输入
5	脉冲方向输出+脉冲方向编码器输入
6	脉冲方向方式的编码器
7	脉冲方向输出+EZ 信号输入

续表

类型值	功能描述
8	ZCAN 扩展脉冲方向输出
9	ZCAN 扩展正交编码器
10	ZCAN 扩展脉冲方向方式的编码器
21	振镜轴类型
50	RTEX 周期位置模式
51	RTEX 周期速度模式
52	RTEX 周期力矩模式
65	EtherCAT 周期位置模式
66	EtherCAT 周期速度模式
67	EtherCAT 周期力矩模式
70	EtherCAT 自定义操作，只读取编码器，需支持 EtherCAT

3．FASTDEC

FASTDEC 为急停减速度指令，在 CANCEL、RAPIDSTOP、达到限位或异常停止时自动执行此指令。当设置为 0 或小于 DECEL 值时自动为 DECEL，通常把 FASTDEC 参数设置得比 DECEL 值大，以实现更好的停止效果和安全性。

语法：FASTDEC=变量

使用 FASTDEC 指令的减速停止曲线如图 6-4 所示。

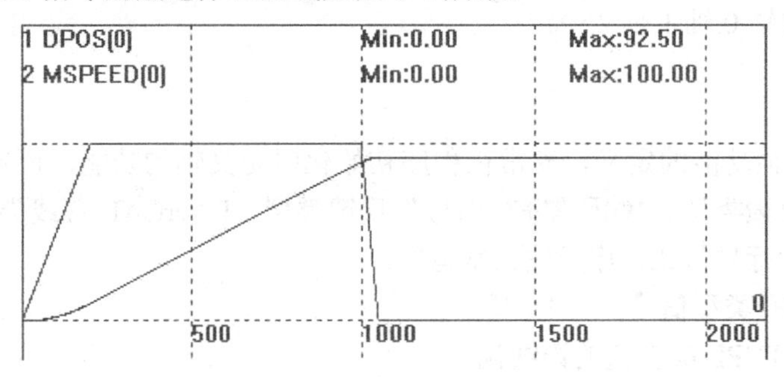

图 6-4　使用 FASTDEC 指令的减速停止曲线

不使用 FASTDEC 指令的减速停止曲线如图 6-5 所示。

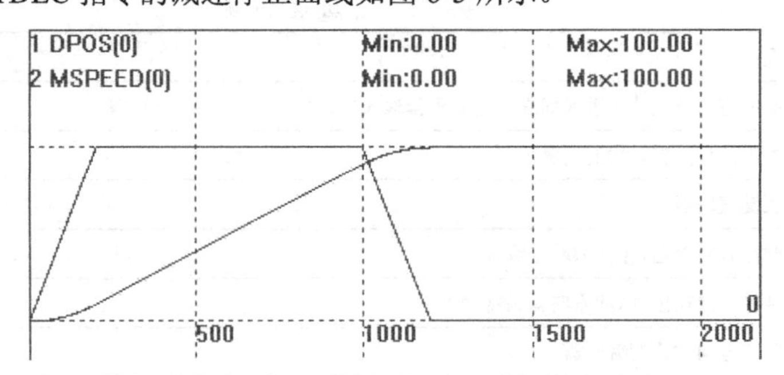

图 6-5　不使用 FASTDEC 指令的减速停止曲线

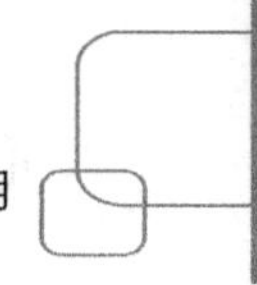

4. UNITS

在运动控制系统中，当机械结构确定后，电动机和机械装置的传动关系就固定了，电动机每转一圈产生的机械位移量也就固定了。脉冲当量 UNITS 是每单位对应的脉冲数，可以是单位距离、单位角度等，支持 5 位小数的精度。

控制器以 UNITS 作为基本单位，运动的目标位置、速度、加/减速度等都是以 UNITS 作为基础单位进行运算、执行的。UNITS 修改后，目标位置、速度、加/减速度等会随 UNITS 改变呈正比变化。

语法：UNITS=变量

常见的机械传动的 UNITS 计算方式见表 6-3。

表 6-3　常见的机械传动的 UNITS 计算方式

机械结构	图例	机械规格	编码器分辨率	UNITS
滚珠丝杆	滚珠丝杆	滚珠丝杆导程：10mm 减速比：1/1	1 圈脉冲数： 10000	脉冲数/丝杆导程： 10000/10
圆台	负载轴	1 圈旋转角度：360° 减速比：1/5	1 圈脉冲数： 10000	脉冲数/角度： 5×10000/360
皮带+皮带轮	负载轴	皮带轮直径：100mm 皮带轮周长：314mm 减速比:1/1	1 圈脉冲数： 10000	脉冲数/周长： 10000/314

5. ACCEL

轴加速度是指轴在由起始速度到目标速度的过程中，每秒的速度增加值，单位为 $UNITS/s^2$，加速度越大，达到目标速度的时间越短。

在单轴运动中，加速度为单轴的加速度；在多轴运动中，插补运动的加速度为多轴矢量合成的加速度。

语法：ACCEL=变量或 ACCEL(轴号)=变量

6. DECEL

轴减速度是指轴在由运行速度到停止的过程中，每秒的速度减小值，单位为 $UNITS/s^2$，减速度越大，达到停止的时间越短。

在单轴运动中，减速度为单轴的减速度；在多轴运动中，插补运动的减速度为多轴矢量合成的减速度。

语法：DECEL=变量或DECEL(轴号)=变量

7．SPEED

SPEED控制轴运行时的速度，单位为UNITS/s。

在单轴运动中，运动速度为单轴的速度；在多轴运动中，运动速度为插补运动的合成矢量速度。

SPEED 修改后，立刻生效，可以实现动态变速，平滑变速可以使用 SPEED_RATIO 指令来调节倍率。

语法：SPEED=变量或SPEED(轴号)=变量

8．SRAMP

SRAMP 指令用于在加/减速过程中的 S 曲线设置，即平滑加/减速，平滑时间设置范围为0～250ms，设置后加/减速过程会延长相应的时间。

语法：SRAMP=平滑时间

（1）梯形曲线：如图6-6所示，当SRAMP=0时，速度曲线为梯形曲线，速度按梯形曲线变化，速度、加减速度等参数值保持不变。

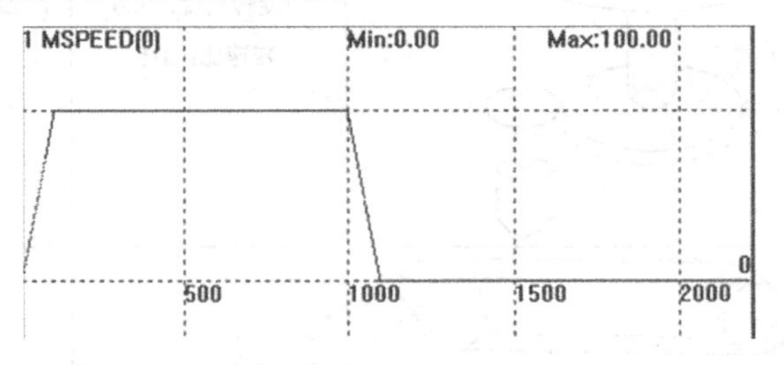

图6-6　梯形曲线

（2）S形曲线：如图6-7所示，通过设置SRAMP的值来设定合适的加/减速度，使速度曲线平滑，在机械启停或加减速时减少抖动。SRAMP 值越大，速度曲线越平滑。若设置时间超过250ms，则按照250ms进行平滑。

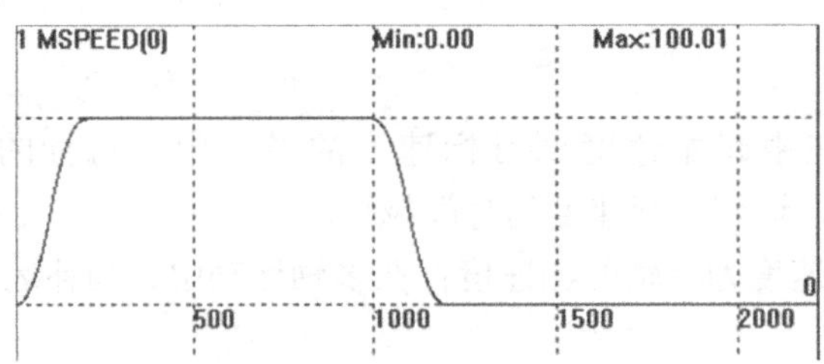

图6-7　S形曲线

6.1.3　轴的参数配置应用

以下示例通过轴参数配置对比加/减速平滑时间处理对运动轨迹的影响。

轴参数设置示例代码：

```
RAPIDSTOP(2)
WAIT IDLE(0)
WAIT IDLE(1)

BASE(0,1)                    '选择轴号
ATYPE=1,1                    '轴类型设置
UNITS=100,100                '脉冲当量设置
SPEED=100,100                '速度设置
ACCEL=1000,1000              '加速度设置
DECEL=1000,1000              '减速度设置
DPOS=0,0                     '当前位置清零
MPOS=0,0                     '反馈位置清零
SRAMP(0)=0                   '轴 0 梯形曲线
SRAMP(1)=200                 '轴 1 的 S 形曲线
TRIGGER
MOVE(100) AXIS(0)            '轴 0 运动
MOVE(100) AXIS(1)            '轴 1 运动
```

在以上参数作用下，软件示波器显示的运动轨迹如图 6-8 所示。DPOS(0)和 MSPEED(0)分别为轴 0 的位移轨迹和速度轨迹；DPOS(1)和 MSPEED(1)分别为轴 1 的位移轨迹和速度轨迹。从轴 0 和轴 1 的速度轨迹可以明显看到 SRAMP 值对运动的影响，常用于机械设备运行中的高速高柔性处理。

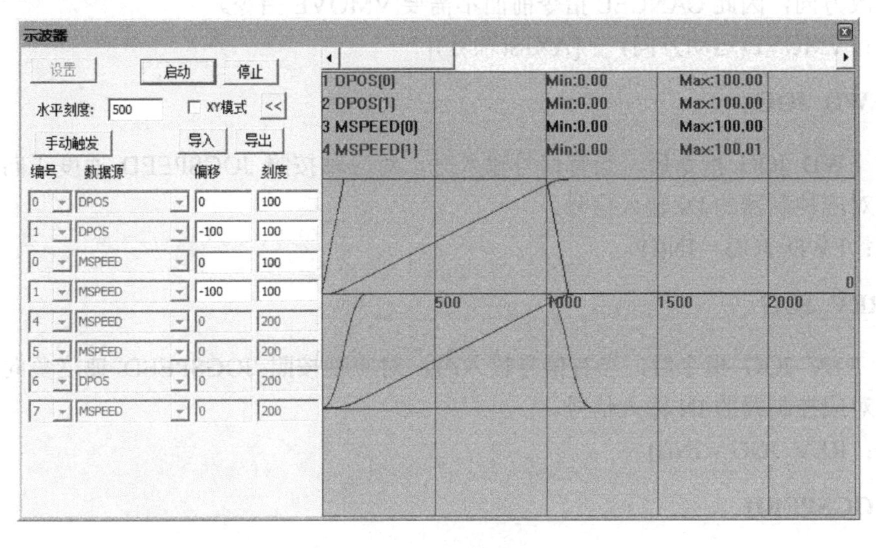

图 6-8　运动轨迹

6.2 单轴点动

机械设备调试时，会通过手动运行或点动运行到正确的位置，对相应的工艺进行调整优化。一套完整的运动控制系统，都会有手动操作功能或手动操作界面，此时就需要单轴点动的功能。

6.2.1 单轴点动相关指令

正运动控制器的单轴点动功能使用非常方便，常用的点动指令见表6-4。

表6-4 常用的点动指令

指　令	含　义	说　明
VMOVE	连续往一个方向运动	1—正向运动；-1—负向运动
FWD_JOG	正向JOG运动	当有信号输入时，对应轴按照JOGSPEED速度正向运动
REV_JOG	负向JOG运动	当有信号输入时，对应轴按照JOGSPEED速度负向运动
JOGSPEED	JOG运动速度	JOG正/负向运动时的速度
CANCEL	单轴/轴组停止运动	取消当前运动/取消缓冲区运动/立即停止

1. VMOVE

VMOVE为单轴持续运动指令。当VMOVE执行后，除非使用CANCEL或RAPIDSTOP指令清除运动缓存，轴会一直运动。

当前面的VMOVE运动没有停止时，后面的VMOVE指令会自动替换前面的VMOVE指令并修改方向，因此CANCEL指令前面不需要VMOVE指令。

语法：VMOVE(运动方向)　[AXIS(轴号)]

2. FWD_JOG

执行FWD_JOG指令后，当有信号输入时，对应轴按照JOGSPEED速度正向运动。此指令需要对应控制器的IN输入信号。

语法：FWD_JOG = IN(i)

3. REV_JOG

执行REV_JOG指令后，当有信号输入时，对应轴按照JOGSPEED速度负向运动。此指令需要对应控制器的IN输入信号。

语法：REV_JOG = IN(i)

4. JOGSPEED

当执行REV_JOG/FWD_JOG指令后，对应输入点按下并保持当前输入状态时，电动机

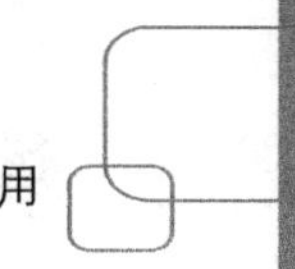

将以 JOGSPEED 值慢速运动，单位为 UNITS/s，输入点松开后运动停止。

语法：JOGSPEED=数值

5．CANCEL

CANCEL 指令将停止所选择的单轴或轴组的运动。CANCEL 的模式如表 6-5 所示，让轴立即停止运动应选择模式 2，按 FASTDEC 减速度停止。模式 0 和模式 1 在有多条运动指令的场合下无法实现立即停机。

语法：CANCEL(模式值)

表 6-5　CANCEL 的模式

模　式　值	功　　能
0	取消当前运动，再从缓冲区取出指令执行
1	取消缓冲运动，当前运动执行完后轴才停止
2	取消当前运动和缓冲运动，立即停机
3	立即中断脉冲发送

6.2.2　单轴点动应用

在单轴点动运动中，通常配合使用 VMOVE 和 CANCEL 指令，实现手动调试中需要的点动功能；也可以使用 FWD_JOG、REV_JOG 定义的 IN 接口实现 JOG 运行。在使用中，应根据实际需求选择功能指令。

单轴点动示例一：VMOVE 持续运动

```
SETCOM(38400,8,1,0,0,4,2,1000)          '出厂模式，MODBUS 字寄存器和 VR 空间独立
RAPIDSTOP(2)
WAIT IDLE(0)

BASE(0)                                  '选择轴号
ATYPE=1                                  '轴类型设置
UNITS=100                                '脉冲当量设置
SPEED=100                                '速度设置
ACCEL=1000                               '加速度设置
DECEL=1000                               '减速度设置
SRAMP=100                                'S 曲线
DPOS=0                                   '当前位置清零
TRIGGER

WHILE 1                                  '循环运动
    IF MODBUS_BIT(0) = ON THEN           'MODBUS_BIT(0)有效向左运动
        VMOVE(-1)
    ELSEIF MODBUS_BIT(1) = ON THEN       'MODBUS_BIT(1)有效向右运动
```

```
            VMOVE(1)
        ELSEIF MODBUS_BIT(0) = OFF OR MODBUS_BIT(1) = OFF THEN
            CANCEL(2)                                'MODBUS_BIT 无效时停止运动
        ENDIF
    WEND
    END
```

单轴点动示例二：JOG 点动

注意映射 JOG 开关后，一定要用 INVERT_IN 反转电平，因为 ZMC 系列控制器是 OFF 信号有效，若不反转，则导致信号接入时为 OFF，控制器判断有输入，立即控制轴运动。

```
    BASE(0)                     '选择轴零
    ATYPE=1                     '脉冲轴类型
    DPOS=0                      '坐标清零
    UNITS=100                   '脉冲当量
    SPEED =100                  '主轴速度
    ACCEL=1000                  '加速度
    DECEL=1000                  '减速度
    SRAMP=100                   'S 曲线
    TRIGGER                     '自动触发示波器
    JOGSPEED=50                 'JOG 速度为 50
    FWD_JOG=0                   'IN0 作为正向 JOG 开关
    REV_JOG=1                   'IN1 作为负向 JOG 开关
    INVERT_IN(0,ON)             '输入 0 信号反转
    INVERT_IN(1,ON)             '输入 1 信号反转
```

程序运行后，JOG 点动波形如图 6-9 所示。

输入 0 有信号输入时，轴 0 正向运动，速度为 50。

输入 1 有信号输入时，轴 0 负向运动，速度为 50。

输入 0、1 同时有信号输入时，轴 0 正向运动。

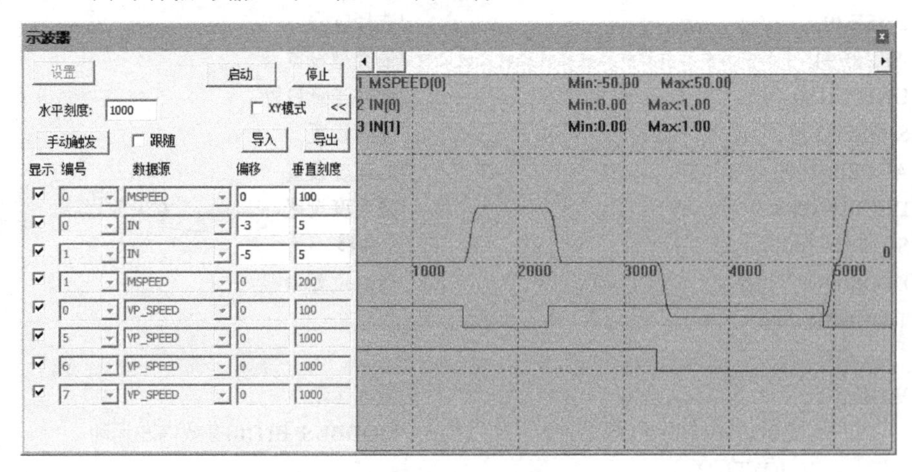

图 6-9　JOG 点动波形

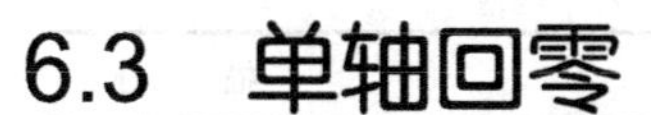

6.3　单轴回零

回零是为了确定运动的基准点，是机械设备能够运动到正确位置的基础。大多数机械设备在上电或出现故障后，会进行回零的操作，以便下次能够正确地运动。

设备回零方式有控制器回零和伺服参数回零两种方式。控制器回零是把零点位置传感器连接到控制器上，控制器通过搜索零点传感器位置回零点；伺服参数回零是将零点传感器连接到伺服驱动器上，控制器通过给伺服驱动器发送指令，使伺服驱动器进行回零的操作。

6.3.1　回零相关指令

下面介绍控制器回零，常用指令如表 6-6 所示。

表 6-6　回零常用指令

指　　令	含　　义	说　　明
CREEP	爬行速度	轴回零时的爬行速度
DATUM_IN	设置原点开关信号	将通用输入信号设置为原点开关信号，-1 无效
DATUM	回原点	单轴找原点运动
HOMEWAIT	回零反找延时	回原点运动，当反找时要等待一定时间

1．CREEP

在回零运动中，为了更精确地找到零点，会使用爬行速度 CREEP 和轴运行速度 SPEED 来进行原点搜寻，CREEP 值一般较小。

语法：CREEP = 数值

2．DATUM_IN

DATUM_IN 用于 ZMotion 控制器零点开关的设置，对应 IN 输入信号。

语法：DATUM_IN = IN(i)

3．DATUM

DATUM 是 ZMotion 控制器的回零指令，相关回零搜索模式如表 6-7 所示。

语法：DATUM(模式值)

“模式+10”表示碰到限位后反找，而不会停止。例如，DATUM(13)=DATUM(3+10)，表示使用 DATUM(3)的回零方式，但是碰到正/负限位后不停止，而是反向运动，多用于原点在正中间的情况。

表 6-7 回零搜索模式

模式值	描述
0	清除所有轴的错误状态
1	轴以 CREEP 速度正向运动直到 Z 信号出现，碰到限位开关时直接停止，DPOS 值重置为 0，同时纠正 MPOS
2	轴以 CREEP 速度反向运动直到 Z 信号出现，碰到限位开关时直接停止，DPOS 值重置为 0，同时纠正 MPOS
3	轴以 SPEED 速度正向运动，直到碰到原点开关，然后轴以 CREEP 速度反向运动，直到离开原点开关。在找原点阶段碰到正限位开关时直接停止，在爬行阶段碰到负限位开关时直接停止，DPOS 值重置为 0，同时纠正 MPOS
4	轴以 SPEED 速度反向运动，直到碰到原点开关，然后轴以 CREEP 速度正向运动，直到离开原点开关。在找原点阶段碰到负限位开关时直接停止，在爬行阶段碰到正限位开关时直接停止，DPOS 值重置为 0，同时纠正 MPOS
5	轴以 SPEED 速度正向运动，直到碰到原点开关，然后轴以 CREEP 速度反向运动，直到离开原点开关，然后继续以爬行速度反转，直到碰到 Z 信号。碰到限位开关时直接停止，DPOS 值重置为 0，同时纠正 MPOS
6	轴以 SPEED 速度反向运动，直到碰到原点开关，然后轴以 CREEP 速度正向运动，直到离开原点开关，然后继续以爬行速度正转，直到碰到 Z 信号。碰到限位开关时直接停止。DPOS 值重置为 0，同时纠正 MPOS
8	轴以 SPEED 速度正向运动，直到碰到原点开关，碰到限位开关时直接停止
9	轴以 SPEED 速度反向运动，直到碰到原点开关，碰到限位开关时直接停止
21	使用 EtherCAT 驱动器回零功能，此时 mode2 有效。 设置驱动器回零方式（6098h），默认值 0 表示使用驱动器当前的回零方式。会使用轴的 SPEED、CREEP、ACCEL、DECEL，乘以 UNITS 后自动设置驱动器的 6099h、609Ah 动作时序：6098 回零方式→6099 速度→609A 加速度→6060 切换当前模式

1．回零模式 1

如图 6-10 所示，DATUM(1)轴以 CREEP 速度正向运动，Z 信号出现后开始减速，速度为 0 时反向回到 Z 信号出现处，此时将 DPOS 值重置为 0，停止后所处位置为原点。回零途中若碰到限位开关则直接停止。

回零模式 2 与模式 1 的找原点运动方向相反。

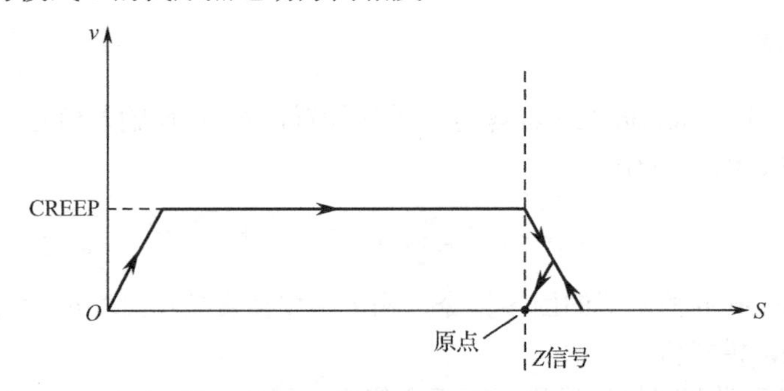

图 6-10 回零模式 1 示意图

2．回零模式 3

如图 6-11 所示，DATUM(3)轴以 SPEEP 速度快速正向运动，碰到原点开关后开始减速，速度为 0 时反向以 CREEP 速度找原点，再次碰到原点时减速直至停止，停止后将

DPOS 值重置为 0，当前所处位置为原点。回零途中若碰到限位开关则直接停止。

回零模式 4 与模式 3 的找原点运动方向相反。

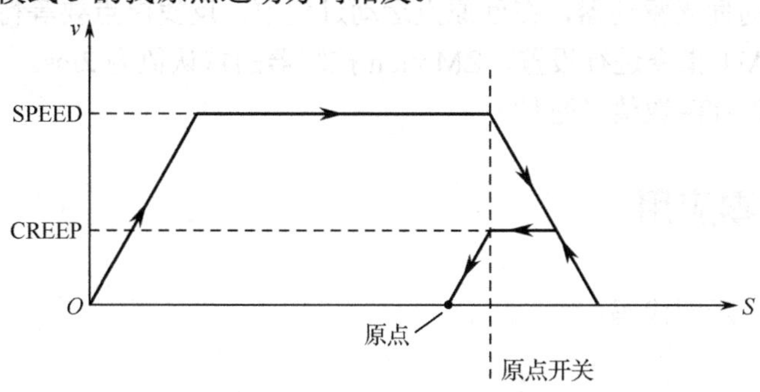

图 6-11　回零模式 3 示意图

3．回零模式 5

如图 6-12 所示，DATUM(5)轴以 SPEEP 速度快速正向运动，碰到原点开关后开始减速，速度为 0 时反向以 CREEP 速度运动，Z 信号出现时减速直至停止，遇到 Z 信号时将 DPOS 值重置为 0，Z 信号出现的位置为原点。回零途中若碰到限位开关则直接停止。

回零模式 6 与模式 5 的找原点运动方向相反。

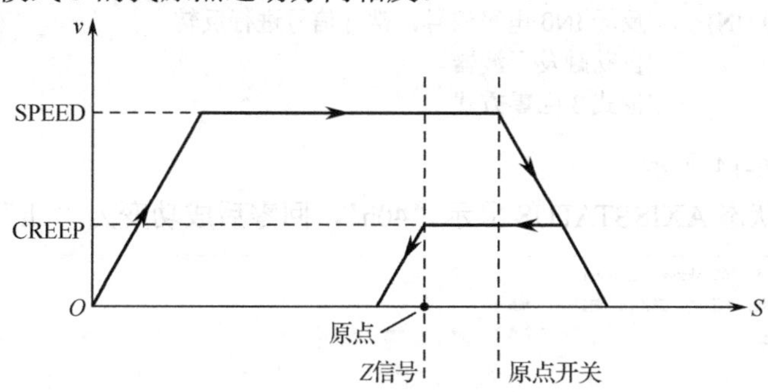

图 6-12　回零模式 5 示意图

4．回零模式 8

如图 6-13 所示，DATUM(8)轴以 SPEEP 速度快速正向运动，碰到原点开关后开始减速，速度为 0 时将 DPOS 值重置为 0，停止时所处位置为原点。回零途中若碰到限位开关则直接停止。

回零模式 9 与模式 8 的找原点运动方向相反。

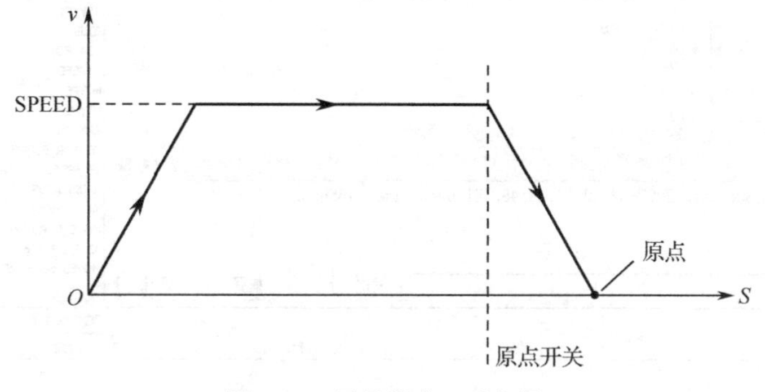

图 6-13　回零模式 8 示意图

5．回零反找延时 HOMEWAIT

对于脉冲方式的伺服驱动器，在回原点运动过程中，反找原点要等待一定时间，此时间可以通过 HOMEWAIT 指令进行设置，ZMotion 控制器的默认值为 2ms。

语法：HOMEWAIT=数值（毫秒）

6.3.2 单轴回零应用

模式 3 单轴回零示例代码：

```
BASE(0)
DPOS=0
ATYPE=1
SPEED = 100            '找原点速度
CREEP = 10             '找到原点后的反向爬行速度
ACCEL=1000
DECEL=1000
SRAMP=100              '加/减速平滑
DATUM_IN=0             '输入 IN0 作为原点开关
INVERT_IN(0,ON)        '反转 IN0 电平信号，常开信号进行反转
TRIGGER                '自动触发示波器
DATUM(3)               '模式 3 回零方式
```

运行效果如图 6-14 所示。

找原点时的轴状态 AXISSTATUS 显示“40h”，回零后成功变为“0h”。

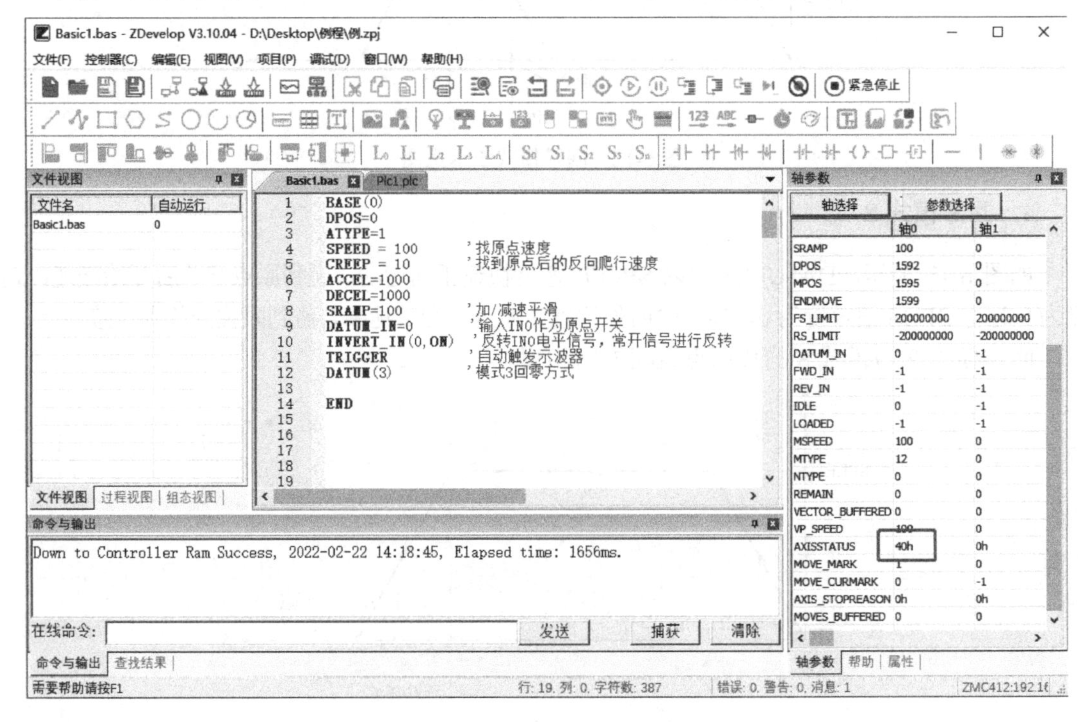

图 6-14　回零模式 3 的运行效果

波形如图 6-15 所示，轴 0 以 SPEED = 100 的速度正向运动，碰到原点开关信号 IN(0)后，以 CREEP = 10 的速度反向运动，直到再次离开原点开关的位置时停下，此时回零完成，轴的 DPOS 自动置 0。若中途碰到限位开关，则轴立即停止。

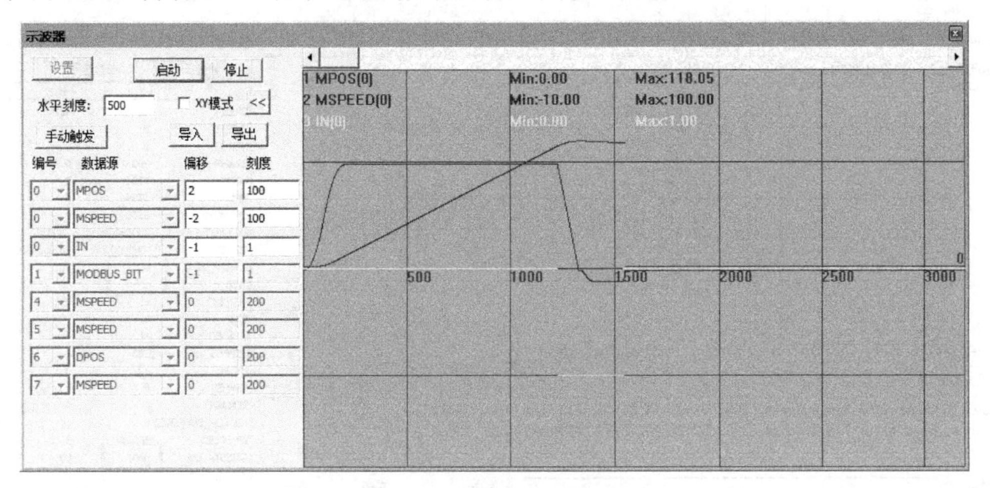

图 6-15　回零模式 3 的波形

在 DATUM(3)模式下，若需要碰到限位开关时轴不停止，而反向找原点，则要用 DATUM(13)模式，如以下示例：

```
BASE(0)
DPOS=0
ATYPE=1
SPEED = 100          '找原点速度
CREEP = 10           '找到原点后的反向爬行速度
ACCEL=1000
DECEL=1000
SRAMP=100            '加/减速平滑
DATUM_IN=0           '输入 IN0 作为原点开关
FWD_IN=1             '输入 IN1 作为正限位开关
INVERT_IN(0,ON)      '反转 IN0 电平信号，常开信号进行反转
INVERT_IN(1,ON)      '反转 IN1 电平信号，常开信号进行反转
TRIGGER              '自动触发示波器
DATUM(13)            '模式 13 回零方式
```

运行效果如图 6-16 所示。

找原点时的轴状态 AXISSTATUS 显示“40h”，回零后成功变为“0h”。原点开关和限位开关的映射也可在“轴参数”对话框中查看。

波形如图 6-17 所示，轴 0 以 SPEED = 100 的速度正向运动，碰到正向限位开关后开始反向找原点开关信号，直到碰到原点开关信号 IN(0)，以 CREEP = 10 的速度反向运动，再次离开原点开关的位置时停下，此时回零完成，轴的 DPOS 自动置 0。

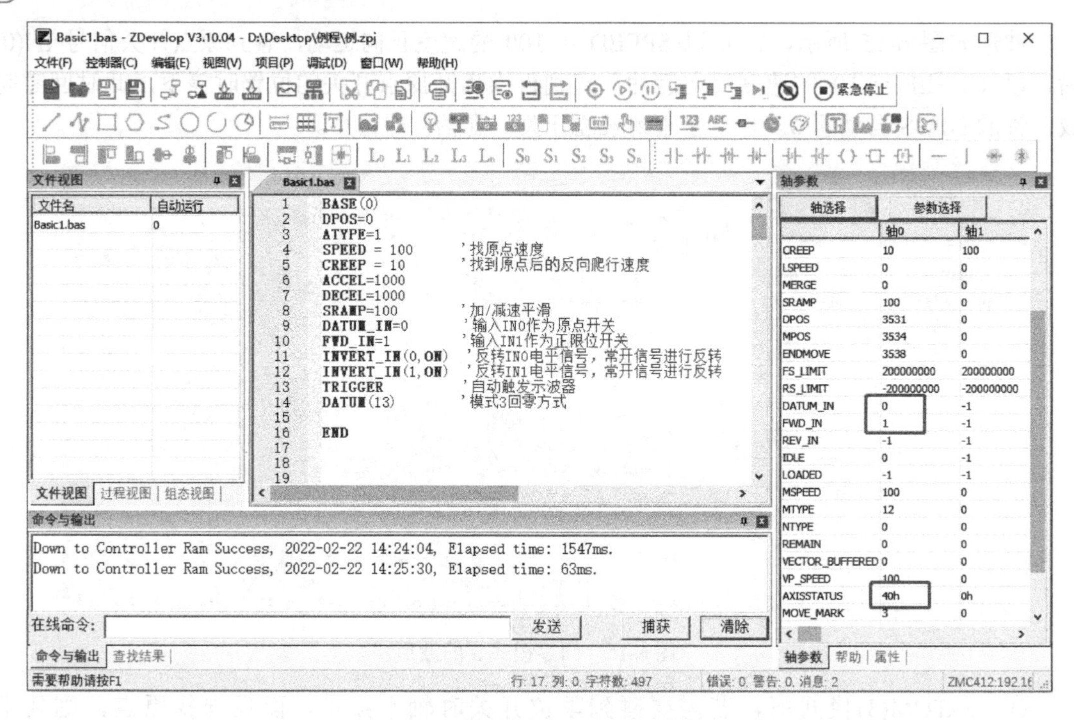

图 6-16　回零模式 13 的运行效果

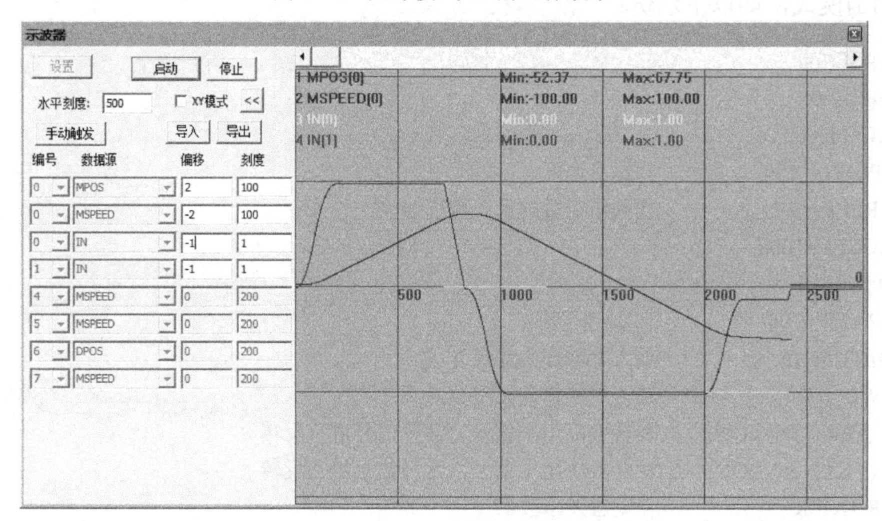

图 6-17　回零模式 13 的波形

6.4　单轴运动

6.4.1　单轴运动相关指令

单轴系统由控制器、丝杆滑台、限位开关、原点开关、触摸屏或显示屏等组成。

在单轴运动中，常用指令如表 6-8 所示。

表 6-8　单轴运动常用指令

指　令	含　义	说　明
FWD_IN	映射正限位输入	正向硬限位开关对应的输入点编号
REV_IN	映射负限位输入	负向硬限位开关对应的输入点编号
FS_LIMIT	正向软限位设置	取消设置时，只需要把值设大些
RS_LIMIT	负向软限位位置	取消设置时，只需要把值设大些
IDLE	轴运动状态判断	判断在运动还是停止
MOVE	相对直线运动	相对运动一段距离
MOVEABS	绝对直线运动	绝对运动一段距离

控制器能够通过安装限位开关或设置软限位来限制各轴的运动范围。如图 6-18 所示，硬限位开关和软限位开关分别用于工艺对象轴的允许运动范围和工作范围。

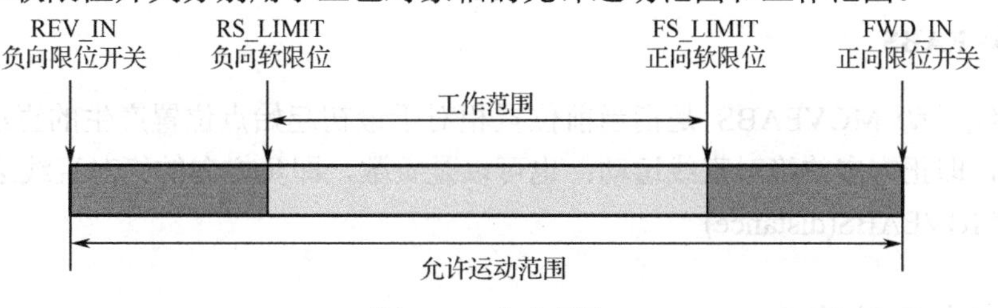

图 6-18　安全保护

1．FWD_IN 和 REV_IN

从安全机制的角度来看，轴的运动控制中要加入限位开关，以防止轴运行中的误操作、误运行，导致运动过冲，对工作人员产生安全隐患。通常在程序初始化的时候，对正/负向硬限位开关进行定义，对应的是输入点 IN 编号，-1 无效。控制器正/负向硬限位信号生效后，会立即停止轴，停止减速度为快减速 FASTDEC。

语法：FWD_IN = 变量　　'此变量为控制器的输入 IN 编码

语法：REV_IN = 变量　　'此变量为控制器的输入 IN 编码

2．FS_LIMIT 和 RS_LIMIT

轴有装正/负向硬件限位开关时，设置轴软限位可以起到二次保护的作用。若轴没有安装正/负向硬限位开关，则一定要设置轴软限位，以起到保护的作用。轴软限位是基于程序内部 DPOS 移动范围设定的位置范围，DPOS 超出软限位设定的范围时，会立即停止轴，停止减速度为快减速 FASTDEC。若不用轴软限位，则可以将软限位数值设置得很大，或者使用控制器默认值。

语法：FS_LIMIT = 变量

语法：RS_LIMIT = 变量

3．IDLE

IDLE 是单轴运动状态的监测标志，用于检查轴是否正在运动，或者轴运动是否已执行完。IDLE 值的说明如表 6-9 所示。可以用 WAIT IDLE 或 WAIT UNTIL IDLE（轴号）等待轴的上一段运动完成，进而执行后续的其他动作。

语法：IDLE = 数值 (0 或-1)

表 6-9 IDLE 值的说明

IDLE 值	说 明
0	单轴或多轴正在运动中
-1	轴处于停止状态

4. MOVE

相对直线运动 MOVE 是指当前位置相对于上次位置产生的直线位移变化，可以是正数，即正方向的相对直线运动；也可以是负数，即负方向的相对直线运动。

语法：MOVE(distance)

5. MOVEABS

绝对直线运动 MOVEABS 是指当前位置相对于最初起始点位置产生的直线位移变化，可以是正数，即正方向的绝对直线运动；也可以是负数，即负方向的绝对直线运动。

语法：MOVEABS(distance)

6.4.2 单轴运动应用

单轴运动例程：

```
BASE(0)                 '选择轴 0
ATYPE=1                 '设置为脉冲方向模式
UNITS=10000/10          '脉冲当量为 1000，电动机转一圈对应 10000 个脉冲，丝杠导程是 10mm
SPEED=100               '速度为 100mm/s
ACCEL=1000              '加速度为 1000mm/s²
DECEL=1000              '减速度为 1000mm/s²
SRAMP=100               'S 曲线
FWD_IN=0                '设置正向硬限位为 IN(0)
REV_IN=2                '设置负向硬限位为 IN(2)
FS_LIMIT=10000          '设置正向软限位为 10000
RS_LIMIT=-10000         '设置负向软限位为-10000
INVERT_IN(0,ON)         '反转 IN(0)
INVERT_IN(2,ON)         '反转 IN(2)
DPOS(0)=0               '清除当前位置
TRIGGER
MOVE(200)               '正向相对运动 200 UNITS
MOVE(-100)              '负向相对运动 100 UNITS
WAIT IDLE(0)            '等待轴 0 运动结束
MOVEABS(0)              '绝对运动回到起始位置
END
```

运行效果如图 6-19 所示，通过“轴参数”对话框可以直观地看到软限位和硬限位开关的设置，取消软限位只需要将限位值设大，取消硬限位开关需将映射编号设为-1，如 FWD_IN=-1、REV_IN=-1。

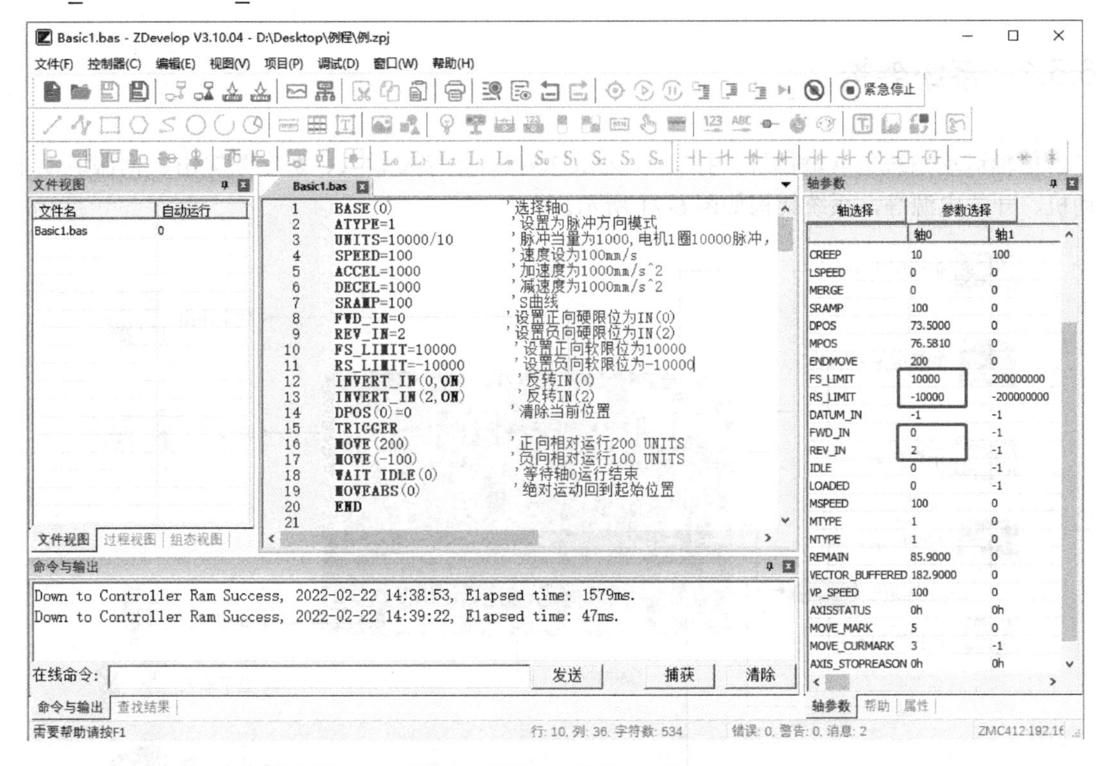

图 6-19　软/硬限位开关的设置

在设置基础参数之后，轴 0 先正向相对运动 200 UNITS,然后负向相对运动 100 UNITS,等待运动结束后，轴 0 绝对运动回到起始位置，如图 6-20 所示。

在没有设置快减速 FASTDEC 的场合，限位停机采用减速度 DECEl。

运动波形如图 6-20 所示。

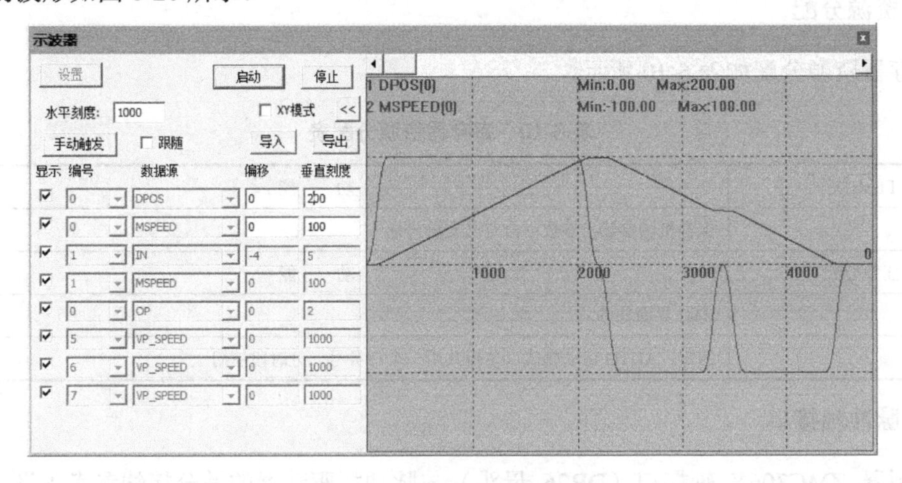

图 6-20　单轴直线运动波形

6.5 单轴运动应用实例

6.5.1 系统架构

单轴运动系统包含触摸屏、控制器 ZMC306X、数字量输入、数字量输出、伺服驱动电动机、开关电源等，系统架构如图 6-21 所示。

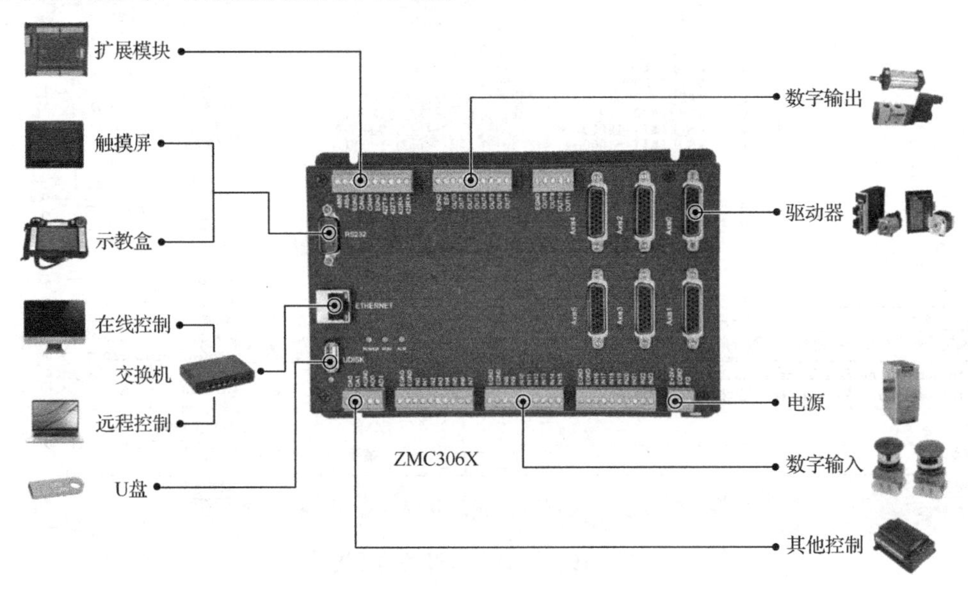

图 6-21 单轴运动系统架构

6.5.2 系统配置

1. 资源分配

寄存器资源分配如表 6-10 所示。

表 6-10 寄存器资源分配表

Flash 块	功　能
块 0	保存机械参数，参数由自定义变量传递
任务分配	功　能
任务 0	HMI 界面任务
任务 1	回零，AUTO 运动模式，急停共用一个任务号，分时段使用

2. 脉冲轴接口

控制器 ZMC306X 轴接口（DB26 母头）与脉冲型驱动器的差分接线参考如图 6-22 所示。驱动器报警输入、驱动使能信号可选择性地接入。

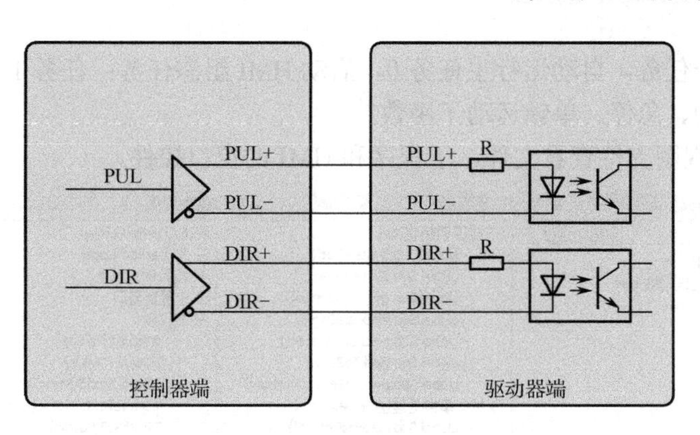

图 6-22　差分接线参考

3．触摸屏操作/显示

触摸屏选择正运动 ZHD400X，包含运动轴选择、运动模式选择。触摸屏界面用 ZDevelop V3.10 的 HMI 语言开发。

6.5.3　应用程序

应用程序包括 2 个 Basic 文件和 1 个 HMI 组态文件。Basic 文件包含 HMI 要调用的一系列 SUB 子函数，HMI 文件用于显示和控制，编程界面如图 6-23 所示。

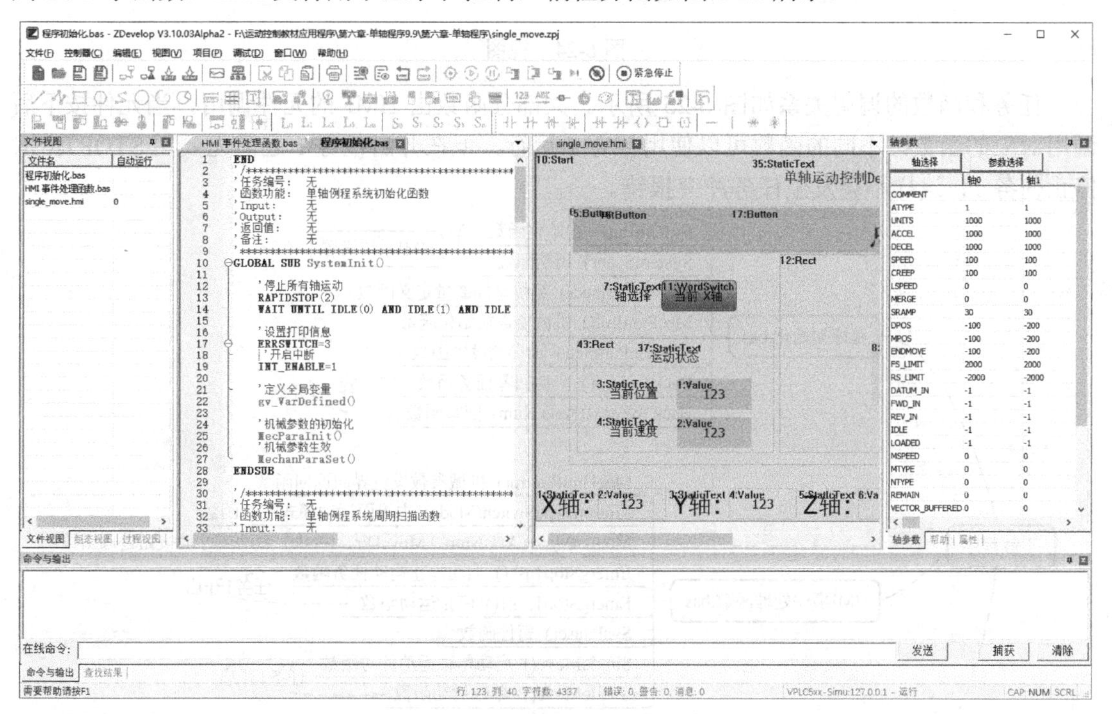

图 6-23　编程界面

通过 HMI 界面可以设置轴参数，选择要运动的轴号，选择 JOG 模式、HOME 模式、寸动模式、AUTO（定位）模式运动。

程序包含 2 个任务，自动运行主任务 0，启动 HMI 组态任务；任务 1 由组态按钮启动，实现运行回零运动、急停、单轴运动子函数。

图 6-24 所示视图支持查看文件、子程序和 HMI 的窗口控件。

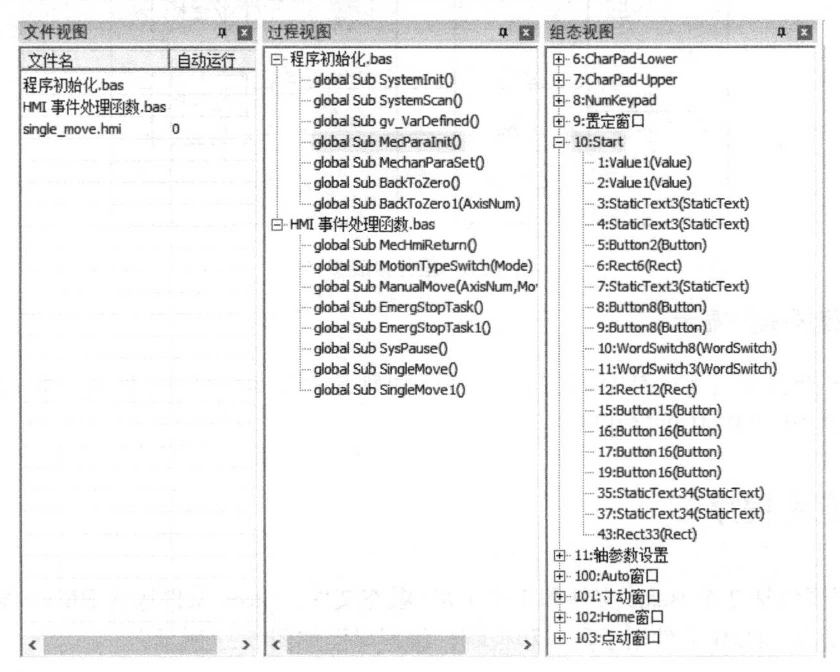

图 6-24　视图

任务和函数的调用关系如图 6-25 所示。大部分函数由 HMI 的元件调用，当元件按下后调用对应的函数，不同的函数可以使用任务 1 运行，但在开启任务 1 之前先要用 STOPTASK 停止任务 1，这样不会发生任务冲突报错。

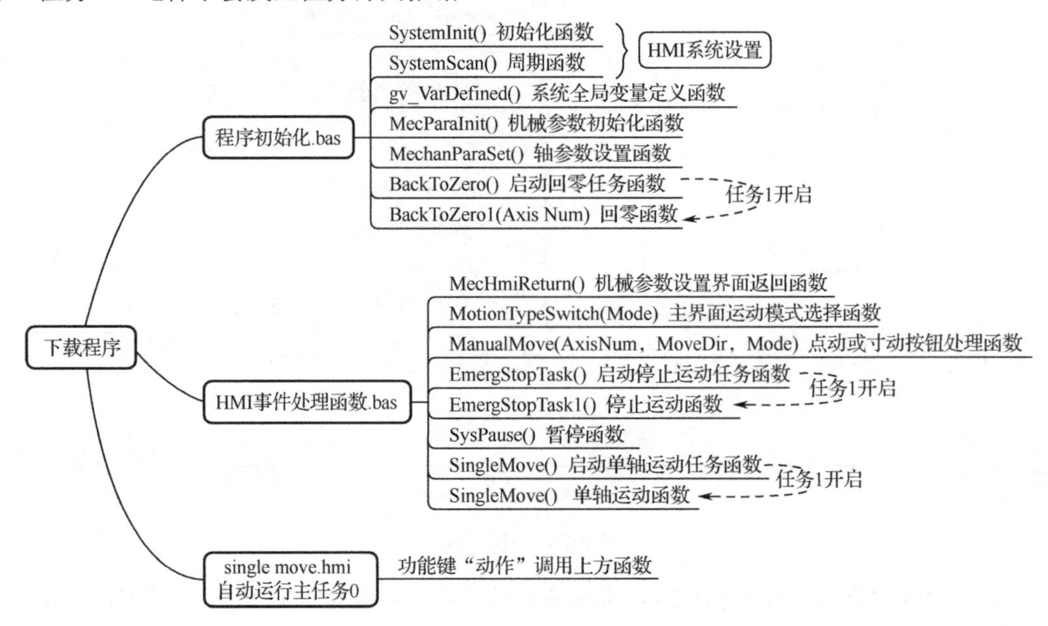

图 6-25　任务和函数的调用关系

具体程序如下。

1．single_move.bas

```
END                                         '防止下方 SUB 上电便运行

'函数功能：单轴例程系统初始化函数
GLOBAL SUB SystemInit()
    SETCOM(38400,8,1,0,0,4,2,1000)          '出厂模式，MODBUS 字寄存器和 VR 空间独立
    '停止所有轴运动
    RAPIDSTOP(2)
    WAIT UNTIL IDLE(0) AND IDLE(1) AND IDLE(2) AND IDLE(3)

    '设置打印信息
    ERRSWITCH=3
    '开启中断
    INT_ENABLE=1

    '定义全局变量
    gv_VarDefined()

    '机械参数的读取
    MechanParaRead()
    '机械参数生效
    MechanParaSet()
ENDSUB

'函数功能：单轴例程系统周期扫描函数
GLOBAL SUB SystemScan()
    '更新当前轴位置和速度
    gv_CurAsixDpos = DPOS(gv_CurAxisId)
    gv_CurAsixSpeed = MSPEED(gv_CurAxisId)
ENDSUB

'函数功能：单轴例程系统全局变量的定义
GLOBAL SUB gv_VarDefined()
    '常量定义
    GLOBAL CONST    gc_AxisNum= 4       '总轴数
    GLOBAL CONST    gc_Axis_X = 0       X 轴轴号
    GLOBAL CONST    gc_Axis_Y = 1       Y 轴轴号
    GLOBAL CONST    gc_Axis_Z = 2       Z 轴轴号
    GLOBAL CONST    gc_Axis_U = 3       Z 轴轴号
    '轴参数
    GLOBAL gv_CurAxisId                 '当前选择轴号
```

```
    gv_CurAxisId=gc_Axis_X
    GLOBAL ga_MecFileName(25)            '机械参数文件名
    GLOBAL ga_OnePulses(4)               'X-Y-Z 轴电动机转一圈对应的脉冲数
    GLOBAL ga_AxisPitch(4)               'X-Y-Z 轴螺距
    GLOBAL ga_AxisSpeed(4)               'X-Y-Z 轴的运动速度
    GLOBAL ga_AxisAccel(4)               'X-Y-Z 轴的加/减速度
    GLOBAL ga_AxisSramp(4)               'X-Y-Z 轴的 S 曲线时间
    GLOBAL ga_AxisLspeed(4)              'X-Y-Z 轴的起始速度
    GLOBAL ga_ManuHighSpeed(4)           'X-Y-Z 轴的手动高速
    GLOBAL ga_ManuLowSpeed(4)            'X-Y-Z 轴的手动低速
    GLOBAL ga_FsLimit(4)                 'X-Y-Z 轴正限位
    GLOBAL ga_RsLimit(4)                 'X-Y-Z 轴负限位
    '回零参数
    GLOBAL ga_DatumMode(4)               'X-Y-Z 轴回零模式
    GLOBAL ga_BackZeroSpeed(4)           'X-Y-Z 轴的回零速度
    GLOBAL ga_AxisCreep(4)               'X-Y-Z 轴的回零第二段速度
    GLOBAL ga_DatumIn(4)                 'X-Y-Z 轴原点信号
    GLOBAL ga_FwdIn(4)                   'X-Y-Z 轴正限位信号
    GLOBAL ga_RevIn(4)                   'X-Y-Z 轴负限位信号
    GLOBAL ga_DatumInInvert(4)           'X-Y-Z 轴原点信号是否反转
    GLOBAL ga_ResetPriori(4)             'X-Y-Z 轴的回零优先级
    GLOBAL ga_AxisRunDir(4)              'X-Y-Z 轴的运动方向
    GLOBAL gv_ManualSpeed                '手动运动速度模式
    GLOBAL gv_InchDis                    '寸动距离
    '系统参数
    GLOBAL gv_CurMotionType              '当前运动类型：JOG 模式、HOME 模式、寸动模式、
                                         AUTO 模式
    gv_CurMotionType=0
    GLOBAL gv_CurAsixDpos                '当前轴位置
    GLOBAL gv_CurAsixSpeed               '当前轴速度
    GLOBAL gv_TargetLoca                 '目标位置
    GLOBAL gv_RunMode                    '相对绝对运动模式
    gv_TargetLoca=0
    gv_RunMode=0
    GLOBAL ga_OperaTips(20)              '提示信息
ENDSUB

'函数功能：机械参数初始化
GLOBAL SUB MecParaInit()
    LOCAL lv_axisI
    FOR lv_AxisI=0 TO gc_AxisNum-1
        '轴参数
        ga_OnePulses(lv_AxisI)=25        'X-Y-Z 轴电动机转一圈对应的脉冲数
```

```
        ga_AxisPitch(lv_AxisI)=1                'X-Y-Z 轴螺距
        ga_AxisSpeed(lv_AxisI)=100              'X-Y-Z 轴的运动速度
        ga_AxisAccel(lv_AxisI)=1000             'X-Y-Z 轴的加/减速度
        ga_AxisSramp(lv_AxisI)=0                'X-Y-Z 轴的 S 曲线时间
        ga_AxisLspeed(lv_AxisI)=0               'X-Y-Z 轴的起始速度
        ga_ManuHighSpeed(lv_AxisI)=50           'X-Y-Z 轴的手动高速
        ga_ManuLowSpeed(lv_AxisI)=2             'X-Y-Z 轴的手动低速
        ga_FsLimit(lv_AxisI)=1000               'X-Y-Z 轴正限位
        ga_RsLimit(lv_AxisI)=-1000              'X-Y-Z 轴负限位
        '回零参数
        ga_DatumMode(lv_AxisI)=0                'X-Y-Z 轴回零模式
        ga_BackZeroSpeed(lv_AxisI)=50           'X-Y-Z 轴的回零速度
        ga_AxisCreep(lv_AxisI)= 2               'X-Y-Z 轴的回零第二段速度
        ga_DatumIn(lv_AxisI)= lv_AxisI          'X-Y-Z 轴原点信号
        ga_FwdIn(lv_AxisI)= lv_AxisI + gc_AxisNum*1        'X-Y-Z 轴正限位信号
        ga_RevIn(lv_AxisI)= lv_AxisI + gc_AxisNum*2        'X-Y-Z 轴负限位信号
        ga_DatumInInvert(lv_AxisI)=1            'X-Y-Z 轴原点信号是否反转
        ga_ResetPriori(lv_AxisI)= 1             'X-Y-Z 轴回零优先级
        ga_AxisRunDir(lv_AxisI) = 0             'X-Y-Z 轴方向设置
    NEXT
ENDSUB

'函数功能：机械参数的生效函数(轴参数设置)
GLOBAL SUB MechanParaSet()
    LOCAL lv_AxisI
    FOR lv_AxisI=0 TO gc_AxisNum-1
        BASE(lv_AxisI)
        UNITS = ga_OnePulses(lv_AxisI)/ga_AxisPitch(lv_AxisI)
        SPEED = ga_AxisSpeed(lv_AxisI)
        ACCEL = ga_AxisAccel(lv_AxisI)
        DECEL = ga_AxisAccel(lv_AxisI)
        SRAMP = ga_AxisSramp(lv_AxisI)
        LSPEED= ga_AxisLspeed(lv_AxisI)
        FS_LIMIT = ga_FsLimit(lv_AxisI)
        RS_LIMIT = ga_RsLimit(lv_AxisI)
        CREEP = ga_AxisCreep(lv_AxisI)
        DATUM_IN = ga_DatumIn(lv_AxisI)
        '轴方向
        INVERT_STEP = 2*ga_AxisRunDir(lv_AxisI)
        '硬件正限位
        FWD_IN = ga_FwdIn(lv_AxisI)
        IF ga_FwdIn(lv_AxisI)>-1 THEN
            INVERT_IN(ga_FwdIn(lv_AxisI),ga_DatumInInvert(lv_AxisI))
```

```
            ENDIF
            '硬件负限位
            REV_IN = ga_RevIn(lv_AxisI)
            IF ga_RevIn(lv_AxisI)>-1 THEN
                INVERT_IN(ga_RevIn(lv_AxisI),ga_DatumInInvert(lv_AxisI))
            ENDIF
        NEXT
    ENDSUB

    '函数功能：回零函数
    GLOBAL SUB BackToZero()
        STOPTASK 1
        RUNTASK 1,BackToZero1()
    ENDSUB

    GLOBAL SUB BackToZero1(AxisNum)
        BASE(AxisNum)
        SPEED = ga_BackZeroSpeed(AxisNum)
        CREEP = ga_AxisCreep(AxisNum)
        DATUM_IN = ga_DatumIn(AxisNum)
        IF ga_DatumIn(AxisNum)      <> -1    THEN
            INVERT_IN(ga_DatumIn(AxisNum),ga_DatumInInvert(AxisNum))
            IF ga_DatumMode(AxisNum) THEN
            '负方向回零
                DATUM(14)
            ELSE
            '正方向回零
                DATUM(13)
            ENDIF
        ELSE
            ga_OperaTips = "该轴未设置原点信号"
        ENDIF
    ENDSUB
```

2．HMI 事件处理函数.bas

```
    GLOBAL SUB MecHmiReturn()
        '机械参数保存
        MechanParaWrite()
        '返回主界面
        HMI_SHOWWINDOW(10,4)
    ENDSUB

    '函数功能：主界面运动模式选择函数
```

```
GLOBAL SUB MotionTypeSwitch(Mode)
    '停止所有轴运动
    RAPIDSTOP(3)
    ga_OperaTips=""
    gv_CurMotionType = Mode
    '返回主界面
    HMI_SHOWWINDOW((103-Mode),6)
ENDSUB

'函数功能：点动或寸动按钮处理函数
GLOBAL SUB ManualMove(AxisNum,MoveDir,Mode)
    BASE(AxisNum)                  '选择轴

    IF gv_ManualSpeed=0 THEN       '低速
        SPEED = ga_ManuLowSpeed(AxisNum)
    ELSE                           '高速
        SPEED = ga_ManuHighSpeed(AxisNum)
    ENDIF

    IF gv_CurMotionType=0 THEN
    '点动
        IF MoveDir = -1 THEN
        '负方向运动
            VMOVE(-1)
        ELSEIF MoveDir = 0 THEN
        '停止轴运动
            CANCEL(2)
        ELSEIF MoveDir = 1 THEN
        '正方向运动
            VMOVE(1)
        ENDIF
    ELSEIF gv_CurMotionType=2 THEN
    '寸动
        IF MoveDir = -1 THEN
        '负方向运动
            MOVE(-gv_InchDis)
        ELSEIF MoveDir = 0 THEN
        '停止轴运动
            CANCEL(2)
        ELSEIF MoveDir = 1 THEN
        '正方向运动
            MOVE(gv_InchDis)
        ENDIF
```

```
    ENDIF
ENDSUB

'函数功能：停止运动函数
GLOBAL SUB EmergStopTask()
    STOPTASK 1
    RUNTASK 1,EmergStopTask1()
ENDSUB

GLOBAL SUB EmergStopTask1()
    LOCAL lv_TaskId
    '停止所有任务
    FOR lv_TaskId=2 TO 9
        IF PROC_STATUS(lv_TaskId) THEN
            STOPTASK lv_TaskId
        ENDIF
    NEXT
    '停止所有轴运动
    RAPIDSTOP(3)
    WAIT UNTIL IDLE(gc_Axis_X) AND IDLE(gc_Axis_Y) AND IDLE(gc_Axis_Z)
ENDSUB

'函数功能：暂停函数
GLOBAL SUB SysPause()
    LOCAL lv_TaskI
    '暂停任务
    FOR lv_TaskI=1 TO 9
        IF PROC_STATUS(lv_TaskI)=1 THEN
            PAUSETASK lv_TaskI
        ENDIF
    NEXT
    '暂停轴运动
    FOR lv_TaskI=0 TO gc_AxisNum-1
        IF IDLE(lv_TaskI)=0 THEN
            BASE(lv_TaskI)
            MOVE_PAUSE
        ENDIF
    NEXT
ENDSUB

'函数功能：单轴运动函数
GLOBAL SUB SingleMove()
    STOPTASK 1
    RUNTASK 1,SingleMove1()
ENDSUB
```

```
GLOBAL SUB SingleMove1()
    LOCAL lv_TaskI
    IF AXISSTATUS(gv_CurAxisId)=8388608 THEN
        '恢复任务
        FOR lv_TaskI=2 TO 9
            IF PROC_STATUS(lv_TaskI)=3 THEN
                RESUMETASK lv_TaskI
            ENDIF
        NEXT
        '恢复轴运动
        MOVE_RESUME AXIS(gv_CurAxisId)
    ELSE
        '停止所有轴运动
        RAPIDSTOP(3)
        WAIT UNTIL IDLE(gc_Axis_X) AND IDLE(gc_Axis_Y) AND IDLE(gc_Axis_Z)
        '设置轴参数
        MechanParaSet()
        '运动类型判断
        IF gv_RunMode=0 THEN
            MOVE(gv_TargetLoca) AXIS(gv_CurAxisId)
        ELSE
            MOVEABS(gv_TargetLoca) AXIS(gv_CurAxisId)
        ENDIF
    ENDIF
ENDSUB
```

3. HMI 组态界面

触摸屏编程界面如图 6-26 所示，组态元件的功能通过“属性”对话框设置。

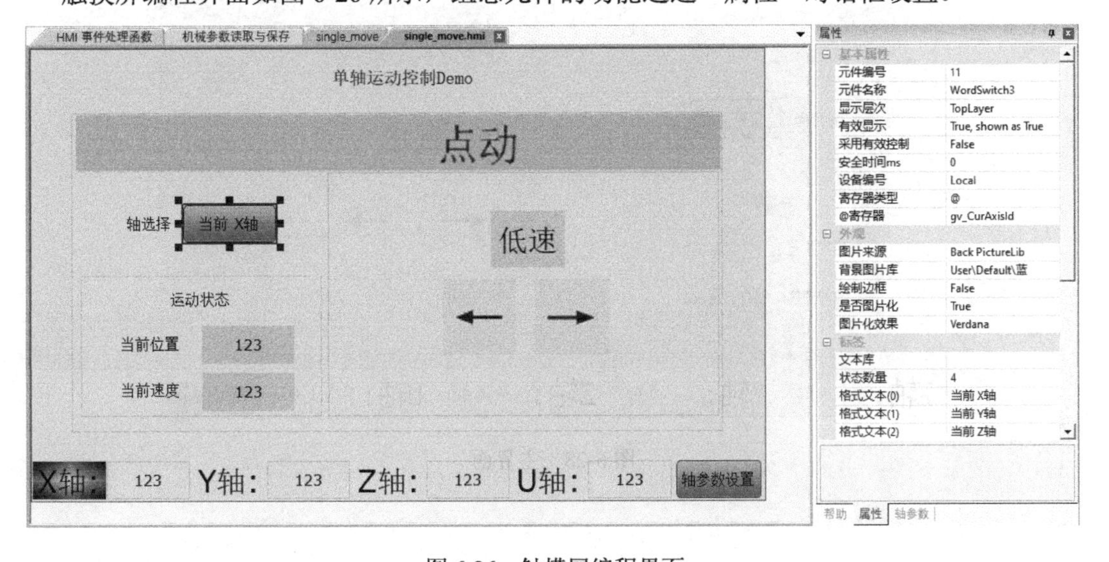

图 6-26　触摸屏编程界面

ZDevelop 界面如图 6-27 所示，支持用户自定义切换动作轴号，可选 X 轴、Y 轴、Z 轴、U 轴，四种运动模式自由切换，支持显示轴当前运动状态。

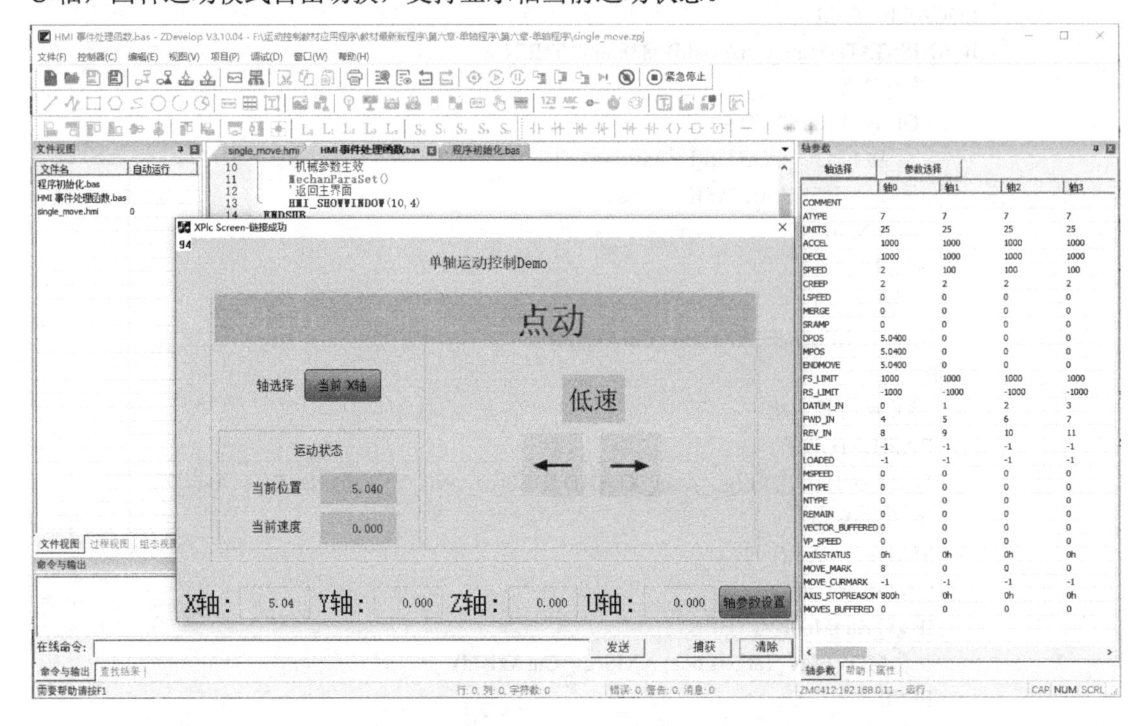

图 6-27　ZDevelop 界面

主界面如图 6-28 所示，用户可打开图 6-29 所示界面自行定义轴参数，设置完成下次启动该轴运动时轴参数生效。

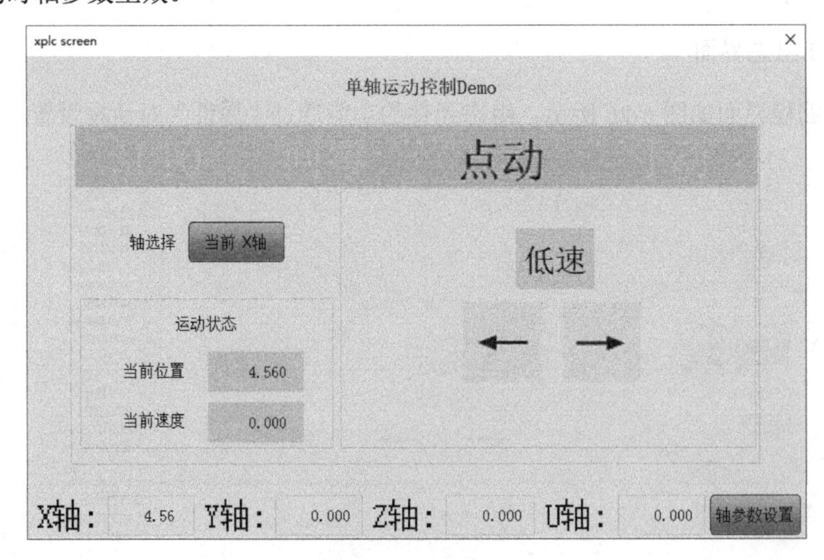

图 6-28　主界面

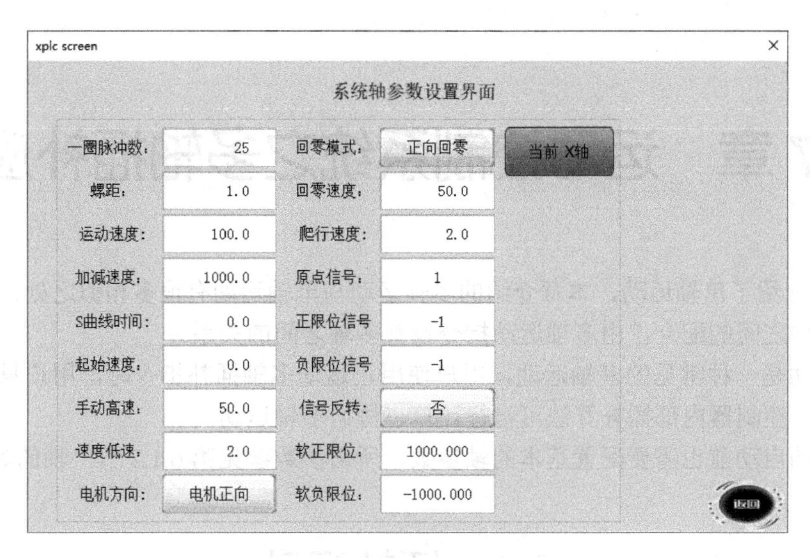

图 6-29　轴参数自定义界面

与本章内容相关的“正运动小助手”微信公众号文章和视频讲解

快速入门|篇十四：运动控制器基础轴参数与基础运动控制指令

第 7 章　运动控制系统之多轴插补应用

第 6 章介绍了单轴运动，本章介绍的多轴运动与单轴运动有很多相似之处，不过多轴运动多了轴与轴之间的配合，由多轴运动指令设置多轴之间的关系。

插补运动是一种常见的多轴运动，用户使用正运动多轴插补指令时，用户只需给出各轴的运动参数，控制器内部插补算法可自行计算、协调多轴运动。

多轴运动启动前也需要配置基本的轴参数，所需参数参见第 6.1.2 节“轴的参数配置”。

7.1　插补运动

插补是机床数控系统依照一定方法确定刀具运动轨迹的过程，是实时进行的数据密化的过程。同插补算法的运算原理基本相同，其作用都是根据给定的信息进行数据计算，不断给出参与插补运动的各坐标轴的进给指令，分别驱动相应的执行部件产生协调运动，使被控机械部件按理想的路线与速度移动。

7.1.1　插补原理

插补最常见的两种方式是直线插补和圆弧插补。插补运动至少需要两个轴参与。进行插补运动时，将规划轴映射到相应的机台坐标系中，控制器根据坐标映射关系控制各轴运动，实现要求的运动轨迹。

插补运动指令会存入运动缓冲区，再依次从运动缓冲区中取出执行，直到插补运动全部执行完。

1．直线插补

在直线插补中，两点间的插补沿着直线的点群逼近。首先假设在实际轮廓起始点处沿 X 方向移动一小段（给一个脉冲当量，轴移动一段固定距离），若发现终点在实际轮廓的下方，则下一条线段沿 Y 方向移动一小段，如果线段终点仍在实际轮廓下方，则继续沿 Y 方向移动一小段，直到在实际轮廓上方后，再向 X 方向移动一小段，依此类推，直到到达轮廓终点为止。这样，实际轮廓是由一段段的折线拼接而成的，虽然是折线，但每段插补线段在精度允许范围内都非常短，因此折线段可以近似看作一条直线段。

控制器采用硬件插补，插补精度在一个脉冲内，因此轨迹即使放大也依然平滑。

假设轴需要在 XY 平面上从点(X_0,Y_0)运动到点(X_1,Y_1)，其直线插补的加工过程如图 7-1 所示。

给轴发送一个脉冲运动的距离由电动机的特性决定，不同的轴单个脉冲运动距离有所不同。

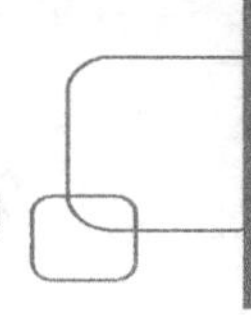

2．圆弧插补

圆弧插补与直线插补类似，给出两端点间的插补数字信息，以一定的算法计算出逼近实际圆弧的点群，控制轴沿这些点运动，就可以加工出圆弧曲线。圆弧插补可以是平面圆弧（至少两个轴），也可以是空间圆弧（至少三个轴）。假设轴需要在 *XY* 平面第一象限走一段逆圆弧，以圆心为起点，其圆弧插补的加工过程如图 7-2 所示。

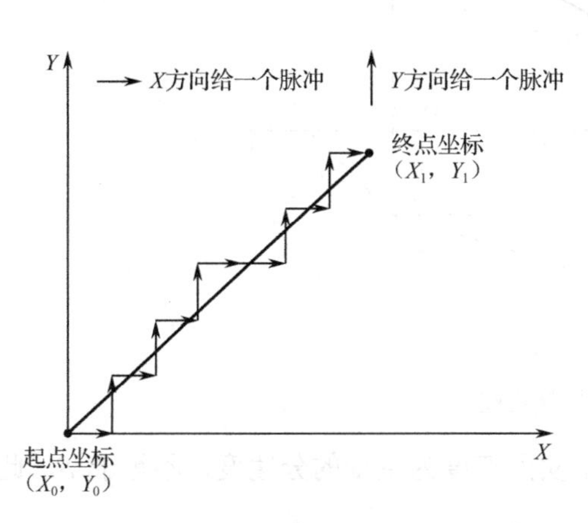

图 7-1　直线插补原理

图 7-2　圆弧插补原理

控制器的空间圆弧插补功能是根据当前点及圆弧指令参数设置的终点和中间点（或圆心），由三个点确定圆弧，并实现空间圆弧插补运动，坐标为三维坐标，至少需要三个轴分别沿 *X*、*Y* 和 *Z* 方向运动。

7.1.2　插补运动参数计算

1．二轴直线插补

轴 0 和轴 1 参与直线插补运动，如图 7-3 所示，二轴直线插补运动从平面的 *A* 点运动到 *B* 点，*XY* 方向同时启动，并同时到达终点，设置轴 0 的运动距离为 ΔX，轴 1 的运动距离为 ΔY，主轴是 BASE 的第一个轴（此时主轴为轴 0），插补运动参数采用主轴的参数。

若插补主轴运动速度为 *S*（主轴轴 0 的设置速度），则各个轴的实际速度为主轴的分速度，不等于 *S*，此时有

插补运动的距离：$X=\sqrt{(\Delta X)^2+(\Delta Y)^2}$

轴 0 实际速度：$S_0=S\Delta X/X$

轴 1 实际速度：$S_1=S\Delta Y/X$

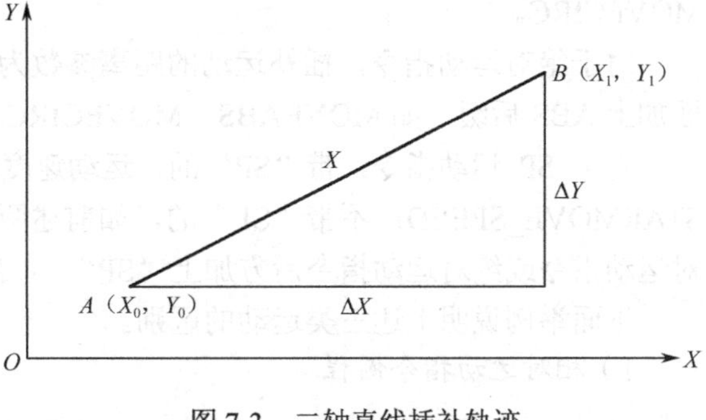

图 7-3　二轴直线插补轨迹

2．三轴直线插补

轴 0、轴 1 和轴 2 三轴参与直线插补运动，如图 7-4，三轴直线插补运动从 *A* 点运动到

B 点，X、Y、Z 方向同时启动，并同时到达终点，设置轴 0 的运动距离为 ΔX，轴 1 的运动距离为 ΔY，轴 2 的运动距离为 ΔZ。

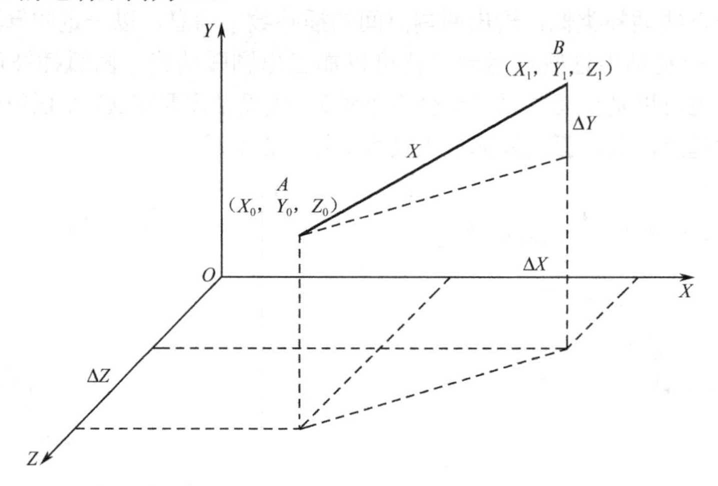

图 7-4 三轴直线插补轨迹

若插补主轴轴 0 的运动速度为 S，则各个轴的实际速度为主轴的分速度，不等于 S，此时有

插补运动距离：$X=\sqrt{(\Delta X)^2+(\Delta Y)^2+(\Delta Z)^2}$

轴 0 实际速度：$S_0=S\Delta X/X$

轴 1 实际速度：$S_1=S\Delta Y/X$

轴 2 实际速度：$S_1=S\Delta Z/X$

7.1.3 插补运动相关指令

1．插补运动指令分类

相对运动指令加上不同的后缀，便具有不同的特点。

对于相对运动指令，插补运动的距离参数为与当前插补起点的相对距离，如 MOVE、MOVECIRC。

对于绝对运动指令，插补运动的距离参数为相对于原点的绝对距离，在相对运动指令后面加上 ABS 后缀，如 MOVEABS、MOVECIRCABS。

对于 SP 运动指令，带“SP”的，运动速度采用 FORCE_SPEED、ENDMOVE_SPEED、STARMOVE_SPEED；不带“SP”的，如前述两类，指令运动速度采用 SPEED 参数，在相对运动指令或绝对运动指令后方加上“SP”，如 MOVESP、MOVEABSSP。

下面举例说明上述三类运动的区别。

1）相对运动指令例程

```
RAPIDSTOP(2)
WAIT IDLE(0)
WAIT IDLE(1)
```

```
BASE(0,1)
DPOS=0,0
ATYPE=1,1
UNITS=100,100
SPEED=100,100                    '运动速度
ACCEL=1000,1000
DECEL=1000,1000
FORCE_SPEED=150,150              'SP 指令速度
SRAMP=100,100                    'S 曲线
MERGE=ON
TRIGGER                          '自动触发示波器
MOVE(200,150)                    '第一段终点(200,150)
MOVE(100,120)                    '第二段终点(300,270)
END
```

轴的位置曲线如图 7-5 所示，XY 模式下的两轴合成轨迹如图 7-6 所示。

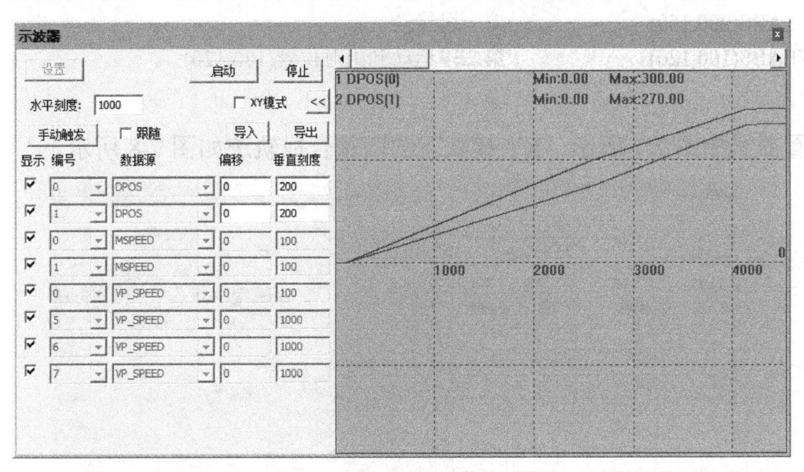

图 7-5　轴的位置曲线（一）

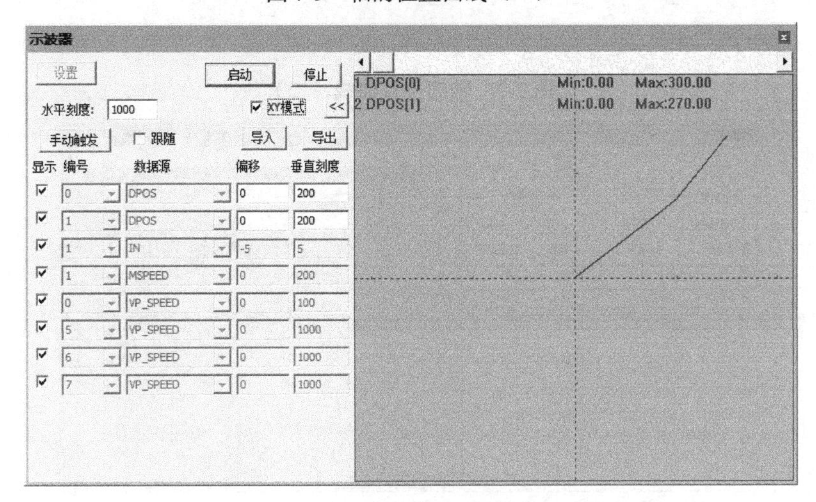

图 7-6　XY 模式下的两轴合成轨迹（一）

2）绝对运动例程

```
RAPIDSTOP(2)
WAIT IDLE(0)
WAIT IDLE(1)

BASE(0,1)
DPOS=0,0
ATYPE=1,1
UNITS=100,100
SPEED=100,100                   '运动速度
ACCEL=1000,1000
DECEL=1000,1000
FORCE_SPEED=150,150             'SP 指令速度
SRAMP=100,100                   'S 曲线
MERGE=ON
TRIGGER                         '自动触发示波器
MOVEABS(200,150)                '第一段运动
MOVEABS(100,120)                '第二段运动到绝对位置(100,120)
END
```

轴的位置曲线如图 7-7 所示，XY 模式下的两轴合成轨迹如图 7-8 所示。

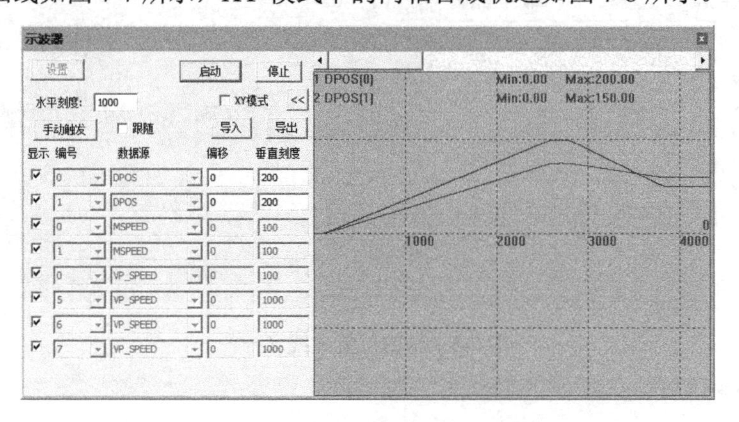

图 7-7 轴的位置曲线（二）

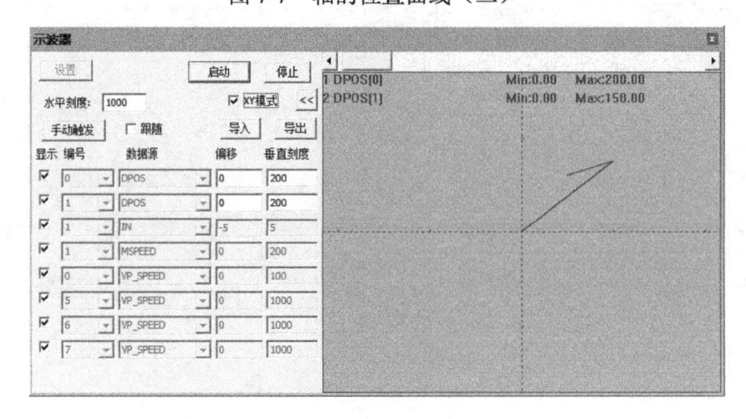

图 7-8 XY 模式下的两轴合成轨迹（二）

3）SP 运动指令例程

```
RAPIDSTOP(2)
WAIT IDLE(0)
WAIT IDLE(1)

BASE(0,1)
DPOS=0,0
ATYPE=1,1
UNITS=100,100
SPEED=100,100                '运动速度
ACCEL=1000,1000
DECEL=1000,1000
FORCE_SPEED=150,150          'SP 指令速度
SRAMP=100,100                'S 曲线
MERGE=OFF,OFF
TRIGGER                      '自动触发示波器
MOVE(200,150)                '第一段为相对运动，速度为 100
MOVESP(100,120)              '第二段为 SP 相对运动，速度为 150
END
```

轴的位置和速度曲线如图 7-9 所示，XY 模式下的两轴合成轨迹如图 7-10 所示。

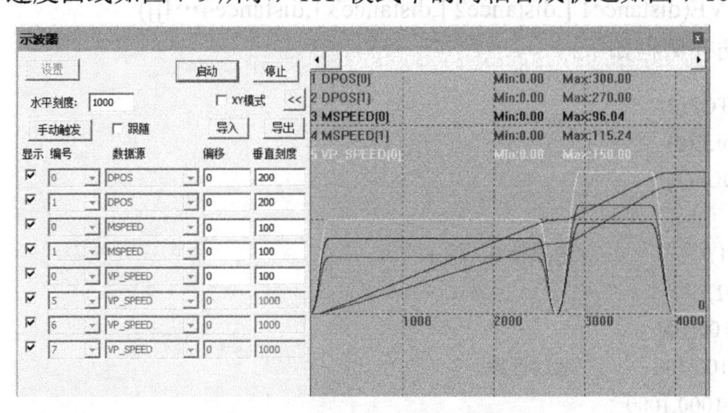

图 7-9　轴的位置和速度曲线

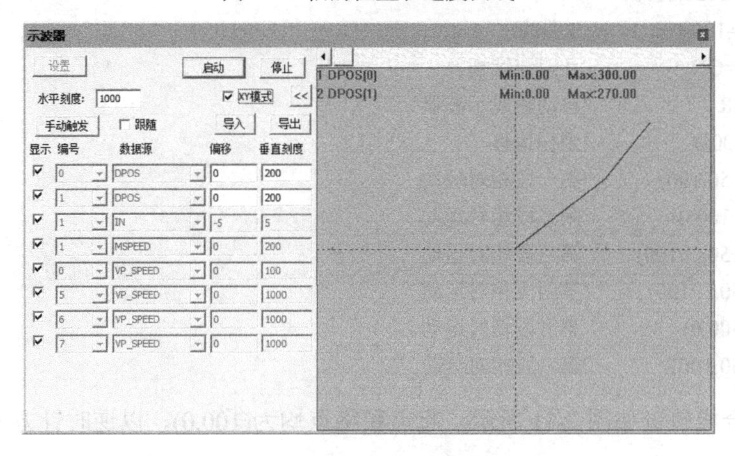

图 7-10　XY 模式下的两轴合成轨迹（三）

2．插补运动指令与应用

下面介绍几种常用的插补运动指令（见表 7-1），均以相对运动指令为例。

表 7-1　常用插补运动指令

指　令	含　义	说　明
MOVE	直线插补	多轴直线插补
MOVECIRC	起点、终点、圆心三点圆弧插补	两轴插补，三点坐标构成圆弧
MHELICAL	圆心螺旋	两轴圆弧插补，第三轴螺旋
MECLIPSE	椭圆	两轴插补，三点坐标构成椭圆
MSPHERICAL	空间圆弧	三个轴在 *XYZ* 平面插补
MOVESPIRAL	渐开线圆弧	两轴渐开线圆弧插补

1）MOVE

MOVE 指令用于单轴直线或多轴直线插补运动，绝对运动使用 MOVEABS 指令，SP 运动使用 MOVESP 指令。

插补运动参数采用主轴参数，插补运动缓冲在主轴的运动缓冲区。

语法：MOVE(distance1 [,distance2 [,distance3 [,distance4…]]])

二轴直线插补例程如下：

```
RAPIDSTOP(2)
WAIT IDLE(0)
WAIT IDLE(1)

BASE(0,1)             '选择轴 0，轴 1
ATYPE=1,1
UNITS=100,100
SPEED=100,100         '运动速度
ACCEL=1000,1000
DECEL=1000,1000
SRAMP=100,100         'S 曲线
MERGE=ON              '开启连续插补
TRIGGER               '自动触发示波器
DPOS=100,0            '坐标偏移
MOVE(-50,100)         '第一段相对运动
MOVE(-100,0)          '第二段相对运动
MOVE(-50, -100)       '第三段相对运动
MOVE(50, -100)        '第四段相对运动
MOVE(100,0)           '第五段相对运动
MOVE(50,100)          '第六段相对运动
```

直线插补合成轨迹如图 7-11 所示，起点和终点均为(100,0)，以逆时针方面加工。

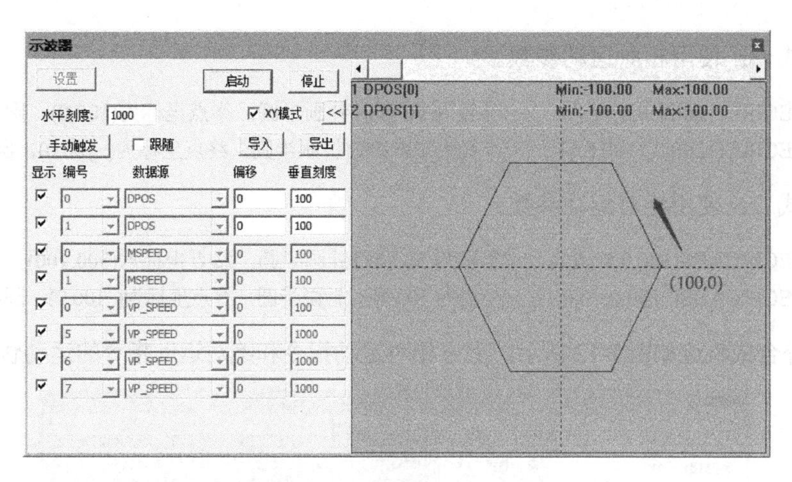

图 7-11　二轴直线插补合成轨迹

2）MOVECIRC

MOVECIRC 指令用于两轴圆弧插补，起点、终点、圆心三点画弧，起点使用轴的当前坐标，为相对运动，绝对圆弧插补使用 MOVECIRCABS 指令，SP 圆弧插补使用 MOVECIRCSP 指令。

MOVECIRC2 指令使用当前点、中间点、终点画弧。

圆弧插补指令适用于二轴运动。

语法：MOVECIRC(end1, end2, centre1, centre2, direction)

(end1, end2)为终点坐标；(centre1, centre2)为圆心坐标；direction 为方向：0—逆时针，1—顺时针。

当起点坐标与终点坐标相同时，画出整圆。

与圆弧相关的指令要保证给出的圆心、终点坐标与当前点可以正确描述一段圆弧，否则会报错，无法画弧，错误码为 1006。

例程如下：

```
RAPIDSTOP(2)
WAIT IDLE(0)
WAIT IDLE(1)

BASE(0,1)
ATYPE=1,1
UNITS=100,100
SPEED=100,100                    '运动速度
ACCEL=1000,1000
DECEL=1000,1000
DPOS=0,0
SRAMP=100,100                    'S 曲线
MERGE=ON
TRIGGER                          '自动触发示波器
```

（1）方式一：使用相对运动参数。

```
MOVECIRC(100,0,50,0,1)          '半径为 50 顺时针画半圆，终点坐标为(100,0)，圆心坐标为(50,0)
MOVECIRC(-200,0,-100,0,1)       '半径为 100 顺时针画半圆，终点坐标为(-100,0)，圆心坐标为(0,0)
```

（2）方式二：使用绝对运动参数。

```
MOVECIRCABS(100,0,50,0,1)       '半径为 50 顺时针画半圆，终点坐标为(300,100)
MOVECIRCABS(-100,0,-0,0,1)      '半径为 100 顺时针画半圆，终点坐标为(-100,0)，圆心坐标为(0,0)
```

圆弧插补合成轨迹如图 7-12 所示，上方相对运动指令和绝对运动指令的运动轨迹相同。

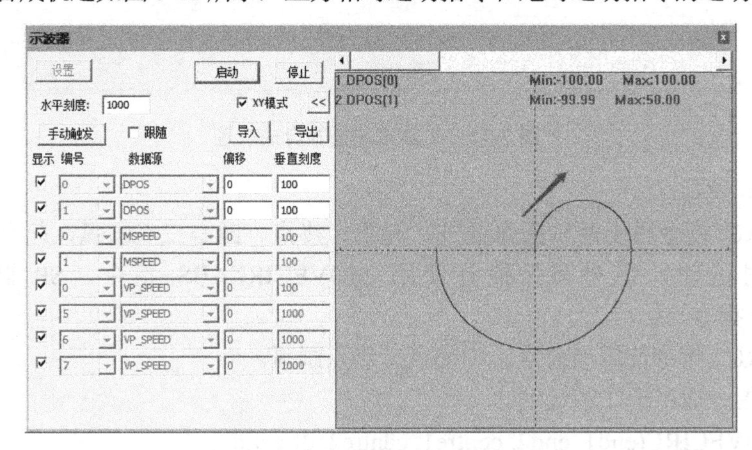

图 7-12　二轴圆弧插补合成轨迹

3）MHELICAL

MHELICAL 指令用于圆心螺旋插补为相对运动。BASE 第一轴和第二轴进行圆弧插补，第三轴进行螺旋，位置相对于起始点。绝对运动使用 MHELICALABS 指令，使用自定义速度的连续插补运动可以使用有“SP”的指令。

运动轨迹形成可完整的一圈螺旋，从 Z 方向看为一个整圆。

语法：MHELICAL(end1,end2,centre1,centre2,direction,distance3,[mode])

(end1，end2)为终点坐标；(centre1，centre2)为圆心坐标；direction 为方向：0—逆时针，1—顺时针；distance3 为第三个轴的运动距离；mode 为第三轴的速度计算模式，如表 7-2 所示。

表 7-2　第三轴速度计算选择

mode 值	描　　述
0（默认）	第三轴参与插补速度计算
1	第三轴不参与插补速度计算

例程如下：

```
BASE(0,1,2)
ATYPE=1,1,1                     '设为脉冲轴类型
UNITS=100,100,100
SPEED=100,100,100               '主轴速度
ACCEL=1000 ,1000,1000           '主轴加速度
```

```
DECEL=1000 ,1000,1000
DPOS=0,0,0
MHELICAL(200,-200,200,0,1,100)      '原点作为起点，圆心为(200,0)，终点为'(200,-200)；顺时
                                     针；Z 轴参与速度计算，运动距离为 100
```

XY 平面运动轨迹如图 7-13 所示，*Z* 方向运动轨迹如图 7-14 所示。

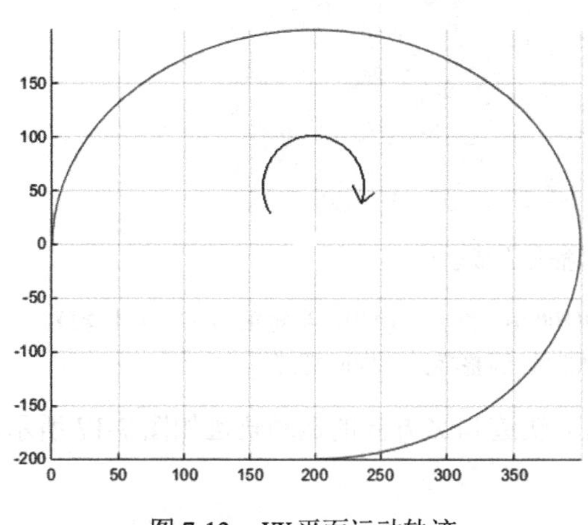

图 7-13　*XY* 平面运动轨迹

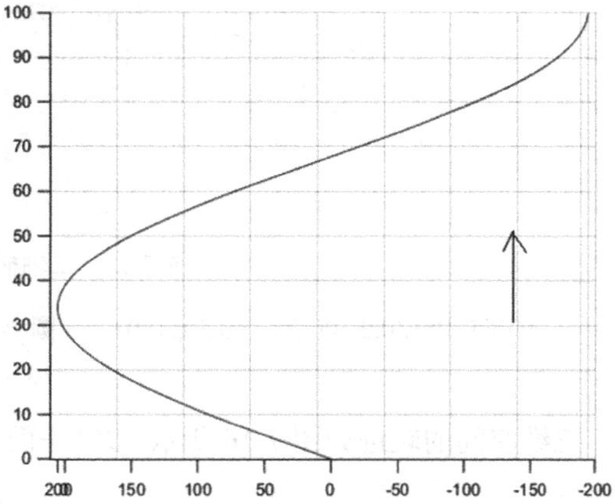

图 7-14　*Z* 方向运动轨迹

4）MECLIPSE

MECLIPSE 指令用于椭圆插补，可选螺旋形，为相对运动。用 BASE 指令对第一轴和第二轴进行椭圆插补时，可选第三个轴完成同步螺旋。绝对运动使用 MECLIPSEABS 指令，自定义速度的连续插补运动可以使用有“SP”的指令。

可画整椭圆，但只能画长轴（短轴）与 X 轴平行或垂直的椭圆。

语法：MECLIPSE (end1, end2, centre1, centre2, direction, adis, bdis[, end3])

(end1，end2)为终点坐标；(centre1，centre2)为圆心坐标；direction 为方向：0—逆时针，1—顺时针；adis 为第一轴的椭圆半径，半长轴或半短轴均可；bdis 为第二轴的椭圆半径，半长轴或半短轴均可，半长轴和半短轴相等时自动为圆弧或螺旋；end3 为第三个轴的运动距离，需要螺旋时使用。

例程如下：

```
RAPIDSTOP(2)
WAIT IDLE(0)

BASE(0,1,2)
ATYPE=1,1,1                     '设为脉冲轴类型
UNITS=100,100,100
SPEED=100,100,100               '主轴速度
ACCEL=1000 ,1000,1000           '主轴加速度
DECEL=1000 ,1000,1000
DPOS=0,0,0
TRIGGER                         '自动触发示波器
MECLIPSE(0,0,100,0,1,100,50)    '圆心为(100,0)，终点为(0,0)，半短轴为 50，半长轴为 100，顺时
                                 针画整椭圆，不进行螺旋
```

XY 平面的插补合成轨迹如图 7-15 所示。

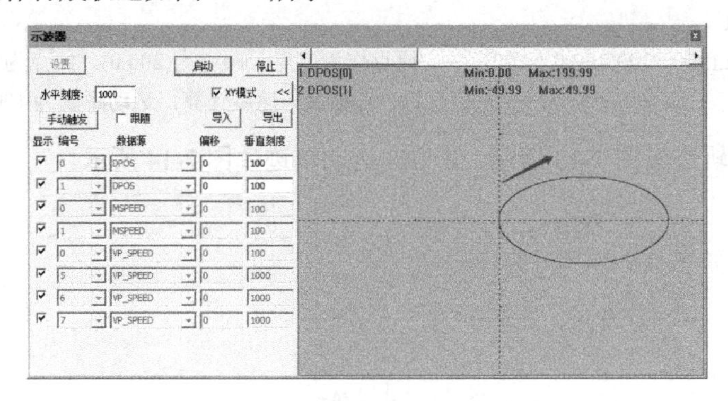

图 7-15　二轴椭圆插补合成轨迹

```
MECLIPSE(0,0,100,0,1,100,50,200)        '圆心为(100,0)，终点为(0,0)，半短轴为 50，半长轴为
                                          100，顺时针画整椭圆，同时螺旋
```

三维空间的轨迹如图 7-16 所示，*XY* 平面运动轨迹和 *Z* 方向的运动轨迹如图 7-17 所示。

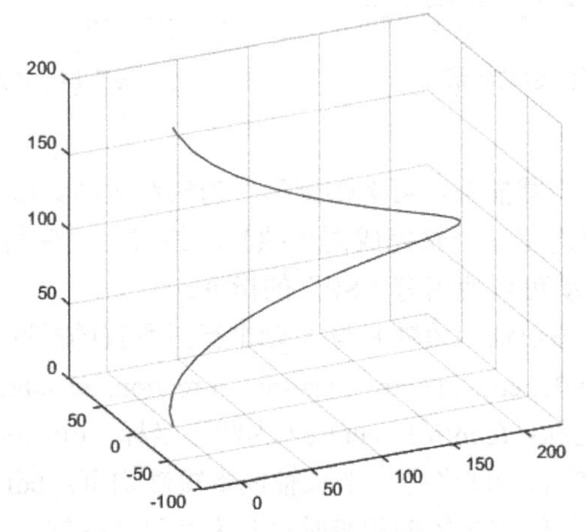

图 7-16　三维空间的轨迹

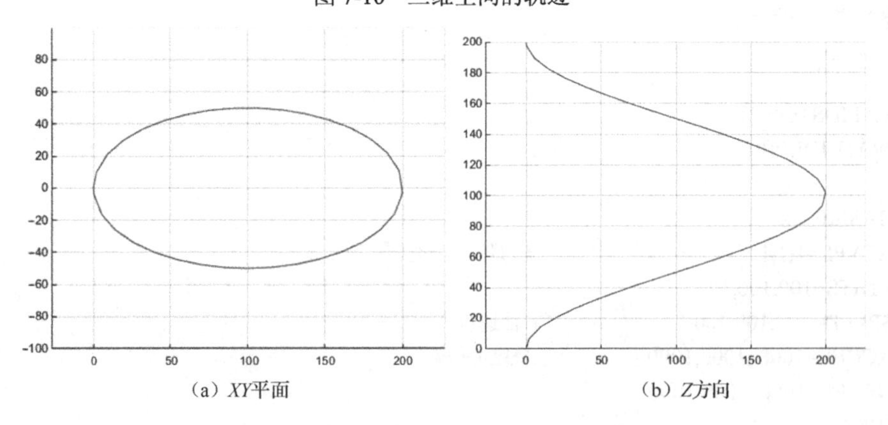

（a）*XY*平面　　（b）*Z*方向

图 7-17　*XY* 平面运动轨迹和 *Z* 方向的轨迹

5）MSPHERICAL

MSPHERICAL 用于空间圆弧插补运动，为相对运动，空间圆弧起点为当前点，第二、

第三个点由指令指定。绝对运动使用 MSPHERICALABS 指令，自定义速度的连续插补运动可以使用带“SP”的指令。

语法：MSPHERICAL(end1,end2,end3,centre1,centre2,centre3,mode[,distance4][,distance5])

(end1, end2, end3)为第二个点坐标；

(centre1, centre2, centre3)为第三个点坐标；mode 指定前面两个点的意义，如表 7-3 所示；distance4 为第四轴螺旋的功能，指定第四轴的相对距离，此轴不参与速度计算；distance5 为第五轴螺旋的功能，指定第五轴的相对距离，此轴不参与速度计算。

表 7-3　画弧模式

mode 值	描　述
0	当前点、中间点、终点三点定圆弧：end 指定圆弧终点，centre 指定圆弧的中间点
1	当前点、圆心、终点定圆弧：画最短的圆弧；end 指定圆弧终点，centre 指定圆弧的圆心
2	当前点、中间点、终点三点定整圆：end 指定圆弧终点，centre 指定圆弧的中间点
3	当前点、圆心、终点定整圆：先画最短的圆弧，再画完整圆；end 指定圆弧终点，centre 指定圆弧的圆心

例程如下：

```
BASE(0,1,2)
ATYPE=1,1,1                          '设为脉冲轴类型
UNITS=100,100,100
DPOS=0,0,0
SPEED=100,100,100                    '主轴速度
ACCEL=1000 ,1000,1000                '主轴加速度
DECEL=1000 ,1000,1000
```

以下为不同模式下的运动轨迹。

mode 值为 0：当前点、中间点、终点三点定圆弧，如图 7-18 所示。

```
MSPHERICAL(120,160,400,240,320,300,0)    '终点为(120,160,400)，中间点为(240,320,300)
```

mode 值为 1：当前点、圆心、终点定圆弧，画最短的圆弧，如图 7-19 所示。

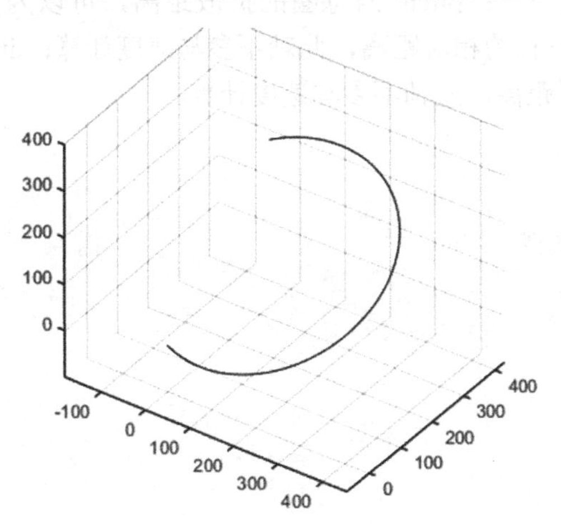

图 7-18　mode 值为 0 的三维空间轨迹

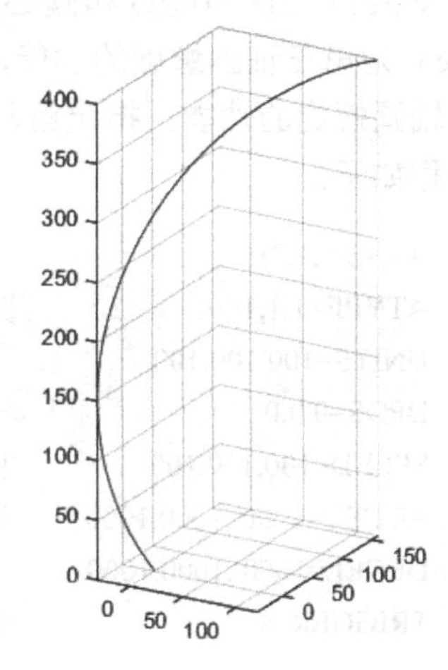

图 7-19　mode 值为 1 的三维空间轨迹

```
MSPHERICAL(120,160,400,120,160,150,1)          '终点为(120,160,400)，圆心为(120,160,150)
```

mode 值为 2：当前点、中间点、终点三点定整圆，如图 7-20 所示。

```
MSPHERICAL(120,160,400,240,320,300,2)          '终点为(120,160,400)，中间点为(240,320,300)
```

mode 值为 3：当前点、圆心、终点定整圆，先画最短的圆弧（红色部分），再画完整圆，如图 7-21 所示。

```
MSPHERICAL(120,160,400,120,160,150,3)          '终点为(120,160,400)，圆心为(120,160,150)。
```

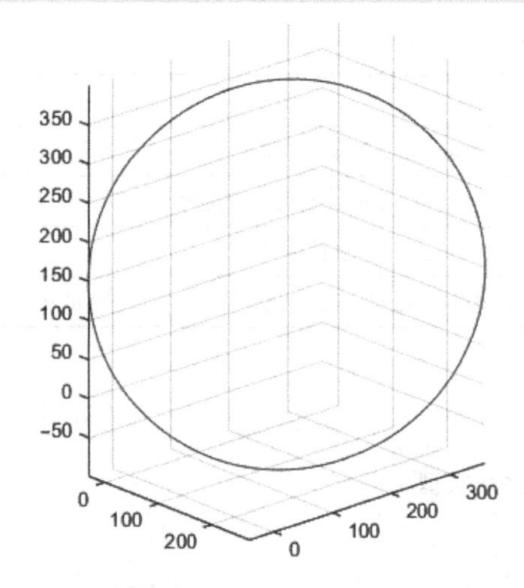

图 7-20　mode 值为 2 的三维空间轨迹

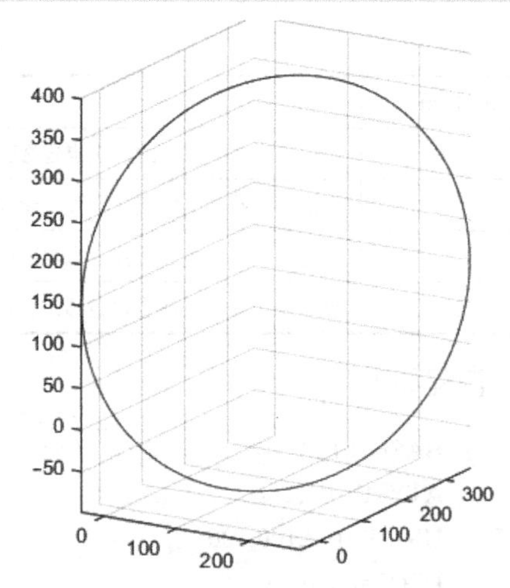

图 7-21　mode 值为 3 的三维空间轨迹

6）MOVESPIRAL

MOVESPIRAL 指令用于渐开线圆弧插补运动，为相对运动，可选画螺旋。当前点和圆心的距离确定起始半径，当起始半径 0 时无法确定角度，直接从 0 度开始。

无绝对运动指令，自定义速度的连续插补运动可以使用带“SP”的指令。

语法：MOVESPIRAL(centre1,centre2,circles,pitch[,distance3][,distance4])

(centre1, centre2)为圆心坐标；circles 为要旋转的圈数，可以为小数圈，负数表示顺时针，每圈终点位置为起点和圆心连线上的一点；pitch 为每圈的扩散距离，可以为负数；distance3 为第三轴画螺旋的功能，指定第三轴的相对距离，此轴不参与速度计算；distance4 为第四轴画螺旋的功能，指定第四轴的相对距离，此轴不参与速度计算。

例程如下：

```
BASE(0,1,2)
ATYPE=1,1,1                 '设为脉冲轴类型
UNITS=100,100,100
DPOS=0,0,0
SPEED=100,100,100           '主轴速度
ACCEL=1000 ,1000,1000       '主轴加速度
DECEL=1000 ,1000,1000
TRIGGER                     '自动触发示波器
```

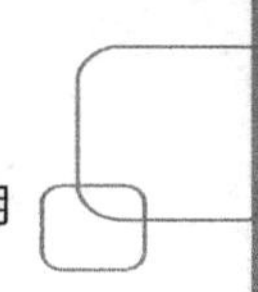

起始点为中心画螺旋：

```
MOVESPIRAL(0,0,2.5,30)   '此时以起始位置为中心，逆时针旋转 2.5 圈，每圈向外扩散 30
```

轨迹如图 7-22 所示。

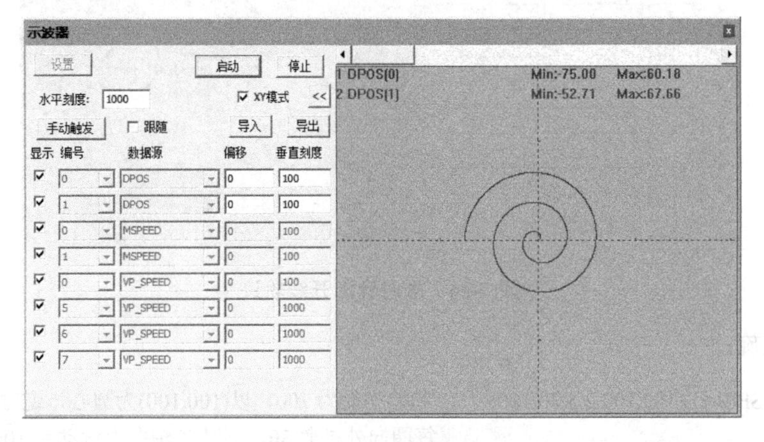

图 7-22　渐开线圆弧轨迹

画逆时针螺旋：

```
MOVESPIRAL (50,50,2.5,30)   '起始半径为 50，以(50,50)为圆心，逆时针旋转 2.5 圈，每圈向外扩散 30
```

轨迹如图 7-23 所示。

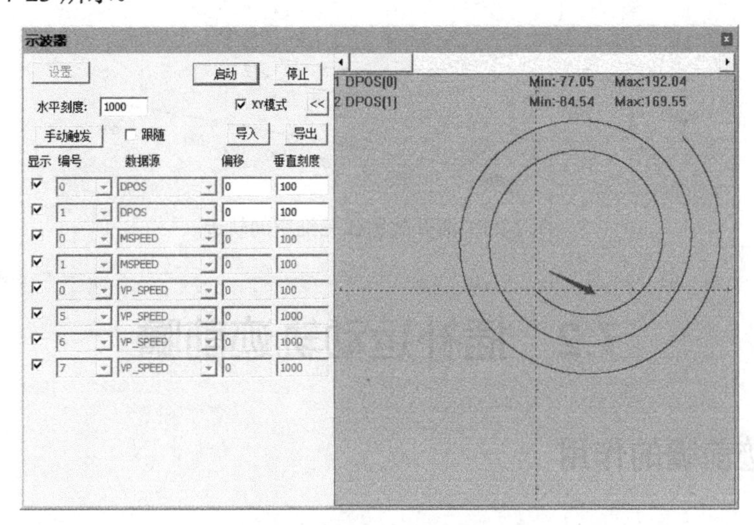

图 7-23　逆时针渐开线轨迹

画顺时针螺旋：

```
MOVESPIRAL (50,50,-2.5,30)   '起始半径为 50，以(50,50)为圆心，顺时针旋转 2.5 圈，每圈向外
                             扩散 30
```

轨迹如图 7-24 所示。

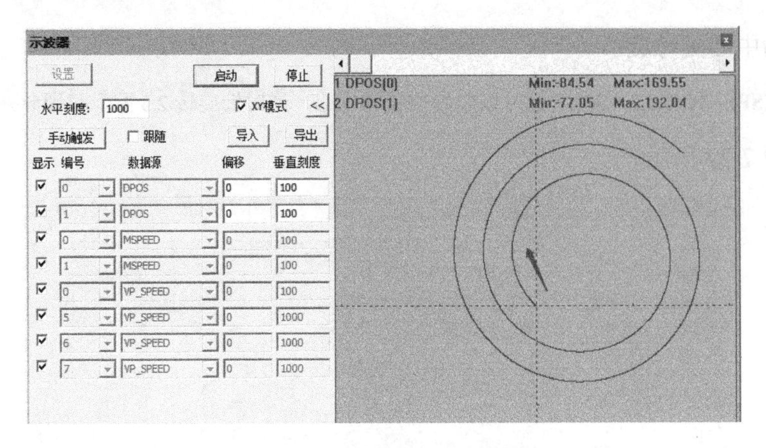

图 7-24　顺时针渐开线轨迹

画三维螺旋：

```
MOVESPIRAL(100,100,2.5,30,100)    '起始半径为 100，以(100,100)为圆心，逆时针旋转 2.5 圈，
                                    每圈向外扩散 30，同时 Z 轴向上运动到 100
```

轨迹如图 7-25 所示。

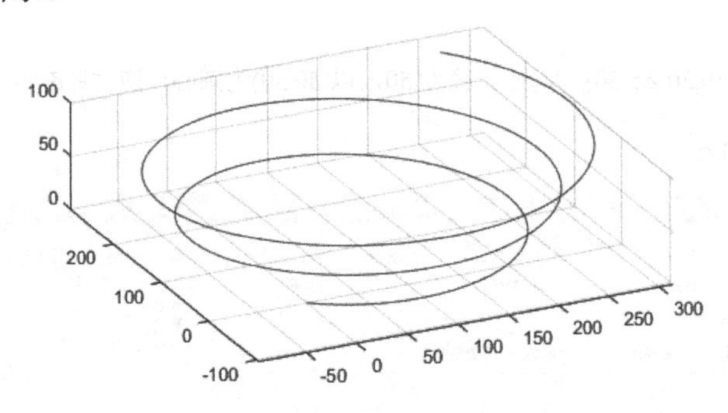

图 7-25　渐开线圆弧三维空间轨迹

7.2　插补运动轨迹前瞻

7.2.1　轨迹前瞻的作用

在实际加工过程中，为追求加工效率会开启连续插补，此时在运动轨迹的拐角处若不减速，则当拐角较大时会对机台造成较大冲击，影响加工精度。若关闭连续插补，使在拐角处减速至 0，则虽然保护了机台，但会使加工效率下降。前瞻指令可使系统在拐角处自动判断是否将速度降到一个合理的值，使运动既不影响加工精度，又能保证加工效率，这就是轨迹前瞻功能的作用。

运动控制器的轨迹前瞻可以根据用户要求的运动路径自动规划出平滑的速度，减小对机台的冲击，从而提高加工精度；可自动分析在运动缓冲区的指令将使轨迹出现的拐角，并依据用户设置的拐角条件，自动计算拐角处的运动速度，也会依据用户设定的最大加速度值规划速度，使任何加/减速度都不超过 ACCEL 和 DECEL 的值，以防止对机台产生破坏性冲击力。

使用轨迹前瞻和不使用轨迹前瞻的速度规划情况：

假设运动轨迹如图 7-26 所示，是一个矩形轨迹，分为四段直线插补运动。

模式一：使用连续插补后，主轴速度 *v* 随时间 *t* 变化的曲线如图 7-27 所示，主轴的速度是连续的，轨迹拐角处不减速，高速运行时拐角处的冲击较大。

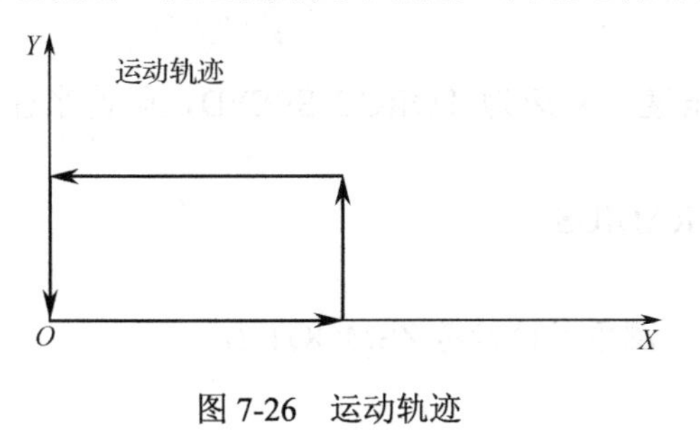

图 7-26　运动轨迹

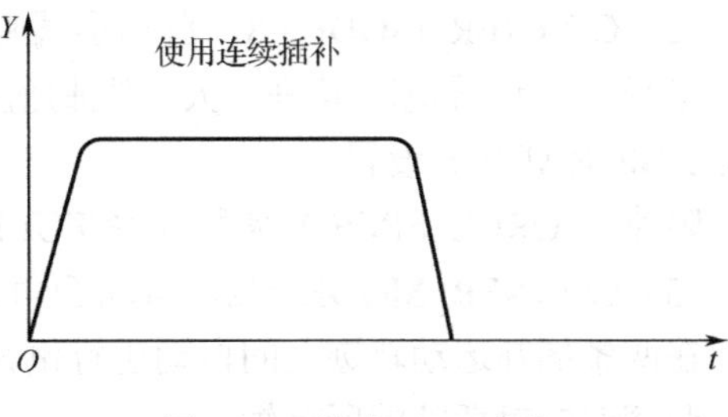

图 7-27　模式一 *v*–*t* 曲线

模式二：在模式一条件下，不使用连续插补，主轴速度 *v* 随时间 *t* 变化的曲线如图 7-28 所示，每画完一段直线后便减速到 0，再开始第二段直线运动，加工效率不高。

模式三：在模式一条件下，使用连续插补，并设置轨迹前瞻参数，主轴速度 *v* 随时间 *t* 变化的曲线如图 7-29 所示，拐角处有一定的减速，加工效率比模式二高。

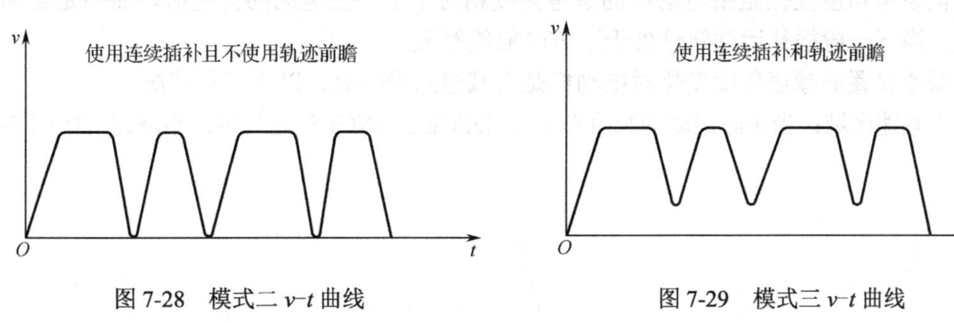

图 7-28　模式二 *v*–*t* 曲线

图 7-29　模式三 *v*–*t* 曲线

若希望 *v*–*t* 曲线更柔和，只需通过 SRAMP 指令设置速度为 S 曲线。

7.2.2　轨迹前瞻相关指令

轨迹前瞻相关指令包括 CORNER_MODE、DECEL_ANGLE、STOP_ANGLE、FULL_SP_RADIUS、ZSMOOTH、MERGE、FORCE_SPEED。

1．CORNER_MODE

轨迹前瞻的主要指令 CORNER_MODE 用于拐角处的速度规划，有三种常用模式，可根据加工轨迹的实际要求选择。

实际应用时可以多个模式同时使用，如 CORNER_MODE=2+8。

此指令在插补运动指令调用前生效，一般在参数初始化中设置模式。

> **注意：**CORNER_MODE 的模式一旦设置，参数就会存入控制器，若需取消则要设置 CORNER_MODE=0，否则下次运行时，之前设置的 CORNER_MODE 仍会生效。

（1）CORNER_MODE =2，自动拐角减速。

减速角度定义查看 DECEL_ANGLE 和 STOP_ANGLE 指令，根据减速角度设置值判断拐角处是否减速。

减速拐角速度以 FORCE_SPEED 速度为参考，一定要设置合理的 FORCE_SPEED。

此模式只有在使用连续插补的情况下才有意义。

（2）CORNER_MODE =8，自动小圆限速。

半径小于设置值时限速，大于限制值时不限速，限速为 FORCE_SPEED，限速半径由 FULL_SP_RADIUS 设置。

限速= FORCE_SPEED×实际半径/FULL_SP_RADIUS。

（3）CORNER_MODE =32，自动倒角。

在两条插补运动轨迹之间自动进行倒角处理，倒角半径参考 ZSMOOTH。

此倒角针对插补的所有轴。

2．DECEL_ANGLE 和 STOP_ANGLE

拐角减速开始 DECEL_ANGLE 与拐角减速结束指令 STOP_ANGLE 的单位是弧度，配合 CORNER_MODE 指令的模式 2 使用。

电动机参考角度变化是指电动机的参考角度相对于上一段运动的变化值，而不是实际轨迹的角度，当下一段插补运动轨迹处于下方时取绝对值。

拐角减速设置的减速角度变化对电动机是否减速的影响分为以下三种情况。

（1）不减速区域：当实际运动的角度在 0 与 DECEL_ANGLE 之间时，不减速，如图 7-30 所示。

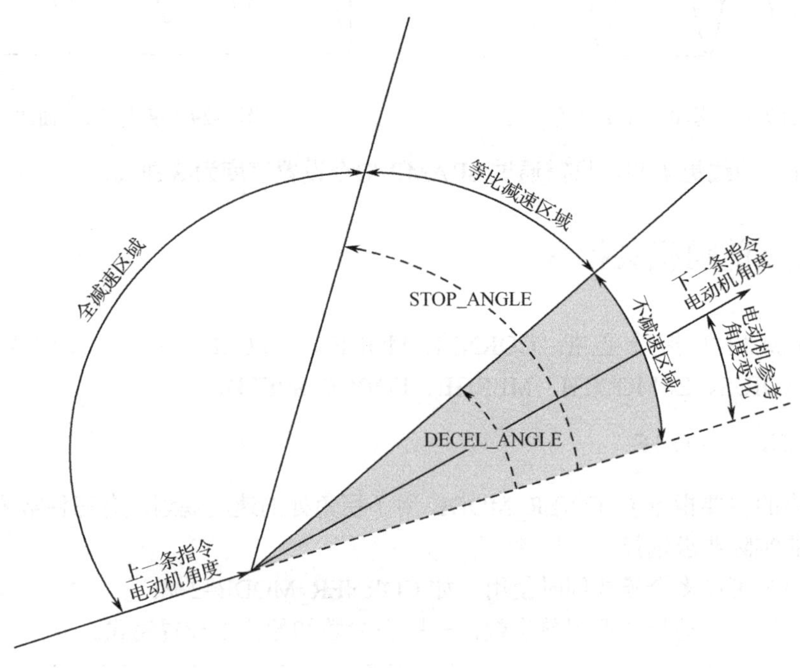

图 7-30　不减速区域

（2）等比减速区域：当实际运动的角度在 DECEL_ANGLE（上限）与 STOP_ANGLE

（下限）之间时才会参考 FORCE_SPEED 参数等比减速。电动机参考变化角度越靠近 DECEL_ANGLE，减速幅度越小，速度越趋近于正常运行速度；电动机参考变化角度越靠近 STOP_ANGLE，减速幅度越大，速度越趋近于 0，如图 7-31 所示。

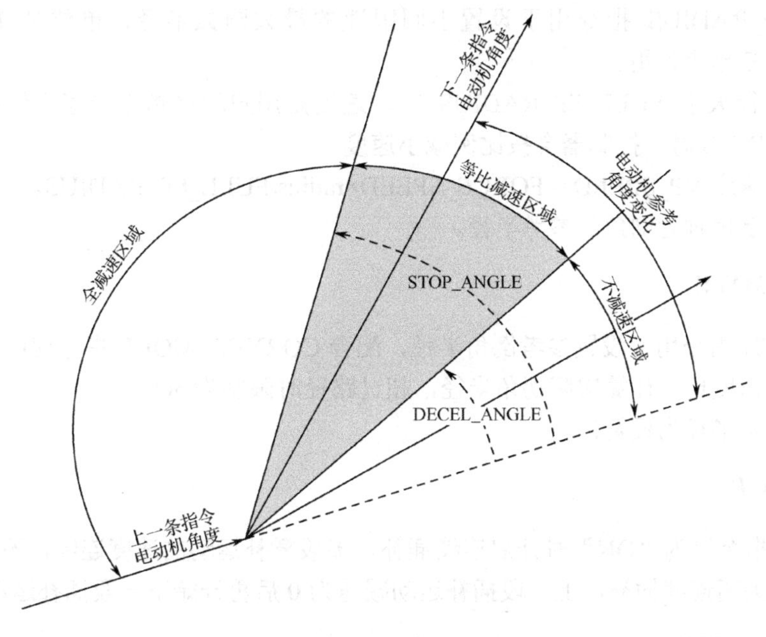

图 7-31　等比减速区域

（3）全减速区域：当实际运动的角度大于 STOP_ANGLE 时，减速到 0 后再开始下一段运动。

DECEL_ANGLE 需要与 STOP_ANGLE 一起配合使用。DECEL_ANGLE 的设置值要小于 STOP_ANGLE，如图 7-32 所示。

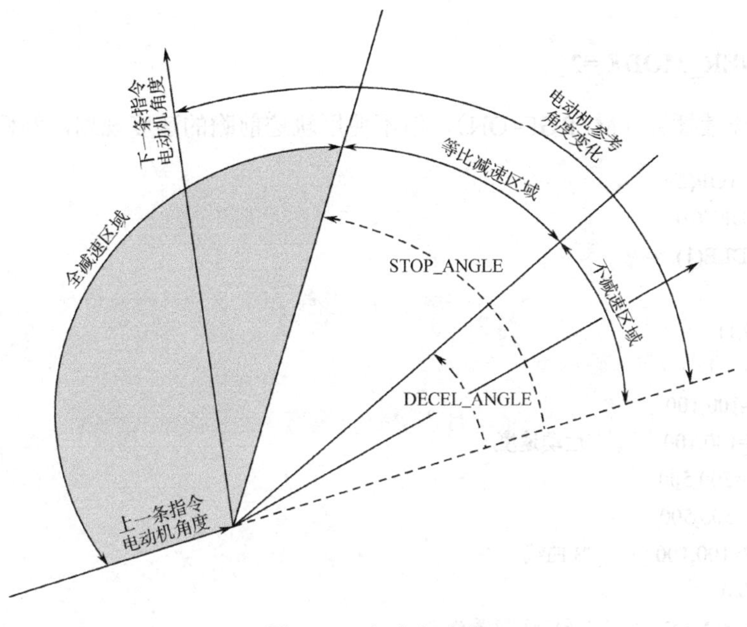

图 7-32　全减速区域

减速拐角参考速度以 FORCE_SPEED 强制速度为参考，设置一定要合理。

3．FULL_SP_RADIUS

FULL_SP_RADIUS 指令用于设置小圆限速的最大圆弧半径，单位是 UNITS，配合 CONER_MODE 指令使用。

当圆弧半径大于 FULL_SP_RADIUS 时，速度是用户程序指定的速度值；当半径小于 FULL_SP_RADIUS 时，控制器会按比例减小速度。

实际运行速度 VP_SPEED = FORCE_SPEED×radius/FULL_SP_RADIUS。

设置自动倒角时为倒角的参考半径。

4．ZSMOOTH

ZSMOOTH 指令用于设置参考倒角半径，配合 CORNER_MODE 指令使用。

根据拐角角度自动计算实际拐角半径，超过路径时限制为 50%。

90° 时拐角半径为设置值。

5．MERGE

MERGE 指令设为“ON”时开启连续插补，多段插补运动的速度连续，不发生减速；设为“OFF”时关闭连续插补，上一段插补运动减速为 0 后再开始下一段插补运动。

6．FORCE_SPEED

FORCE_SPEED 指令用于设置 SP 运动指令参考速度，作为 CORNER_MODE 指令的限速参考。

7.2.3 轨迹前瞻应用程序

1．CORNER_MODE =2

（1）开启连续插补（MERGE=ON），但不使用轨迹前瞻的速度规划，例程如下：

```
RAPIDSTOP(2)
WAIT IDLE(0)
WAIT IDLE(1)

BASE(0,1)
ATYPE=1,1
UNITS=100,100
SPEED=100,100          '运动速度
ACCEL=500,500
DECEL=500,500
SRAMP=100,100          'S 曲线
DPOS=0,0
MERGE=ON,ON            '开启连续插补
```

```
TRIGGER                 '自动触发示波器

MOVE(100,0)             '第一段
MOVE(0,100)             '第二段，运动角度大于 90°
MOVE(70,80)             '第三段，运动角度接近 45°
MOVE(80,60)             '第四段，运动角度小于 15°
```

合成插补轨迹如图 7-33 所示。

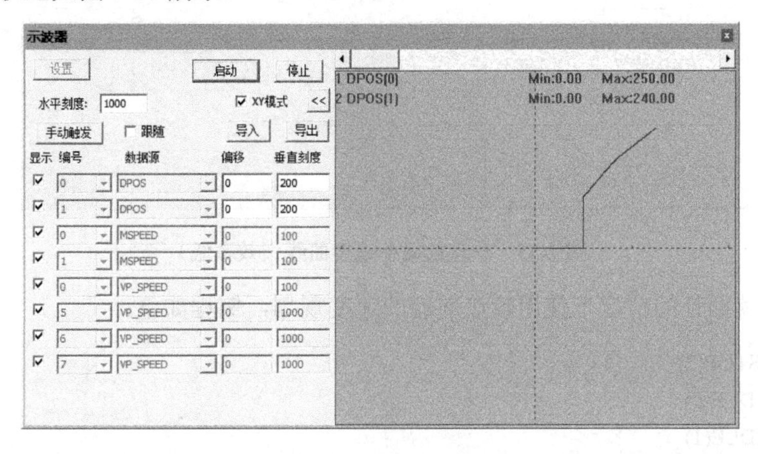

图 7-33　合成插补轨迹

连续插补速度曲线如图 7-34 所示。

由于开启了连续插补，所以插补主轴的速度一直为 VP_SPEED(0)=100。从图 7-34 中的下面两条曲线可以看出，在拐角处轴 0 和轴 1 的加速度过大，远大于设置值 500，会给机台带来较大震动，缩短机械结构寿命。

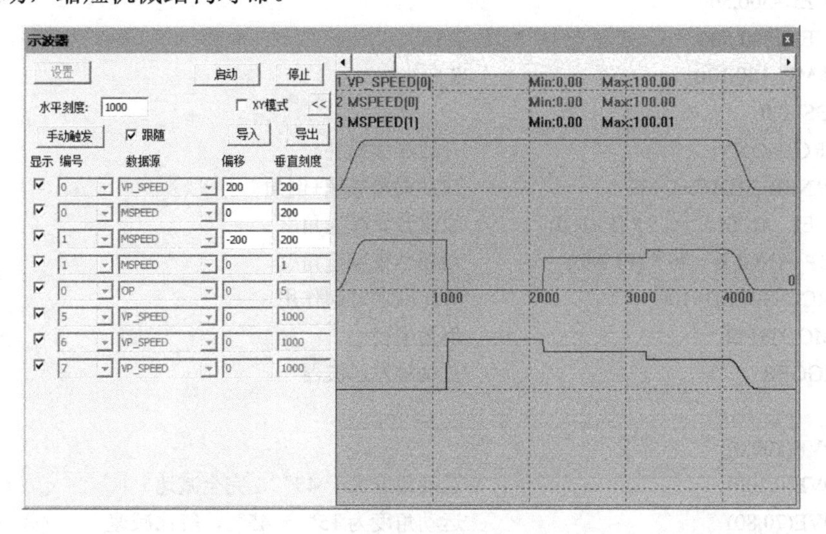

图 7-34　连续插补速度曲线（无前瞻）

若关闭连续插补（MERGE=OFF），则同样条件下得出的插补速度曲线如图 7-35 所示。可以看出，同样的轨迹，此时的加工耗时更长，效率变低。

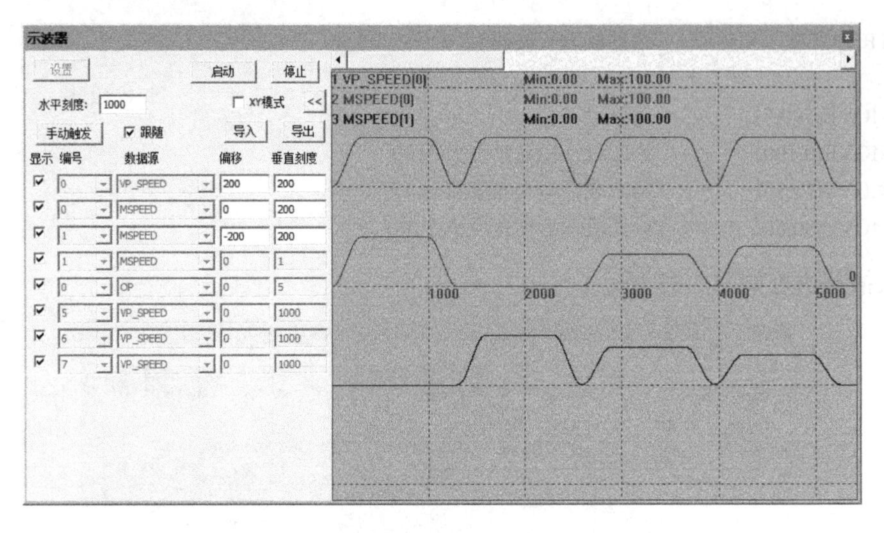

图 7-35　非连续插补速度曲线（效率低）

（2）在连续插补的情况下使用轨迹前瞻的速度规划，例程如下：

```
RAPIDSTOP(2)
WAIT IDLE(0)
WAIT IDLE(1)

BASE(0,1)
ATYPE=1,1
UNITS=100,100
SPEED=100,100                       '运动速度
ACCEL=500,500
DECEL=500,500
SRAMP=100,100                       'S 曲线
DPOS=0,0
MERGE=ON                            '开启连续插补
CORNER_MODE=2+32                    '启动拐角减速+倒角
DECEL_ANGLE = 15 * (PI/180)         '设置开始减速角度
STOP_ANGLE = 45 * (PI/180)          '设置结束减速角度
FORCE_SPEED=100                     '等比减速时起作用
ZSMOOTH=2                           '倒角半径
TRIGGER                             '自动触发示波器

MOVE(100,0)
MOVE(0,100)                         '运动角度大于 45°，完全减速
MOVE(70,80)                         '运动角度为 15°～45°，等比减速
MOVE(80,60)                         '运动角度为 15°～45°，等比减速
```

插补速度曲线如图 7-36 所示。

电动机运动角度变化过大时自动限制拐角处的速度。

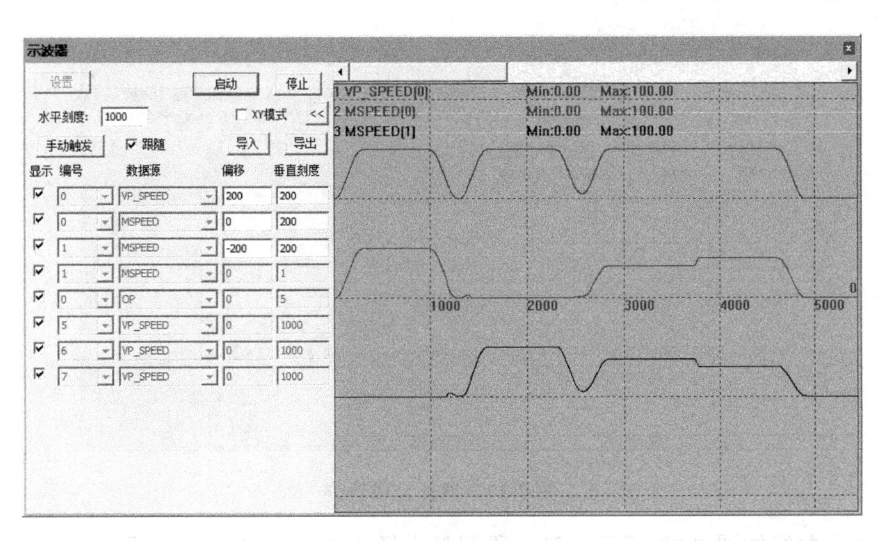

图 7-36　插补速度曲线

该模式不改变运动轨迹，仅在拐角处自动判断是否减速，一般用于改善机台抖动、对轨迹精度有较高要求、对速度要求不高的场合。

2．CORNER_MODE =8

例程如下：

```
RAPIDSTOP(2)
WAIT IDLE(0)
WAIT IDLE(1)

BASE(0,1)
ATYPE=1,1
UNITS=100,100
SPEED=200,200                  '运动速度
ACCEL=500,500
DECEL=500,500
SRAMP=100,100                  'S 曲线
DPOS=0,0
MERGE=ON,ON
CORNER_MODE=8                  '启动小圆限速
FORCE_SPEED=120                '小圆限速参考速度
FULL_SP_RADIUS=60              '限速半径为 60
TRIGGER                        '自动触发示波器

MOVECIRC(100,0,50,0,1)         '半径为 50，顺时针画半圆，终点坐标为(100,0)，圆心坐标为(50,0)
MOVECIRC(-200,0,-100,0,1)      '半径为 100，顺时针画半圆，终点坐标为(-100,0)，圆心坐标为(0,0)
```

插补合成轨迹如图 7-37 所示。

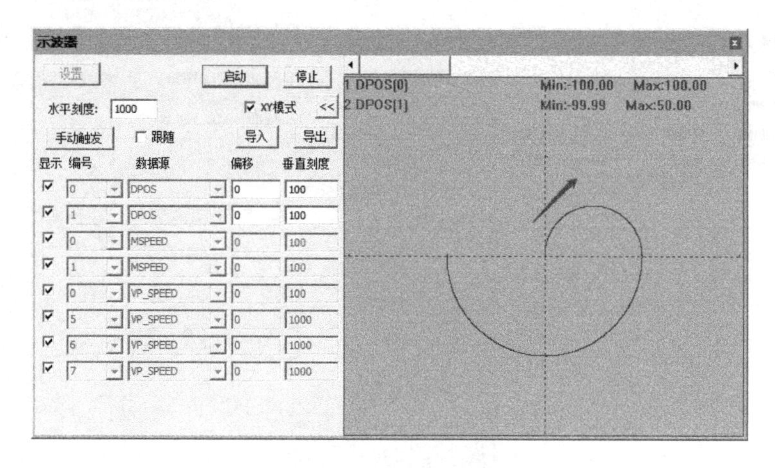

图 7-37 插补合成轨迹

插补速度曲线如图 7-38 所示。第一段圆弧半径为 50，小于 60，小圆限速参数生效，速度=FORCE_SPEED×radius/FULL_SP_RADIUS=120×50/60=100。第二段圆弧的半径为 100，大于 60，小圆限速不生效，故速度为 SPEED=200。

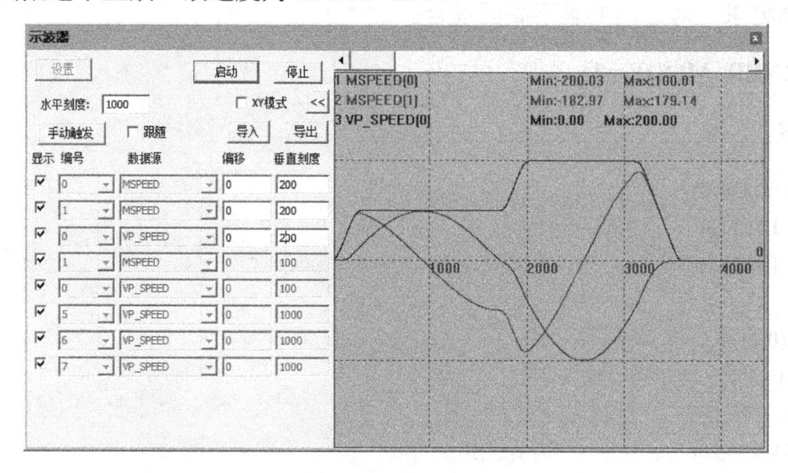

图 7-38 插补速度曲线

该模式一般应用于圆弧加工，根据圆弧半径计算当前圆弧的限速。

3．CORNER_MODE =32

例程如下：

```
RAPIDSTOP(2)
WAIT IDLE(0)
WAIT IDLE(1)

BASE(0,1)
ATYPE=1,1
UNITS=100,100
SPEED=100,100                '运动速度
```

```
ACCEL=500,500
DECEL=500,500
DPOS=0,0
SRAMP=100,100              'S 曲线
MERGE=ON
CORNER_MODE=32             '启动倒角
ZSMOOTH = 10               '倒角参考半径
TRIGGER                    '自动触发示波器

MOVE(100,0)                '第一段
MOVE(0,100)                '第二段，90°，倒角半径为 10
MOVE(80,50)                '第三段，夹角小于 90°，倒角半径小于 10，自动计算
```

插补合成轨迹如图 7-39 所示。

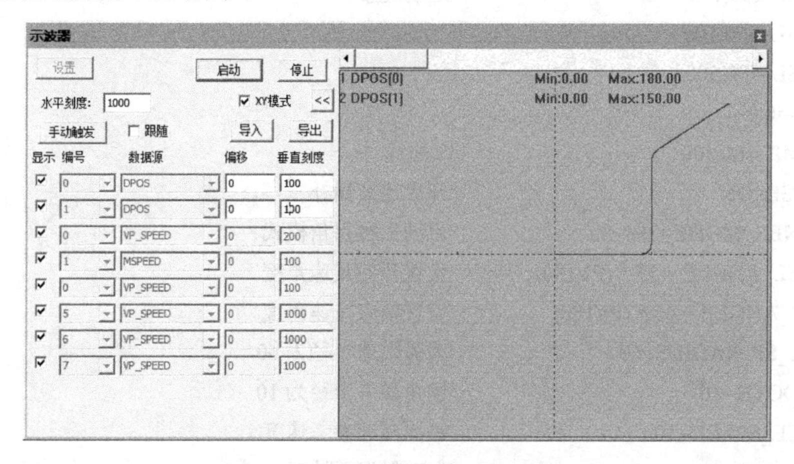

图 7-39　使用倒角时的插补合成轨迹

不使用倒角，即 CORNER_MODE=0 时，插补合成轨迹如图 7-40 所示。

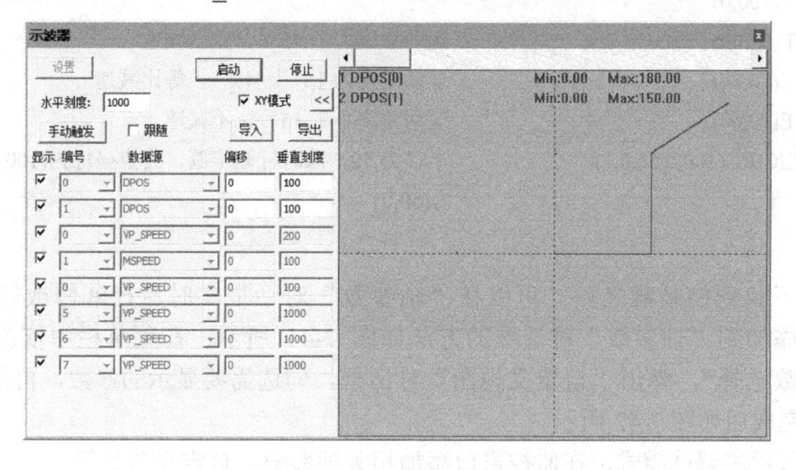

图 7-40　不使用倒角时的插补合成轨迹

该模式下，自动倒角会改变轨迹，但不会降低速度，一般应用在要求速度快、对轨迹精度要求不高的场合。

4．CORNER_MODE =2+8+32

例程如下：

```
RAPIDSTOP(2)
WAIT IDLE(0)
WAIT IDLE(1)

BASE(0,1)
ATYPE=1,1
UNITS=100,100
SPEED=100,100                    '运动速度
ACCEL=500,500
DECEL=500,500
DPOS=0,0
SRAMP=100,100                    'S 曲线
MERGE=ON                         '开启连续插补
CORNER_MODE=2+8+32               '启动三种拐角模式
DECEL_ANGLE = 15 * (PI/180)      '设置开始减速角度
STOP_ANGLE = 45 * (PI/180)       '设置结束减速角度
FULL_SP_RADIUS=60                '圆弧限速半径为 60
ZSMOOTH=10                       '倒角参考半径为 10
FORCE_SPEED=100                  '等比减速参考速度
TRIGGER                          '自动触发示波器

MOVE(100,0)
MOVE(0,100)                      '运动角度大于 45°，完全减速
MOVE(70,80)                      '运动角度为 15°～45°，等比减速
MOVE(70,60)                      '运动角度小于 15°，不减速
MOVECIRC(100,0,50,0,1)           '半径为 50，顺时针画半圆，终点坐标为(100,0)，圆心坐标
                                 为(50,0)
END
```

在程序下载到控制器之后，可以在“轴参数”对话框实时监控或修改轨迹前瞻相关参数。参数添加到“轴参数”对话框的方法如图 7-41 所示：在菜单栏中依次单击“轴参数”→“参数选择”，弹出“自定义视图”对话框，勾选需要显示的参数，再单击“确定”按钮即可，完成后如图 7-42 所示。

或者进入程序调试模式，在监控窗口添加相关轴参数、自定义参数等。

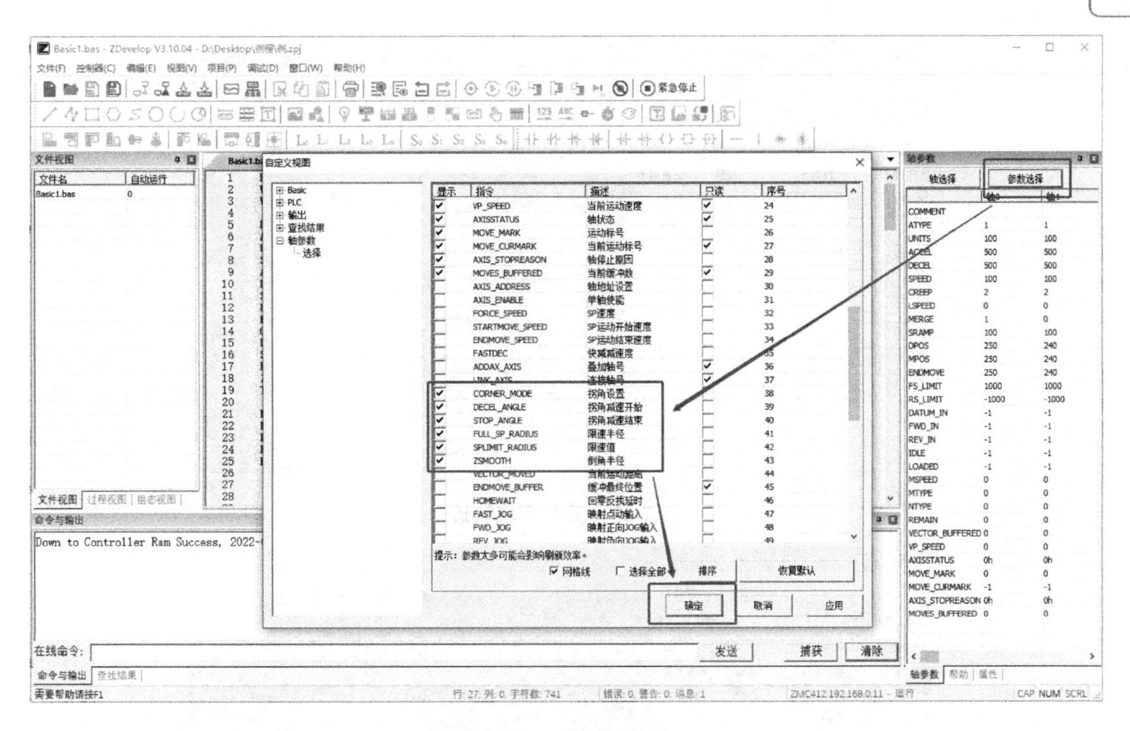

图 7-41　添加轴参数

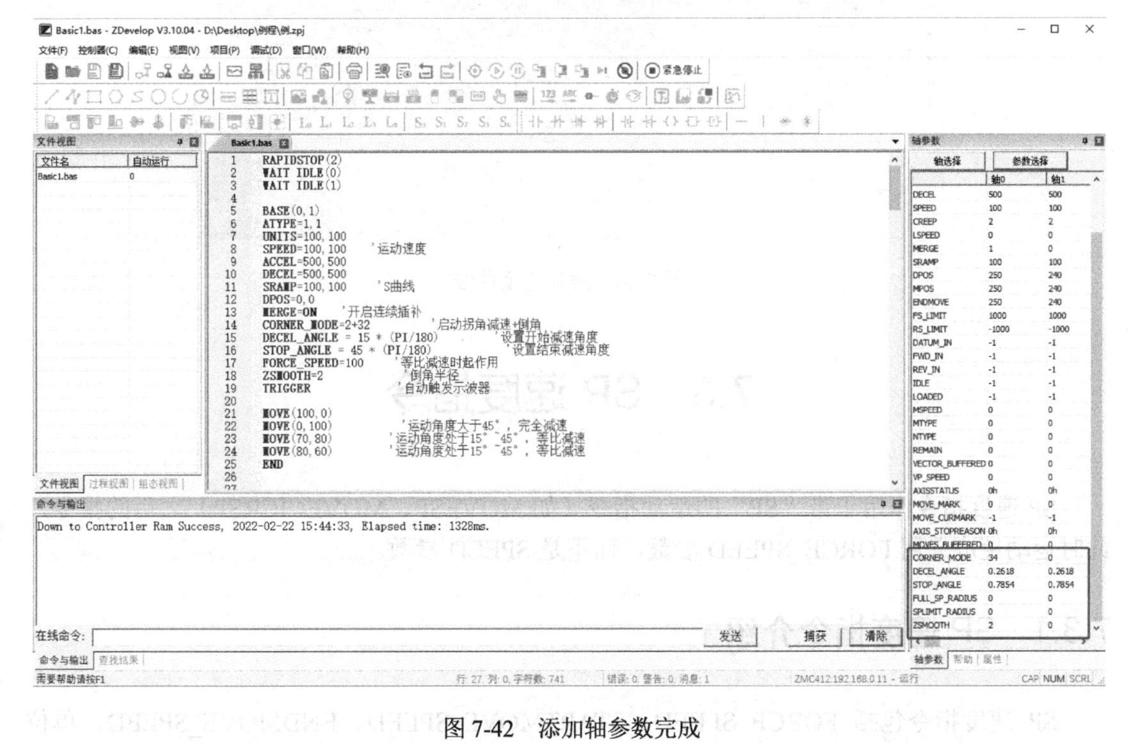

图 7-42　添加轴参数完成

插补合成轨迹如图 7-43 所示。

插补速度曲线如图 7-44 所示。

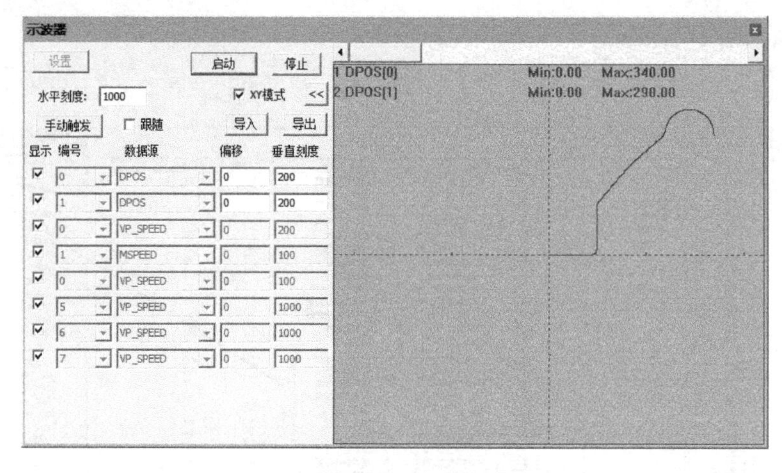

图 7-43 插补合成轨迹

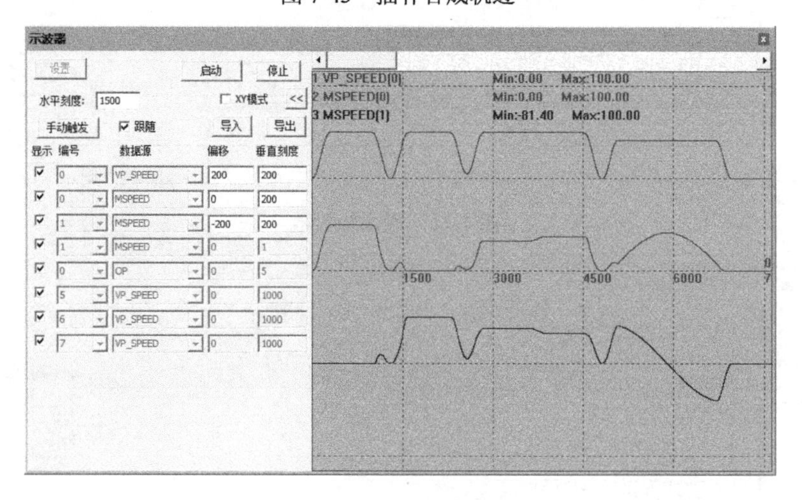

图 7-44 插补速度曲线

7.3 SP 速度指令

SP 速度指令作用于带“SP”的运动指令（如 MOVESP、MOVECICRSP）之后的指令，此时运动速度采用 FORCE_SPEED 参数，而不是 SPEED 参数。

7.3.1 SP 速度指令介绍

SP 速度指令包括 FORCE_SPEED、STARTMOVE_SPEED、ENDMOVE_SPEED，单位均为 UNITS/s，在使用 SP 运动指令时生效，会被 SP 运动指令带入运动缓冲区。

1. FORCE_SPEED

FORCE_SPEED 指令用于自定义 SP 运动的强制速度，只有使用带“SP”的运动指令和轨迹前瞻时才生效。

如果要求进入某段运动时 FORCE_SPEED 降为对应的速度，则应设置 STARTMOVE_SPEED 参数。

2．STARTMOVE_SPEED

STARTMOVE_SPEED 指令用于自定义 SP 运动的开始速度，只有使用带“SP”的运动指令时才生效。SP 运动起始速度小于 STARTMOVE_SPEED 时，STARTMOVE_SPEED 无效。

不使用时应设置为较大值。控制器默认值为 1000。

3．ENDMOVE_SPEED

ENDMOVE_SPEED 指令用于自定义 SP 运动的结束速度，只有使用带“SP”的运动指令时才生效。当后面没有运动指令时直接减速停止，ENDMOVE_SPEED 无效。

不使用时应设置为较大值。控制器默认值为 1000。

7.3.2　SP 速度指令应用程序

例程如下：

```
RAPIDSTOP(2)
WAIT IDLE(0)
WAIT IDLE(1)

BASE(0,1)                       '选择 XY
DPOS = 0,0
MPOS = 0,0
ATYPE=1,1                       '脉冲方式步进或伺服
UNITS = 100,100                 '脉冲当量
SPEED = 100,100
ACCEL = 200,200
DECEL = 200,200
SRAMP=100,100                   'S 曲线
MERGE = ON                      '启动连续插补
TRIGGER
'第一段
FORCE_SPEED = 50                '第一段速度为 50
STARTMOVE_SPEED = 20            '第一段起始速度为 20
ENDMOVE_SPEED = 10              '第一段结束速度为 10
MOVESP(30,40)
'第二段
FORCE_SPEED = 60                '第二段速度为 60
STARTMOVE_SPEED = 30            '第二段起始速度为 30
ENDMOVE_SPEED = 40              '第二段结束速度为 40
MOVESP(50,60)
'第三段
```

```
FORCE_SPEED = 80                '第三段速度 80
STARTMOVE_SPEED = 30            '第三段起始速度为 30
ENDMOVE_SPEED = 20              '第三段结束速度为 20
MOVESP(60,80)
END
```

速度曲线如图 7-45 所示。从速度为 0 开始运动，第一段 STARTMOVE_SPEED = 20 不起作用，结束速度 ENDMOVE_SPEED = 10 表示速度降为 10 后运动完成；第二段实际从速度 10 开始运动，到 ENDMOVE_SPEED = 40 时结束；第三段的起始速度 STARTMOVE_SPEED = 30，小于第二段结束速度 40，第二段完成后速度会降到 30，第三段完成后后面没有运动指令了，因此速度降为 0，ENDMOVE_SPEED 不起作用。

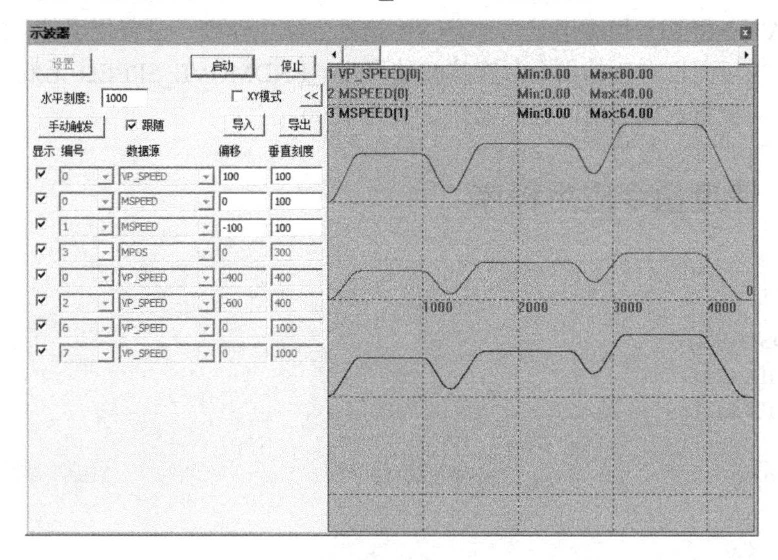

图 7-45　速度曲线

合成轨迹如图 7-46 所示。

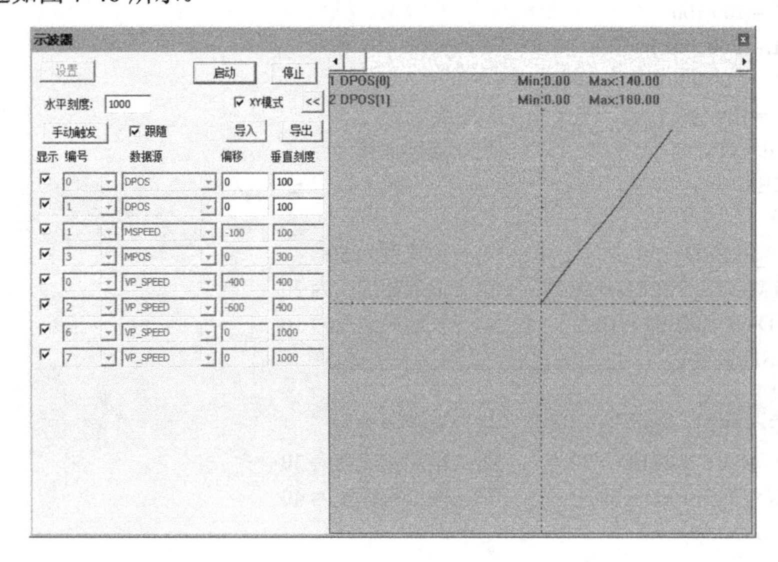

图 7-46　合成轨迹

7.4　插补应用实例

7.4.1　系统架构

多轴插补系统选择支持插补功能的控制器即可，驱动器可选脉冲型驱动器或 EtherCAT 总线驱动器，脉冲型驱动器接在控制器的脉冲轴接口上。

图 7-47 所示为多轴 EtherCAT 系统架构，使用 EtherCAT 总线通信使得布线十分方便。在编程方面，使用总线时需要对总线进行初始化，初始化后总线轴的用法与脉冲轴一致，均为设置轴参数，发送运动指令。

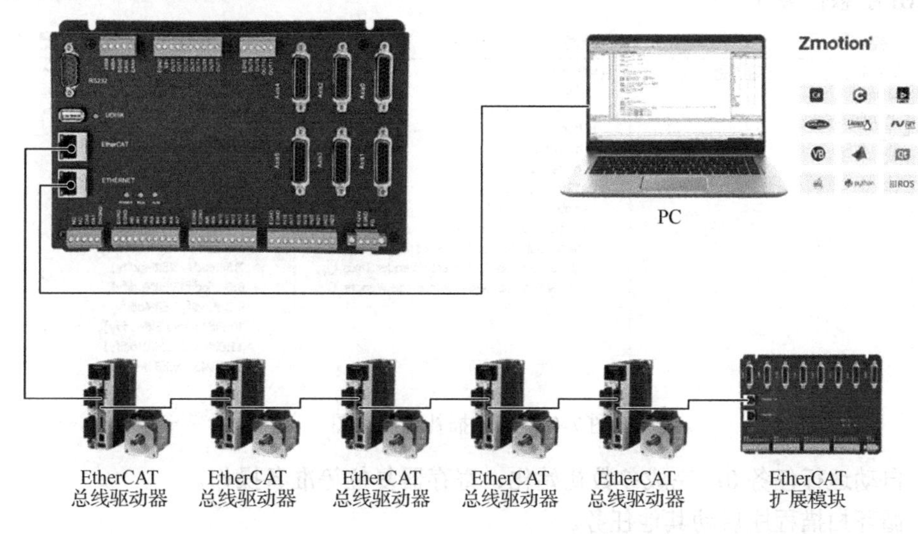

图 7-47　多轴 EtherCAT 系统架构

后文演示的是两轴插补例程，加工轨迹为直线插补和圆弧插补混合使用，只需要两台驱动设备。

7.4.2　系统配置

1．寄存器地址分配见表 7-4。

表 7-4　寄存器地址分配

位寄存器（0x）	功　能	字寄存器（4x）	功　能
M(0)	启动按钮	D(0)	当前运行状态显示
M(1)	停止按钮	D(2)	圆弧半径设置与显示
M(4)	回零按钮	D(4)	跑道长度设置与显示
M(5)	保存数据按钮	D(10000)	X 轴当前位置显示
M(10)	X 轴负向手动	D(10002)	Y 轴当前位置显示

续表

位寄存器（0x）	功　能	字寄存器（4x）	功　能
M(11)	X 轴正向手动	D(12000)	插补主轴速度显示
M(20)	Y 轴负向手动		
M(21)	Y 轴正向手动		
M(1000)	X 轴回零状态显示		
M(1001)	Y 轴回零状态显示		

2. 任务分配

如图 7-48 所示，程序分为五个任务：主任务 0、回零任务 1、加工任务 2、手动运动任务 3，HMI 组态任务 5。

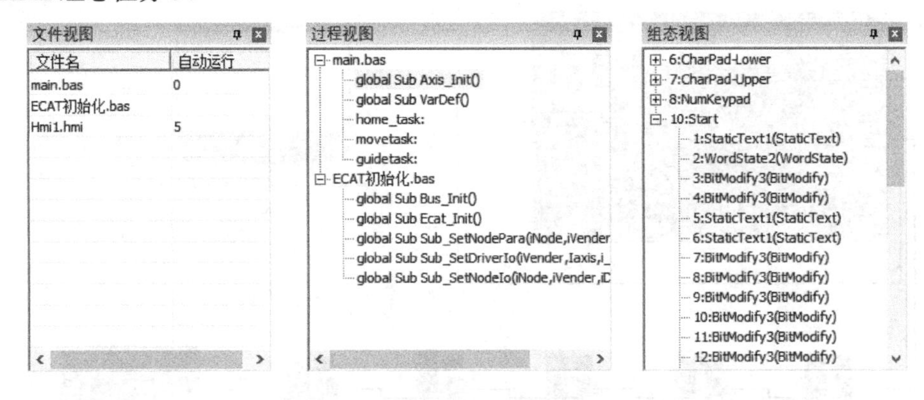

图 7-48　多轴插补程序视图

（1）自动运行任务 0：完成参数初始化、寄存器复位等准备操作。

任务循环扫描程序启动其他任务。

MODBUS_BIT(0)：判断启动，如果已回零，则启动任务 2 自动程序；如果未回零，则提示系统要回零才能启动。

MODBUS_BIT(1)：判断停止，运动急停，停止自动任务 2，停止手动任务 3。

MODBUS_BIT(3)：开启手动运动，在任意状态下均可开启任务 3 手动操作轴运动。

MODBUS_BIT(4)：判断回零，如果未回零，则启动任务 1 回零程序。

MODBUS_BIT(5)：判断参数写入，将加工的参数写入 Flash 块。

（2）任务 1：回零程序。

选定轴 0 和轴 1 回到原点位置。

（3）任务 2：自动程序。

选定轴 0 和轴 1 完成直线插补和圆弧插补。

（4）任务 3：手动程序。

指定轴 0 或轴 1 的手动运动，可选方向，按下运动，松开停止。

（5）任务 5：HMI 组态程序。

用触摸屏控制轴的动作，并显示运动状态。

任务和函数的调用关系如图 7-49 所示。

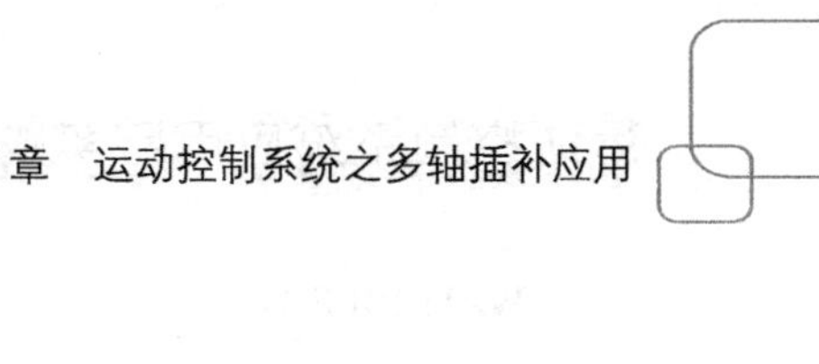

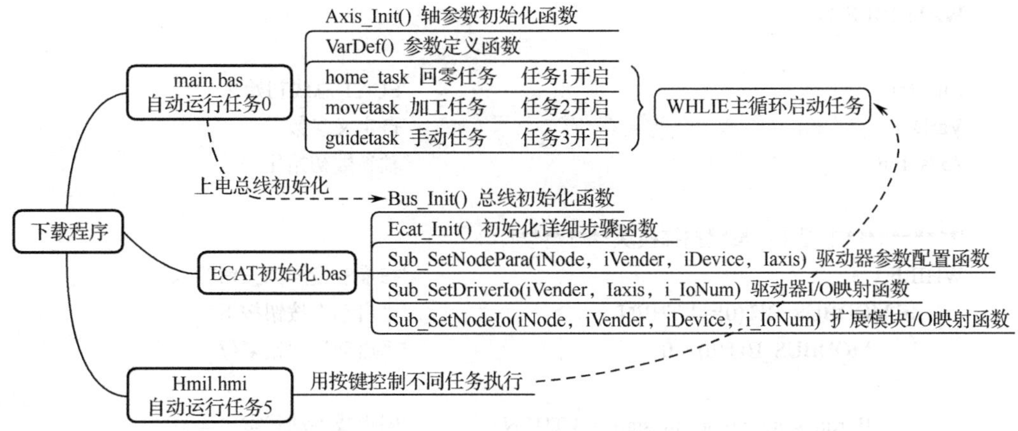

图 7-49　任务和函数调用关系

7.4.3　应用程序

应用程序包含三个文件，main.bas 用于实现主程序扫描和子程序的调用，EtherCAT 初始化.bas 用于初始化 EtherCAT 总线驱动器，Hmi1.hmi 用于显示组态界面，编程界面如图 7-50 所示。具体程序如下。

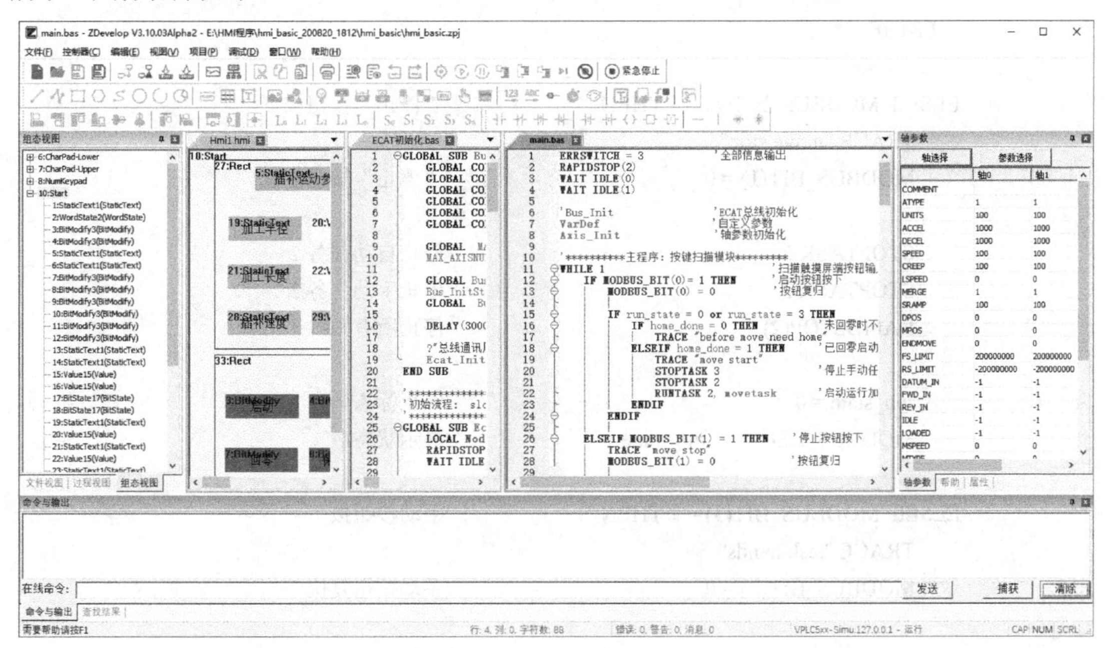

图 7-50　编程界面

1. main.bas

```
ERRSWITCH = 3                                   '全部信息输出
RAPIDSTOP(2)
WAIT IDLE(0)
```

```
WAIT IDLE(1)

Bus_Init                                        'ECAT 总线初始化
VarDef                                          '自定义参数
Axis_Init                                       '轴参数初始化

'**********主程序：按键扫描模块*********
WHILE 1                                         '扫描触摸屏的按钮输入
    IF MODBUS_BIT(0)= 1 THEN                    '“启动”按钮按下
        MODBUS_BIT(0) = 0                       '“启动”按钮复位

        IF run_state = 0 or run_state = 3 THEN  '停止或手动状态
            IF home_done = 0 THEN               '未回零时不启动运动
                TRACE "before move need home"
            ELSEIF home_done = 1 THEN           '已回零则启动任务运行
                TRACE "move start"
                STOPTASK 3                      '停止手动任务 3
                STOPTASK 2
                RUNTASK 2, movetask             '启动运行加工任务 2
            ENDIF
      ENDIF

    ELSEIF MODBUS_BIT(1) = 1 THEN               '“停止”按钮按下
        TRACE "move stop"
        MODBUS_BIT(1) = 0                       '“停止”按钮复位

        STOPTASK 2                              '停止自动任务 2
        STOPTASK 3                              '停止手动任务 3
        RAPIDSTOP(2)                            '停止所有轴

        run_state = 0                           '停止标志
        MODBUS_REG(0) = run_state               '显示状态

    ELSEIF MODBUS_BIT(3) = 1 THEN               '手动按钮按下
        TRACE "task hands"
        MODBUS_BIT(3) = 0                       '手动按钮复位

        STOPTASK 2                              '停止自动任务 2
        RAPIDSTOP(2)                            '停止所有轴
        STOPTASK 3
        RUNTASK 3, manual_task                  '启动手动运行任务 3
    ENDIF
```

```
    IF MODBUS_BIT(4) = 1 THEN                       '“回零”按钮按下
        MODBUS_BIT(4) = 0                           '“回零”按钮复位
        IF run_state= 0   THEN
                stoptask 1
                runtask 1, home_task                '启动回零任务
        ENDIF
    ENDIF

    '''保存数据处理
    IF MODBUS_BIT(5) = 1 THEN                       '“保存数据”按钮按下
        MODBUS_BIT(5) = 0                           '“保存数据”按钮复位

        PRINT "写数据到 Flash"
        radius = MODBUS_IEEE(2)
        length = MODBUS_IEEE(4)
        FLASH_WRITE 0,radius,length                 '向扇区 0 写数据
    ENDIF
WEND
END

GLOBAL SUB Axis_Init()                              '轴参数初始化
    BASE(0,1)                                       '选定 X、Y 轴
    DPOS=0,0
    MPOS=0,0
    ATYPE=65,65                                     '位置模式
    UNITS = 100,100
    SPEED = 100,100
    ACCEL = 1000,1000
    DECEL = 1000,1000
    SRAMP = 100,100
END SUB

GLOBAL SUB VarDef()                                 '参数定义
    DIM run_state                                   '运行状态
    run_state = 0                                   '0—停止，1—运行，2—回零，3—手动
    MODBUS_REG(0) = run_state                       '显示运行状态

    DIM radius,length                               '半径,长度
    radius = 100                                    '默认半径
    length = 300                                    '默认长度
    FLASH_READ 0,radius,length
    MODBUS_IEEE(2) = radius                         '显示半径
    MODBUS_IEEE(4) = length                         '显示长度
```

```
    DIM home_done                           '回零完成的标志位，0—未回零，1—已回零
    home_done = 0                           '上电进入未回零状态

    MODBUS_BIT(0) = 0                       '“启动”按钮复位
    MODBUS_BIT(1) = 0                       '“停止”按钮复位
    MODBUS_BIT(3) = 0                       '“手动”按钮复位
    MODBUS_BIT(4) = 0                       '“回零”按钮复位
    MODBUS_BIT(5) = 0                       '“保存数据”按钮复位

    MODBUS_BIT(1000)=0                      'X 轴回零标志为 0
    MODBUS_BIT(1001)=0                      'Y 轴回零标志为 0
END SUB

'**********任务 1：回零任务*********
home_task:
    trace "enter home task"

    run_state = 2                           '回零标志
    MODBUS_REG(0) = run_state               '显示状态

    TRIGGER

    BASE(0,1)
    CANCEL(2) AXIS(0)                       '先轴 0,轴 1 停止
    CANCEL(2) AXIS(1)
    WAIT IDLE(0)
    WAIT IDLE(1)

    MOVEABS(0) AXIS(0)                      '虚拟设备轴 0 归零，实际设备使用 DATUM
    MOVEABS(0) AXIS(1)                      '虚拟设备轴 1 归零

    WAIT IDLE(0)
    MODBUS_BIT(1000)=1                      '设置轴 0 已归零的标志

    WAIT IDLE(1)
    MODBUS_BIT(1001)=1                      '设置轴 1 已归零的标志

    home_done = 1
    TRACE "home task done"

    run_state = 0                           '回到待机状态
    MODBUS_REG(0) = run_state
```

```
END

'**********任务 2：加工运动模块*********
movetask:                                    '运行“画圆弧+跑道”任务
    run_state =1                             '进入运动状态
    MODBUS_REG(0) = run_state

    radius = MODBUS_IEEE(2)                  '读取半径
    length = MODBUS_IEEE(4)                  '读取长度

    TRIGGER
    BASE(0,1)                                '选定 X、Y 轴
    MOVEABS(0,0)                             '回原点，开始走跑道轨迹

    MOVE(length,0)                           '直线插补
    MOVECIRC(0,radius*2,0,radius,0)          '圆弧插补
    MOVE(-length,0)
    MOVECIRC(0,-radius*2,0,-radius,0)
    WAIT IDLE(0)

    run_state = 0                            '进入待机状态
    MODBUS_REG(0) = run_state
END

'**********任务 3：手动运动*********
manual_task:
run_state = 3                                '手动标志
MODBUS_REG(0) = run_state                    '显示状态

WHILE 1
    IF MODBUS_BIT(11)=ON THEN                '轴 0 正向运动
        BASE(0)
        VMOVE(1)

    ELSEIF MODBUS_BIT(10)=ON THEN            '轴 0 负向运动
        BASE(0)
        VMOVE(-1)

    ELSEIF   MODBUS_BIT(10)=OFF OR   MODBUS_BIT(11)=OFF THEN          '停止手动运动
        CANCEL(2) AXIS(0)
    ENDIF

    IF MODBUS_BIT(21)=ON THEN                                         '轴 1 正向运动
```

```
            BASE(1)
            VMOVE(1)

        ELSEIF MODBUS_BIT(20)=ON THEN                                '轴 1 负向运动
            BASE(1)
            VMOVE(-1)

        ELSEIF   MODBUS_BIT(20)=OFF   OR MODBUS_BIT(21)=OFF THEN     '停止手动运动
            CANCEL(2) AXIS(1)
        ENDIF
    WEND
    END
```

2．ECAT 初始化.bas

```
    GLOBAL SUB Bus_Init()                                'ECAT 总线初始化
        GLOBAL CONST PUL_AxisStart = 0                   '本地脉冲轴起始轴号
        GLOBAL CONST PUL_AxisNum = 0                     '本地脉冲轴数量
        GLOBAL CONST Bus_AxisStart = 0                   '总线轴起始轴号
        GLOBAL CONST Bus_NodeNum = 1                     '总线配置节点数，用于判断实际检测到的从端数
                                                         量是否一致
        GLOBAL CONST BUS_TYPE = 0                        '总线类型，可用于上位机区分当前总线类型
        GLOBAL CONST Bus_Slot = 0                        '槽位号 0（单总线控制器默认为 0）

        GLOBAL   MAX_AXISNUM                             '最大轴数
        MAX_AXISNUM = SYS_ZFEATURE(0)

        GLOBAL Bus_InitStatus                            '总线初始化完成状态
        Bus_InitStatus = -1
        GLOBAL   Bus_TotalAxisnum                        '检查扫描的总轴数

        DELAY(3000)                                      '延时 3s 等待驱动器上电，不同驱动器自身上电
                                                         时间不同，具体根据驱动器调整延时

        ?"总线通信周期：",SERVO_PERIOD,"us"
        Ecat_Init()                                      '初始化 ECAT 总线
    END SUB

    '***************************ECAT 总线初始化**********************
    '初始流程：  slot_scan（扫描总线）->    从站节点映射轴/io   ->    SLOT_START（启动总线）->
初始化成功
    '*************************************************************
    GLOBAL SUB Ecat_Init()
        LOCAL Node_Num,Temp_Axis,Drive_Vender,Drive_Device,Drive_Alias
```

```
        RAPIDSTOP(2)
        WAIT IDLE(0)

        FOR i=0 TO MAX_AXISNUM - 1                          '初始化还原轴类型
            AXIS_ENABLE(i) = 0
            ATYPE(i)=0
            AXIS_ADDRESS(i) =0
            DELAY(10)               '防止所有驱动器全部同时切换使能导致瞬间电流过大
        NEXT

        Bus_InitStatus = -1
        Bus_TotalAxisnum = 0
        SLOT_STOP(Bus_Slot)
        DELAY(200)              '延时可以按需调整,确保驱动器已上电，可以等待 EtherCAT 到位
        SLOT_SCAN(Bus_Slot)                                  '扫描总线
        IF RETURN THEN
            ?"总线扫描成功","连接从端设备数："NODE_COUNT(Bus_Slot)
            IF NODE_COUNT(Bus_Slot) <> Bus_NodeNum THEN     '判断总线检测数量是否为实际接
                                                             线数量
                ?""
                ?"扫描节点数量与程序配置数量不一致!" ,"配置数量:"Bus_NodeNum,"检测数量："
NODE_COUNT(Bus_Slot)
                Bus_InitStatus = 0                           '初始化失败，报警提示
                'RETURN
            ENDIF

            '"开始映射轴号"
            FOR Node_Num=0 TO NODE_COUNT(Bus_Slot)-1         '遍历扫描到的所有从端节点
                Drive_Vender = NODE_INFO(Bus_Slot,Node_Num,0) '读取驱动器厂商
                Drive_Device = NODE_INFO(Bus_Slot,Node_Num,1) '读取设备编号
                Drive_Alias = NODE_INFO(Bus_Slot,Node_Num,3)  '读取设备拨码 ID
                IF NODE_AXIS_COUNT(Bus_Slot,Node_Num) <> 0 THEN  '判断当前节点是否有电动机
                    FOR j=0 TO NODE_AXIS_COUNT(Bus_Slot,Node_Num)-1 '根据节点带的电动机
                                                  数量循环配置轴参数（针对一拖多驱动器）
                        Temp_Axis = Bus_AxisStart + Bus_TotalAxisnum  '轴号按 NODE 顺序分配
                        'Temp_Axis = Drive_Alias   '轴号按驱动器设定的拨码分配（一拖多时需要特
                                                   殊处理）
                        BASE(Temp_Axis)
                        AXIS_ADDRESS(Temp_Axis)= (Bus_Slot<<16)+ Bus_TotalAxisnum + 1
                                                   '映射轴号

                        ATYPE=65                   '设置控制模式，65—位置，66—速度，67—转矩
                        DRIVE_PROFILE=-1 '配置为驱动器内置 PDO 列表，可改为 1、-1、等参数
```

```
'                   Sub_SetDriverIo(Drive_Vender,Temp_Axis,128 + 32*Temp_Axis)
                    '映射驱动器 I/O，I/O 映射到控制器 I/O32 以后，每个驱动器间隔 32 点
'                   Sub_SetNodePara(Node_Num,Drive_Vender,Drive_Device,j)'设置特殊总线参数

                    DISABLE_GROUP(Temp_Axis)                '每轴单独分组
                    Bus_TotalAxisnum=Bus_TotalAxisnum+1     '总轴数+1
                NEXT
            ELSE                                            'I/O 扩展模块
                Sub_SetNodeIo(Node_Num,Drive_Vender,Drive_Device,1024 + 32*Node_Num)
                                                            '映射扩展模块 IO
            ENDIF
        NEXT
        ?"轴号映射完成","连接总轴数："Bus_TotalAxisnum

        DELAY(200)
        SLOT_START(Bus_Slot)                                '启动总线
        IF RETURN THEN

            '?"开始清除驱动器错误"
            FOR i= Bus_AxisStart TO Bus_AxisStart + Bus_TotalAxisnum - 1
                BASE(i)

                DRIVE_CLEAR(0)
                DELAY 50

                '?"驱动器错误清除完成"
                DATUM(0)                                    '清除控制器轴状态错误
                WA 100

                WDOG=1                                      '使能总开关
                AXIS_ENABLE=1                               '单轴使能
            NEXT
            Bus_InitStatus = 1
            ?"轴使能完成"

            '本地脉冲轴配置
            FOR i = 0 TO PUL_AxisNum - 1
                BASE(PUL_AxisStart + i)
                AXIS_ADDRESS  = (-1<<16) +  i
                ATYPE = 4
            NEXT
            ?"总线开启成功"
```

```
            ELSE
                ?"总线开启失败"
                Bus_InitStatus = 0
            ENDIF
        ELSE
            ?"总线扫描失败"
            Bus_InitStatus = 0
        ENDIF
END SUB

'*****************************从端节点特殊参数配置*********************
'通过以 SDO 方式修改对应对象字典的值来修改从端参数(具体对象字典查看驱动器手册)
'**********************************************************************
GLOBAL SUB Sub_SetNodePara(iNode,iVender,iDevice,Iaxis)
    IF iVender = $41B AND iDevice = $1ab0   THEN                  '正运动 24088 脉冲扩展轴
        SDO_WRITE(Bus_Slot,iNode,$6011+Iaxis*$800,0,5,4)           '设置扩展脉冲轴 ATYPE 类型
        SDO_WRITE(Bus_Slot,iNode,$6012+Iaxis*$800,0,6,0)           '设置扩展脉冲轴 INVERT_STEP
                                                                    脉冲输出模式
        NODE_IO(Bus_Slot,iNode) = 32 + 32*iNode               '设置 240808 上 I/O 的起始映射地址
    ELSEIF iVender = $66f THEN                                 '松下驱动器
        SDO_WRITE(Bus_Slot,iNode,$3741,0,3,0)                  '以拨码为 ID
        SDO_WRITE(Bus_Slot,iNode,$3401,0,4,$10101)             '正限位电平，$818181
        SDO_WRITE(Bus_Slot,iNode,$3402,0,4,$20202)             '负限位电平，$828282

        SDO_WRITE(Bus_Slot,iNode,$6091,1,7,1)                  '电子齿轮比分子
        SDO_WRITE(Bus_Slot,iNode,$6091,2,7,1)                  '电子齿轮比分母
        SDO_WRITE(Bus_Slot,iNode,$6092,1,7,10000)              '电动机转一圈对应的脉冲数

        SDO_WRITE(Bus_Slot,iNode,$607E,0,5,0)                  '电动机正转为 0，反转为 224
        SDO_WRITE(Bus_Slot,iNode,$6085,0,7,4290000000)'异常减速度
        'SDO_WRITE(Bus_Slot,iNode,$1010,1,7,$65766173) '写 EPPROM（写 EPPROM 后驱动器
                                                        需要重新上电）
        '?"写 EPPR0M OK  请断电重启"
    ENDIF
END SUB

'****************************总线驱动 I/O 映射**************************
'通过 DRIVE_IO 指令映射驱动器对象字典中 60FD/60FE 的输入/输出状态，设置正确的 DRIVE_
PROFILEE 或 POD 后才可以正常映射
'DRIVE_PROFILE 模式包含 60FD/60FE
'iAxis—轴号，iVender—驱动器类型，i_IoNum—输入/输出起始编号
'*********************************************************************
GLOBAL SUB Sub_SetDriverIo(iVender,Iaxis,i_IoNum)
```

```
    IF iVender = $66f THEN                          '松下驱动器

        DRIVE_PROFILE(iAxis) = 5                    '设定对应的带 I/O 映射的 PDO 模式
        DRIVE_IO(iAxis) = i_IoNum

        REV_IN(iAxis) = i_IoNum                     '负限位对应 60FD BIT0
        FWD_IN(iAxis) = i_IoNum + 1                 '正限位先对应 60FD BIT1
        DATUM_IN(iAxis) = i_IoNum + 2               '原点先对应 60FD BIT2

        INVERT_IN(i_IoNum,ON)                       '特殊信号有效电平反转
        INVERT_IN(i_IoNum + 1,ON)
        INVERT_IN(i_IoNum + 2,ON)
    ENDIF
END SUB

'****************************总线 I/O 扩展模块映射************************
'通过 NODE_IO(Bus_Slot,Node_Num)分配模块 I/O 起始地址
'*************************************************************************
GLOBAL SUB Sub_SetNodeIo(iNode,iVender,iDevice,i_IoNum)
    IF iVender = $41B AND iDevice = $130     THEN     '正运动 EIO1616MT
        NODE_IO(Bus_Slot,iNode) = i_IoNum
    ENDIF
END SUB
```

3．Hmi1.hmi

组态界面如图 7-51 所示。上电之后先执行轴回零，之后便可执行手动运动或插补运动。

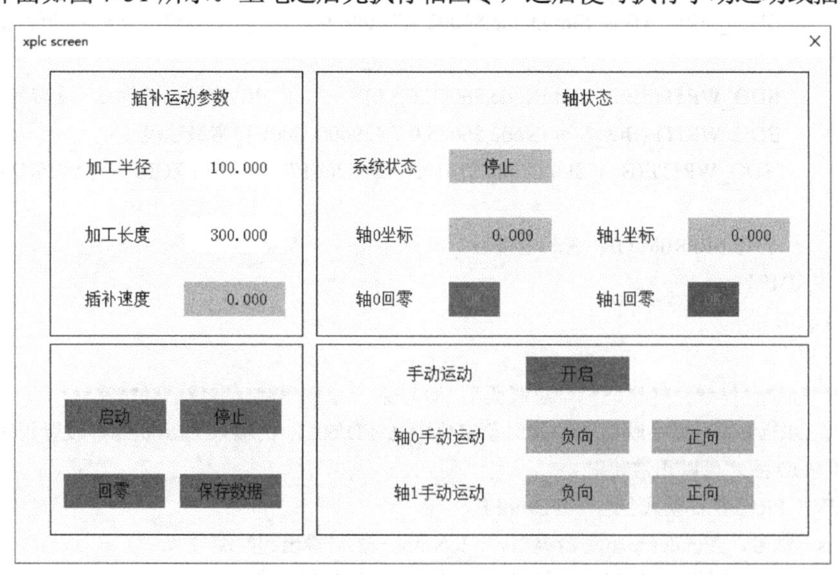

图 7-51　组态界面

两轴插补合成轨迹如图 7-52 所示。

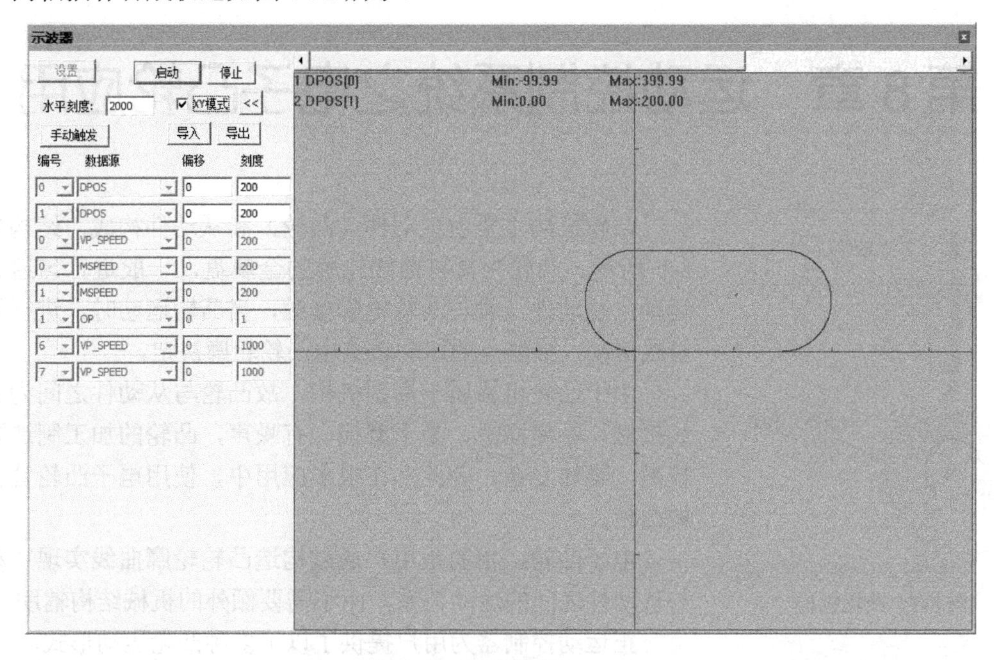

图 7-52　两轴插补合成轨迹

与本章内容相关的“正运动小助手”微信公众号文章和视频讲解

1. 快速入门|篇十四：运动控制器基础轴参数与基础运动控制指令
2. 快速入门|篇十七：运动控制器多轴插补运动指令的使用

第 8 章　运动控制系统之电子凸轮应用

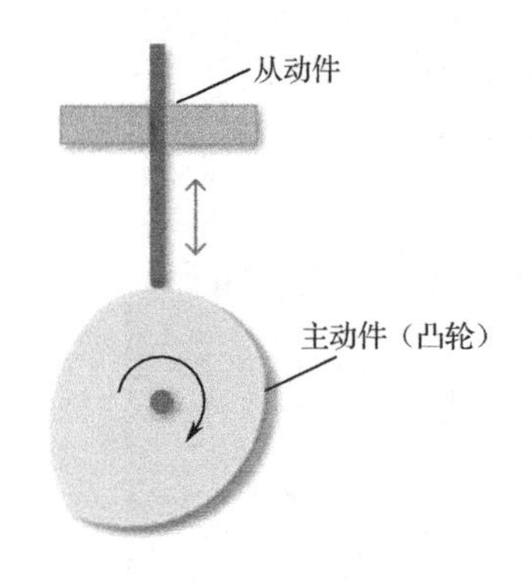

图 8-1　凸轮机构

凸轮机构主要由主动件（凸轮）和从动件构成，结构如图 8-1 所示。凸轮为具有曲线轮廓的金属盘，一般进行匀速旋转运动；从动件一般与凸轮轮廓接触，当凸轮运动时，进行往复直线运动，接触点的运动轨迹由凸轮轮廓决定。

由于凸轮机构属于高副机构，故凸轮与从动件之间为点或线接触，不便润滑、易于磨损、有噪声，凸轮的加工制造要求较高，维修复杂。因此，在很多应用中，使用电子凸轮替代机械凸轮。

电子凸轮，指的是用户通过构造凸轮轮廓曲线实现主动件与从动件之间的运动关系，而不需要额外的机械结构辅助。

正运动控制器为用户提供了以下多种凸轮运动形式。

- ◆ CAM：凸轮表运动。
- ◆ CAMBOX：跟随凸轮表运动。
- ◆ MOVELINK、MOVESLINK：特定轨迹凸轮运动，又称追剪运动。
- ◆ FLEXLINK：特定轨迹凸轮运动，又称飞剪运动。

电子凸轮运动过程中不支持运动暂停，凸轮指令执行完成后停止运动，使用 CANCEL 或 RAPIDSTOP 指令可强制取消凸轮运动。

8.1　凸轮表运动

CAMBOX 指令为跟随凸轮表指令，从轴为凸轮轴，按指令提供的多种跟随模式跟随到主轴运动。CAM 指令是凸轮表指令，单个轴就能完成凸轮运动，不需要连接到其他轴上。

所谓凸轮表运动就是将凸轮运动的轨迹点以数据的形式存储到 TABLE 寄存器中，再用 CAM/CAMBOX 指令调用 TABLE 中的数据实现运动，形成轨迹。

两条或多条 CAM/CAMBOX 指令可以同时使用同一个 TABLE 数据区进行操作。

TBALE 中的数据需要手动设置，第一个数据为引导点，建议设为 0。

凸轮表指令调用的 TABLE 数据执行完成后，凸轮运动结束。在需要周期性执行的场合，需将凸轮表指令写在 WHILE 循环中。

8.1.1　CAM 指令

CAM 指令根据存储在 TABLE 中的数据决定轴的运动，这些数据对应运动轨迹的位置，是相对于运动起始点的绝对位置。

语法：CAM(start_point, end_point, table_multiplier, link_distance)

CAM 指令的参数说明如表 8-1 所示。

表 8-1　CAM 指令的参数说明

参　　数	说　　明
start_point	起始点 TABLE 编号，存储第一个点的位置
end_point	结束点 TABLE 编号
table_multiplier	一般设为脉冲当量值 TABLE 数据×table_multiplier 值=实际发出的脉冲数
link_distance	参考轴运动的距离，总时间=link_distance/SPEED

1．例程一

```
RAPIDSTOP(2)
WAIT IDLE(0)

BASE(0)                                  '选择轴 0
ATYPE=1                                  '脉冲方式步进或伺服
DPOS = 0
UNITS = 100                              '脉冲当量
SPEED = 200
ACCEL = 2000
DECEL = 2000

'计算 TABLE 的数据
DIM deg, rad, x, stepdeg
stepdeg = 2                              '可以通过该值修改段数，段数越多速度越平稳
FOR deg=0 TO 360 STEP stepdeg
    rad = deg * 2 * PI/360               '转换为弧度
    X = deg * 25 + 10000 * (1-COS(rad))  '计算每小段运动的位移
    TABLE(deg/stepdeg,X)                 '存储 TABLE
    TRACE deg/stepdeg,X
NEXT deg

TRIGGER                                  '触发示波器采样
WHILE 1                                  '循环运动
    CAM(0, 360/stepdeg, 0.1, 300)        '虚拟跟踪总长度为 300
    WAIT UNTIL IDLE                      '等待运动停止
WEND
END
```

位置和速度曲线如图 8-2 所示。每个凸轮指令运动总时间=link_distance/SPEED=300/200=1.5（s）。

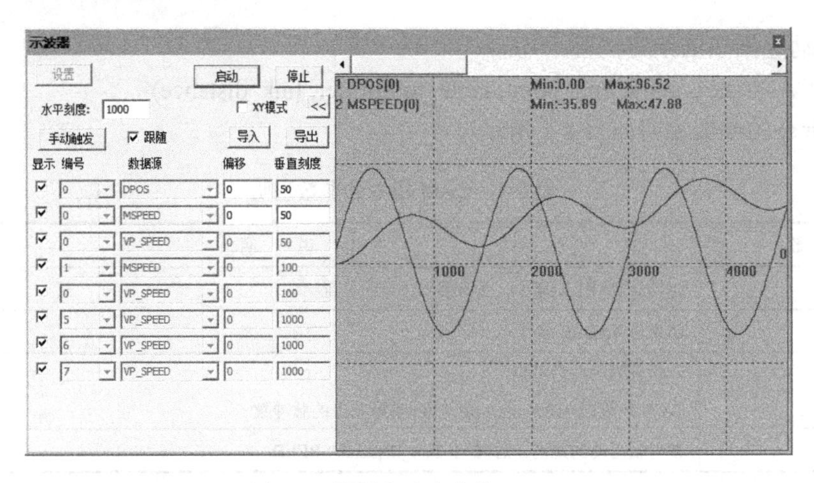

图 8-2　位置和速度曲线（一）

2．例程二：高速高精度运动上的应用

```
DIM    num_p,scale,m,t                '变量定义
num_p=100
scale=500

FOR p=0 TO num_p                      'TABLE 存储凸轮表运动参数
  TABLE(p,((-SIN(PI*2*p/num_p)/(PI*2))+p/num_p)*scale)
NEXT

RAPIDSTOP(2)
WAIT    IDLE(0)
WAIT    IDLE(1)

BASE(0)                               '选择轴 0
DEFPOS(0)
UNITS=500
SPEED=1000
ACCEL=1000000
DECEL=1000000
TRIGGER

m=10                                  '代表距离的倍数
t=0.3                                 '运行时间
SPEED=1000
CAM(0,100,m,SPEED*t)
WAIT IDLE

m=10
t=0.3
SPEED=1000
CAM(0,100,-m,SPEED*t)
WAIT IDLE
```

```
m=10
t=0.2
SPEED=500
CAM(0,100,m,SPEED*t)
WAIT IDLE

m=10
t=0.2
SPEED=500
CAM(0,100,-m,SPEED*t)
WAIT IDLE

m=20
t=0.3
SPEED=1000
CAM(0,100,m,SPEED*t)
WAIT IDLE

m=20
t=0.5
SPEED=500
CAM(0,100,-m,SPEED*t)
WAIT IDLE
```

从 TABLE(0)=0 开始，存储数据值模拟正弦曲线逐渐增大，到 TABLE(100)=500 时结束。如图 8-3 所示，可通过 ZDevelop 的“寄存器”对话框批量查询 TABLE 寄存器中的数据。

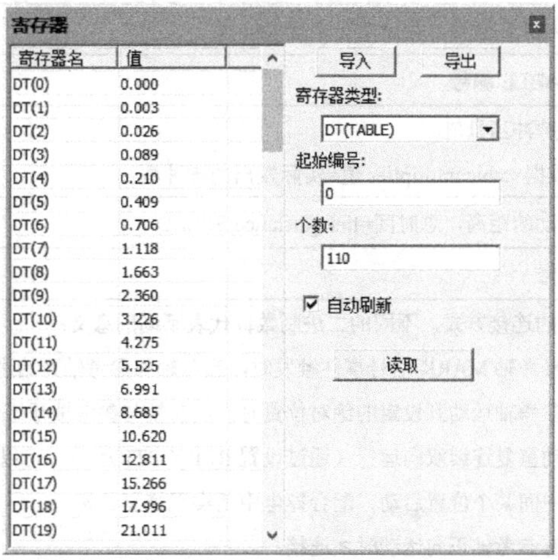

寄存器

寄存器名	值
DT(0)	0.000
DT(1)	0.003
DT(2)	0.026
DT(3)	0.089
DT(4)	0.210
DT(5)	0.409
DT(6)	0.706
DT(7)	1.118
DT(8)	1.663
DT(9)	2.360
DT(10)	3.226
DT(11)	4.275
DT(12)	5.525
DT(13)	6.991
DT(14)	8.685
DT(15)	10.620
DT(16)	12.811
DT(17)	15.266
DT(18)	17.996
DT(19)	21.011

导入　导出
寄存器类型: DT(TABLE)
起始编号: 0
个数: 110
☑ 自动刷新
读取

图 8-3 “寄存器”对话框

六段凸轮表运动的运动总时间为 1800ms。实际发出脉冲数=m×TABLE 数据，对于第一段运动，DPOS=实际发出脉冲数/UNITS=10×500/500=10，第一段运动的运动时间为 300ms，位置和速度曲线如图 8-4 所示。

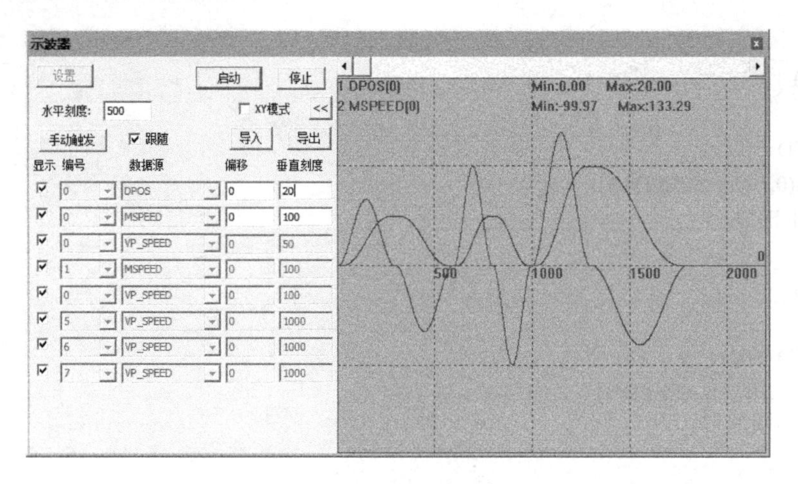

图 8-4 位置和速度曲线（二）

8.1.2 CAMBOX 指令

CAMBOX 指令根据存储在 TABLE 中的数据决定轴的运动，这些数据对应运动轨迹的位置，是相对于运动起始点的绝对位置，且跟随参考轴运动。

语法：CAMBOX(start_point, end_point, table_multiplier, link_distance, link_axis[,link_options][,link_pos][,link_offpos])

CAMBOX 指令的参数说明如表 8-2 所示。

表 8-2 CAMBOX 指令的参数说明

参　数	说　明
start_point	起始点 TABLE 编号，存储第一个点的位置
end_point	结束点 TABLE 编号
table_multiplier	一般设为脉冲当量值 TABLE 数据×table multiplier 值=实际发出的脉冲数
link_distance	参考轴运动的距离，总时间=link_distance/SPEED
link_axis	参考轴轴号
link_options	与参考轴的连接方式，不同的二进制数位代表不同的意义： 位 0，当参考轴 MARK 信号事件触发时，当前轴与参考轴开始进行连接运动 位 1，当参考轴运动到设定的绝对位置时，当前轴与参考轴开始连接运动 位 2，自动重复连续双向运行（通过设置 REP_OPTION=1，可以取消重复） 位 4，从中间某个位置启动，配合掉电中断实现恢复凸轮 位 5，只有参考轴正向运动时才连接 位 8，当参考轴 MARKB 信号事件触发时，当前轴与参考轴开始进行连接运动，锁存轴号为参考轴的轴号，需要最新硬件支持
link_pos	当 link_options 参数设置为 2 时，该参数表示连接开始启动的绝对位置
link_offpos	当 link_options 参数的位置为 1 时，该参数表示主轴已经完成运动的相对位置

连接到参考轴后，参考轴停止，跟随轴无论是否完成运动都停止。

运动的总时间由设置速度和第四个参数决定，运动的实际速度根据轨迹与时间自动匹配，在轨迹一定的情况下，时间越短，速度越快。

应确保指令传递的距离参数×UNITS 是整数，否则会出现浮点数，将导致运动有细微误差。

例程：凸轮轴连接到参考轴之后，若参考轴停止运动，则凸轮轴跟随停止。

```
BASE(0,1)                                          '选择轴号
ATYPE=1,1                                          '脉冲方式步进或伺服
DPOS = 0,0
UNITS = 100,100                                    '脉冲当量
SPEED = 200,200
ACCEL = 2000,2000
DECEL = 2000,2000
DIM   rad, x
FOR i=0 TO 100 STEP 1
    rad = i* 2 * PI/100                            '转换为弧度
    x = 1000 * (1-COS(rad))
    TABLE(i,x)                                     '存储 TABLE
NEXT i
TRIGGER                                            '自动触发示波器
CAMBOX(0,100, 100, 2000, 1,2,100)   AXIS(0)        '参考轴轴 1 运动到 100 位置时，跟随轴轴 0 启动
VMOVE(1)   AXIS(1)
END
```

两轴的位置曲线如图 8-5 所示。

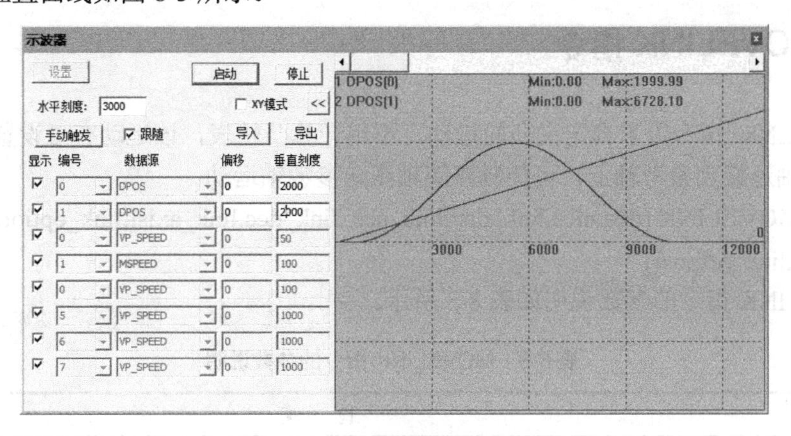

图 8-5　两轴的位置曲线（一）

若将程序中轴 1 的 VMOVE 持续运动改成寸动，而其他条件相同，即

```
MOVE(1500)   AXIS(1)
```

则两轴的位置曲线如图 8-6 所示，参考轴轴 1 运动 1500 便停止，跟随轴轴 0 也停下，无法将调用的 TABLE 数据运动完成。

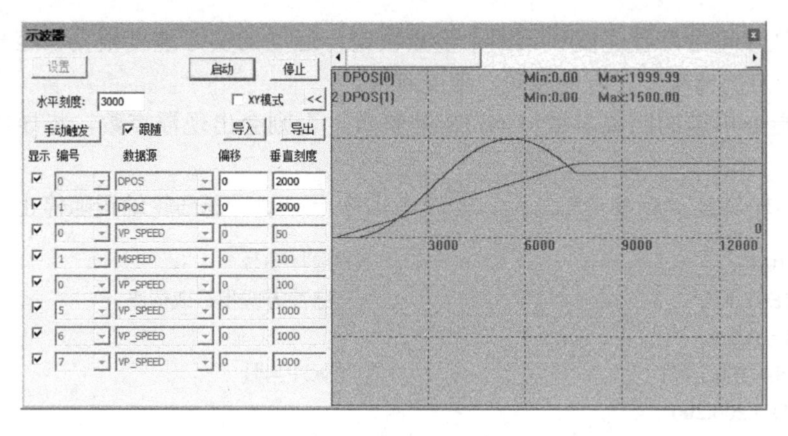

图 8-6 两轴的位置曲线（二）

8.2 自动凸轮

自动凸轮指令有 MOVELINK、MOVESLINK、FLEXLINK 等，其中 MOVELINK 和 MOVESLINK 的应用较广泛。MOVESLINK 指令与 MOVELINK 指令功能相同，仅参数设置有区别，对于第三、四个参数，MOVELINK 指令设置加、减速过程的距离参数，MOVESLINK 指令设置加、减速过程的速度比例。

自动凸轮指令使跟随轴完成跟随距离，凸轮运动结束。在需要周期性执行的场合，需将自动凸轮指令写在 WHILE 循环中。

8.2.1 MOVELINK 指令

MOVELINK 指令用于自定义凸轮运动，不用计算凸轮表，该运动有可设置的加/减速阶段。将跟随轴连接到参考轴上，可控制跟随轴跟随参考轴运动。

语法：MOVELINK (distance,link_dist,link_acc, link_dec,link_axis[,link_options] [,ink_pos] [,link_offpos])

MOVELINK 指令的参数说明如表 8-3 所示。

表 8-3 MOVELINK 指令的参数说明

参 数	说 明
distance	从连接开始到结束，跟随轴移动的距离，此参数可正可负，为正时正方向跟随，为负时负方向跟随，单位采用 UNITS
link_dist	参考轴在连接的整个过程中移动的绝对距离，单位采用 UNITS
link_acc	在跟随轴加速阶段，参考轴移动的绝对距离，单位采用 UNITS
link_dec	在跟随轴减速阶段，参考轴移动的绝对距离，单位采用 UNITS
link_axis	参考轴的轴号

续表

<table>
<tr><th>参　数</th><th colspan="3">说　明</th></tr>
<tr><td rowspan="9">link_options</td><td colspan="3">连接模式，不同的二进制数位代表不同的意义，可以不设置</td></tr>
<tr><td>模　式</td><td>位</td><td>描　述</td></tr>
<tr><td>1</td><td>位 0</td><td>连接精确开始于参考轴上 MARK 事件被触发的时刻</td></tr>
<tr><td>2</td><td>位 1</td><td>连接开始于参考轴到达某个绝对位置时（见 link_pos 参数的描述）</td></tr>
<tr><td>4</td><td>位 2</td><td>当此位被设置时，MOVELINK 会自动重复执行且可以反向（这个模式可以通过设置轴参数 REP_OPTION 的第一位为 1 来清除）</td></tr>
<tr><td>8</td><td>位 3</td><td>当设置时，采用 S 曲线加/减速。20170502 以上版本硬件支持</td></tr>
<tr><td>16</td><td>位 4</td><td>从中间某个位置启动，配合掉电中断实现恢复跟随</td></tr>
<tr><td>32</td><td>位 5</td><td>只有参考轴正向运动时才连接</td></tr>
<tr><td>256</td><td>位 8</td><td>连接精确开始于参考轴上 MARKB 事件被触发的时刻，需要最新硬件支持</td></tr>
<tr><td>link_pos</td><td colspan="3">当 link_options 参数设置为 2 时，该参数表示基本轴在该绝对位置值时连接开始</td></tr>
<tr><td>link_offpos</td><td colspan="3">当 link_options 参数的位 4 置为 1 时，该参数表示主轴已经完成运行的相对位置。20170428 以上版本硬件支持</td></tr>
</table>

1．例程一：跟随参考轴运动

```
BASE(0,1)                         '轴 0 为跟随轴，轴 1 为参考轴
UNITS=10000,10000
ATYPE=1,1
DPOS=0,0
SPEED=100,100
ACCEL=2000,2000
DECEL=2000,2000
SRAMP=100,100
TRIGGER                           '自动触发示波器
MOVELINK(100,100,0,0,1)   AXIS(0) '不设置加/减速阶段时，效果与 CONNECT 相同，区别为不
                                  需要考虑 UNITS 的不同，且不会有累积误差。在跟随阶段，
                                  两轴运动距离相同，此时运动比例为 1 : 1
MOVE(150)   AXIS(1)               '轴 1 运动 150，轴 0 跟随轴 1 运动 100
```

位置和速度曲线如图 8-7 所示。

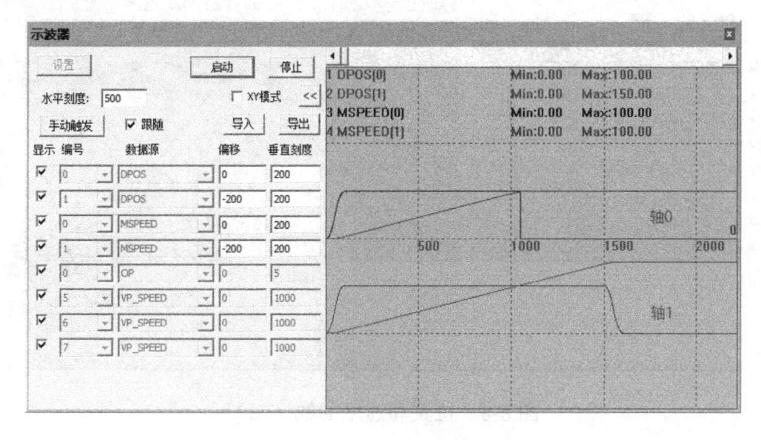

图 8-7　位置和速度曲线（一）

2．例程二：飞剪应用，不设置连接模式 link_options

追剪运动时，连接轴分成三个阶段应用于参考轴的运动，分别是加速部分、匀速部分和减速部分。

假设要切割的型材长度为 4m，工作台运行距离为 1m。轴 1 为参考轴（型材传送），轴 0 为跟随轴（追剪工作台）。程序如下：

```
RAPIDSTOP(2)
WAIT    IDLE(0)
WAIT    IDLE(1)

BASE(0,1)
UNITS=100000,100000
ATYPE=1,1
DPOS=0,0
SPEED=1,1                              '型材运行速度为 1m/s，即 60m/min
ACCEL=2,2
DECEL=2,2
VMOVE(1) AXIS(1)                       '型材持续运动
TRIGGER                                '自动触发示波器
MOVELINK(0,1,0,0,1)    AXIS(0)         '型材运动 1m 前，工作台静止
MOVELINK(0.4,0.8,0.8,0,1)    AXIS(0)   '工作台加速阶段，工作台运动 0.4m，型材运动 0.8m
MOVELINK(0.2,0.2,0,0,1)    AXIS(0)     '速度同步跟随 0.2m
MOVE_OP2(0,on,1000)                    '刀具下剪，1s 后回升（时间要计算好）
MOVELINK(0.4,0.8,0,0.8,1)    AXIS(0)   '工作台减速阶段，工作台运动 0.4m，型材运动 0.8m
MOVELINK(-1,1.2,0.5,0.5,1)    AXIS(0)  '工作台回到起始点，工作台加速运动 0.5m，再减速运动
                                       0.5m，总距离为 1m；此段型材运动 1.2m
```

位置和速度曲线如图 8-8 所示。

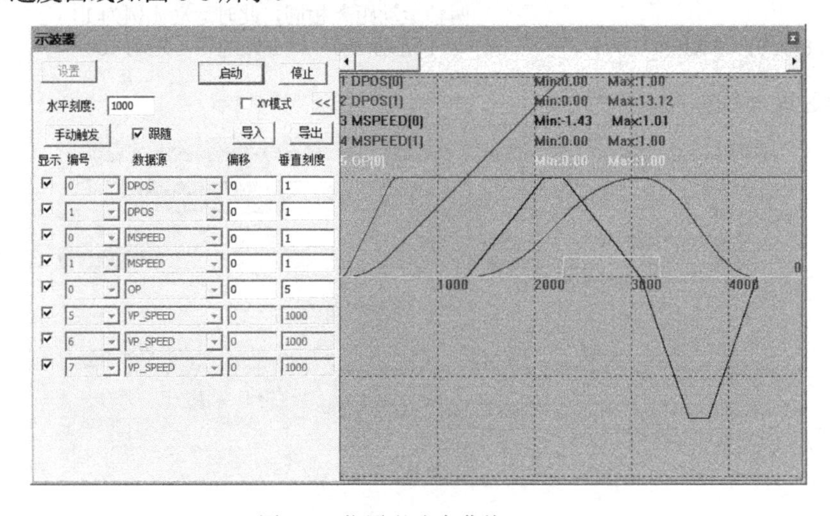

图 8-8　位置和速度曲线（二）

3．例程三：设置 link_options 的位 3 为 1 时，从轴追剪轴采用 S 曲线加/减速

```
RAPIDSTOP(2)
WAIT   IDLE(0)
WAIT   IDLE(1)

BASE(0,1)
UNITS=100000,100000
ATYPE=1,1
DPOS=0,0
SPEED=1,1                                    '型材运行速度为 1m/s，即 60m/min
ACCEL=2,2
DECEL=2,2
SRAMP=200,200                                '设置 S 曲线时间
OP(0,OFF)
VMOVE(1) AXIS(1)                             '型材持续运动
TRIGGER                                      '自动触发示波器

MOVELINK(0,1,0,0,1,8)   AXIS(0)              '型材运动 1m 前，工作台静止
MOVELINK(0.4,0.8,0.8,0,1,8)   AXIS(0)        '工作台加速阶段
MOVELINK(0.2,0.2,0,0,1,8)   AXIS(0)          '速度同步跟随 0.2m
MOVE_OP2(0,on,1000)                          '刀具下剪，1s 后回升（时间要计算好）
MOVELINK(0.4,0.8,0,0.8,1,8)   AXIS(0)        '工作台减速阶段
MOVELINK(-1,1.2,0.5,0.5,1,8)   AXIS(0)       '工作台回到起始点
```

位置和速度曲线如图 8-9 所示，可见，参考轴和跟随轴速度曲线较为平滑。

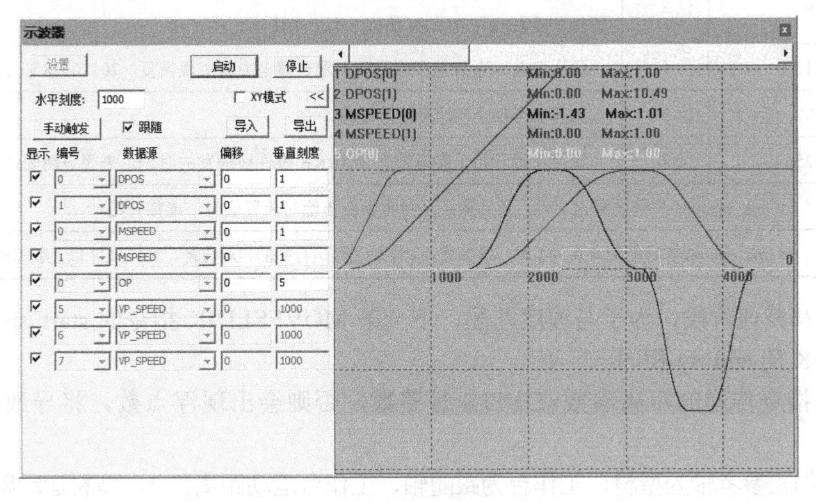

图 8-9　位置和速度曲线（三）

8.2.1 MOVESLINK 指令

MOVESLINK 指令用于自定义凸轮运动，该运动自动规划中间曲线，不用计算凸轮表。被连接轴为参考轴，连接轴为跟随轴。

语法：MOVESLINK (distance,link_dist,start_sp,end_sp,link_axis[,link_options][,link_pos][,link_offpos])[,link_options] [,link_pos]

可选参数不填时，逗号不能省略，控制器根据参数的位置来判断是哪个参数。

MOVESLINK 指令的参数说明如表 8-4 所示。

表 8-4 MOVESLINK 指令的参数说明

参数	说明		
distance	从连接开始到结束，跟随轴移动的距离，此参数可正可负，为正时正方向跟随，为负时负方向跟随，单位采用 UNITS		
link_dist	参考轴在连接的整个过程中移动的绝对距离，单位采用 UNITS		
start_sp	启动时跟随轴和参考轴的速度比例，单位采用 UNITS/UNITS，为负时表示跟随轴负向运动		
end_sp	结束时跟随轴和参考轴的速度比例，单位采用 UNITS/UNITS，为负时表示跟随轴负向运动。当 start_sp = end_sp = distance/link_dist 时，匀速运动		
link_axis	参考轴的轴号		
link_options	连接模式，不同的二进制数位代表不同的意义		
	模式	位	描述
	1	位 0	连接精确开始于参考轴上 MARK 事件被触发的时刻
	2	位 1	连接开始于参考轴到达某个绝对位置时（见 link_pos 参数的描述）
	4	位 2	当此位被设置时，MOVESLINK 会自动重复执行且可以反向（这个模式可以通过设置轴参数 REP_OPTION 的位 1 为 1 来清除）
	16	位 4	使用 link_offpos 从中间启动，配合掉电中断实现恢复，20170428 以上版本硬件支持
	32	位 5	只有参考轴正向运动时才连接
	256	位 8	连接精确开始于参考轴上 MARKB 事件被触发的时刻，需要最新硬件支持
link_pos	当 link_options 参数设置为 2 时，该参数表示参考轴在该绝对位置值时，连接开始		
link_offpos	当 link_options 参数的位 4 置为 1 时，该参数表示主轴已经运行完的相对位置。20170428 以上版本硬件支持。		

在加速和减速阶段，为了与速度匹配，下一条 MOVESLINK 指令的 start_sp 必须与当前 MOVESLINK 的 end_sp 相同。

应确保指令传递的距离参数×UNITS 是整数，否则会出现浮点数，将导致运动有细微误差。

例程：加工参考轴为型材，工作台为跟随轴，工作台运动距离为 1，型材运动距离为 4。

```
RAPIDSTOP(2)
WAIT  IDLE(0)
WAIT  IDLE(1)
```

```
BASE(0,1)
UNITS=10000,10000
ATYPE=1,1
DPOS=0,0
SPEED=1,1                               '型材运行速度为 1
ACCEL=2,2
DECEL=2,2
SRAMP=200,200
OP(0,OFF)
VMOVE(1) AXIS(1)                        '型材持续运动
TRIGGER                                 '自动触发示波器

MOVESLINK(0,1,0,0,1)   AXIS(0)          '型材运动 1 前，工作台静止
MOVESLINK(0.4,0.8,0,1,1)   AXIS(0)      '工作台加速阶段，工作台运动 0.4，型材运动 0.8；加速
                                        时，跟随轴的速度为 0，故跟随轴和参考轴的速度比例为
                                        0；加速完成时跟随轴和参考轴的速度相等，比例为 1∶1
MOVESLINK(0.2,0.2,1,1,1)   AXIS(0)      '速度跟随阶段，速度一致，保持同步运动 0.2
MOVESLINK(0.4,0.8,1,0,1)   AXIS(0)      '工作台减速阶段，工作台运动 0.4，型材运动 0.8；减速
                                        时，跟随轴和参考轴的速度相等，比例为 1∶1，减速完成
                                        时跟随轴的速度为 0，故跟随轴和参考轴的速度比例为 0
MOVESLINK(-1,1.2,0,0,1)   AXIS(0)       '工作台回到起始点，工作台运动-1，型材运动 1.2
END
```

位置和速度曲线如图 8-10 所示。

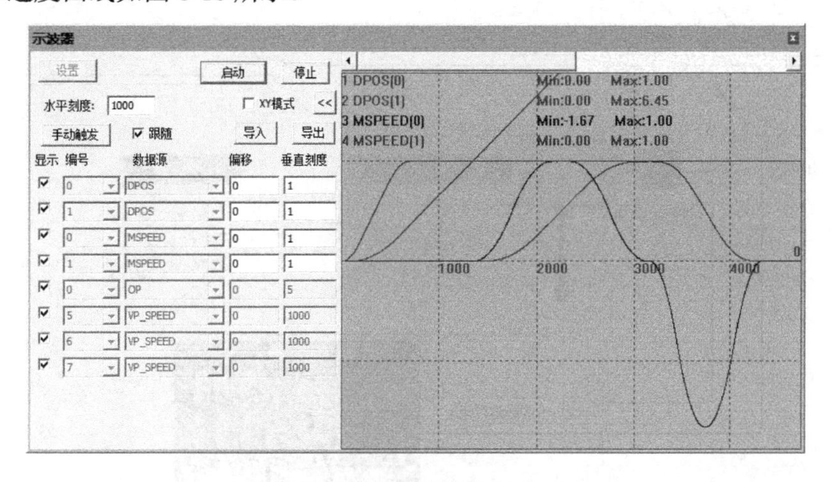

图 8-10　位置和速度曲线（一）

SRAMP=0,0 只针对型材，工作台速度曲线自动平滑，位置和速度曲线如图 8-11 所示。

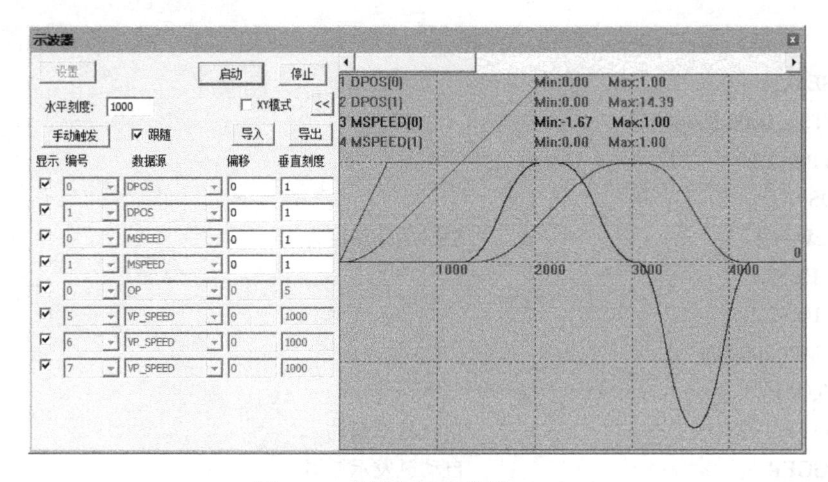

图 8-11　位置和速度曲线（二）

8.3　电子凸轮应用实例

8.3.1　系统架构

在追剪应用场合下，用 MOVELINK 指令完成从轴的变速跟随追剪运动。剪切机构平行于被剪切物体，剪切机构做往复运动，通过改变在非同步区的速度达到改变剪切长度的目的。

追剪系统架构如图 8-12 所示。

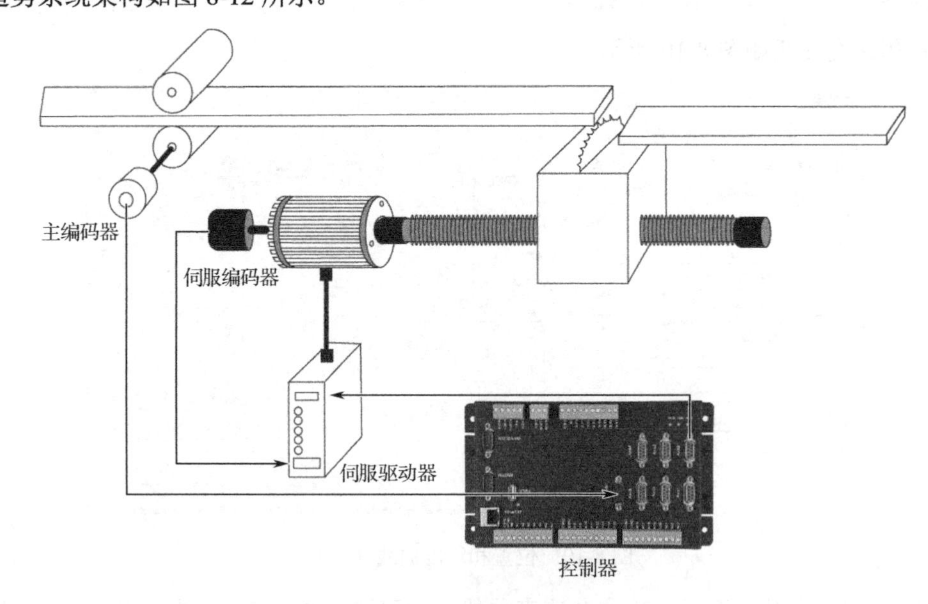

图 8-12　追剪系统架构

系统所需资源包括支持 ZHMI 编程的控制器、ZHD 触摸屏、驱动器、电源、PC 等。在硬件资源不足的情况下，可以连接仿真器，查看程序运行效果。

此追剪系统采用两个轴，通过 MOVELINK 指令建立主、从轴的连接，完成追剪循环加工过程。程序采用模块化结构编写，子程序分别实现不同的功能，主程序采用 WHILE 循环和 IF 条件判断各功能按钮是否按下，从而调用相应子程序。

追剪程序编辑界面如图 8-13 所示。

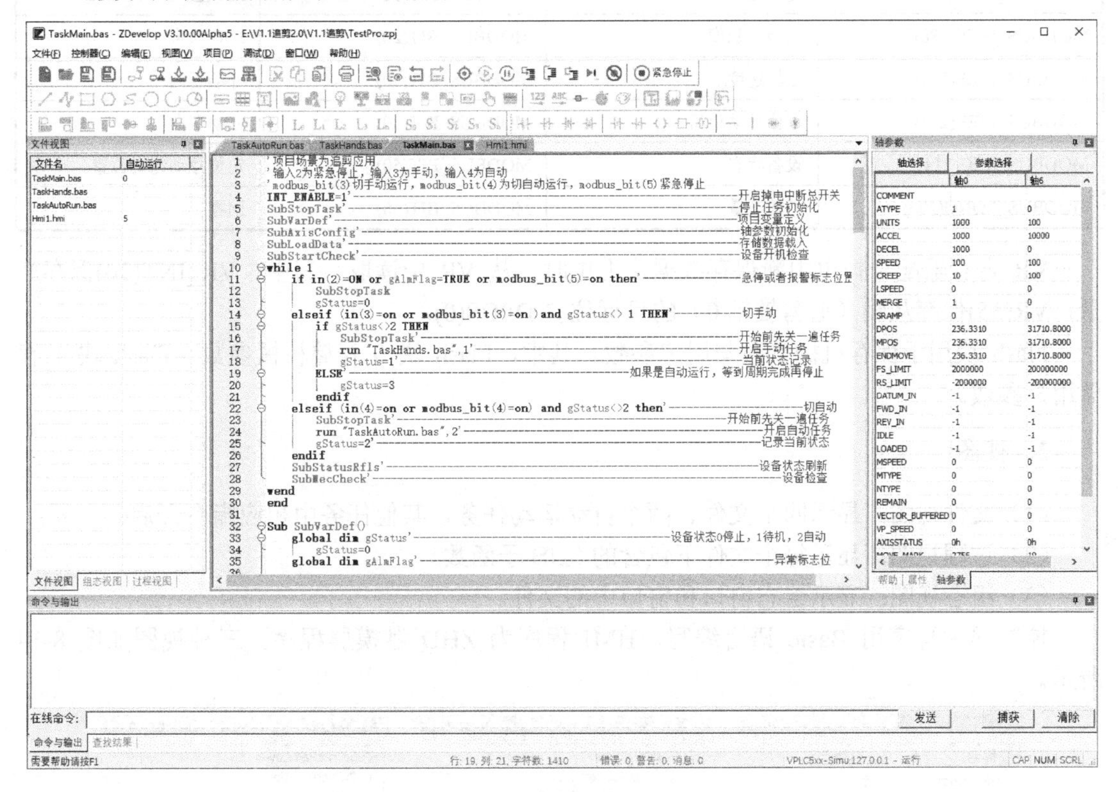

图 8-13　追剪程序编辑界面

8.3.2　系统配置

1．寄存器地址分配

寄存器地址分配如表 8-5 所示，主要使用 MODBUS 寄存器。其中，MODBUS_IEEE 用于数据的保存和传递，触摸屏元件调用 MODBUS_IEEE 地址显示寄存器的值；MODBUS_BIT 用于功能控制，配合触摸屏的功能键使用。

表 8-5　寄存器地址分配

MODBUS_IEEE（字寄存器）	功　能	MODBUS_BIT（位寄存器）	功　能
MODBUS_IEEE(80)	主轴每转距离	MODBUS_BIT(0)	仿真启用
MODBUS_IEEE(82)	主轴每转脉冲	MODBUS_BIT(3)	停止
MODBUS_IEEE(84)	切刀丝杆导程	MODBUS_BIT(4)	启动
MODBUS_IEEE(86)	切刀对应脉冲	MODBUS_BIT(5)	急停
MODBUS_IEEE(190)	切割长度	MODBUS_BIT(8)	保存用户参数

续表

MODBUS_IEEE（字寄存器）	功　能	MODBUS_BIT（位寄存器）	功　能
MODBUS_IEEE(184)	移动范围	MODBUS_BIT(9)	保存机械参数
MODBUS_IEEE(186)	起始距离	MODBUS_BIT(10)	JOG 正向
MODBUS_IEEE(188)	同步区长度	MODBUS_BIT(20)	JOG 负向
MODBUS_IEEE(204)	主轴速度	MODBUS_BIT(30)	寸动正向
MODBUS_IEEE(212)	定位寸动距离	MODBUS_BIT(40)	寸动负向
MODBUS_REG(214)	设备状态	MODBUS_BIT(50)	定位寸动绝对位置
MODBUS_LONG(200)	当前产量	MODBUS_BIT(60)	回零

VR 寄存器配合掉电中断保存数据，上电时，从 VR 中读取。其中，VR_INT(30)保存产量，VR(35)保存从轴（追剪轴轴 0）的目标位置 DPOS(0)。

Flash 块用于保存机械参数与用户参数。其中，Flash 块 0 存储机械参数，Flash 块 1 存储用户参数。

2．视图

（1）文件视图：显示四个文件、两个自动运动任务，其他任务由相应指令开启。

（2）过程视图：显示每个文件下包含的 SUB 子函数。

（3）组态视图：显示组态窗口和窗口中的文件。

控制器主程序用 Basic 语言编写，HMI 程序为 ZHD 触摸屏程序。三种视图如图 8-14 所示。

图 8-14　视图

3．任务分配

项目一共包含四个任务：三个 Basic 任务和一个 HMI 任务。

（1）Task0，主任务：由自动运行任务号 0 开启，上电自动运行文件 TaskMain.bas，完成参数定义、参数初始化、主程序循环扫描等。

（2）Task1，手动任务：由主任务的主循环开启，以任务号 1 运行文件 TaskHands.bas。此文件包含一个 WHILE 语句，初始自动开启，后续循环检测手动运动的触发条件是否满足并执行手动运动。功能包括 JOG 手动、MOVE 寸动和寸动距离设置、轴回零、用户参数和机械参数存储到 Flash 块。

（3）Task2，自动任务：由主任务的主循环开启，以任务号 2 运行文件 TaskAutoRun.bas。此文件循环执行追剪加工，追剪参数可采用初始化过程中设定的参数，也可以由用户在触摸屏界面上自定义，每加工一次，产量自动加 1，并显示在触摸屏上。

该任务执行之前会停止除主任务外的所有 Basic 任务，并快速停止所有轴。

如果在开启任务时按下了“停止”按钮，则切换到任务 1。

（4）Task5，功能预留：由任务号 5 开启，上电自动运行文件 Hmi1.hmi。该任务是 ZHD 触摸屏程序，可下载到控制器后连接到 ZHD 触摸屏运行，或者连接到 XPLC screen 触摸屏仿真平台运行。

若使用威纶通组态程序，则此文件不运行。

任务调用关系如图 8-15 所示。

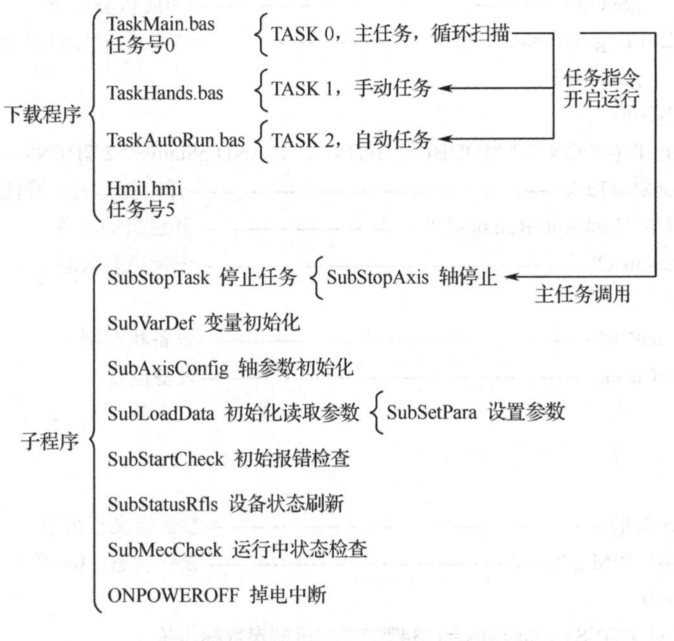

图 8-15　任务调用关系

8.3.3 应用程序

完整的追剪程序可在正运动技术官网下载。具体程序如下。

1. TaskMain.bas

```
'项目场景为追剪应用
'输入 2 为紧急停止，输入 3 为手动，输入 4 为自动
'MODBUS_BIT(3)为切换手动，MODBUS_BIT(4)为切换自动，MODBUS_BIT(5)为急停
SETCOM(38400,8,1,0,0,4,2,1000)        '出厂模式，MODBUS 字寄存器和 VR 空间独立
INT_ENABLE=1'-----------------------------------------------------------开启掉电中断
```

```
SubStopTask'--------------------------------------------------------------停止任务初始化按钮
SubVarDef'----------------------------------------------------------------项目变量定义
SubAxisConfig'------------------------------------------------------------轴参数初始化
SubLoadData'--------------------------------------------------------------存储数据载入
SubStartCheck'------------------------------------------------------------设备开机检查
WHILE 1
    IF IN(2)=ON OR   MODBUS_BIT(5)=ON THEN'-------急停或报警标志位置 1
        SubStopTask'----------------------------------------------调用停止任务子函数
        gStatus=0
    ELSEIF (IN(3)=ON OR MODBUS_BIT(3)=ON )AND gStatus<> 1 THEN'------切换手动
        IF gStatus<>2 THEN
            SubStopTask'--------------------------------------------开始前先关一遍任务
            RUN "TaskHands.bas",1'----------------------------开启手动任务
            gStatus=1'----------------------------------------------当前状态记录
        ELSEIF gstatus<>3 THEN'--------------------------------如果是自动运行，则等到周期完成再停止
            gStatus=3
        ENDIF
    ELSEIF (IN(4)=ON OR MODBUS_BIT(4)=ON) AND gStatus<>2 THEN'------切换自动
        SubStopTask'------------------------------------------------开始前先关一遍任务
        RUN "TaskAutoRun.bas",2'--------------------------------开启自动任务
        gStatus=2'--------------------------------------------------记录当前状态
    ENDIF
    SubStatusRfls'----------------------------------------------------设备状态刷新
    SubMecCheck'------------------------------------------------------设备检查
WEND
END

SUB SubVarDef()'------------------------------------------------------参数定义子函数
    GLOBAL DIM gStatus'------------------------------------------设备状态，0—停止，1—待机，2—自动
    gStatus=0
    GLOBAL CONST gFlagMec=1234''''''''''''''机械参数标志位
    GLOBAL CONST gFlagUser=4321''''''''''''''用户参数标志位
    '========================伺服轴相关========================
    GLOBAL CONST gAxisMian=6''''''''''''''''''''主轴
    GLOBAL CONST gAxisFol=0''''''''''''''''''''从轴
    '==================机械参数的变量定义==================
    GLOBAL DIM gMainPerDis''''''''''''''''''''''''主轴每转距离
    GLOBAL DIM gMainPerPls''''''''''''''''''''''''主轴每转的脉冲数
    GLOBAL DIM gFolPerDis''''''''''''''''''''''''切刀丝杆每转距离
    GLOBAL DIM gFolPerPls''''''''''''''''''''''''切刀对应的脉冲
    '======================用户参数的定义======================
    GLOBAL DIM gCutLength''''''''''''''''''''''''切割长度
    GLOBAL DIM gMoveRange''''''''''''''''''''''''移动范围
```

```
    GLOBAL DIM gStartPos''''''''''''''''''''''开始距离
    GLOBAL DIM gFolDis''''''''''''''''''''''''同步距离
    '==============================手动运动相关==============================
    GLOBAL DIM gDriveAxis''''''''''''''''''''轴手动运动标志位
END SUB

SUB SubLoadData()'-----------------------------------存储数据载入
    LOCAL lcuri,lcurm
    lcuri=0
    '======从 Flash 中读取机械参数，如果失败，则写入初始化参数=======
    FLASH_READ 0,lcuri''''''''机械参数读取，一般不修改，由设备厂家处理
    IF lcuri<>gFlagMec THEN''''''''''''''''''写入初始化机械参数
        gMainPerDis=10
        gMainPerPls=10000
        gFolPerDis=10
        gFolPerPls=10000
        FLASH_WRITE 0,gFlagMec,gMainPerDis,gMainPerPls,gFolPerDis,gFolPerPls
    ELSE''''''''''''''''''''''''''''''''''读取机械参数
        FLASH_READ 0,lcuri,gMainPerDis,gMainPerPls,gFolPerDis,gFolPerPls
    ENDIF
    MODBUS_IEEE(80)=gMainPerDis''''''''''''''''参数复制到 modbus
    MODBUS_IEEE(82)=gMainPerPls
    MODBUS_IEEE(84)=gFolPerDis
    MODBUS_IEEE(86)=gFolPerPls
    '=======从 Flash 中读取用户参数，如果失败，则写入初始化参数=======
    lcuri=0
    FLASH_READ 1,lcuri''''''''''''''配方用户参数，用户可自行修改
    IF lcuri<>gFlagUser THEN
        ?"配方参数初始化"
        gCutLength=200
        gMoveRange=100
        gStartPos=10
        gFolDis=80
        FLASH_WRITE 1,gFlagUser,gCutLength,gMoveRange,gStartPos,gFolDis
    ELSE
        FLASH_READ 1,lcuri,gCutLength,gMoveRange,gStartPos,gFolDis
        '将变量传递至 modbus
    ENDIF
    MODBUS_IEEE(190)=gCutLength
    MODBUS_IEEE(184)=gMoveRange
    MODBUS_IEEE(186)=gStartPos
    MODBUS_IEEE(188)=gFolDis
    '==================读取掉电前从轴的坐标位置==================
```

```
    DPOS(0)=VR(35)
    '====================读取掉电前的生产数量====================
    MODBUS_LONG(200)=VR_INT(30)
    '======================按钮参数复位======================
    MODBUS_BIT(0)=0
    MODBUS_BIT(3)=0
    MODBUS_BIT(4)=0
    MODBUS_BIT(5)=0
    MODBUS_BIT(30)=0
    MODBUS_BIT(40)=0
    MODBUS_BIT(50)=0
    MODBUS_BIT(60)=0
    SubSetPara'-------------------------------------调用设置参数子函数
END SUB

SUB SubAxisConfig()'--------------------------------轴参数初始化
    '主轴参数初始化
    BASE(gAxisMian)
    ATYPE=3
    SPEED=100
    '从轴参数初始化
    BASE(gAxisFol)
    ATYPE=1
    UNITS=1000
    ACCEL=1000
    DECEL=1000
    SPEED=100
    CREEP=10
    LSPEED=0
    MERGE=1
    FS_LIMIT=2000000
    RS_LIMIT=-2000000
    DATUM_IN=-1
    FWD_IN=-1
    REV_IN=-1
END SUB

GLOBAL SUB SubSetPara()'--------------------------------参数设置子函数
    BASE(gAxisMian)
    UNITS=gMainPerPls/gMainPerDis

    BASE(gAxisFol)
    UNITS=gFolPerPls/gFolPerDis
```

```
END SUB

SUB SubStartCheck()'-------------------------------------------------开启初始化的检查
    IF AXISSTATUS(gAxisFol)AND 2^22 THEN'--------------检查伺服是否有报错
        MODBUS_BIT(1000)=ON'--------------------------------有报错置位标志位
    ELSE
        MODBUS_BIT(1000)=OFF
        OP(12,ON)'---------------------------------------------------无报错，伺服使能输出
        MODBUS_BIT(3)=ON'-------------------------------------开启手动运动
    ENDIF
END SUB

SUB SubStatusRfls()'--------------------------------------------------设备在状态刷新
    MODBUS_IEEE(204)=MSPEED(gAxisMian)'--------------主轴速度更新
    MODBUS_REG(214)=gStatus'---------------------------------设备状态更新
END SUB

SUB SubMecCheck()'----------------------------------------------------运行中状态检查
    IF AXISSTATUS(gAxisFol)AND EXP(2,22) THEN'--------从轴报警
        MODBUS_BIT(1000)=ON
    ELSE
        MODBUS_BIT(1000)=OFF
    ENDIF
END SUB

SUB SubStopAxis()'------------------------------------------------------调用轴停止子函数
    RAPIDSTOP(2)
END SUB

SUB SubStopTask()'-----------------------------------------------------任务停止子函数
    '按钮复位
    MODBUS_BIT(10)=0
    MODBUS_BIT(20)=0
    MODBUS_BIT(30)=0
    MODBUS_BIT(40)=0
    MODBUS_BIT(50)=0
    MODBUS_BIT(60)=0
    MODBUS_BIT(3)=OFF
    MODBUS_BIT(4)=OFF
    STOPTASK 1
    STOPTASK 2
    STOPTASK 3
    SubStopAxis'------------------------------------------------------------轴停止子函数
```

```
END SUB

GLOBAL SUB ONPOWEROFF()'----------------------------------掉电中断，在断电瞬间记录数据
    VR_INT(30)=MODBUS_LONG(200)
    VR(35)=DPOS(gAxisFol)
END SUB
```

2. TaskHands.bas

```
WHILE 1
    IF MODBUS_BIT(10)=ON THEN''''''''''''''''''''''''''''Jog 正向运动
        BASE(0)
        VMOVE(1)
        gDriveAxis=TRUE
    ELSEIF MODBUS_BIT(20)=ON THEN''''''''''''''''''Jog 负向运动
        BASE(0)
        VMOVE(-1)
        gDriveAxis=TRUE
    ELSEIF gDriveAxis=TRUE THEN''''''''''''''''''''''''''停止 Jog 运动
        CANCEL(2)AXIS(0)
        gDriveAxis=FALSE
    ENDIF

    IF MODBUS_BIT(30)=ON THEN''''''''''''''''''''''''''相对运动
        BASE(0)
        MOVE(MODBUS_IEEE(212))
        WAIT IDLE
        MODBUS_BIT(30)=OFF
    ELSEIF MODBUS_BIT(40)=ON THEN''''''''''''''''''相对运动
        BASE(0)
        MOVE(-1*MODBUS_IEEE(212))
        WAIT IDLE
        MODBUS_BIT(40)=OFF
    ELSEIF MODBUS_BIT(50)=ON THEN''''''''''''''''''绝对运动
        BASE(0)
        MOVEABS(MODBUS_IEEE(212))
        WAIT IDLE(0)
        MODBUS_BIT(50)=OFF
    ELSEIF MODBUS_BIT(60)=ON THEN''''''''''''''''''回零
        IF MODBUS_BIT(0)=1 THEN''''''''''''''''''''''''为仿真模式
            BASE(0)
            MOVEABS(0)
            WAIT IDLE
            MODBUS_BIT(60)=OFF
```

```
            ELSE
                BASE(0)
                AXIS_STOPREASON=0
                DATUM(3)
                WAIT IDLE
                IF AXIS_STOPREASON<>0 THEN
                    ?"回零失败"
                ENDIF
                MODBUS_BIT(60)=OFF
            ENDIF
        ENDIF

        IF MODBUS_BIT(8)=ON THEN''''''''''''''''用户参数保存
            gCutLength=MODBUS_IEEE(190)
            gMoveRange=MODBUS_IEEE(184)
            gStartPos=MODBUS_IEEE(186)
            gFolDis=MODBUS_IEEE(188)
            FLASH_WRITE 1,gFlagUser,gCutLength,gMoveRange,gStartPos,gFolDis
            ?"用户参数写入成功"
            MODBUS_BIT(8)=OFF
        ELSEIF MODBUS_BIT(9)=ON THEN''''''''''机械参数保存
            gMainPerDis=MODBUS_IEEE(80)
            gMainPerPls=MODBUS_IEEE(82)
            gFolPerDis=MODBUS_IEEE(84)
            gFolPerPls=MODBUS_IEEE(86)
            FLASH_WRITE 0,gFlagMec,gMainPerDis,gMainPerPls,gFolPerDis,gFolPerPls
            ?"机械参数写入成功"
            MODBUS_BIT(9)=OFF
        ENDIF
    WEND
    END
```

3．TaskAutoRun.bas

```
    '''追剪加工参数定义，可通过触摸屏界面设置数值
    DIM lFolAxisAccdis''''''''''''''''''''''''''''从轴前进阶段的加速距离
    DIM lFolAxisFoldis''''''''''''''''''''''''''''从轴同步阶段的同步距离
    DIM lMainAxisAccdis''''''''''''''''''''''''''从轴加速阶段主轴的位移
    DIM lmainAxisBackDis''''''''''''''''''''''''从轴返回时主轴的位移

    IF MODBUS_BIT(0)=ON THEN
        ATYPE(gAxisMian)=0
        VMOVE(1) AXIS(gAxisMian)''''''''主轴持续运动
    ELSE
```

```
        ATYPE(gAxisMian)=3'主轴设为编码器轴
    ENDIF

    WHILE 1
        SubDataCustom'调用同步参数计算子函数
        MOVESLINK(lFolAxisAccdis,lMainAxisAccdis,0,1,gAxisMian)axis(gAxisFol)'切刀向前加速
        MOVESLINK(gFolDis,gFolDis,1,1,gAxisMian)axis(gAxisFol)'切刀向前同步
        MOVESLINK(lFolAxisAccdis,lMainAxisAccdis,1,0,gAxisMian)axis(gAxisFol)'切刀向前减速
        MOVESLINK(-1*gMoveRange,lmainAxisBackDis,0,0,gAxisMian)axis(gAxisFol)'切刀返回
        WAIT LOADED(gAxisFol)'等待从轴停止
        MODBUS_LONG(200)=MODBUS_LONG(200)+1'当前产量+1
        IF gStatus=3 THEN'任务结束转手动
            RUN "TaskHands.bas",1'开启手动任务
            gStatus=1'当前状态记录
            MODBUS_BIT(3)=OFF
            END
        ENDIF
    WEND
    END

    SUB SubDataCustom()'同步参数计算
        lFolAxisAccdis=(gMoveRange-gFolDis)/2
        lMainAxisAccdis=2*lFolAxisAccdis
        lmainAxisBackDis=gCutLength-lMainAxisAccdis*2-gFolDis
    END SUB
```

4. HMI 组态界面

1）工作画面（主界面）

主轴速度：获取主轴轴 6 的运动速度并显示。

从轴位置：获取从轴轴 0 的编码器反馈位置 MPOS。

当前产量：产量从 0 开始计数，每追剪 1 次，产量加 1。掉电自动保存产量，上电读取。设置 MODBUS_LONG(200)修改产量。

剪切长度：型材上工件的剪切长度。也就是说，在一个追剪周期内，工件的运动距离是 200mm，追剪轴在 200mm 内要完成剪切并回到初始位置。

仿真关闭/开启：默认仿真关闭，可下载到控制器运行；仿真开启后，可在仿真平台上运行。

- 启动：启动追剪加工任务，并循环加工。
- 停止：停止追剪任务，此时可进行手动控制。
- 紧急停止：快速停止追剪任务和手动任务，并停止所有轴。
- 设备状态：调用状态标志位，不同的值显示不同的文本。gStatus=0：紧急停止，gStatus=1：Hand，gStatus=2：Auto，gStatus=3：Pause。
- 手动运动：打开"手动运动"界面。

◆ 参数设置：打开“参数设置”界面。
◆ 工作画面：打开主界面，如图 8-16 所示。

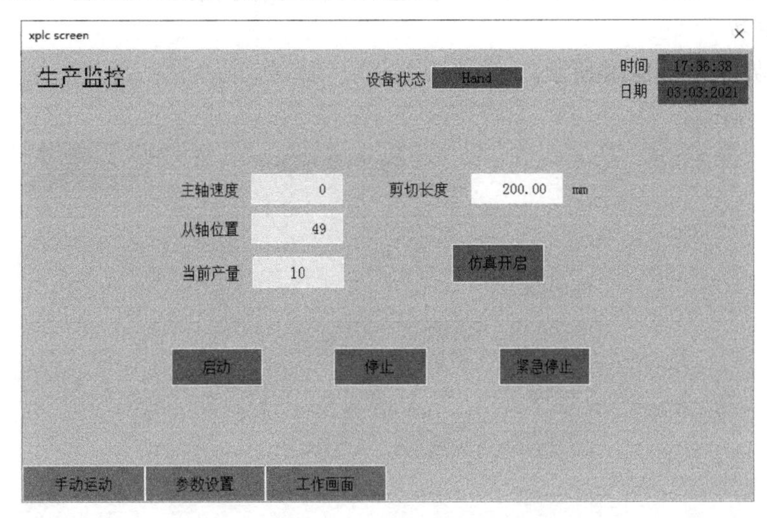

图 8-16　主界面

2）参数设置

飞剪参数和机械参数设有初始值，用户可在图 8-17 所示“参数设置”界面中自定义输入数据。

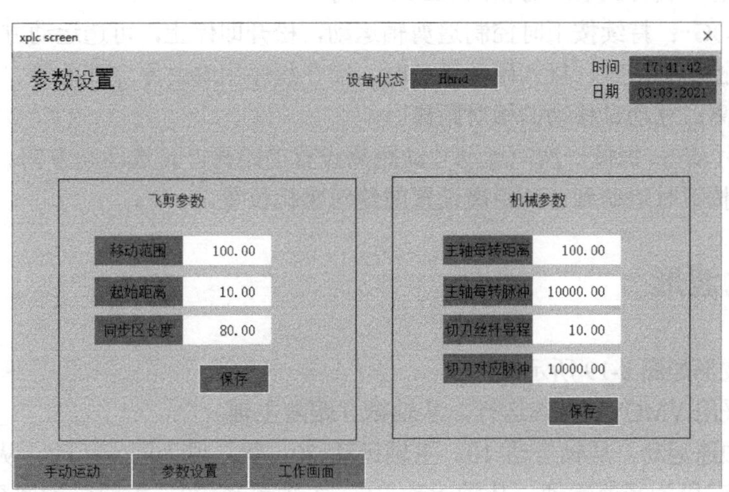

图 8-17　“参数设置”界面

◆ 移动范围：追剪轴的运动距离。
◆ 起始距离：追剪轴跟随主轴加速阶段的运动距离，加速阶段结束时，追剪轴速度与主轴速度一致，即为同步。
◆ 同步区长度：两轴同步时的运动距离。
◆ 主轴每转距离：主轴转一圈移动的距离。
◆ 主轴每转脉冲：主轴转一圈所需脉冲数。
◆ 切刀丝杆导程：追剪轴转一圈，丝杆移动的距离。

◆ 切刀对应脉冲：追剪轴转一圈所需脉冲数。

以上参数设置完成后，单击“保存”按钮，可将数据存储到 Flash 块。

3）*手动运动*

手动运动界面如图 8-18 所示。

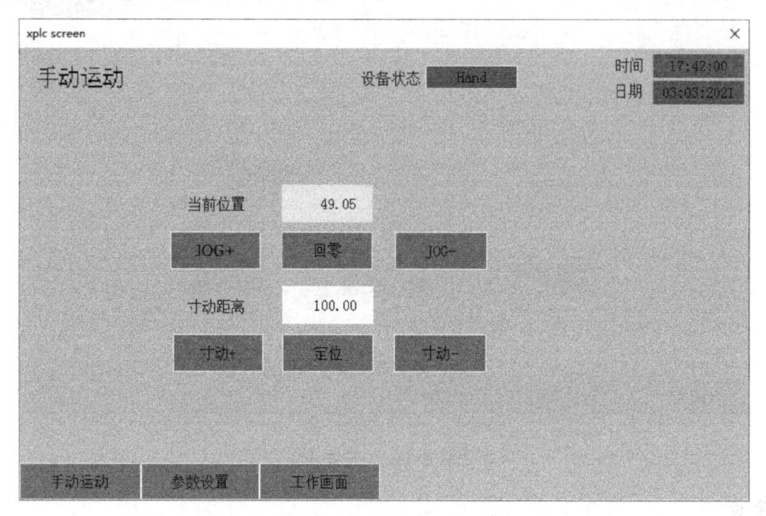

图 8-18 “手动运动”界面

◆ 当前位置：实时获取追剪轴的 MPOS 显示。

◆ JOG+/JOG−：持续按下时控制追剪轴运动，松开即停止，可选运动方向。

◆ 回零：控制轴回零，接入硬件设备时，需在程序中映射原点开关等。

◆ 寸动距离：寸动时移动的相对距离。

◆ 寸动+/寸动−：每按一次，运动寸动距离设置的距离，可选运动方向。

◆ 定位：按下时运动到寸动距离设置的绝对坐标位置。

8.3.4 运动波形

追剪运行波形如图 8-19 所示。

主轴轴 6 采用 VMOVE 持续运行，从轴轴 0 跟随主轴。

第一段为加速运动，从轴运动 10，主轴运动 20；第二段为同步运动，从轴运动 80，主轴运动 80；第三段为减速运动，从轴运动 10，主轴运动 20；第四段为回复运动，从轴运动−100，主轴运动 80。

在一个追剪周期内，从轴运动的绝对距离为 10+80+10−100=0，主轴运动的绝对距离为 20+80+20+80=200，两轴的相对运动距离都是 200。

与本章内容相关的“正运动小助手”微信公众号文章和视频讲解

1. 快速入门|篇十九：正运动技术运动控制器多轴同步与电子凸轮指令简介
2. 离线仿真调试，加快项目进度
3. 运动控制器之追剪应用 Demo

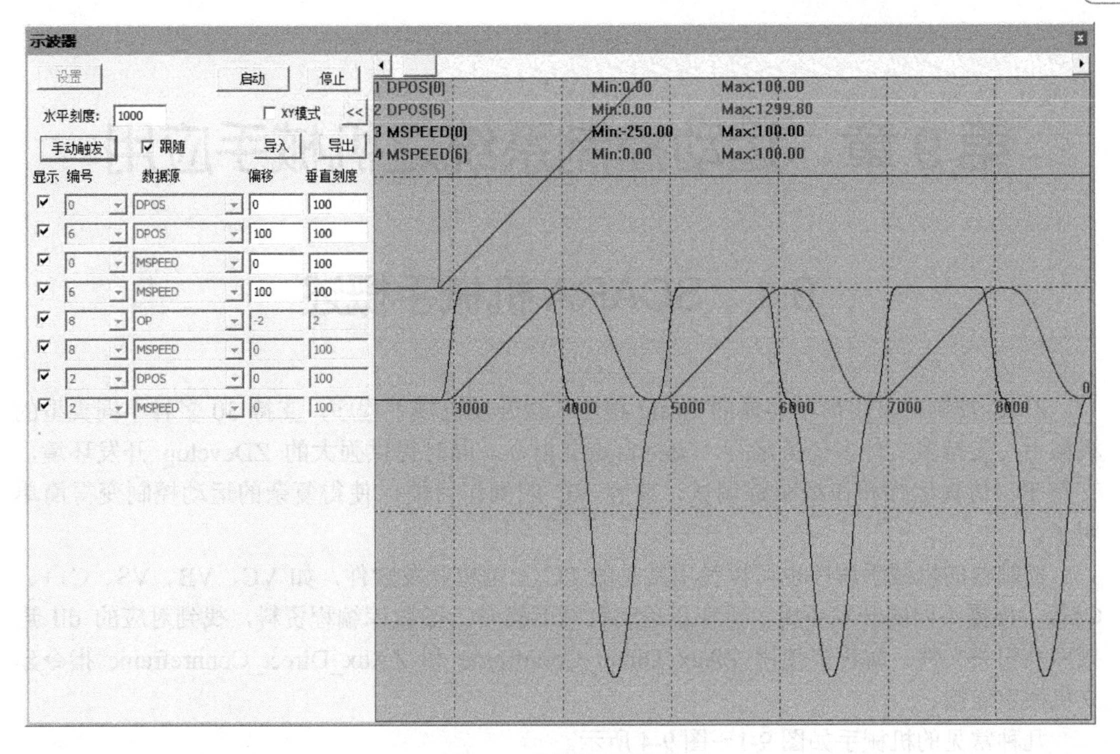
示波器
设置
启动
停止
水平刻度: 1000
XY模式
<<
手动触发
跟随
导入
导出
显示 编号 数据源 偏移 垂直刻度
1 DPOS(0) Min:0.00 Max:100.00
2 DPOS(6) Min:0.00 Max:1299.80
3 MSPEED(0) Min:-250.00 Max:100.00
4 MSPEED(6) Min:0.00 Max:100.00
3000
4000
5000
6000
7000
8000

图 8-19　追剪运动波形

第 9 章　运动控制系统之机械手应用

9.1　SCARA 机械手概述

ZMC 控制器采用简单易懂的 Basic 程序二次开发机械手程序，支持 30 多种不同类型的机械手，支持多文件多任务运行，支持自定义指令，同时提供强大的 ZDevelop 开发环境，支持 PC 仿真运行和在线跟踪调试，兼容 VC 的操作习惯，使得复杂的运动控制变得简单明了。

控制器的机械手程序也可以使用常见的 PC 上位机开发软件，如 VC、VB、VS、C++、C#等，根据不同的开发环境，可在正运动官网下载 PC 函数库编程资料，找到对应的 dll 连接库及相关文件。编程中使用 ZAux_Direct_Connframe 和 ZAux_Direct_Connreframe 指令建立机械手连接。

几种常见的机械手如图 9-1～图 9-4 所示。

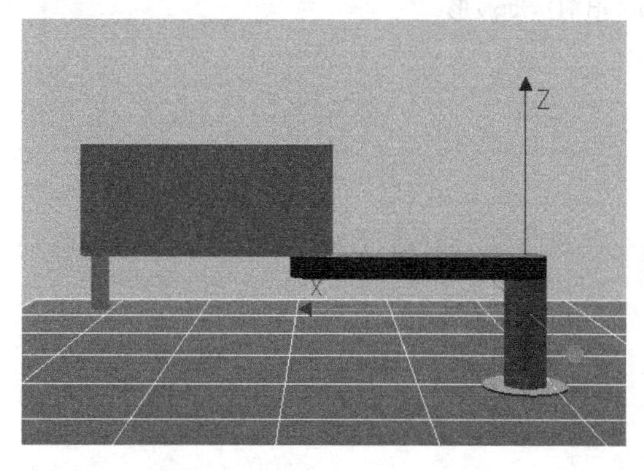

图 9-1　标准 SCARA 机械手

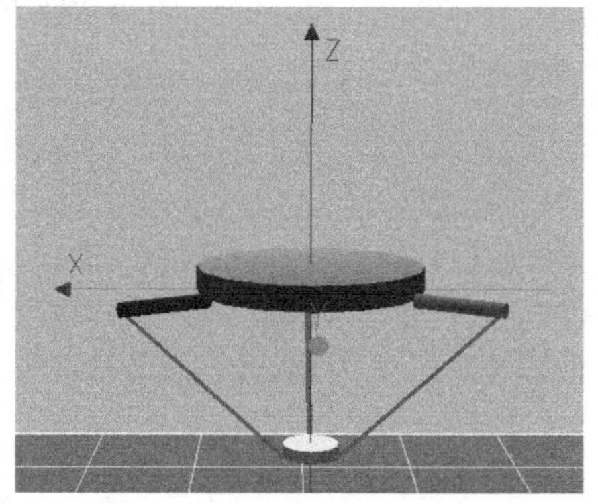

图 9-2　2～3 轴 DELTA 机械手

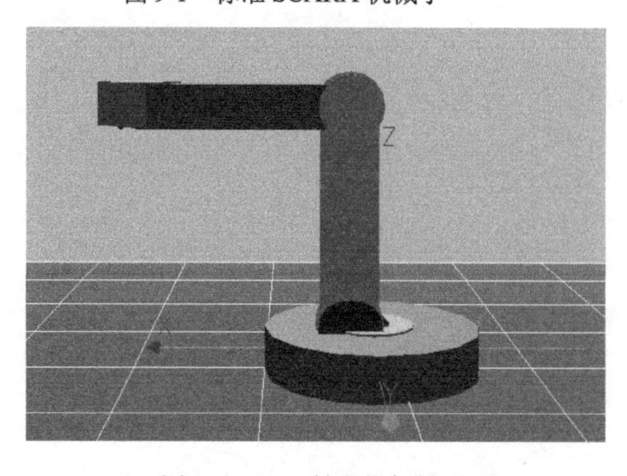

图 9-3　3～4 轴码垛机械手

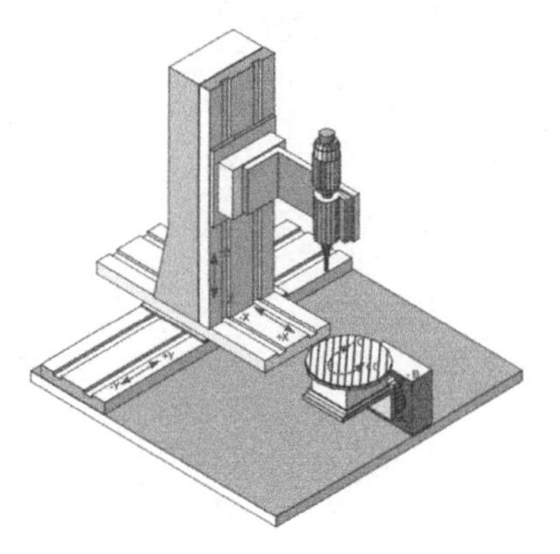

图 9-4　双旋转台

本节以 SCARA 机械手为例介绍机械手的使用。

SCARA（Selective Compliance Assembly Robot Arm，选择顺应性装配机器手臂）是一种圆柱坐标型特殊工业机器人。SCARA 机械手可以被制造成各种尺寸，最常见的工作半径在 100mm 至 1000mm 之间，此类 SCARA 机械手的净载重量在 1kg 至 200kg 之间。

SCARA 机械手具有两个能在水平面内旋转的串联机械臂，依靠两个旋转关节实现 *XY* 平面的快速定位，另外在 *Z* 方向具有一个伸缩轴和一个末端旋转轴，适用于搬取零件和装配工作，大量应用于装配印制电路板、电子零部件、集成电路板，在塑料、汽车、电子产品、药品和食品等工业领域也有广泛的应用。

ZBasic 编程的 CONNFRAME 机械手逆解指令使 SCARA 机械手运动的编程十分简易、方便，且在运动过程中电动机运动平滑、精准。ZMC 产品性能及品质得到了客户的一致认可，正运动技术也可针对不同客户的不同需求定制特殊的指令及控制器型号。

9.2　系统架构

9.2.1　SCARA 机械手

SCARA 机械手外观如图 9-5 所示，支持 2～4 轴。

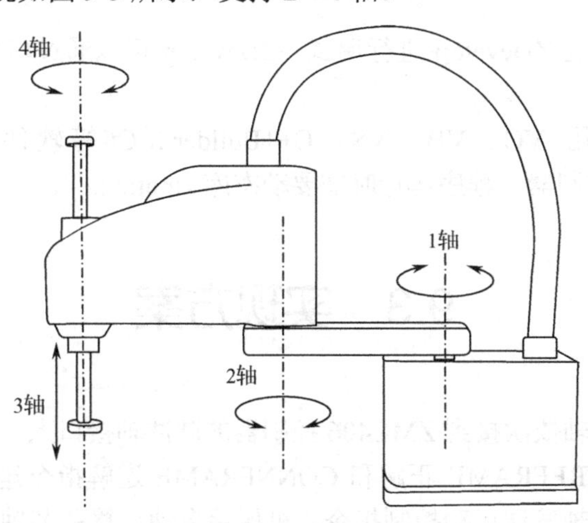

图 9-5　SCARA 机械手外观

图 9-5 所示为标准四轴 SCARA 机械手，包括两个关节轴（X 轴和 Y 轴）、一个 Z 轴和一个末端旋转轴（R 轴）。两个关节轴在 XY 平面内运动。

控制器需要支持机械手功能，采用脱机方式将编写好的程序下载到控制器（也可用 PC 监视或实时发送指令），再利用触摸屏示教的方式编辑需要的运动轨迹。

9.2.2 ZMC406 控制器

控制机械手时，使用任意支持机械手算法的控制器型号均可，这里采用 ZMC406 控制器，外观如图 9-6 所示。

ZMC406 控制器是正运动推出的新一代网络六轴控制器（可通过扩展模块来扩展轴，最多可支持 32 轴），自带六个脉冲轴接口。

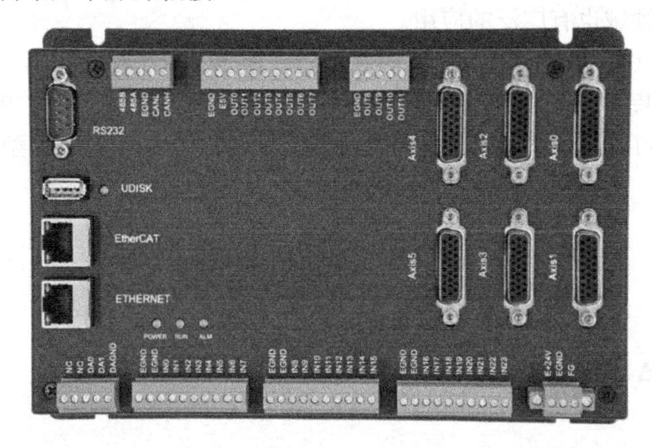

图 9-6 ZMC406 控制器

ZMC406 控制器通过 ZDevelop 进行调试。ZDevelop 可以通过串口、USB 或以太网与控制器建立连接。

应用程序可以使用 VC、VB、VS、C++Builder、C#等软件开发。调试时可以把 ZDevelop 同时连接到控制器，程序运行时需要动态库 zmotion.dll。

9.3 实现方案

将机械手上的关节轴依次接到 ZMC406 控制器的脉冲轴接口上。在支持机械手功能的控制平台上，通过 CONNREFRAME 正解和 CONNFRAME 逆解指令建立机械手实际关节轴与虚拟轴的连接，给虚拟轴发送运动控制指令，机械手自动计算关节轴的运动路径，从而控制关节轴运动。

程序可以通过运动指令（所有运动指令都可以使用）控制关节轴或虚拟轴运动，但同一时刻只能控制一种轴。控制关节轴运动时，虚拟轴需要位于 CONNREFRAME 正解模式（MTYPE 运动类型值为 34），从而自动指向当前的空间坐标；控制虚拟轴运动时，关节轴需要位于 CONNFRAME 逆解模式（MTYPE 运动类型值为 33），从而自动指向当前的关节轴坐标。

通过 CANCEL 或 RAPIDSTOP 指令可以取消机械手模式。

只要控制器的轴数足够多，就可以支持多个机械手。

9.4　机械手相关概念

9.4.1　坐标系

坐标系是为确定机械手的位置和姿态而在机械手或空间上定义的位置坐标系统。

1．关节坐标系

机械手上的实际电动机轴一般称为关节轴，用于驱动连接的连杆旋转，一般单位为度。这些关节轴的坐标系统称关节坐标系，如图 9-7 所示。操作其中的某个轴不影响其他轴，此坐标系一般用于调整机械手的位置姿态。

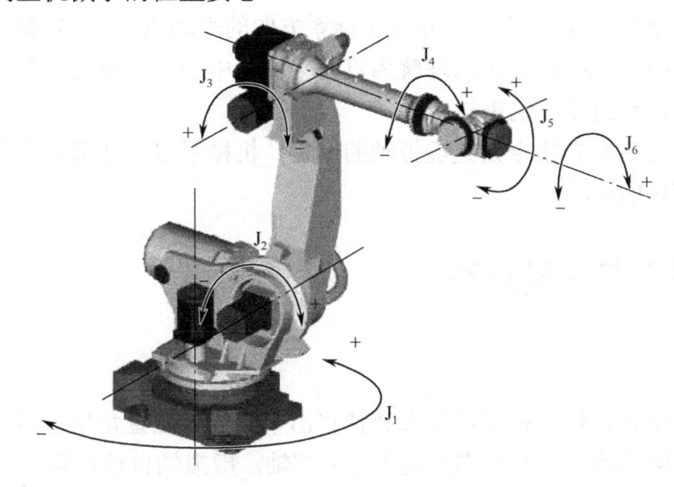

图 9-7　关节坐标系

2．世界坐标系和用户坐标系

用于确定末端工作点的三维空间位置，即操作末端位置时，各关节轴会自动计算如何转动。为了使用更便捷，可自行选择参考点建立坐标系，控制器提供 FRAME_ROTATE 工件坐标系转换指令直接设置坐标系。

世界坐标系是被固定在空间上的标准直角坐标系，其位置根据机械手类型而定，如图 9-8 所示。

用户坐标系（工件坐标系）是用户对各个作业空间进行定义的直角坐标系，用于位置寄存器的示教和执行、位置补偿指令的执行等。在没有定义时，将由世界坐标系替代用户坐标系。

机械手计算的主要目的就是将关节坐标系和上述两种直角坐标系建立连接。

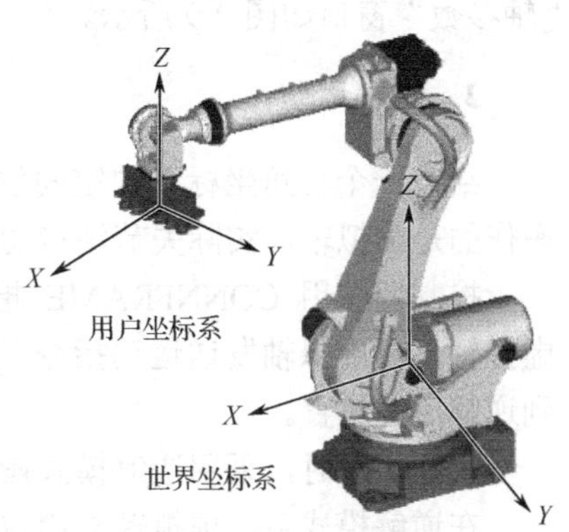

图 9-8　世界坐标系

9.4.2 关节轴与虚拟轴

1．关节轴

关节轴是指实际机械结构中的旋转关节，在程序中一般显示旋转角度（在某些结构中也是平移轴）。

由于电动机与旋转关节轴运动存在减速比，所以设置 UNITS 时要按照实际关节轴旋转一圈来设置，同时 TABLE 中填写结构参数时也要依据旋转关节轴中心计算，而不是按照电动机轴中心计算。

2．虚拟轴

虚拟轴不是实际存在的轴，而是抽象为世界坐标系的六个自由度（物体在空间上完全没有约束，最多有六个自由度），即三个正交坐标系方向的平动 X、Y、Z 轴，和分别绕这三个方向旋转的 RX、RY、RZ 轴，可以理解为直角坐标系中的三个直线轴和三个旋转轴，用来确定机械手末端工作点的加工轨迹与坐标。

加工时，使用运动控制指令设置虚拟轴的坐标，机械手自动计算各个关节轴的运动量，从而控制实际关节轴的运动。

9.4.3 正解运动与逆解运动

1．正解运动

通过控制关节坐标，根据机械结构参数计算出末端位置在直角坐标系中的空间位置，这个运动过程称为正解运动，此时操作的是实际关节轴，虚拟轴自动计算坐标。

控制器使用 CONNREFRAME 指令建立正解模式，此指令作用在虚拟轴上，此时只能操作关节轴，关节轴可以做各种运动，但实际运动轨迹不是直线、圆弧。正解模式一般用于手动调整关节位置或上电点位回零。

在正解模式下，虚拟轴被锁定，不能动作，虚拟轴的 MTYPE 显示 34，IDLE 始终为 0，“轴参数”窗口如图 9-9 所示。

2．逆解运动

给定一个直角坐标系的空间位置，反推出各关节轴坐标，这个过程称为逆解运动，此时操作的是虚拟轴，实际关节轴自动计算坐标并运动。

控制器使用 CONNFRAME 指令建立逆解模式，此指令作用在关节轴上，此时只能操作虚拟轴，对虚拟轴发送运动指令，使其做直线、圆弧、空间圆弧等运动，关节轴会自动运动到逆解后的位置。

实际加工时，采用逆解模式操作虚拟轴；需要调整关节轴姿态时，切换到正解模式。

在逆解模式下，虚拟轴被锁定，不能动作，关节轴的 MTYPE 显示 33，IDLE 始终为 0，“轴参数”对话框如图 9-10 所示。

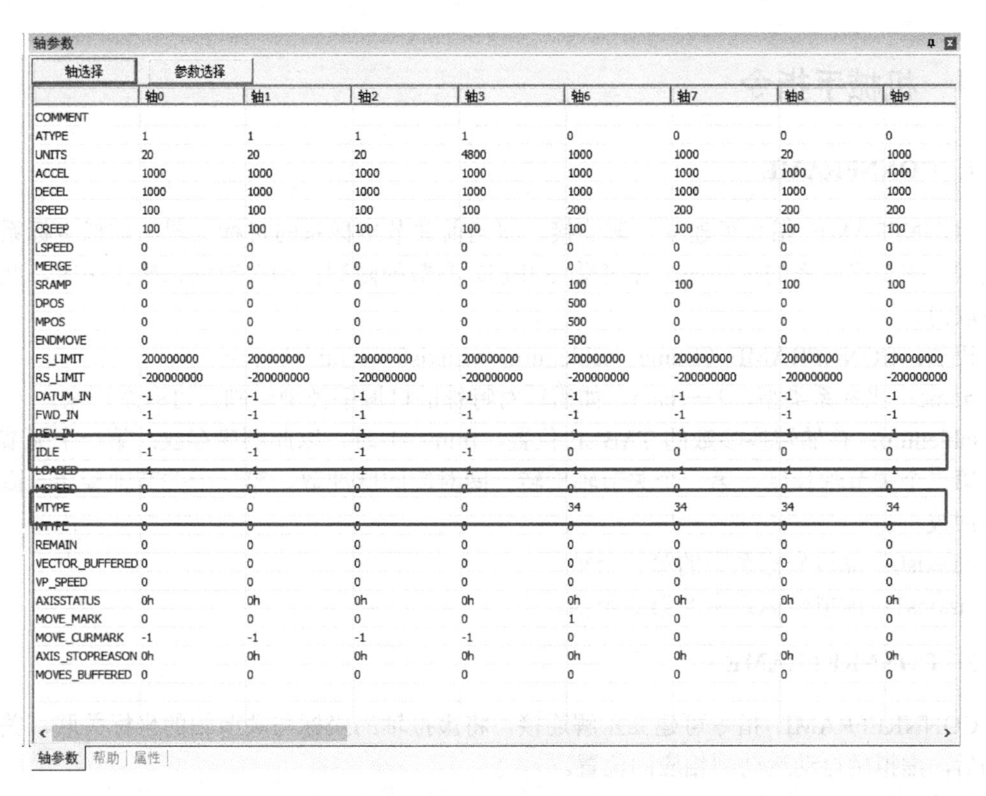

轴参数

轴选择　参数选择

	轴0	轴1	轴2	轴3	轴6	轴7	轴8	轴9
COMMENT								
ATYPE	1	1	1	1	0	0	0	0
UNITS	20	20	20	4800	1000	1000	20	1000
ACCEL	1000	1000	1000	1000	1000	1000	1000	1000
DECEL	1000	1000	1000	1000	1000	1000	1000	1000
SPEED	100	100	100	100	200	200	200	200
CREEP	100	100	100	100	100	100	100	100
LSPEED	0	0	0	0	0	0	0	0
MERGE	0	0	0	0	0	0	0	0
SRAMP	0	0	0	0	100	100	100	100
DPOS	0	0	0	0	500	0	0	0
MPOS	0	0	0	0	500	0	0	0
ENDMOVE	0	0	0	0	500	0	0	0
FS_LIMIT	200000000	200000000	200000000	200000000	200000000	200000000	200000000	200000000
RS_LIMIT	-200000000	-200000000	-200000000	-200000000	-200000000	-200000000	-200000000	-200000000
DATUM_IN	-1	-1	-1	-1	-1	-1	-1	-1
FWD_IN	-1	-1	-1	-1	-1	-1	-1	-1
REV_IN	-1	-1	-1	-1	-1	-1	-1	-1
IDLE	-1	-1	-1	-1	0	0	0	0
LOADED	-1	-1	-1	-1	-1	-1	-1	-1
MSPEED	0	0	0	0	0	0	0	0
MTYPE	0	0	0	0	34	34	34	34
NTYPE	0	0	0	0	0	0	0	0
REMAIN	0	0	0	0	0	0	0	0
VECTOR_BUFFERED	0	0	0	0	0	0	0	0
VP_SPEED	0	0	0	0	0	0	0	0
AXISSTATUS	0h	0h	0h	0h	0h	0h	0h	0h
MOVE_MARK	0	0	0	0	1	0	0	0
MOVE_CURMARK	-1	-1	-1	-1	0	0	0	0
AXIS_STOPREASON	0h	0h	0h	0h	0h	0h	0h	0h
MOVES_BUFFERED	0	0	0	0	0	0	0	0

轴参数　帮助　属性

图 9-9　正解模式的“轴参数”对话框

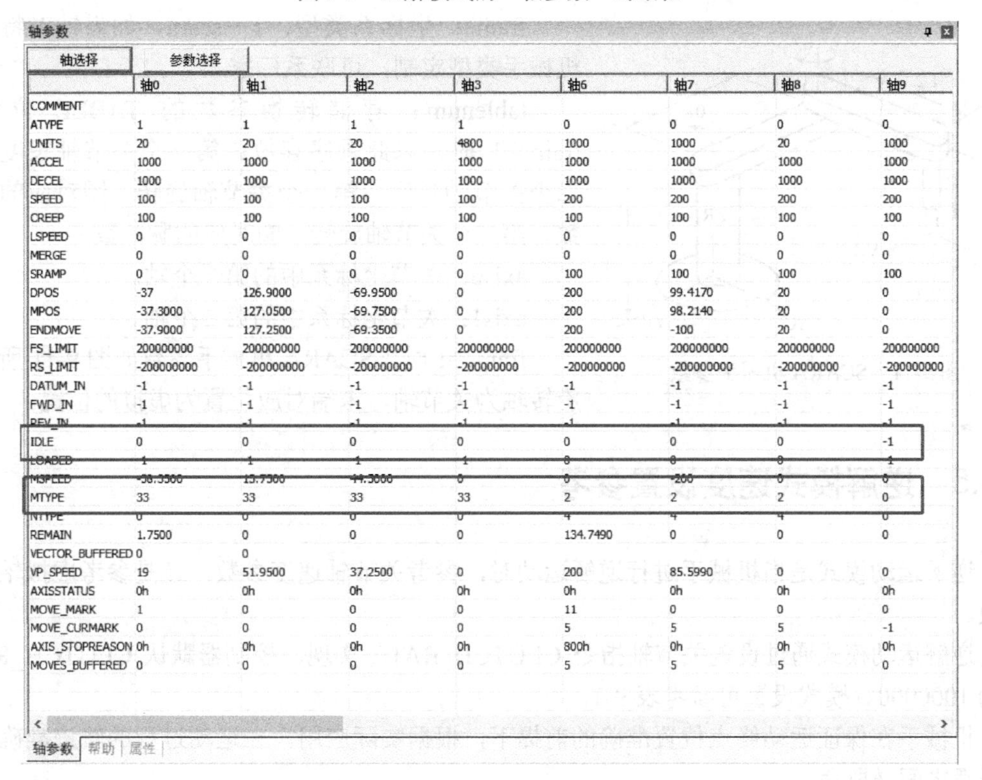

轴参数

轴选择　参数选择

	轴0	轴1	轴2	轴3	轴6	轴7	轴8	轴9
COMMENT								
ATYPE	1	1	1	1	0	0	0	0
UNITS	20	20	20	4800	1000	1000	20	1000
ACCEL	1000	1000	1000	1000	1000	1000	1000	1000
DECEL	1000	1000	1000	1000	1000	1000	1000	1000
SPEED	100	100	100	100	200	200	200	200
CREEP	100	100	100	100	100	100	100	100
LSPEED	0	0	0	0	0	0	0	0
MERGE	0	0	0	0	0	0	0	0
SRAMP	0	0	0	0	100	100	100	100
DPOS	-37	126.9000	-69.9500	0	200	99.4170	20	0
MPOS	-37.3000	127.0500	-69.7500	0	200	98.2140	20	0
ENDMOVE	-37.9000	127.2500	-69.3500	0	200	-100	20	0
FS_LIMIT	200000000	200000000	200000000	200000000	200000000	200000000	200000000	200000000
RS_LIMIT	-200000000	-200000000	-200000000	-200000000	-200000000	-200000000	-200000000	-200000000
DATUM_IN	-1	-1	-1	-1	-1	-1	-1	-1
FWD_IN	-1	-1	-1	-1	-1	-1	-1	-1
REV_IN	-1	-1	-1	-1	-1	-1	-1	-1
IDLE	0	0	0	0	0	0	0	-1
LOADED	-1	-1	-1	-1	0	0	0	-1
MSPEED	-38.3500	13.7500	-44.3000	0	0	-200	0	0
MTYPE	33	33	33	33	2	2	2	0
NTYPE	0	0	0	0	4	4	4	0
REMAIN	1.7500	0	0	0	134.7490	0	0	0
VECTOR_BUFFERED	0	0						
VP_SPEED	19	51.9500	37.2500	0	200	85.5990	0	0
AXISSTATUS	0h	0h	0h	0h	0h	0h	0h	0h
MOVE_MARK	1	0	0	0	11	0	0	0
MOVE_CURMARK	0	0	0	0	5	5	5	-1
AXIS_STOPREASON	0h	0h	0h	0h	800h	0h	0h	0h
MOVES_BUFFERED	0	0	0	0	5	5	5	0

轴参数　帮助　属性

图 9-10　逆解模式的“轴参数”对话框

9.4.4 机械手指令

1. CONNFRAME

CONNFRAME 指令可建立逆解连接，将当前关节坐标系的目标位置与虚拟坐标系的位置关联；关节坐标系的运动最大速度受 SPEED 参数的限制；当关节轴报警出错时，此运动会被取消。

语法：CONNFRAME（frame，tablenum，viraxis0，viraxis1）

frame：坐标系类型，1—scara，如需针对特殊的机械手类型定制，可联系厂家。

tablenum：存储转换参数的 TABLE 位置，frame=1 时，以此顺序存放：第一个关节轴长度、第二个关节轴长度、第一个关节轴旋转一圈对应的脉冲数、第二个关节轴旋转一圈对应的脉冲数。

viraxis0：虚拟坐标系中的第一个轴。

viraxis1：虚拟坐标系中的第二个轴。

2. CONNREFRAME

CONNREFRAME 指令可建立正解连接，将虚拟轴的坐标与关节轴的坐标关联，关节轴运动后，虚拟轴自动运动到相应的位置。

语法：CONNREFRAME（frame，tablenum，viraxis0，viraxis1）

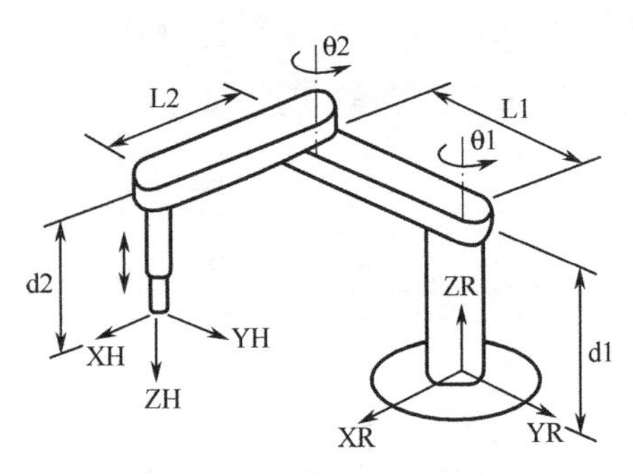

图 9-11　SCARA 机械手参数

frame：坐标系类型，1—scara，如需针对特殊的机械手类型定制，可联系厂家。

tablenum：存储转换参数的 TABLE 位置，frame=1 时，以此顺序存放：第一个关节轴长度、第二个关节轴长度、第一个关节轴旋转一圈对应的脉冲数、第二个关节轴旋转一圈对应的脉冲数。

axis0：关节坐标系中的第一个轴。

axis1：关节坐标系中的第二个轴。

frame=1 时，SCARA 机械手参数如图 9-11 所示，旋转轴为关节轴，末端对应位置为虚拟的位置。

9.4.5 逆解模式速度设置参考

逆解运动模式是指机械手进行逆解运动时，参考关节轴速度参数，还是参考虚拟轴速度参数。

逆解运动模式通过设置关节轴指令 CLUTCH_RATE 实现，控制器默认 CLUTCH_RATE 值为 1000000。模式设置可参考表 9-1。

机械手在保证运动终点位置准确的前提下，根据实际应用，在运动过程的轨迹准确与速度平滑之间做取舍。

表 9-1　逆解运动模式设置

CLUTCH_RATE	运 动 模 式	模 式 描 述
0	平滑模式	关节轴使用自己的速度和加速度进行速度规划，速度平滑，但只能保证运动终点位置正确，运动轨迹会有变形
非 0	强制模式	关节轴完全按照虚拟轴的速度和加速度进行速度规划，可保证运动轨迹准确，但高速时可能会产生抖动

9.4.6　关节轴插补

在逆解模式下，虚拟轴插补使用 Basic 运动指令控制；但正解模式下，直接用 MOVE 指令操作关节轴，即使角度计算正确，末端工作点的运动轨迹也不能保证为直线。关节轴插补需要使用专门的指令，MOVER_L 指令可以保证关节轴的运动轨迹为准确的直线。

关节轴插补有如下三个指令：MOVER_L 直线插补、MOVER_C 平面圆弧插补、MOVER_C3 空间圆弧插补。

使用 MOVER_L 等指令不支持运动中 ADDAX 指令脉冲叠加。

9.5　机械手使用步骤

机械手使用步骤如下。

（1）确认电动机转向是否正确。

电动机转向的定义如图 9-5 中的箭头所示，逆时针旋转为正方向。

机械手关节轴的角度或移动范围参考如表 9-2 所示。

表 9-2　关节轴的角度或移动范围参考

轴	角度或移动范围
大关节轴	$(-2\pi, 2\pi)$
小关节轴	$(-2\pi, 2\pi)$
末端旋转轴	无限制
上下伸缩轴	由机械结构限制

（2）确认各关节轴对应到控制器指令参数的轴顺序。

选择各关节轴轴号和对应的虚拟轴轴号，关节轴的轴号定义见表 9-3，虚拟轴的轴号定义见表 9-4。

表 9-3　关节轴的轴号定义

关 节 轴	定 义 简 写
大关节轴电动机	Axis_a
小关节轴电动机	Axis_b

续表

关节轴	定义简写
末端旋转轴电动机	Axis_c
上下伸缩轴电动机	Axis_d

表 9-4　虚拟轴的轴号定义

虚拟轴	定义简写
平移轴 X	Viraxis_x
平移轴 Y	Viraxis_y
旋转轴 RZ	Viraxis_v
平移轴 Z	Viraxis_z

（3）在 TABLE 中设置机械结构参数。

建立机械手连接时，需要将机械结构参数按照表 9-5 中的顺序填写到 TABLE 中。

表 9-5　机械结构参数

参数	说明
tablenum	存储转换参数的 TABLE 索引地址
L1	大关节轴旋转中心到小关节轴旋转中心的距离
L2	小关节轴旋转中心到末端旋转轴旋转中心的距离
Pules1OneCircle	大关节旋转一圈对应的脉冲数
Pules2OneCircle	小关节旋转一圈对应的脉冲数
Pules3OneCircle	末端旋转轴旋转一圈对应的脉冲数
L3	末端旋转轴旋转中心到末端工作点的距离
ZDis	末端旋转轴旋转一圈，伸缩轴移动的距离

（4）设置关节轴参数及虚拟轴参数。

各轴的轴类型和脉冲当量要设置正确，如表 9-6 所示。机械手所有虚拟轴和关节轴的长度单位要统一，一般都是 mm。

表 9-6　轴参数设置

轴号	ATYPE（轴类型）	UNITS 脉冲当量
Axis_a	根据当前轴的类型设置 1 或 4 或 7 或 65 或 50	Pules1OneCircle/360
Axis_b		Pules2OneCircle/360
Axis_c		Pules3OneCircle/360
Axis_d		伸缩轴移动 1mm 对应的脉冲数
Viraxis_x	0（虚拟轴）	1000
Viraxis_y		1000
Viraxis_v		Pules3OneCircle/360
Viraxis_z		1000

虚拟轴的 UNITS 数与实际发送脉冲数无关，用于设置运动精度，虚拟轴 1mm 对应的脉冲数一般建议为 1000，表示精确到小数点后三位。

（5）移动各关节轴到规定的零点位置。

机械手进行计算时，需要有零点位置作为参考，同时需要确定电动机转向。

SCARA 的零点位置为两个关节轴的零点成一条直线，指向虚拟 X 轴的正向，如图 9-12 所示。

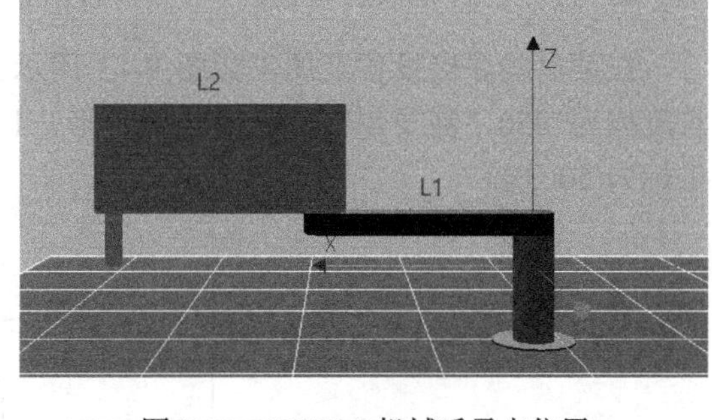

图 9-12　SCARA 机械手零点位置

当关节轴为零点时，虚拟轴零点的坐标为（L1+L2,0）。上下伸缩轴零点位置无特殊要求。

建立逆解连接之后，虚拟轴的 DPOS 坐标自动校正为（L1+L2,0）。

（6）使用 CONNREFARME 指令建立正解模式。

```
BASE(Viraxis_x, Viraxis_y, [Viraxis_v] [,Viraxis_z])
CONNREFRAME(1,tablenum, Axis_a,Axis_b[, Axis_c][,Axis_d])
WAIT LOADED
```

建立正解模式后，虚拟轴 MTYPE 将显示为 34，IDLE 显示为 0，此时只能操作关节轴在关节坐标系中运动，虚拟轴会自动计算末端工作点位于直角坐标系中的位置。

（7）操纵关节轴，调整机械手姿态，确认在运动中不会发生干涉（某些结构只有一个姿态）。

在数学上，机械手姿态是同一组虚拟轴数值的多组关节轴的解，即机械手在笛卡儿坐标系中运动到某一坐标点，可以有多种运动轨迹，这些运动轨迹对应着不同姿态。

SCARA 机械手有两个姿态：左手姿态和右手姿态，只可在正解模式下通过移动关节轴来选择。

当前姿态通过指令 FRAME_STATUS 查询。

在逆解模式下运行时，机械结构会产生无法运动到某一位置或刚体干涉的问题，此时就需要进行姿态的调整。

（8）使用 CONNFARME 指令切换为逆解模式。

```
BASE(Axis_a, Axis_b [,Axis_c] [,Axis_d])
CONNFRAME(1,tablenum, Viraxis_x, Viraxis_y, [Viraxis_v] [,Viraxis_z]) WAIT LOADED
```

建立逆解模式后，关节轴 MTYPE 显示为 33，IDLE 显示为 0。此时只能操作虚拟轴在直角坐标系中运动，关节轴会自动计算如何在关节坐标系中联合运动。

（9）选择虚拟轴，发送运动指令。

```
BASE(Viraxis_x, Viraxis_y[,Viraxis_v] [,Viraxis_z])
MOVE(dis_x, dis_y [,dis_v] [,dis_z])
```

9.6　机械手应用实例

在某自动焊接设备上加工如图 9-13 所示工件，SCARA 机械手的两个关节轴 L1、L2 的长度均为 250，需要焊接的轨迹呈跑道形，1 为初始零点，此时关节轴坐标为(0,0)，虚拟轴坐标为(500,0)。

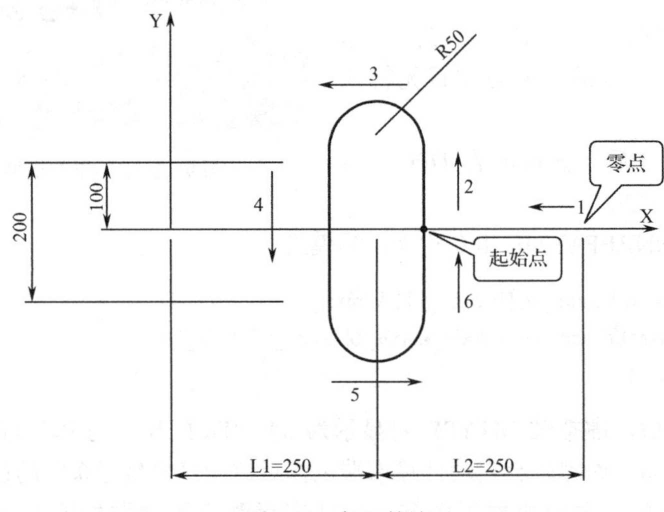

图 9-13　加工轨迹

由零点运动到起始点，在运动第二段时需要起焊，关节轴先回到起始点位置，然后运动到工件上方，同时 Z 轴下降，打开起焊 I/O，延时 50ms（因为焊液打开需要一定时间，否则起始点处会漏焊），然后按轨迹运行。完成跑道形焊接后 I/O 关闭，Z 轴上升。

加工指令代码如下：

```
BASE(6,7,8)                          '启动逆解连接后，使用运动指令控制虚拟轴运行
MOVEABS(300,0,20)                    '第一段，直线，从零点(500,0,0)运动到(300,0,20)
MOVE_OP(0,1)                         '打开起焊 I/O
MOVE_DELAY(50)                       '延时 50ms
MOVEABS(300,100,20)                  '第二段，直线，从起始点(300,0,20)运动到(300,100,20)
MOVECIRCABS(200,100,250,100,0)       '第三段，圆弧，(300,100,20)运动到(200,100,20)
MOVEABS(200,-100,20)                 '第四段，直线，从(200,100,20)运动到(200,-100,20)
MOVECIRCABS(300,-100,250,-100,0)     '第五段，圆弧，(200,-100,20)运动到(300,-100,20)
MOVEABS(300,0,20)                    '第六段，直线，从(300,-100,20)运动到(300,0,20)
MOVE_OP(0,0)                         '加工完成，关闭 I/O
MOVEABS(300,0,50)                    'Z 轴上升
```

XY 模式下的合成轨迹如图 9-14 所示。

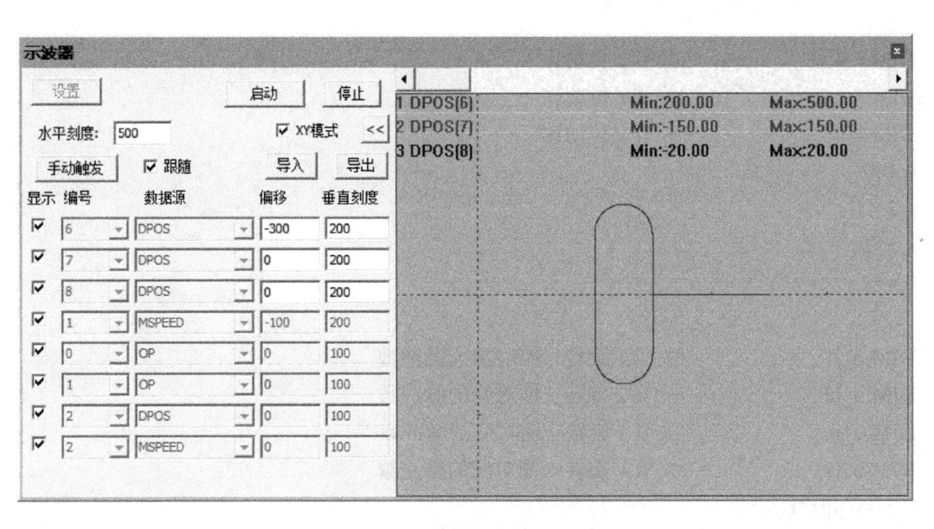

图 9-14　XY 模式下的合成轨迹

程序如下：

```
ERRSWITCH = 3          '全部信息输出
RAPIDSTOP(2)
WAIT IDLE(0)
WAIT IDLE(1)
WAIT IDLE(2)
WAIT IDLE(3)

'**********电动机、机械手参数定义**********
DIM L1                 '大臂长度
DIM L2                 '小臂长度
DIM L3                 'X 方向偏移
DIM ZDis               '旋转轴旋转一圈，Z 轴移动的距离
L1=250
L2=250
L3=0
ZDis=0

DIM u_m1               '电动机 1 转一圈对应的脉冲数
DIM u_m2               '电动机 2 转一圈对应的脉冲数
DIM u_mz               '电动机 z 转一圈对应的脉冲数
DIM u_mv               '电动机 v 转一圈对应的脉冲数
u_m1=3600
u_m2=3600
u_mz=3600
u_mv=3600

DIM i_1                '关节 1 传动比
```

```
DIM i_2                 '关节 2 传动比
DIM i_z                 '关节 z 传动比
DIM i_v                 '关节 v 传动比
i_1=2
i_2=2
i_z=2
i_v=2

DIM u_j1                '关节 1 旋转一圈对应的脉冲数
DIM u_j2                '关节 2 旋转一圈对应的脉冲数
DIM u_jz                '关节 z 旋转一圈对应的脉冲数
DIM u_jv                '关节 v 旋转一圈对应的脉冲数
u_j1=u_m1*i_1
u_j2=u_m2*i_2
u_jz=u_mz*i_z
u_jv=u_mv*i_v

DIM p_z                 'Z 轴螺距
p_z=1.5

'*************关节轴设置*************
BASE(0,1,2,3)                                   '选择关节轴号
ATYPE=1,1,1,1                                   '轴类型设为脉冲轴
UNITS=u_j1/360,u_j2/360,u_jv/360,u_jz/p_z       '把 Z 轴 UNITS 设成 1mm 对应的脉冲数，其余轴设成
                                                1° 对应的脉冲数
DPOS=0,0,0,0                                    '设置关节轴的位置，此处要根据实际情况来修改
SPEED=100,100,100,100                           '速度参数设置
ACCEL=1000,1000,1000,1000
DECEL=1000,1000,1000,1000
CLUTCH_RATE=0,0,0,0                             '使用关节轴的速度和加速度限制

'*************虚拟轴设置*************
BASE(6,7,8,9)
ATYPE=0,0,0,0                                   '设置为虚拟轴
TABLE(0,L1,L2,u_j1,u_j2,u_jv,     L3,ZDis)      '根据手册说明填写参数
UNITS=1000,1000        ,u_jv/360,1000           '运动精度，要提前设置，中途不能修改
SPEED=200,200,200,200                           '速度参数设置
ACCEL=1000,1000,1000,1000
DECEL=1000,1000,1000,1000

SRAMP=100,100,100,100                           'S 曲线
MERGE=ON                                        '开启连续插补
CORNER_MODE=2                                   '启动拐角减速
```

```
DECEL_ANGLE=15*(PI/180)                    '开始减速的角度，15°
STOP_ANGLE=45*(PI/180)                     '降到最低速度的角度，45°

'*************建立机械手连接*************
WHILE 1
    IF SCAN_EVENT(IN(0))>0 THEN            '输入 0 上升沿触发
    '建立正解，操作关节轴调整机械手姿态
        BASE(6,7,8,9)                      '选择虚拟轴号
        CONNREFRAME(1,0,0,1,2,3)           '第 0、1 轴作为关节轴，启动正解连接
        WAIT LOADED                        '等待运动加载
        ?"正解模式"

    ELSEIF SCAN_EVENT(IN(0))<0 THEN        '输入 0 下降沿触发
    '建立逆解，操作虚拟轴运行加工程序
        BASE(0,1,2,3)                      '选择关节轴号
        CONNFRAME(1,0,6,7,8,9)             '第 6、7 轴分别作为虚拟的 X、Y 轴，启动逆解连接
        WAIT LOADED                        '等待运动加载，此时会自动调整虚拟轴的位置
        ?"逆解模式"

        BASE(6,7,8)                        '启动逆解连接后，使用运动指令控制虚拟轴运行
        TRIGGER
        MOVEABS(300,0,20)                  '第一段，直线，从零点(500,0,0)运动到(300,0,20)
        MOVE_OP(0,1)                       '打开起焊 I/O
        MOVE_DELAY(50)                     '延时 50ms
        MOVEABS(300,100,20)                '第二段，直线，从起始焊接点(300,0,20)运动到
                                           (300,100,20)
        MOVECIRCABS(200,100,250,100,0)     '第三段，圆弧，(300,100,20)运动到(200,100,20)
        MOVEABS(200,-100,20)               '第四段，直线，从(200,100,20)运动到(200,-100,20)
        MOVECIRCABS(300,-100,250,-100,0)   '第五段，圆弧，(200,-100,20)运动到(300,-100,20)
        MOVEABS(300,0,20)                  '第六段，直线，从(300,-100,20)运动到(300,0,20)
        MOVE_OP(0,0)                       '加工完成，关闭 I/O
        MOVEABS(300,0,50)                  'Z 轴上升
    ENDIF
WEND
```

9.7 机械手仿真软件

将程序下载到控制器运行，建立正解或逆解连接之后，打开正运动机械手仿真软件 ZRobotView，单击“连接”按钮，弹出如图 9-15 所示“连接控制器”对话框，选择控制器

IP 地址，没有控制器时可连接到仿真器查看效果，仿真器 IP 地址为“127.0.0.1”。

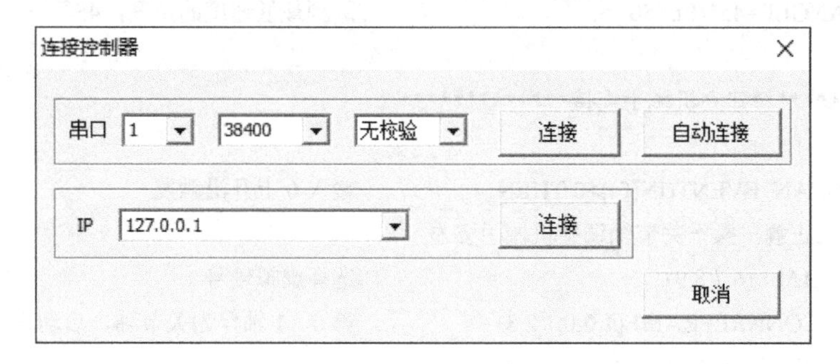

图 9-15 “连接控制器”对话框

单击“连接”按钮即可根据机械手 FRAME 类型显示如图 9-16 所示机械手模型，此时可运行运动指令或进行手动调试，查看机械手的运动情况。

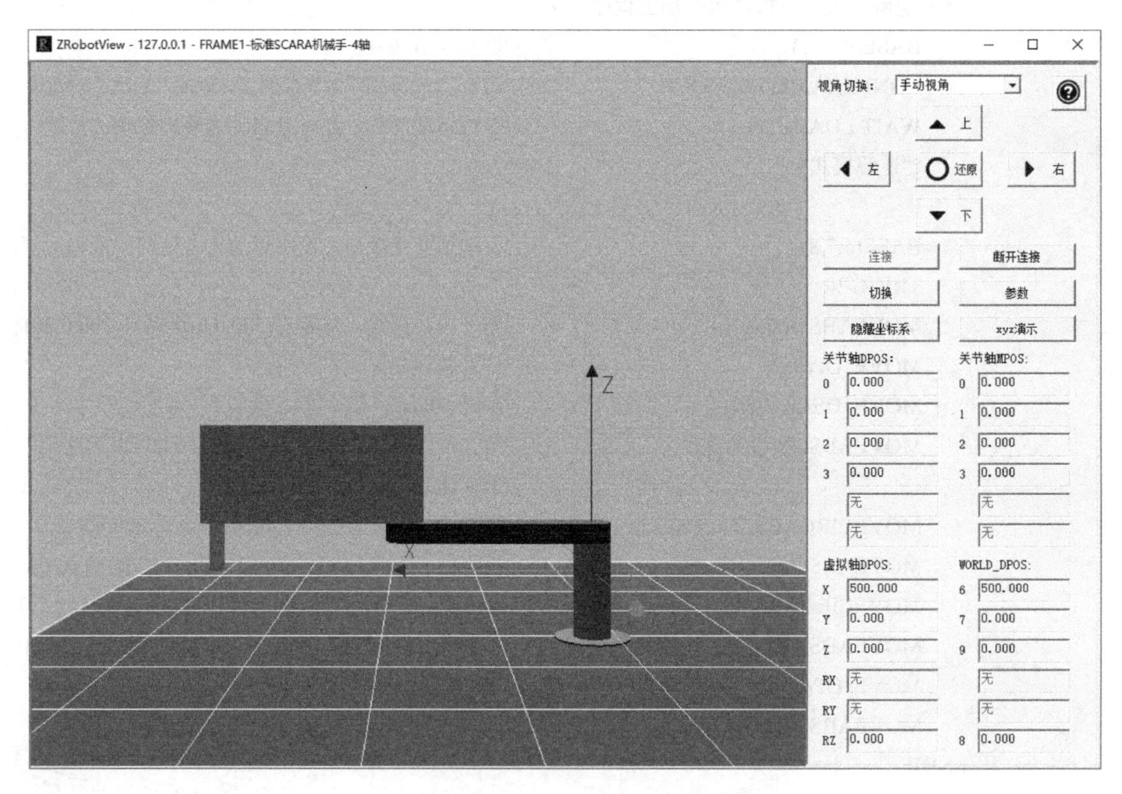

图 9-16 机械手模型

可在“轴参数”对话框查看 MTYPE 的值，确认机械手当前处于何种模式，或者在“在线命令”栏输入指令?*frame，查看机械手模型参数，如图 9-17 所示。

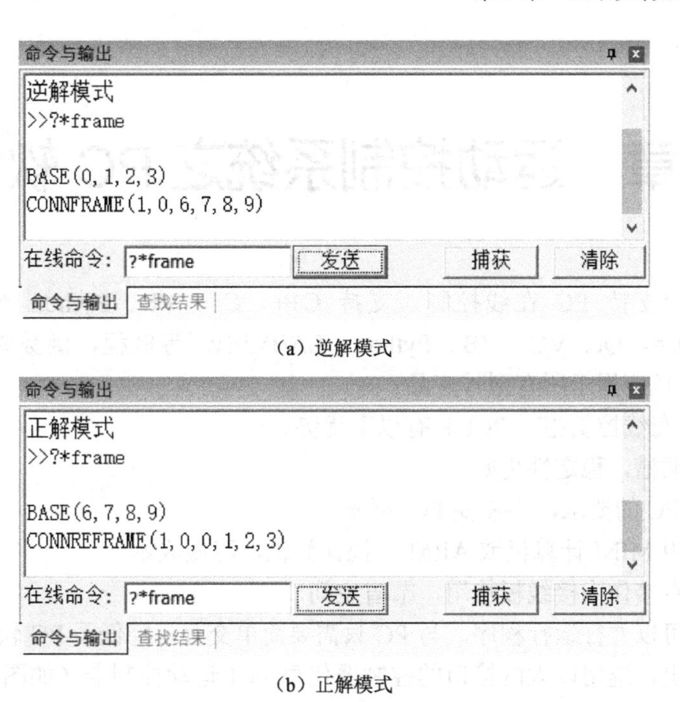

（a）逆解模式

（b）正解模式

图 9-17　查看机械手当前模式

与本章内容相关的“正运动小助手”微信公众号文章和视频讲解

ZMC 控制器 SCARA 机械手应用快速入门

第 10 章　运动控制系统之 PC 软件开发

ZMC 控制器支持 PC 在线控制，支持 C++、C#、VB、Python 等编程语言，提供 DLL 函数库和 C#、Qt、VC、VB、Python、LABVIEW 等例程，函数库支持 Windows、Wince 和 Linux，可应用于所有型号产品。

ZMC 控制器在线控制相对 PCI 具有以下优势。

（1）不使用插槽，稳定性更好。

（2）降低对 PC 的要求，不需要 PCI 插槽。

（3）可以选用 MINI 计算机或 ARM 工控计算机，降低成本。

（4）控制器直接作为接线板使用，节省空间。

（5）控制器可以并行运行程序，与 PC 只需要简单交互，降低了 PC 软件的复杂性。

综上可以看出，选用以太网接口的控制器代替 PCI 运动控制卡（如图 10-1 所示），可以节省空间、降低成本、优化程序，接线更方便，这也是越来越多的应用采用以太网的原因。

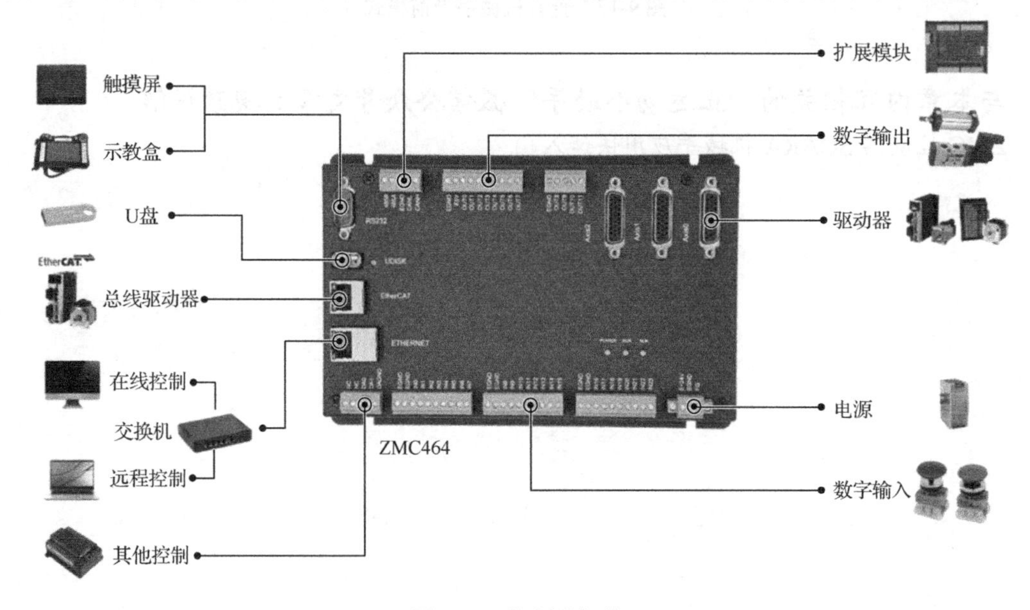

图 10-1　控制器架构

10.1　Zmotion 函数库的使用

在厂商提供的光盘资料里有一份 PC 编程手册，我们可以通过它来了解函数库的使用，具体路径如图 10-2 所示。

› 光盘资料 › 8.PC函数 › 函数库2.1

名称	修改日期	类型	大小
C#	2020/11/19 17:37	文件夹	
linux平台	2020/11/19 17:37	文件夹	
wince平台	2020/11/19 17:37	文件夹	
windows平台	2020/11/19 17:37	文件夹	
ZMotion PC函数库编程手册 V2.1.pdf	2020/9/22 13:02	看图王 PDF 文件	10,223 KB

图 10-2　PC 函数库路径

进行 PC 开发时，一般通过 ZAux_OpenEth(char *ipaddr,ZMC_HANDLE * handle)这个接口（API）连接控制器，并通过返回的句柄来控制控制器运动。下面讲解它的用法。

ZAux_OpenEth()的功能是通过以太网的方式连接控制器并得到一个连接句柄。具体用法如表 10-1 所示。

表 10-1　ZAux_OpenEth()的用法

指令原型	ZAux_OpenEth(char *ipaddr, ZMC_HANDLE * phandle)
指令说明	以太网连接控制器
输入参数 ipaddr	连接的 IP 地址
输出参数 Phandle	返回的连接句柄。
返回值	详细见错误码说明。

我们只要输入控制器的 IP 地址，就可以通过 ZAux_OpenEth()连接控制器并返回连接句柄 Handle。要注意的是，PC 的 IP 地址和控制器的 IP 地址要在同一网段才能连接成功。

通常通过按钮的事件处理函数来调用 ZAux_OpenEth()，实现和控制器的连接，MFC 的参考代码如下：

```
ZMC_HANDLE          g_handle = NULL;          //控制器连接句柄（全局变量）
//连接按钮事件处理函数
void CMergeDlg::OnBnClickedButtonLink()
{
    int32 iresult;
//连接控制器
    iresult = ZAux_OpenEth("192.168.0.11", 和 g_handle);
    if (0 != iresult)
    {
        g_handle = NULL;
        MessageBox(_T("连接失败"));
        SetWindowText("未连接");
        return;
    }
    SetWindowText("已连接");
}
```

现在已经通过 ZAux_OpenEth()成功连接控制器并获得了连接句柄 g_handle，那么如何控制控制器呢？

多轴绝对插补运动的接口函数 ZAux_Direct_MoveAbs()的用法如表 10-2 所示。只要将运动的轴数，以及哪几个轴运动、分别运动到哪里，这几个参数输入该接口函数，就可以实现多轴绝对插补运动了。

表 10-2　ZAux_Direct_MoveAbs()的用法

指令原型	ZAux_Direct_MoveAbs(ZMC_HANDLE handle, int imaxaxises, int *piAxislist, float *pfDisancelist)	
指令说明	绝对直线插补运动	
输入参数	说明	
	handle	连接标识
	imaxaxises	运动轴数
	piAxislist	轴列表
	pfDisancelist	运动的距离列表
返回值	见错误码详细说明	

对照表 10-2，C++项目中的具体程序如下：

```
//多轴绝对插补运动
int     AxisList[4] = { 0,1,2,3 };                          //运动的轴列表
float   DisList[4] = { 100,100,100,100 };                   //各轴运动的距离列表
ZAux_Direct_Move(g_handle, 4, AxisList, DisList);           //多轴绝对插补运动
```

如果在控制运动之前，需要通过 PC 设置控制器的轴参数，该如何实现呢？

PC 编程手册中的指令列表里有一串指令，如表 10-3 所示。

表 10-3　轴参数初始化相关 API

指　　令	说　　明
ZAux_Direct_SetAtype	设置轴类型
ZAux_Direct_SetUnits	设置轴脉冲当量
ZAux_Direct_SetInvertStep	设置脉冲输出模式
ZAux_Direct_SetSpeed	设置轴速度
ZAux_Direct_SetAccel	设置轴加速度
ZAux_Direct_SetDecel	设置轴减速度
ZAux_Direct_SetSramp	设置轴 S 曲线
ZAux_Direct_GetAtype	读取轴类型
ZAux_Direct_GetUnits	读取轴脉冲当量
ZAux_Direct_GetInvertStep	读取脉冲输出模式
ZAux_Direct_GetSpeed	读取轴速度
ZAux_Direct_GetAccel	读取轴加速度
ZAux_Direct_GetDecel	读取轴减速度
ZAux_Direct_GetSramp	读取轴 S 曲线设置

其中，ZAux_Direct_SetSpeed()的用法如表 10-4 所示。

表 10-4　ZAux_Direct_SetSpeed()的用法

指令原型	int32 __stdcall ZAux_Direct_SetSpeed(ZMC_HANDLE handle, int iaxis, float fValue)	
指令说明	设置轴速度，单位为 UNITS/s	
输入参数	说明	
	handle	连接标识
	iaxis	轴号
	pfValue	设置的轴速度
返回值	见错误码详细说明	

经过对比，我们发现表 10-3 中指令的用法类似，只要输入要设置的轴号值就可以进行设置。通常可通过 for 循环实现对每个轴的设置，代码如下：

```
//初始化轴参数
    for (int i = 0; i<4; i++)
    {
        ZAux_Direct_SetAtype(g_handle, i, 1);              //轴类型
        ZAux_Direct_SetUnits(g_handle, i, 1);              //脉冲当量
        ZAux_Direct_SetSpeed(g_handle, i, 100);            //速度
        ZAux_Direct_SetAccel(g_handle, i, 1000);           //加速度
        ZAux_Direct_SetDecel(g_handle, i, 1000);           //减速度
        ZAux_Direct_SetSramp(g_handle, i, 100);            //S 曲线时间
}
```

然后就可以直接通过 PC 对控制器的轴参数进行设置了。关于控制器 I/O 接口的状态读取，可以在 PC 编程手册里查询相关函数接口。

函数的返回值就是函数是否成功执行的标志，如果成功执行则返回零，否则返回非零。

10.2　VS 中的 C++项目开发

本节主要介绍 MFC 进行 C++项目开发的流程，从新建 MFC 项目和添加函数库开始，再介绍 PC 函数用法，最后讲解例程。

10.2.1　新建 MFC 项目和添加函数库

新建 MFC 项目和添加函数库的步骤如下。

（1）打开 VS2015，在菜单栏依次单击“文件”→“新建”→“项目”，如图 10-3 所示，启动创建项目向导。

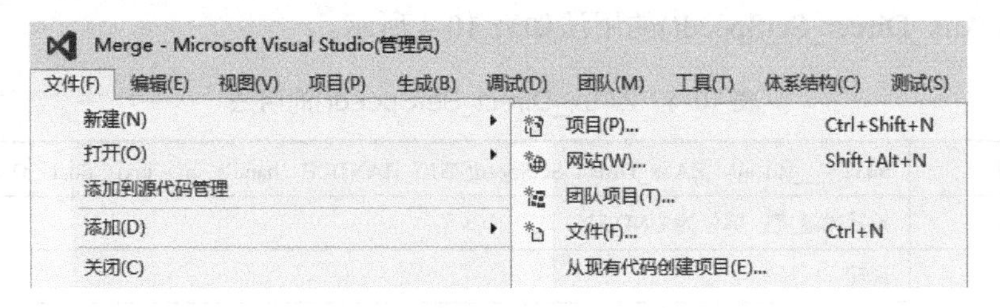

图 10-3　新建 MFC 项目（一）

（2）选择开发语言为“Visual C++”，程序类型为“MFC 应用程序”，如图 10-4 所示。

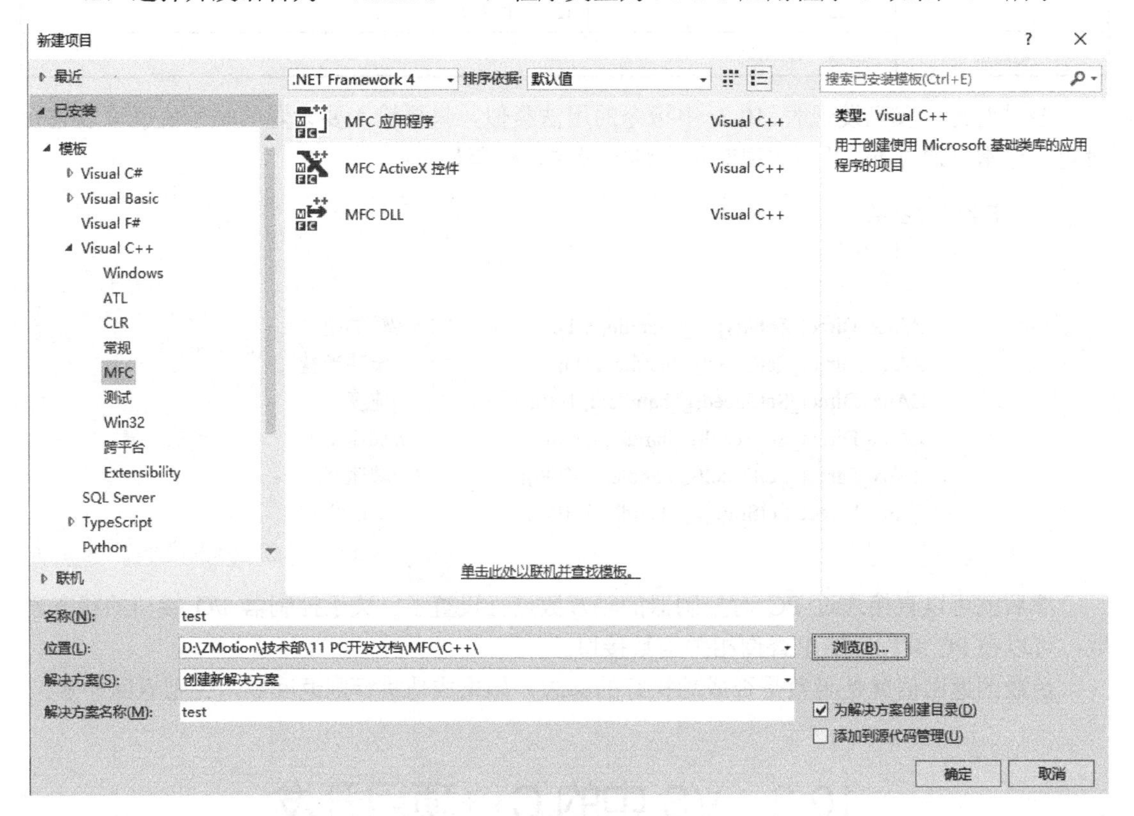

图 10-4　新建 MFC 项目（二）

（3）在“MFC 应用程序向导”中，“应用程序类型”选择“基于对话框”，如图 10-5 所示，然后单击“完成”按钮。

（4）在厂家提供的光盘资料里找到 C++函数库，路径如图 10-6 所示，这里以 64 位库为例。

（5）将上述路径下的所有 DLL 相关库文件复制到新建项目中。

（6）在项目中添加静态库和相关头文件。静态库包括 zauxdll.lib、zmotion.lib，相关头文件包括 zauxdll2.h、zmotion.h。

右击“头文件”，在快捷菜单中依次单击“添加”→“现有项”，如图 10-7 所示。

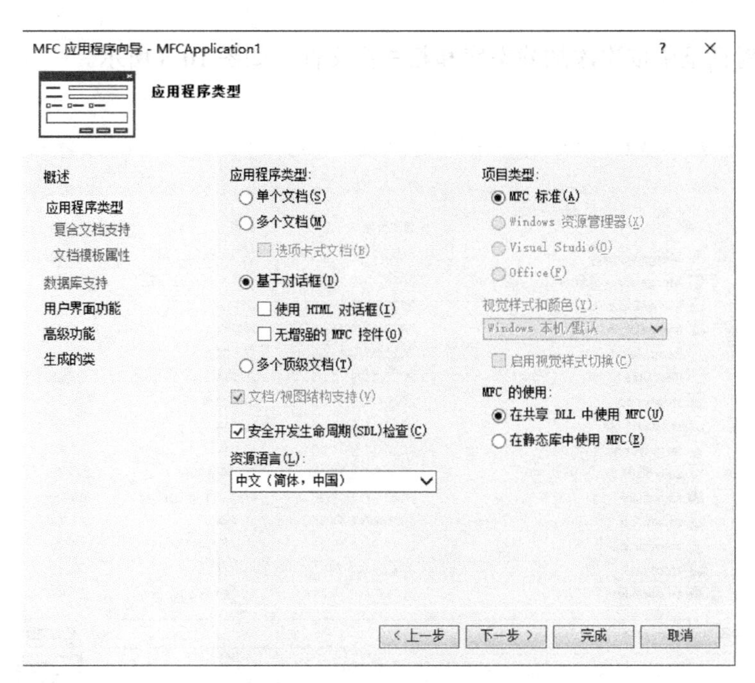

图 10-5　新建 MFC 项目（三）

图 10-6　C++函数库路径

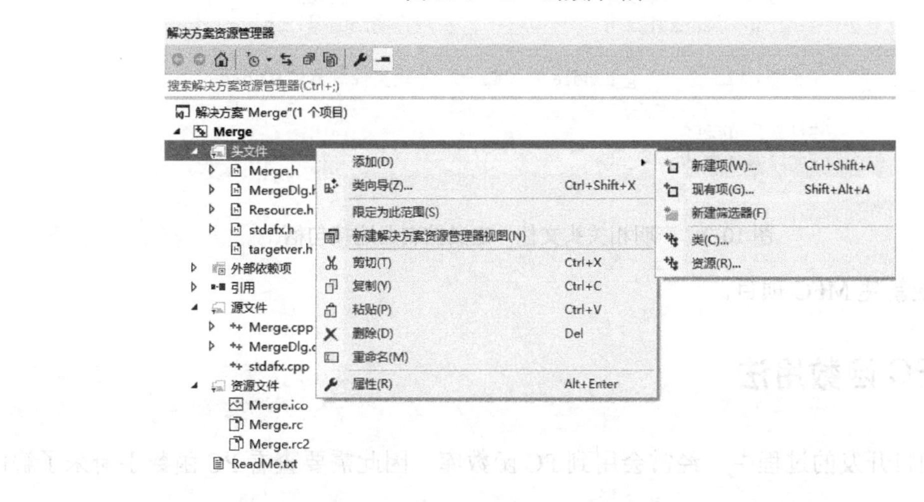

图 10-7　添加静态库（一）

在弹出的对话框中依次添加静态库和相关头文件，如图 10-8 所示。

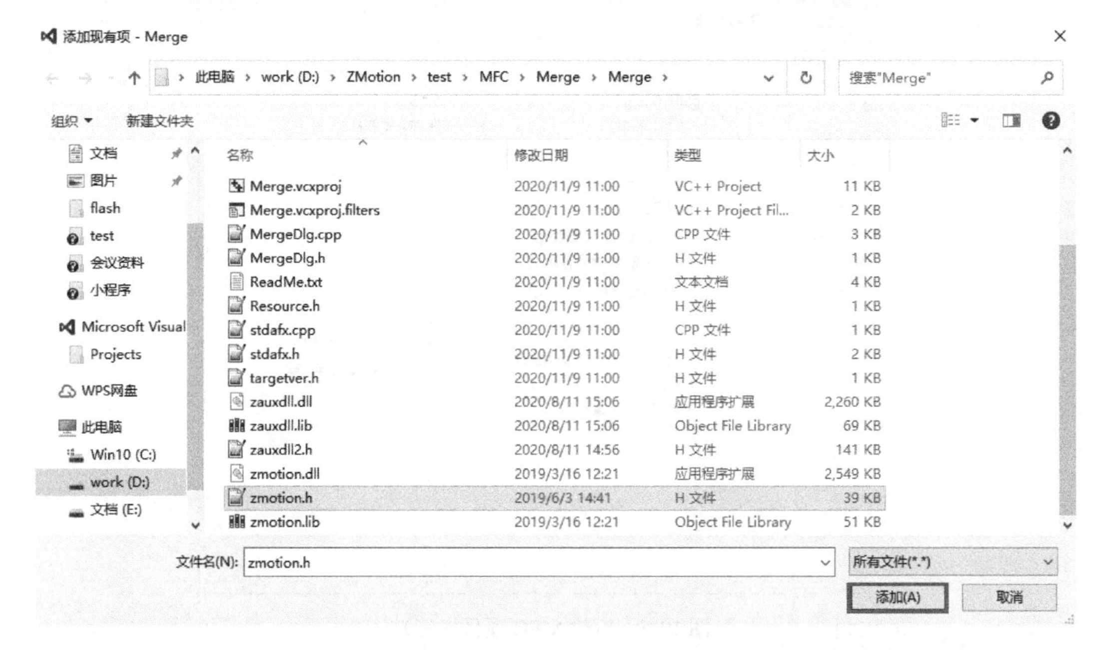

图 10-8　添加静态库（二）

（7）声明相关头文件，定义控制器连接句柄，如图 10-9 所示。

```
// MergeDlg.cpp : 实现文件
//

#include "stdafx.h"
#include "Merge.h"
#include "MergeDlg.h"
#include "afxdialogex.h"
#include "zmotion.h"                //声明zmotion.h
#include "zauxdll2.h"               //声明zauxdll2.h

ZMC_HANDLE      g_handle = NULL;    //定义控制器连接句柄

#ifdef _DEBUG
#define new DEBUG_NEW
#endif
```

图 10-9　声明相关头文件，定义控制器连接句柄

至此完成新建 MFC 项目。

10.2.2　PC 函数用法

在 PC 项目开发的过程中，经常会用到 PC 函数库，因此需要查看 PC 函数手册来了解函数用法。

连续插补指令的用法见表 10-5。

表 10-5　连续插补指令的用法

<table>
<tr><td>指令原型</td><td colspan="2">ZAux_Direct_SetMerge(ZMC_HANDLE　handle, int　iaxis, int　iValue)</td></tr>
<tr><td>指令说明</td><td colspan="2">设置连续插补开关</td></tr>
<tr><td rowspan="4">输入参数</td><td colspan="2">说明</td></tr>
<tr><td>handle</td><td>连接标识</td></tr>
<tr><td>iaxis</td><td>轴号</td></tr>
<tr><td>iValue</td><td>0—关闭，1—打开</td></tr>
<tr><td>返回值</td><td colspan="2">详见错误码说明</td></tr>
</table>

拐角模式设置指令的用法见表 10-6。

表 10-6　拐角模式设置指令的用法

<table>
<tr><td>指令原型</td><td colspan="3">ZAux_Direct_SetCornerMode(ZMC_HANDLE handle, int iaxis, int iValue);</td></tr>
<tr><td>指令说明</td><td colspan="3">设置拐角减速</td></tr>
<tr><td>输入参数</td><td colspan="3">说明</td></tr>
<tr><td></td><td>handle</td><td colspan="2">连接句柄</td></tr>
<tr><td></td><td>iaxis</td><td colspan="2">轴号</td></tr>
<tr><td rowspan="6">iValue</td><td colspan="3">模式设置</td></tr>
<tr><td>位</td><td>值</td><td>描　述</td></tr>
<tr><td>0</td><td>1</td><td>预留</td></tr>
<tr><td>1</td><td>2</td><td>自动拐角减速</td></tr>
<tr><td>2</td><td>4</td><td>预留</td></tr>
<tr><td>3</td><td>8</td><td>自动小圆限速</td></tr>
<tr><td>返回值</td><td colspan="3">详见错误码说明</td></tr>
</table>

注意：这里的拐角模式设置，只是设置了一个模式。若要拐角减速生效，则还需要设置开始减速角度和结束减速角度等，具体方法可参考后文的例程讲解。

获取控制器缓冲区剩余缓冲指令的用法见表 10-7。

表 10-7　剩余缓冲指令的用法

<table>
<tr><td>指令原型</td><td colspan="2">ZAux_Direct_GetRemain_LineBuffer (ZMC_HANDLE handle , int iaxis, int *piValue);</td></tr>
<tr><td>指令说明</td><td colspan="2">轴剩余的缓冲，按直线段来计算，REMAIN_BUFFER 为唯一可以加 AXIS 并用 Zaux_DirectCommand 获取的</td></tr>
<tr><td rowspan="3">输入参数</td><td colspan="2">说明</td></tr>
<tr><td>handle</td><td>连接句柄</td></tr>
<tr><td>iaxis</td><td>轴号</td></tr>
<tr><td>输出参数</td><td colspan="2">一个输出参数</td></tr>
<tr><td>piValue</td><td colspan="2">剩余的直线缓冲数量</td></tr>
<tr><td>返回值</td><td colspan="2">详见错误码说明</td></tr>
</table>

注意：在发送插补指令前，需要先判断缓冲区是否有剩余，这样才能保证运动指令发送成功。

10.2.3 连续插补应用实例

本例以建立板卡的连接、完成三段直线插补轨迹的加工为目标，界面如图 10-10 所示。

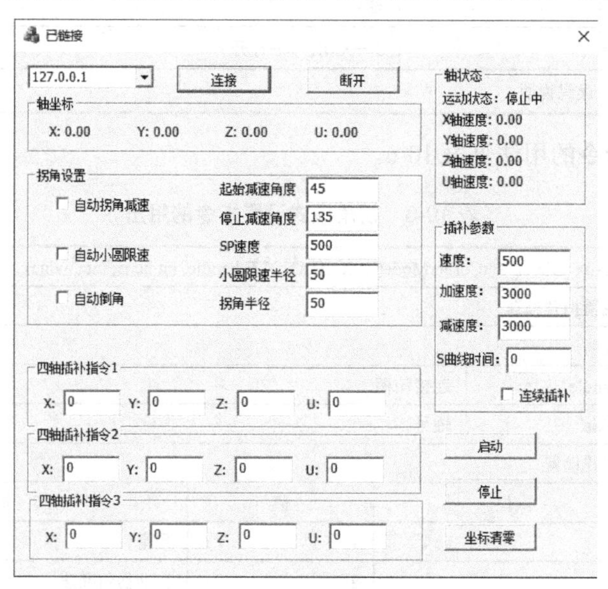

图 10-10　连续插补例程界面

例程流程图如图 10-11 所示。

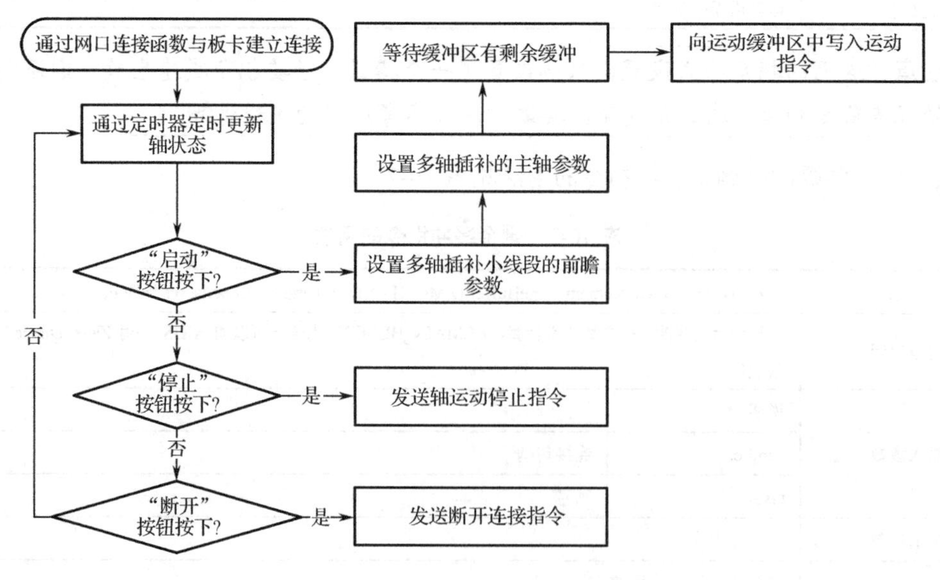

图 10-11　连续插补例程流程图

连接控制器，获取控制器连接句柄 g_handle。

（1）双击“连接”按钮，跳转到按钮的消息处理函数。

（2）通过“连接”按钮的消息处理函数调用 ZAux_OpenEth()，从而与控制器建立连接，获取连接句柄。

程序如下：

```
//“连接”按钮消息处理函数
void CMergeDlg::OnBnClickedButtonLink()
{
    char    buffer[256];
    int32   iresult;
    //如果之前有连接则控制器应先断开连接
    if (NULL != g_handle)
    {
        ZAux_Close(g_handle);
        g_handle = NULL;
    }
    //从“IP”下拉列表中获取 IP 地址
    GetDlgItemText(IDC_COMBOX_IP, buffer, 255);
    buffer[255] = '\0';
    //通过 PC 函数库提供的连接控制器的函数接口（API），连接控制器
    iresult = ZAux_OpenEth(buffer, 和 g_handle);
    if (ERR_SUCCESS != iresult)
    {
        g_handle = NULL;
        MessageBox(_T("连接失败"));
        SetWindowText("未连接");
        return;
    }
    SetWindowText("已连接");
    //启动定时器
    SetTimer(1, 100, NULL);
    SetTimer(2, 100, NULL);
    //初始化轴参数
    for (int i = 0; i<4; i++)
    {
        ZAux_Direct_SetAtype(g_handle, i, 1);        //轴类型
        ZAux_Direct_SetUnits(g_handle, i, 1000);     //脉冲当量
        ZAux_Direct_SetSpeed(g_handle, i, 100);      //速度
        ZAux_Direct_SetAccel(g_handle, i, 1000);     //加速度
        ZAux_Direct_SetDecel(g_handle, i, 1000);     //减速度
        ZAux_Direct_SetSramp(g_handle, i, 100);      //S 曲线时间
    }
}
```

通过定时器 1 更新控制器信息。

（1）添加定时器：在 VS2015 的类视图窗口中找到要编辑的类，右击，在弹出的快捷菜单中单击“属性”，打开“属性”窗口，单击“消息”按钮，在显示的列表中找到“WM_TIMER”，并添加“OnTimer”，如图 10-12 所示。添加成功后，系统自动跳转到编程界面，此时可编辑消息对应的程序。

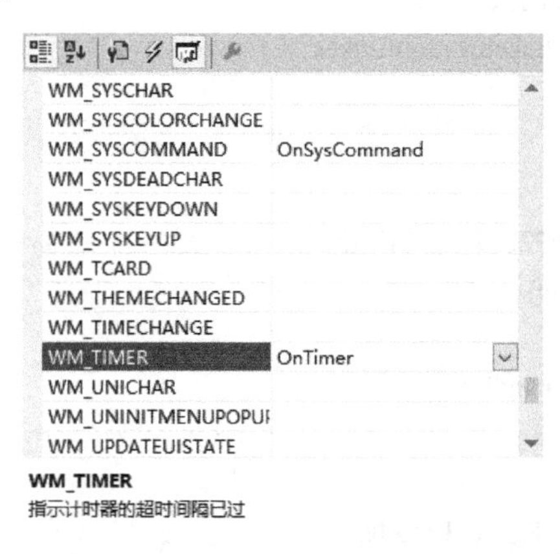

图 10-12　添加定时器

（2）通过定时器 1 的消息处理函数，对控制器轴 0～3 的位置和速度等信息进行更新，程序如下。

```
//定时器
void CMergeDlg::OnTimer(UINT_PTR nIDEvent)
{
    switch (nIDEvent)
    {
    case 1: //更新控制器轴 0～3 的位置和速度信息
        CString Xpos, Xmspeed;
        CString Ypos, Ymspeed;
        CString Zpos, Zmspeed;
        CString Upos, Umspeed;
        float    showpos[4] = { 0 };
        float    mspeed[4] = { 0 };
        int      status = 0;
        //获取当前轴位置
        ZAux_Direct_GetAllAxisPara(g_handle, "DPOS", 4, showpos);
        Xpos.Format("X: %.2f", showpos[0]);
        Ypos.Format("Y: %.2f", showpos[1]);
        Zpos.Format("Z: %.2f", showpos[2]);
        Upos.Format("U: %.2f", showpos[3]);
        GetDlgItem(IDC_XPOS)->SetWindowText(Xpos);
        GetDlgItem(IDC_YPOS)->SetWindowText(Ypos);
        GetDlgItem(IDC_ZPOS)->SetWindowText(Zpos);
        GetDlgItem(IDC_UPOS)->SetWindowText(Upos);
        //判断主轴状态（BASE 的第一个轴）
```

```
        ZAux_Direct_GetIfIdle(g_handle, 0, 和 status);
        if (status == -1)
        {
            GetDlgItem(IDC_RUNSTATUS)->SetWindowText("运动状态：停止中");
        }
        else
        {
            GetDlgItem(IDC_RUNSTATUS)->SetWindowText("运动状态：运动中");
        }
        //更新轴速度
        ZAux_Direct_GetAllAxisPara(g_handle, "MSPEED", 4, mspeed);
        Xmspeed.Format("X 轴速度: %.2f", mspeed[0]);
        Ymspeed.Format("Y 轴速度: %.2f", mspeed[1]);
        Zmspeed.Format("Z 轴速度: %.2f", mspeed[2]);
        Umspeed.Format("U 轴速度: %.2f", mspeed[3]);
        GetDlgItem(IDC_SPEED_X)->SetWindowText(Xmspeed);
        GetDlgItem(IDC_SPEED_Y)->SetWindowText(Ymspeed);
        GetDlgItem(IDC_SPEED_Z)->SetWindowText(Zmspeed);
        GetDlgItem(IDC_SPEED_U)->SetWindowText(Umspeed);
        break;
    }
    CDialogEx::OnTimer(nIDEvent);
}
```

通过“启动”按钮的消息处理函数启动连续插补运动，程序如下：

```
//“启动”按钮消息处理函数
void CMergeDlg::OnBnClickedButtonRun()
{
    UpdateData(true);                                   //刷新参数
    int corner_mode = 0, remin_buff=0;                  //拐角模式，缓冲数目
    int axislist[4] = { 0,1,2,3 };                      //运动 BASE 轴列表
    float dislist1[4] = { 0 };                          //运动距离列表 1
    float dislist2[4] = { 0 };                          //运动距离列表 2
    float dislist3[4] = { 0 };                          //运动距离列表 3
    //选择参与运动的轴，第一个轴为主轴，插补参数全用主轴参数
    ZAux_Direct_SetSpeed(g_handle, axislist[0], M_Speed);   //速度
    ZAux_Direct_SetAccel(g_handle, axislist[0], M_Accel);   //加速度
    ZAux_Direct_SetDecel(g_handle, axislist[0], M_Decel);   //减速度
    ZAux_Direct_SetSramp(g_handle, axislist[0], M_SRAMP); //S 曲线时间
    //设置拐角模式
    if (m_mode1 == 1) corner_mode = corner_mode + 2;
    if (m_mode2 == 1) corner_mode = corner_mode + 8;
    if (m_mode3 == 1) corner_mode = corner_mode + 32;
    ZAux_Direct_SetCornerMode(g_handle, axislist[0], corner_mode);
```

```
        //设置连续插补
        ZAux_Direct_SetMerge(g_handle, axislist[0], m_mode);
        //设置 SP 速度
        ZAux_Direct_SetForceSpeed(g_handle, axislist[0], SP_Speed);
        //设置开始.结束减速角度，转换为弧度
        ZAux_Direct_SetDecelAngle(g_handle, axislist[0], StartAngle * 3.14 / 180);
        ZAux_Direct_SetStopAngle(g_handle, axislist[0], StopAngle * 3.14 / 180);
        //设置小圆限速半径
        ZAux_Direct_SetFullSpRadius(g_handle, axislist[0], SP_Radius);
        //设置拐角半径
        ZAux_Direct_SetZsmooth(g_handle, axislist[0], CornerRadius);
        //更新运动数据
        dislist1[0] = DPOS_X_1; dislist1[1] = DPOS_Y_1;
        dislist1[2] = DPOS_Z_1; dislist1[3] = DPOS_U_1;
        dislist2[0] = DPOS_X_2; dislist2[1] = DPOS_Y_2;
        dislist2[2] = DPOS_Z_2; dislist2[3] = DPOS_U_2;
        dislist3[0] = DPOS_X_3; dislist3[1] = DPOS_Y_3;
        dislist3[2] = DPOS_Z_3; dislist3[3] = DPOS_U_3;
    //计算剩余直线缓冲数量
        ZAux_Direct_GetRemain_LineBuffer(g_handle, 0, 和 remin_buff);
        while (remin_buff<3)
        {
            ZAux_Direct_GetRemain_LineBuffer(g_handle, 0, 和 remin_buff);
        }
        //开始直线插补运动
        ZAux_Direct_Move(g_handle, 4, axislist, dislist1);
        ZAux_Direct_Move(g_handle, 4, axislist, dislist2);
        ZAux_Direct_Move(g_handle, 4, axislist, dislist3);
    }
```

通过“停止”按钮的消息处理函数停止插补运，程序如下：

```
    //“停止”按钮消息处理函数
    void CMergeDlg::OnBnClickedButtonStop()
    {
        ZAux_Direct_Single_Cancel(g_handle, 0, 2);          //停止主轴，相当于停止插补运动
    }
```

通过“坐标清零”按钮的消息处理函数对轴坐标进行清零，程序如下：

```
    //“坐标清零”按钮消息处理函数
    void CMergeDlg::OnBnClickedButtonClear()
    {
        for (int i = 0; i<4; i++)
        {
```

```
            ZAux_Direct_SetDpos(g_handle, i, 0);            //DPOS 设为零
        }
    }
```

编译运行例程，查看效果及轴参数，如图 10-13 所示。同时，通过 ZDevelop 连接控制器，通过示波器功能查看波形。

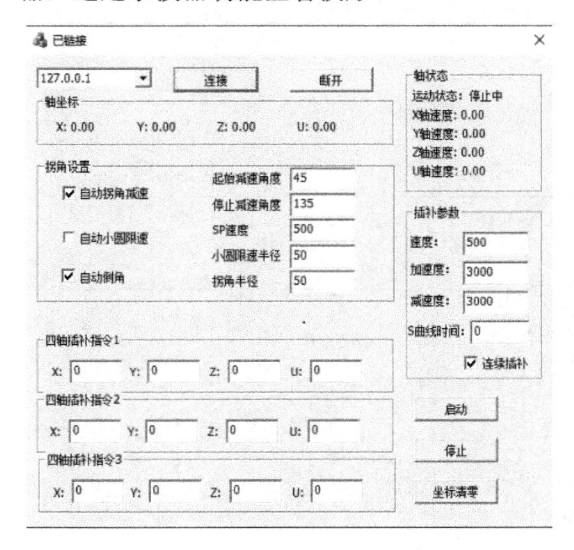

轴参数

	轴0	轴1	轴2	轴3
ACCEL	3000	1000	1000	1000
DECEL	3000	1000	1000	1000
SPEED	500	100	100	100
CREEP	100	100	100	100
LSPEED	100	0	0	0
MERGE	1	0	0	0
SRAMP	0	0	0	0
DPOS	0	0	0	0
MPOS	0	0	0	0
ENDMOVE	0	0	0	0
FS_LIMIT	20000000	20000000	20000000	20000000
RS_LIMIT	-20000000	-20000000	-20000000	-20000000
DATUM_IN	-1	-1	-1	-1
FWD_IN	-1	-1	-1	-1
REV_IN	-1	-1	-1	-1
IDLE	-1	-1	-1	-1
LOADED	-1	-1	-1	-1
MSPEED	0	0	0	0
MTYPE	0	0	0	0
NTYPE	0	0	0	0
REMAIN	0	0	0	0
VECTOR_BUFFERED	0	0	0	0
VP_SPEED	0	0	0	0
AXISSTATUS	0h	0h	0h	0h
MOVE_MARK	65	0	0	0
MOVE_CURMARK	-1	-1	-1	-1
AXIS_STOPREASON	800h	0h	0h	0h
MOVES_BUFFERED	0	0	0	0
CORNER_MODE	34	0	0	0
DECEL_ANGLE	0.7850	0.2618	0.2618	0.2618
STOP_ANGLE	2.3550	0.7854	0.7854	0.7854
FULL_SP_RADIUS	50	0	0	0
ZSMOOTH	50	0	0	0

图 10-13　运行效果及轴参数

（1）连续插补加自动倒角的位置波形如图 10-14 所示。

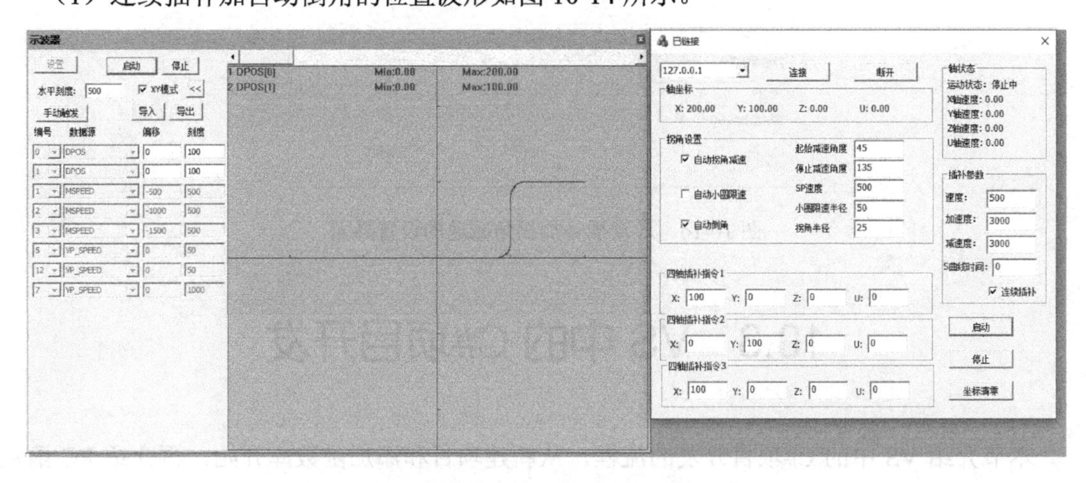

图 10-14　连续插补加自动倒角的位置波形

（2）连续插补加拐角减速的速度波形如图 10-15 所示，设置界面如图 10-16 所示。

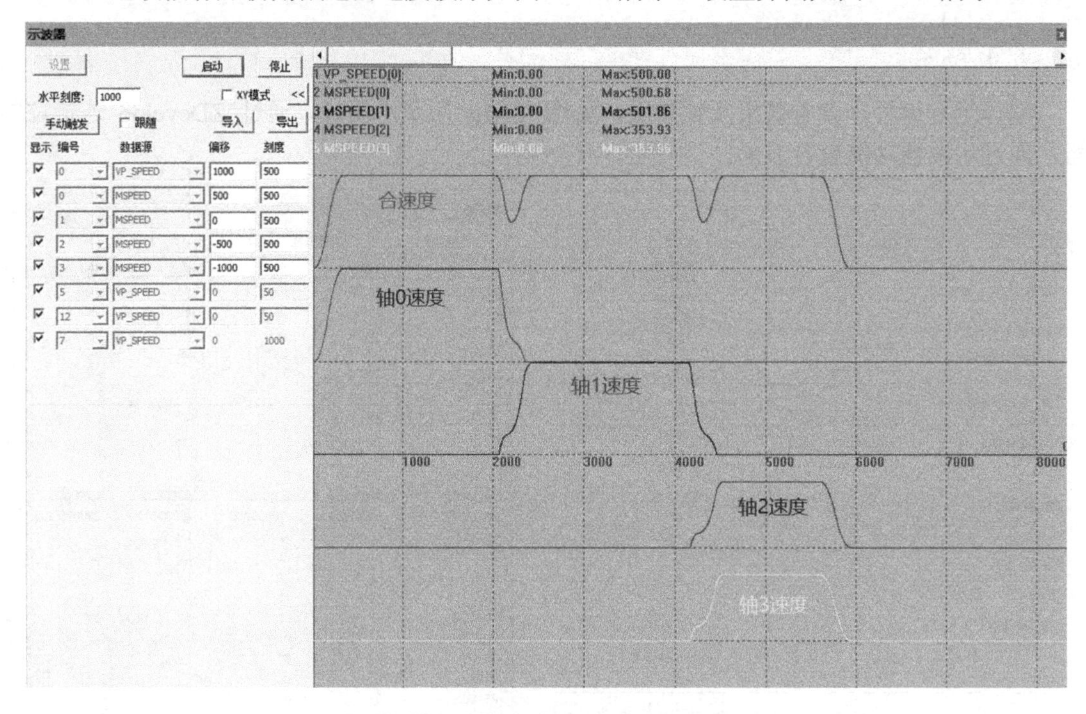

图 10-15　连续插补加拐角减速的速度波形

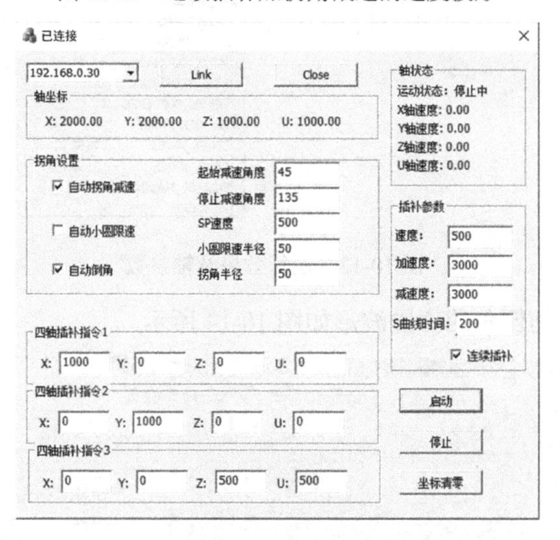

图 10-16　连续插补加拐角减速的设置界面

10.3　VS 中的 C#项目开发

本节介绍 VS 中的 C#项目开发的流程，从新建项目和添加函数库开始，再介绍 PC 函数用法，最后讲解例程。

10.3.1　新建 C#项目和添加函数库

新建 C#项目和添加函数库的步骤如下。

（1）打开 VS2015，在菜单中依次单击“文件”→“新建”→“项目”，如图 10-17 所示，启动创建项目向导。

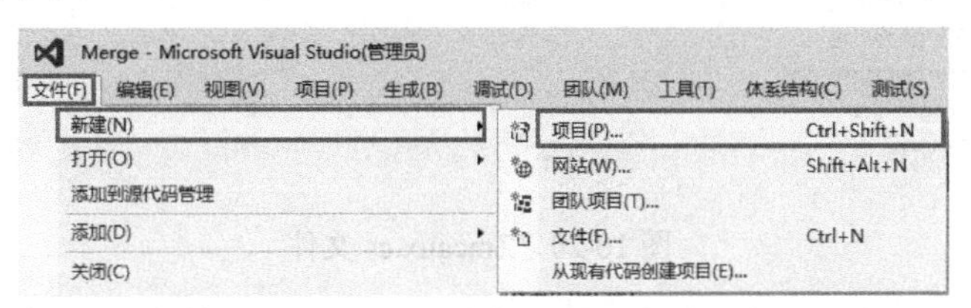

图 10-17　新建 C#项目（一）

（2）选择开发语言为“Visual C#”、“.NET Framework 4”程序类型为“Windows 窗体应用程序”，如图 10-18 所示。

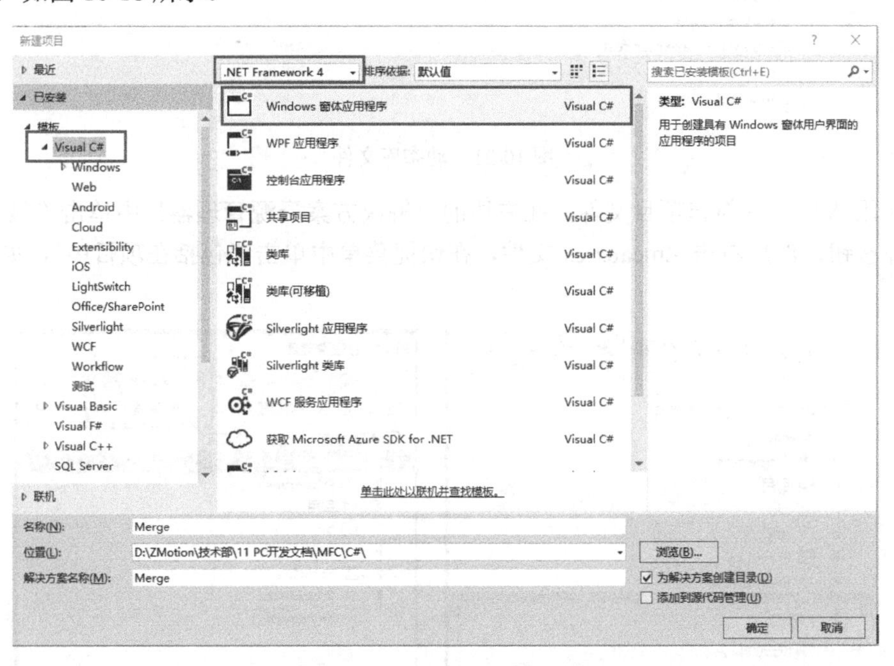

图 10-18　新建 C#项目（二）

（3）在厂家提供的光盘资料里找到 C#函数库，路径如图 10-19 所示，这里以 64 位库为例。

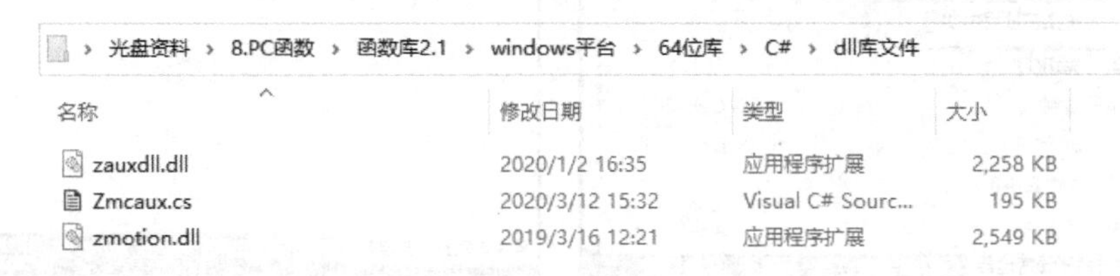

图 10-19　C#函数库路径

（4）将 C#的库文件及相关文件复制到新建项目中。

将 Zmcaux.cs 文件复制到新建项目中，文件如图 10-20 所示。

bin	2020/11/16 11:16	文件夹	
obj	2020/11/16 11:16	文件夹	
Properties	2020/11/16 11:16	文件夹	
Form1.cs	2020/11/17 14:43	Visual C# Sourc...	10 KB
Form1.Designer.cs	2020/11/16 16:44	Visual C# Sourc...	36 KB
Form1.resx	2020/11/16 16:44	.NET Managed ...	6 KB
Merge.csproj	2020/11/16 11:49	Visual C# Projec...	4 KB
Merge.csproj.user	2020/11/16 11:38	Visual Studio Pr...	1 KB
Program.cs	2020/11/16 11:16	Visual C# Sourc...	1 KB
Zmcaux.cs	2020/3/12 15:32	Visual C# Sourc...	195 KB

图 10-20　Zmcaux.cs 文件

将动态库文件 zauxdll.dll 和 zmotion.dll 放入 bin\debug 文件夹中。动态库文件如图 10-21 所示。

Merge.exe	2020/11/17 16:17	应用程序	44 KB
Merge.pdb	2020/11/17 16:17	Program Debug...	28 KB
Merge.vshost.exe	2020/11/23 16:01	应用程序	23 KB
Merge.vshost.exe.manifest	2019/3/19 12:46	MANIFEST 文件	1 KB
zauxdll.dll	2020/1/2 16:35	应用程序扩展	2,258 KB
zmotion.dll	2019/3/16 12:21	应用程序扩展	2,549 KB

图 10-21　动态库文件

（5）用 VS 打开新建项目文件，在右边的“解决方案资源管理器”中单击“显示所有文件”快捷按钮，然后右击 Zmcaux.cs 文件，在快捷菜单中单击“包括在项目中”，如图 10-22 所示。

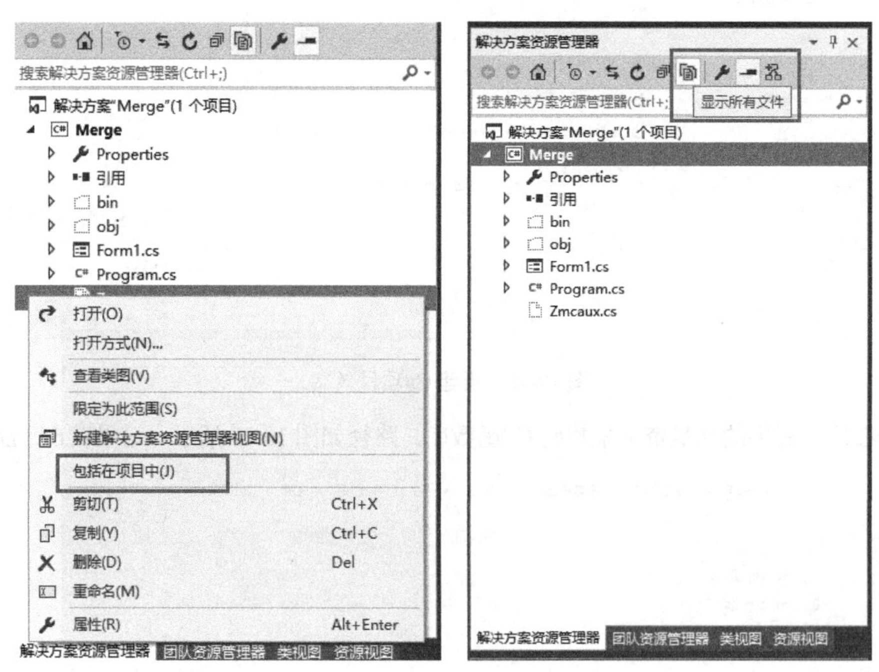

图 10-22　添加 Zmcaux.cs 文件

（6）双击 Form1.cs 中的 Form1，出现代码编辑界面，在文件开头处写“using cszmcaux”，并声明控制器句柄 g_handle，如图 10-23 所示。

```
using System;
using System.Collections.Generic;
using System.ComponentModel;
using System.Data;
using System.Drawing;
using System.Linq;
using System.Text;
using System.Windows.Forms;

using cszmcaux;

namespace Merge
{
    3 个引用
    public partial class Form1 : Form
    {
        public IntPtr g_handle;          //连接返回的句柄，可以作为卡号
        1 个引用
        public Form1()
        {
```

图 10-23　声明连接句柄

至此，C#完成新建项目。

10.3.2　PC 函数用法

本节例程涉及的 PC 函数用法参见第 10.2.2 节相关内容。

10.3.3　连续插补应用实例

本例以建立板卡的连接，完成四段连续插补轨迹的加工为目标，界面如图 10-24 所示。

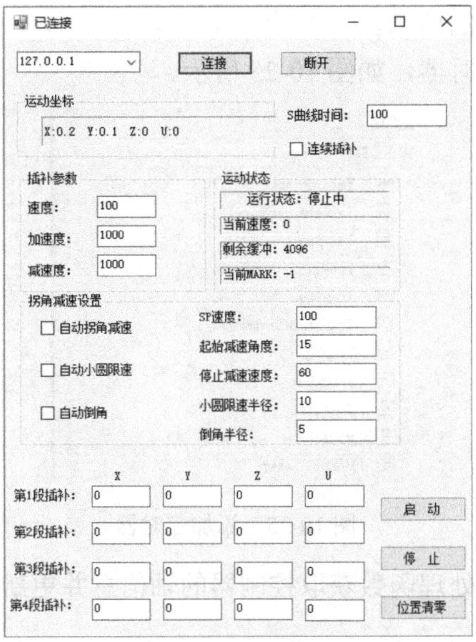

已连接
127.0.0.1　连接　断开
运动坐标　X:0.2　Y:0.1　Z:0　U:0
S曲线时间：100
连续插补
插补参数：速度：100　加速度：1000　减速度：1000
运动状态：运行状态：停止中　当前速度：0　剩余缓冲：4096　当前MARK：-1
拐角减速设置：自动拐角减速　自动小圆限速　自动倒角
SP速度：100　起始减速角度：15　停止减速速度：60　小圆限速半径：10　倒角半径：5

	X	Y	Z	U
第1段插补：	0	0	0	0
第2段插补：	0	0	0	0
第3段插补：	0	0	0	0
第4段插补：	0	0	0	0

启 动　停 止　位置清零

图 10-24　连续插补例程界面

例程流程图见图 10-11。

连接控制器，获取控制器连接句柄 g_handle。

（1）双击“连接”按钮，跳转到按钮的消息处理函数。

（2）通过“连接”按钮的消息处理函数调用 ZAux_OpenEth()，从而与控制器建立连接，获取连接句柄。

程序如下：

```
//连接控制器
private void button_link_Click(object sender, EventArgs e)
{
    zmcaux.ZAux_OpenEth(comboBox_IpList.Text, out g_handle);          //连接控制器
    if (g_handle != (IntPtr)0)
    {
        this.Text = "已连接";
        timer1.Enabled = true;
        for (int i = 0; i < 4; i++)                                    //初始化轴参数
        {
            zmcaux.ZAux_Direct_SetAtype(g_handle, i, 1);               //轴类型
            zmcaux.ZAux_Direct_SetUnits(g_handle, i, 1000);            //脉冲当量
        }
    }
    else
    {
        MessageBox.Show("控制器连接失败，请检测 IP 地址!", "警告");
    }
}
```

通过定时器更新控制器的信息。

（1）通过工具箱添加定时器，如图 10-25 所示。

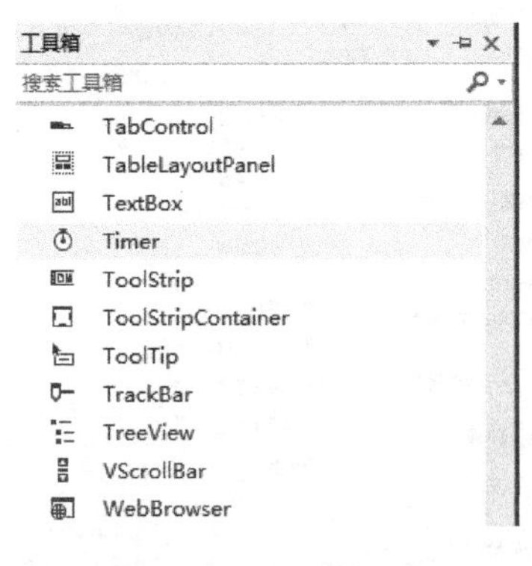

图 10-25　添加定时器

（2）通过定时器的消息处理函数获取控制器的轴信息并更新，程序如下。

```
//定时器刷新
private void timer1_Tick(object sender, EventArgs e)
```

```
{
    int runstate = 0;
    float[] curpos = new float[4];
    float vspeed = 0;
    int remin_buff = 0;
    int curmark = 0;
    //获取轴位置
    for (int i = 0; i < 4; i++)
    {
        zmcaux.ZAux_Direct_GetDpos(g_handle, i, ref curpos[i]);
    }
    //获取轴运动状态
    zmcaux.ZAux_Direct_GetIfIdle(g_handle, 0, ref runstate);
    //获取插补运动合速度
    zmcaux.ZAux_Direct_GetVpSpeed(g_handle, 0, ref vspeed);
    //判断存放直线的剩余缓冲
    zmcaux.ZAux_Direct_GetRemain_LineBuffer(g_handle, 0, ref remin_buff);
    //判断当前是第几段运动
    zmcaux.ZAux_Direct_GetMoveCurmark(g_handle, 0, ref curmark);
    label_pos.Text = "X:" + curpos[0] + "    Y:" + curpos[1] + "    Z:" + curpos[2] + "    U:" + curpos[3];
    label_state.Text = Convert.ToString(runstate == 0 ? " 运行状态：运行中" : " 运行状态：停止中");
    label_vspeed.Text = "当前速度： " + vspeed;
    label_buff.Text = "剩余缓冲： " + remin_buff;
    label_mark.Text = "当前 MARK： " + curmark;
}
```

通过“启动”按钮的消息处理函数来启动插补运动，程序如下：

```
//“启动”按钮消息处理函数
private void button_start_Click(object sender, EventArgs e)
{
    int[] axislist = { 0, 1, 2, 3 };                //轴列表
    float[] destdis = { 0, 0, 0, 0 };               //运动距离列表
    int corner_mode = 0;                            //拐角模式
    int merge_flag = 0;                             //连续插补
    int iresult = 0;                                //PC 函数返回值
    int remin_buff = 0;                             //剩余直线缓冲数量
    if (checkBox1.Checked) corner_mode = corner_mode + 2;
    if(checkBox2.Checked)    corner_mode = corner_mode + 8;
    if(checkBox3.Checked)    corner_mode = corner_mode + 32;
    if (checkBox4.Checked)
    {
        merge_flag = 1;
    }
    //设置插补速度
```

```
        zmcaux.ZAux_Direct_SetSpeed(g_handle, axislist[0], Convert.ToSingle(textBox_sp.Text));
        //设置插补加速度
        zmcaux.ZAux_Direct_SetAccel(g_handle, axislist[0], Convert.ToSingle(textBox_acc.Text));
        //设置插补减速度
        zmcaux.ZAux_Direct_SetDecel(g_handle, axislist[0], Convert.ToSingle(textBox_dec.Text));
        //设置连续插补
        zmcaux.ZAux_Direct_SetMerge(g_handle, axislist[0], merge_flag);
        //S 曲线时间
        zmcaux.ZAux_Direct_SetSramp(g_handle, axislist[0], Convert.ToSingle(SRAMP.Text));
        //设置 SP 速度
        zmcaux.ZAux_Direct_SetForceSpeed(g_handle, axislist[0], Convert.ToSingle(textBox_for_sp.Text));
        //设置拐角模式
        zmcaux.ZAux_Direct_SetCornerMode(g_handle, axislist[0], corner_mode);
        //开始减速角度，转换为弧度
        zmcaux.ZAux_Direct_SetDecelAngle(g_handle, axislist[0], (float)(Convert.ToSingle(textBox_ang1.
Text) * 3.14 / 180));
        //停止减速角度，转换为弧度
        zmcaux.ZAux_Direct_SetStopAngle(g_handle, axislist[0], (float)(Convert.ToSingle(textBox_ang2.
Text) * 3.14 / 180));
        //小圆半径
        zmcaux.ZAux_Direct_SetFullSpRadius(g_handle, axislist[0], Convert.ToSingle(textBox_radio.Text));
        //倒角
        zmcaux.ZAux_Direct_SetZsmooth(g_handle, axislist[0], Convert.ToSingle(textBox_zsmooth.Text));
        //设置 MARK = 0 ，通过读取 CURMARK 判断当前执行到哪段运动
        zmcaux.ZAux_Direct_SetMovemark(g_handle, axislist[0], 0);
        //选择 BASE 轴
        zmcaux.ZAux_Direct_BASE(g_handle, 4, axislist);
        zmcaux.ZAux_Trigger(g_handle);
        //计算剩余直线缓冲数量
        zmcaux.ZAux_Direct_GetRemain_LineBuffer(g_handle, 0, ref remin_buff);
        while(remin_buff<4)
        {
            zmcaux.ZAux_Direct_GetRemain_LineBuffer(g_handle, 0, ref remin_buff);
        }
        //第一段插补运动
        destdis[0] = Convert.ToSingle(destdis1_X.Text);
        destdis[1] = Convert.ToSingle(destdis1_Y.Text);
        destdis[2] = Convert.ToSingle(destdis1_Z.Text);
        destdis[3] = Convert.ToSingle(destdis1_U.Text);
        iresult = zmcaux.ZAux_Direct_MoveAbs(g_handle, 4, axislist, destdis);
        //函数返回值非零，表示发送不成功，缓冲区可能满了，重新发送
        while (iresult != 0)
        {
            iresult = zmcaux.ZAux_Direct_MoveAbs(g_handle, 4, axislist, destdis);
        }
```

```
        //第二段插补运动
        destdis[0] = Convert.ToSingle(destdis2_X.Text);
        destdis[1] = Convert.ToSingle(destdis2_Y.Text);
        destdis[2] = Convert.ToSingle(destdis2_Z.Text);
        destdis[3] = Convert.ToSingle(destdis2_U.Text);
        iresult = zmcaux.ZAux_Direct_MoveAbs(g_handle, 4, axislist, destdis);
        //函数返回值非零，表示发送不成功，缓冲区可能满了，重新发送
        while (iresult != 0)
        {
            iresult = zmcaux.ZAux_Direct_MoveAbs(g_handle, 4, axislist, destdis);
        }
        //第三段插补运动
        destdis[0] = Convert.ToSingle(destdis3_X.Text);
        destdis[1] = Convert.ToSingle(destdis3_Y.Text);
        destdis[2] = Convert.ToSingle(destdis3_Z.Text);
        destdis[3] = Convert.ToSingle(destdis3_U.Text);
    iresult = zmcaux.ZAux_Direct_MoveAbs(g_handle, 4, axislist, destdis);
    //函数返回值非零，表示发送不成功，缓冲区可能满了，重新发送
        while (iresult != 0)
        {
            iresult = zmcaux.ZAux_Direct_MoveAbs(g_handle, 4, axislist, destdis);
        }
        //第四段插补运动
        destdis[0] = Convert.ToSingle(destdis4_X.Text);
        destdis[1] = Convert.ToSingle(destdis4_Y.Text);
        destdis[2] = Convert.ToSingle(destdis4_Z.Text);
        destdis[3] = Convert.ToSingle(destdis4_U.Text);
        iresult = zmcaux.ZAux_Direct_MoveAbs(g_handle, 4, axislist, destdis);
        //函数返回值非零，表示发送不成功，缓冲区可能满了，重新发送
        while (iresult != 0)
        {
            iresult = zmcaux.ZAux_Direct_MoveAbs(g_handle, 4, axislist, destdis);
        }
    }
```

通过“停止”按钮的消息处理函数停止插补运动，程序如下：

```
    //“停止”按钮消息处理函数
    private void button_stop_Click(object sender, EventArgs e)
    {
        zmcaux.ZAux_Direct_Single_Cancel(g_handle, 0, 2);          //取消主轴运动
    }
```

通过“位置清零”按钮的消息处理函数对各轴坐标进行清零，程序如下：

```
    //“位置清零”按钮消息处理函数
    private void button_zero_Click(object sender, EventArgs e)
    {
        for (int i = 0; i < 4; i++)
```

```
        {
            zmcaux.ZAux_Direct_SetDpos(g_handle, i, 0);
        }
    }
```

编译运行例程，查看效果及轴参数，如图 10-26 所示。同时，通过 ZDevelop 连接控制器，通过示波器功能查看波形。

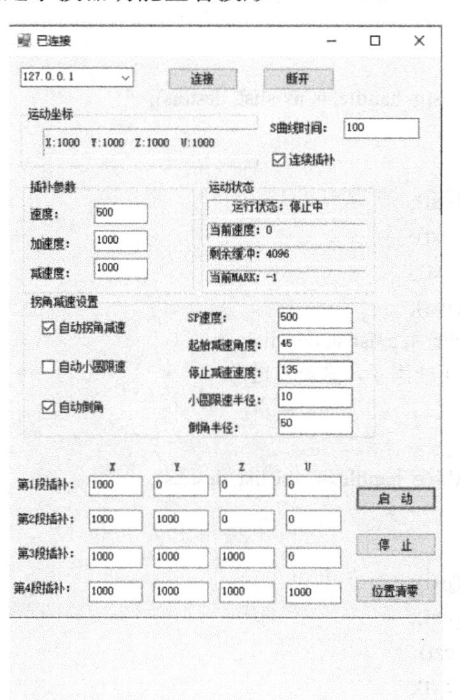

轴参数

轴选择　参数选择

	轴0	轴1	轴2	轴3
ACCEL	1000	1000	1000	1000
DECEL	1000	1000	1000	1000
SPEED	500	100	100	100
CREEP	100	100	100	100
LSPEED	100	0	0	0
MERGE	1	0	0	0
SRAMP	100	0	0	0
DPOS	1000	1000	1000	1000
MPOS	1000	1000	1000	1000
ENDMOVE	1000	1000	1000	1000
FS_LIMIT	20000000	20000000	20000000	20000000
RS_LIMIT	-20000000	-20000000	-20000000	-20000000
DATUM_IN	-1	-1	-1	-1
FWD_IN	-1	-1	-1	-1
REV_IN	-1	-1	-1	-1
IDLE	-1	-1	-1	-1
LOADED	-1	-1	-1	-1
MSPEED	0	0	0	0
MTYPE	0	0	0	0
NTYPE	0	0	0	0
REMAIN	0	0	0	0
VECTOR_BUFFERED	0	0	0	0
VP_SPEED	0	0	0	0
AXISSTATUS	0h	0h	0h	0h
MOVE_MARK	80	0	0	0
MOVE_CURMARK	-1	-1	-1	-1
AXIS_STOPREASON	800h	0h	0h	0h
MOVES_BUFFERED	0	0	0	0
CORNER_MODE	34	0	0	0
DECEL_ANGLE	0.7850	0.2618	0.2618	0.2618
STOP_ANGLE	2.3550	0.7854	0.7854	0.7854
FULL_SP_RADIUS	10	0	0	0
ZSMOOTH	50	0	0	0

图 10-26　运行效果及轴参数

（1）连续插补加自动倒角的位置波形如图 10-27 所示。

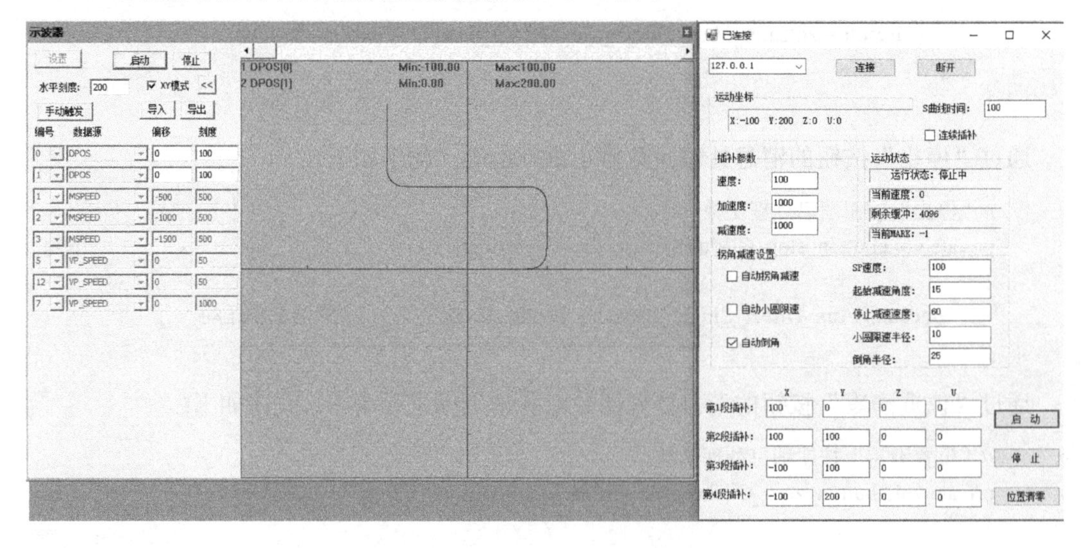

图 10-27　连续插补加自动倒角的位置波形

（2）连续插补加拐角减速的速度波形如图 10-28 所示。设置界面如图 10-29 所示。

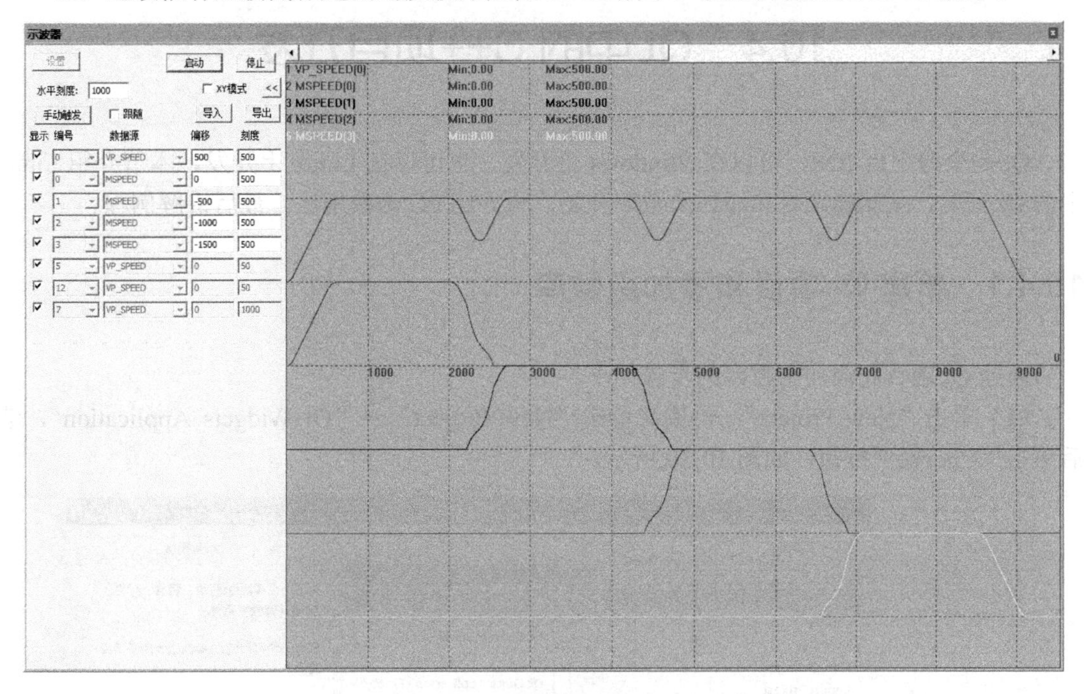

图 10-28　连续插补加拐角减速的速度波形

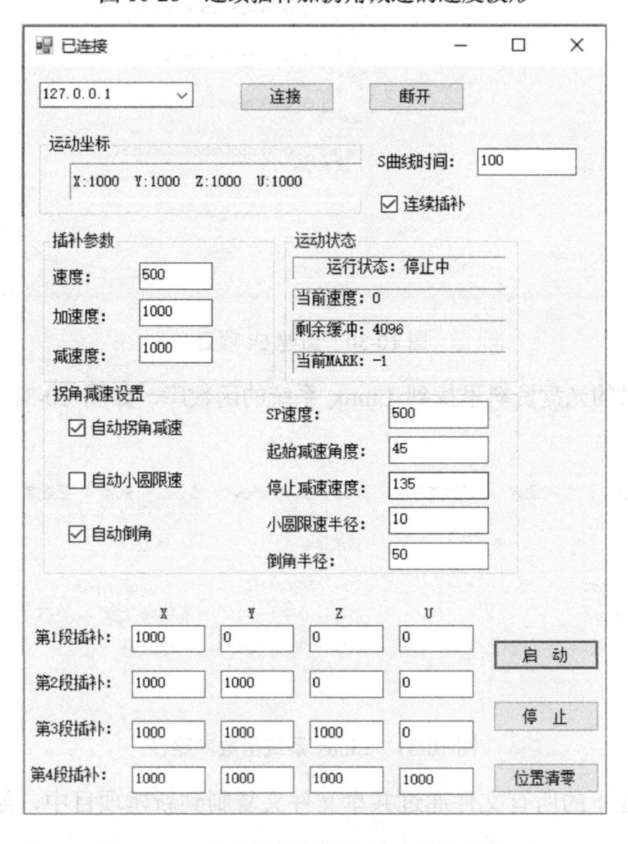

图 10-29　连续插补加拐角减速的设置界面

10.4 Qt 中的 C++项目开发

Qt 是个跨平台 IDE，可以在 Windows 上开发，也可以在 Linux 上开发，本节介绍 Linux 中的 Qt 开发，从新建项目和添加函数库开始，再介绍 PC 函数用法，最后讲解例程。

10.4.1 新建 Qt 项目和添加函数库

新建 Qt 项目和添加函数库的步骤如下。

（1）单击“New Project”，再依次单击“New Project”→“Qt Widgets Application”，然后单击“Choose”按钮，如图 10-30 所示。

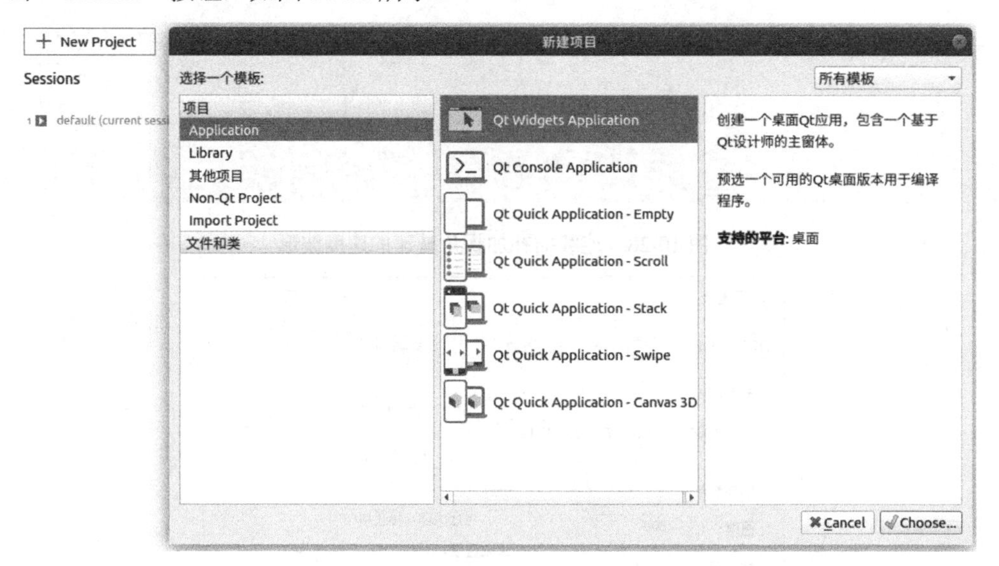

图 10-30　新建 Qt 项目

（2）在厂家提供的光盘资料里找到 Linux 系统的函数库，如图 10-31 所示，这里以 64 位库为例。

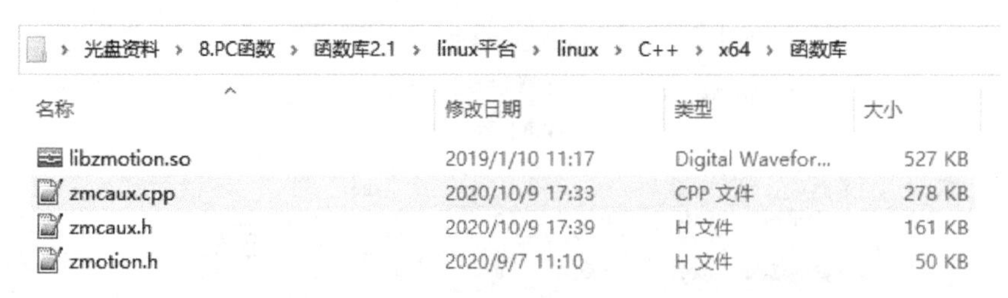

图 10-31　Linux 系统函数库路径

（3）将上述路径下的所有文件通过共享文件夹复制到新建项目中，如图 10-32 所示。

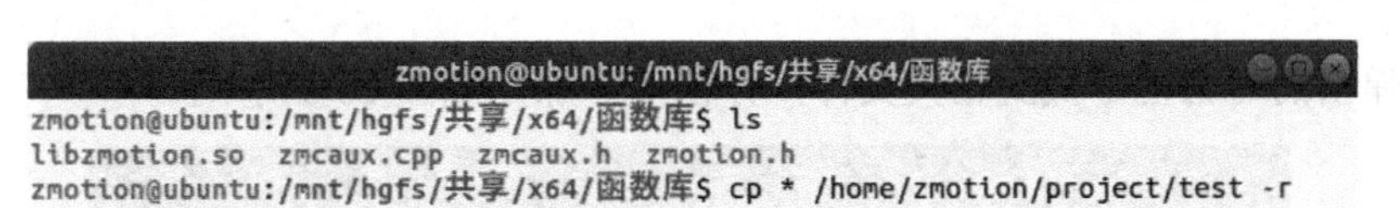

图 10-32　复制函数库相关文件

（4）在 Qt 项目中添加函数库。

① 右击项目，在快捷菜单中单击“添加库”，如图 10-33 所示。

② 在“库类型”对话框中选择“外部库”，单击“下一步”按钮，如图 10-34 所示。

图 10-33　添加函数库（一）

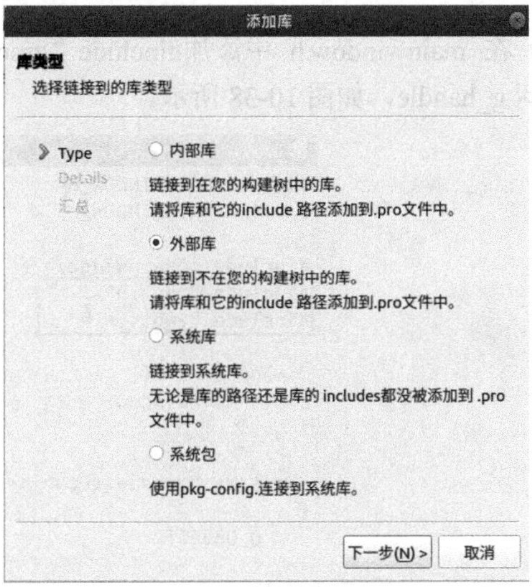

图 10-34　添加函数库（二）

③ 在“外部库”对话框中单击“浏览”按钮，找到刚刚复制到项目中的库文件 libzmotio.so，如图 10-35 所示，然后依次单击“下一步”按钮，直到完成。

（5）在 Qt 项目中添加相关头文件和源文件，包括 zmotion.h、zaux.cpp、zaux.h。

① 右击 Headers/Sources 文件夹，在快捷菜单中单击“添加现有文件”，如图 10-36 所示。

图 10-35　添加函数库（三）

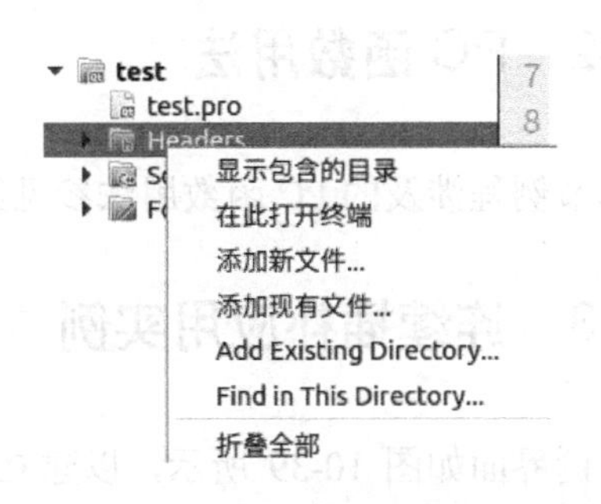

图 10-36　添加现有文件

② 在弹出的对话框中找到相关文件，并依次添加，如图 10-37 所示。

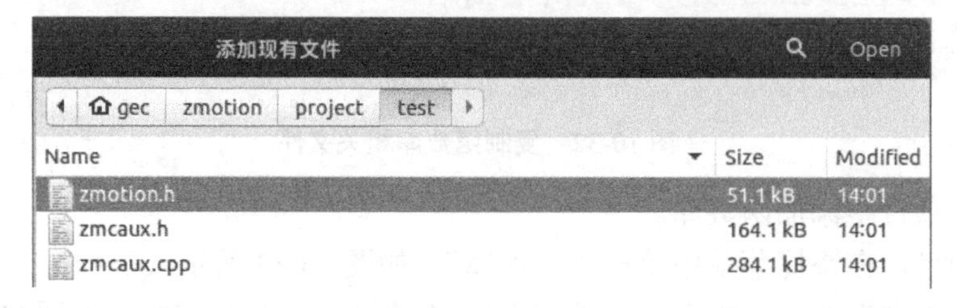

图 10-37　选择文件

（6）在 mainwindow.h 中添加#include “zmotion.h”、#include “zaux.h” 和定义控制器的连接句柄 g_handle，如图 10-38 所示。

```
mainwindow.h*                # <Select Symbol>
#ifndef MAINWINDOW_H
#define MAINWINDOW_H

#include <QMainWindow>
#include "zaux.h"
#include "zmotion.h"

namespace Ui {
class MainWindow;
}

class MainWindow : public QMainWindow
{
    Q_OBJECT

public:
    explicit MainWindow(QWidget *parent = 0);
    ~MainWindow();
    ZMC_HANDLE g_hangle;

private:
    Ui::MainWindow *ui;
};

#endif // MAINWINDOW_H
```

图 10-38　声明头文件

至此，完成新建 Qt 项目。

10.4.2　PC 函数用法

本节例程涉及的 PC 函数用法参见第 10.2.2 节相关内容。

10.4.3　连续插补应用实例

本例界面如图 10-39 所示，以建立板卡的连接，执行运动距离数组（destdis[120][5]）中的 120 段点位运动加工为目标，如图 10-40 所示。

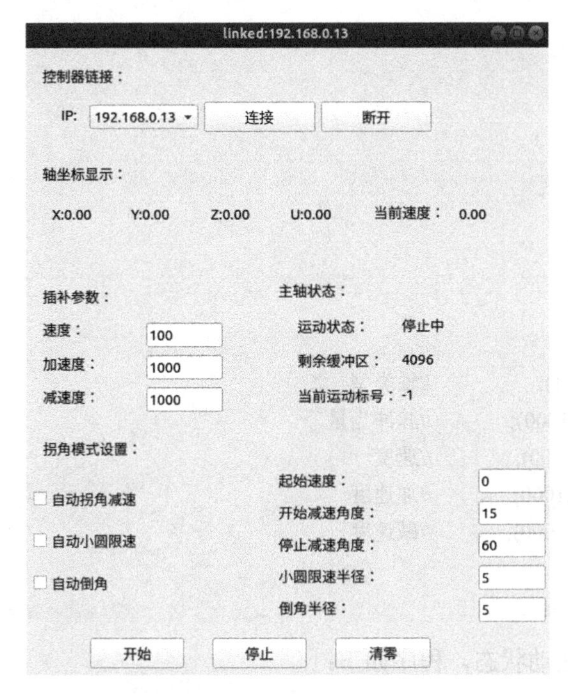

图 10-39　连续插补例程界面

```
class MainWindow : public QMainWindow
{
    Q_OBJECT
public:
    explicit MainWindow(QWidget *parent=0);
    ~MainWindow();
    ZMC_HANDLE g_handle;
    uint32  g_curseges=120;
    //运动距离数组：
    //前四个参数为插补运动前四轴坐标
    //第五个参数为每段force_speed
    float destdis[120][5] = {
    {1000,0    ,0    ,0,500},
    {1000,1000,0     ,0,500},
    {1000,1000,1000,0,500},
    {1000,1000,1000,1000,500},
    {50   ,140 ,90   ,50,50},
```

图 10-40　destdis 数组

例程流程图见图 10-11。

通过“连接”按钮的槽函数调用 ZAux_OpenEth()连接控制器，获取控制器连接句柄，连接成功后对轴参数进行初始化，程序如下：

```
//“连接”按钮的槽函数
void MainWindow::on_Open_clicked()
{
    int32 iresult;
    char * tmp_buff = new char[16];
    QString str;
    QString str_title;
    //从下拉列表中获取 IP 地址
    str = ui->comboBox_IP->currentText();
    QByteArray ba = str.toLatin1();
    tmp_buff = ba.data();
    //连接控制器
    iresult = ZAux_OpenEth(tmp_buff,和 g_handle);
    if(0 == iresult)
    {
        str_title += tmp_buff;
        setWindowTitle(str_title);
    }
    else
    {
```

```
                setWindowTitle("no link!");
                return ;
            }
            //开起定时器
            id1=startTimer(100);
            id2=startTimer(50);
            //初始化轴参数
            for(int i=0 ;i<4;i++)
            {
                ZAux_Direct_SetAtype(g_handle,i,1);              //轴类型
                ZAux_Direct_SetUnits(g_handle,i,1000);           //脉冲当量
                ZAux_Direct_SetSpeed(g_handle,i,100);            //速度
                ZAux_Direct_SetAccel(g_handle,i,1000);           //加速度
                ZAux_Direct_SetDecel(g_handle,i,1000);           //减速度
            }
        }
```

通过定时器 1、2 更新控制器轴信息和运动状态，程序如下：

```
        //定时器
        void MainWindow::timerEvent(QTimerEvent *event)
        {
            //定时器 1：获取并更新轴位置信息
            if(event->timerId() == id1)
            {
                QString Xpos1,Ypos1,Zpos1,Upos1;
                QString Curspeed;
                float showpos[4] ={0};
                float curspeed =0;
                ZAux_Direct_GetDpos( g_handle,0,showpos[0]);      //获取当前轴位置
                ZAux_Direct_GetDpos( g_handle,1,showpos[1]);      //获取当前轴位置
                ZAux_Direct_GetDpos( g_handle,2,showpos[2]);      //获取当前轴位置
                ZAux_Direct_GetDpos( g_handle,3,showpos[3]);      //获取当前轴位置
                ZAux_Direct_GetVpSpeed( g_handle,0,curspeed);     //获取当前轴位置
                Xpos1=Xpos1.sprintf("X:%.2f",showpos[0]);
                Ypos1=Ypos1.sprintf("Y:%.2f",showpos[1]);
                Zpos1=Zpos1.sprintf("Z:%.2f",showpos[2]);
                Upos1=Upos1.sprintf("U:%.2f",showpos[3]);
                Curspeed=Curspeed.sprintf("%.2f",curspeed);
                ui->Xpos->setText(Xpos1);
                ui->Ypos->setText(Ypos1);
                ui->Zpos->setText(Zpos1);
                ui->Upos->setText(Upos1);
                ui->Curspeed->setText(Curspeed);
```

```
    }
    //定时器 2：获取并更新轴运动信息
    if(event->timerId() == id2)
    {
        int status=0, rembuff=0, curmark=0;
        //判断主轴（BASE 的第一个轴）状态
        ZAux_Direct_GetIfIdle(g_handle,0,status);
        if (status == -1)
        {
            ui->motion_state->setText("停止中" );
        }
        else
        {
            ui->motion_state->setText("运动中" );
        }
        QString str="";
        //判断存放直线的剩余缓冲
        ZAux_Direct_GetRemain_LineBuffer(g_handle,0,rembuff);
        str=str.sprintf("%d",rembuff);
        ui->rem_buff->setText(str);
        //判断当前是第几段运动
        ZAux_Direct_GetMoveCurmark(g_handle,0,curmark);
        str=str.sprintf("%d",curmark);
        ui->current_mark->setText(str);
    }
}
```

通过“启动”按钮的槽函数设置拐角模式及拐角参数、设置插补运动参数，并启动定时器 3 来发送连续插补指令。

```
//“启动”按钮的槽函数
void MainWindow::on_Onstart_clicked()
{
    int corner_mode = 0;
    int axislist[4] = {0,1,2,3};                         //运动 BASE 轴列表
    QString str;
    //选择参与运动的轴，第一轴为主轴，插补参数全用主轴参数
    ZAux_Direct_BASE(g_handle,4,axislist);
    str = ui->m_speed->text();
    m_speed = str.toFloat();
    qDebug()<<str<<m_speed;
    ZAux_Direct_SetSpeed(g_handle,axislist[0],m_speed);           //速度
    str = ui->m_acc->text();
    m_acc = str.toFloat();
```

```
        ZAux_Direct_SetAccel(g_handle,axislist[0],m_acc);          //加速度
        str = ui->m_dec->text();
        m_dec = str.toFloat();
        ZAux_Direct_SetDecel(g_handle,axislist[0],m_dec);          //减速度
        //拐角模式设置
        if(m_mode1 == 1)corner_mode = corner_mode + 2;
        if(m_mode2 == 1)corner_mode = corner_mode + 8;
        if(m_mode3 == 1)corner_mode = corner_mode + 32;
        ZAux_Direct_SetCornerMode(g_handle,axislist[0],corner_mode);
        //打开连续插补开关
        ZAux_Direct_SetMerge(g_handle,axislist[0],1);
        //设置起始速度，拐角减速由运动速度至起始速度线性减速
        str = ui->m_lspeed->text();
        m_lspeed = str.toFloat();
        ZAux_Direct_SetLspeed(g_handle,axislist[0],m_lspeed);
        //开始减速角度和结束减速角度，转换为弧度
        str = ui->m_startang->text();
        m_startang = str.toFloat();
        ZAux_Direct_SetDecelAngle(g_handle,axislist[0],m_startang*3.14/180);
        str = ui->m_stopang->text();
        m_stopang = str.toFloat();
        ZAux_Direct_SetStopAngle(g_handle,axislist[0],m_stopang*3.14/180);
        //设置小圆限速最小半径
        str = ui->m_fullradius->text();
        m_fullradius = str.toFloat();
        ZAux_Direct_SetFullSpRadius(g_handle,axislist[0],m_fullradius);
        //设置拐角半径
        str = ui->m_zsmooth->text();
        m_zsmooth = str.toFloat();
        ZAux_Direct_SetZsmooth(g_handle,axislist[0],m_zsmooth);
        //SP 指令中自动拐角模式中设置一个较大的 startmovespeed 与 endmovespeed
        ZAux_Direct_SetStartMoveSpeed(g_handle,axislist[0], 10000);
        ZAux_Direct_SetEndMoveSpeed(g_handle, axislist[0], 10000);
        //设置 MARK = 0 ，通过读取 CURMARK 实现判断当前执行到哪段运动
        ZAux_Direct_SetMovemark(g_handle,axislist[0],0);
        g_curseges = 0;
        //打开示波器
        ZAux_Trigger(g_handle);
        id3=startTimer(100);
    }
```

通过定时器 3 来发送连续插补指令，程序如下：

```
    //定时器
```

```
void MainWindow::timerEvent(QTimerEvent *event)
{
    if(event->timerId() == id3)
    {
        int iresult = 0;
        int iremain = 2;
        for (int i = 0   ; i < 5; i++)                //每次定时器中断加入几个运动缓冲，可修改
        {
            if(g_curseges >= LEGS_MAX)  //是否发送完所有指令
            {
                killTimer(id3);
                return;
            }

            iresult = ZAux_Direct_GetRemain_LineBuffer(g_handle, 0, iremain);
            if(iremain > 2)
            {
                //加入一段,每段都可以有自己的 ForceSpeed
                ZAux_Direct_SetForceSpeed(g_handle, 0, destdis[g_curseges][4]);
                ZAux_Direct_MoveAbsSp(g_handle, 4, destdis[g_curseges]);
                g_curseges++;
            }
        }
    }
}
```

通过“停止”按钮的槽函数停止轴运动，并停止定时器 3，程序如下：

```
//“停止”按钮的槽函数
void MainWindow::on_stop_clicked()
{
    if(NULL == g_handle)
    {
        setWindowTitle("连接断开");
        return ;
    }
    killTimer(id3);
    ZAux_Direct_Singl_Cancel(g_handle,0,2);            //停止主轴（BASE 的第一个轴）
}
```

通过“清零”按钮的槽函数对各轴的坐标进行清零。

```
//“清零”按钮的槽函数
void MainWindow::on_pushButton_5_clicked()
{
    for (int i=0;i<4;i++)
    {
        ZAux_Direct_SetDpos(g_handle,i,0);//设置为零点
    }
}
```

编译运行例程，查看效果及轴参数如图 10-41 所示。

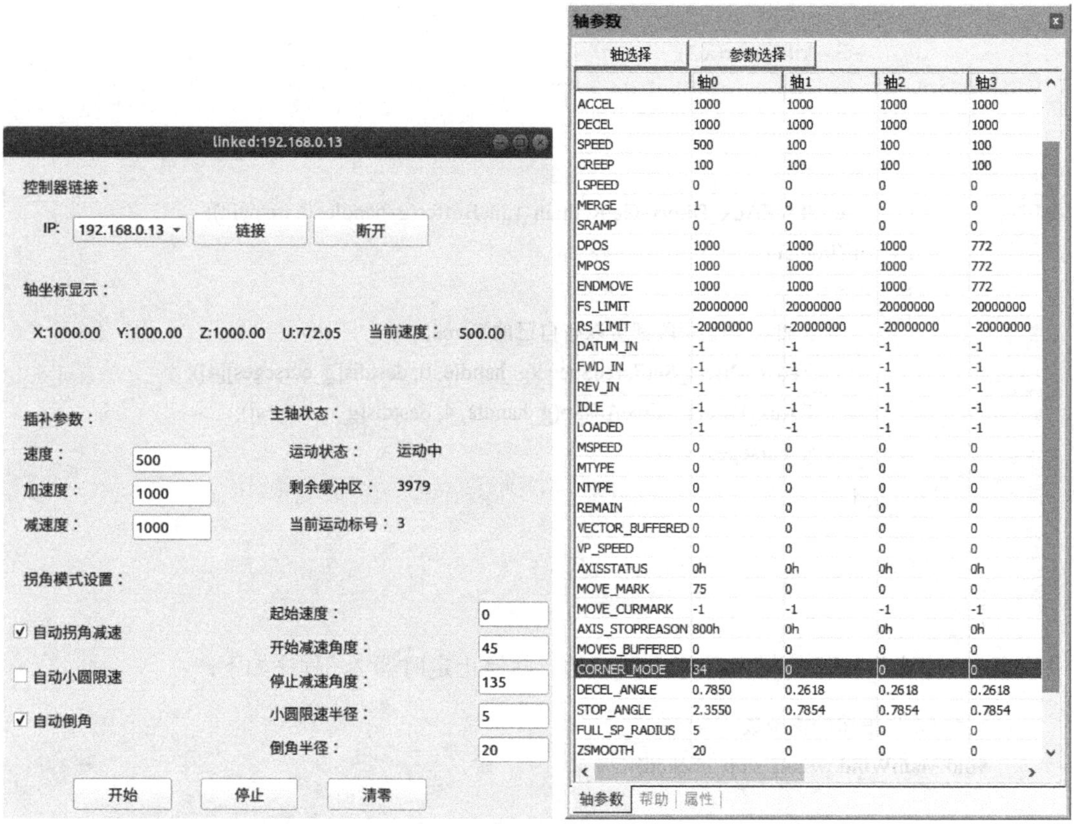
linked:192.168.0.13
控制器链接：
IP: 192.168.0.13
链接
断开
轴坐标显示：
X:1000.00 Y:1000.00 Z:1000.00 U:772.05 当前速度： 500.00
插补参数：
速度： 500
加速度： 1000
减速度： 1000
主轴状态：
运动状态： 运动中
剩余缓冲区： 3979
当前运动标号： 3
拐角模式设置：
自动拐角减速
自动小圆限速
自动倒角
起始速度： 0
开始减速角度： 45
停止减速角度： 135
小圆限速半径： 5
倒角半径： 20
开始
停止
清零
轴参数
轴选择
参数选择
轴0 轴1 轴2 轴3
ACCEL 1000 1000 1000 1000
DECEL 1000 1000 1000 1000
SPEED 500 100 100 100
CREEP 100 100 100 100
LSPEED 0 0 0 0
MERGE 1 0 0 0
SRAMP 0 0 0 0
DPOS 1000 1000 1000 772
MPOS 1000 1000 1000 772
ENDMOVE 1000 1000 1000 772
FS_LIMIT 20000000 20000000 20000000 20000000
RS_LIMIT -20000000 -20000000 -20000000 -20000000
DATUM_IN -1 -1 -1 -1
FWD_IN -1 -1 -1 -1
REV_IN -1 -1 -1 -1
IDLE -1 -1 -1 -1
LOADED -1 -1 -1 -1
MSPEED 0 0 0 0
MTYPE 0 0 0 0
NTYPE 0 0 0 0
REMAIN 0 0 0 0
VECTOR_BUFFERED 0 0 0 0
VP_SPEED 0 0 0 0
AXISSTATUS 0h 0h 0h 0h
MOVE_MARK 75 0 0 0
MOVE_CURMARK -1 -1 -1 -1
AXIS_STOPREASON 800h 0h 0h 0h
MOVES_BUFFERED 0 0 0 0
CORNER_MODE 34 0 0 0
DECEL_ANGLE 0.7850 0.2618 0.2618 0.2618
STOP_ANGLE 2.3550 0.7854 0.7854 0.7854
FULL_SP_RADIUS 5 0 0 0
ZSMOOTH 20 0 0 0
轴参数 帮助 属性

图 10-41　运行效果及轴参数

通过示波器功能查看速度波形，如图 10-42 所示。

与本章内容相关的“正运动小助手”微信公众号文章和视频讲解

1. 运动控制卡应用开发教程之 C++
2. 运动控制卡应用开发教程之 C#
3. 简单易用的运动控制卡（三）：轴参数配置和单轴运动控制
4. 简单易用的运动控制卡（八）：直线插补和手轮运动
5. 简单易用的运动控制卡（十）：连续插补和小线段前瞻
6. 运动控制卡应用开发教程之硬件比较输出

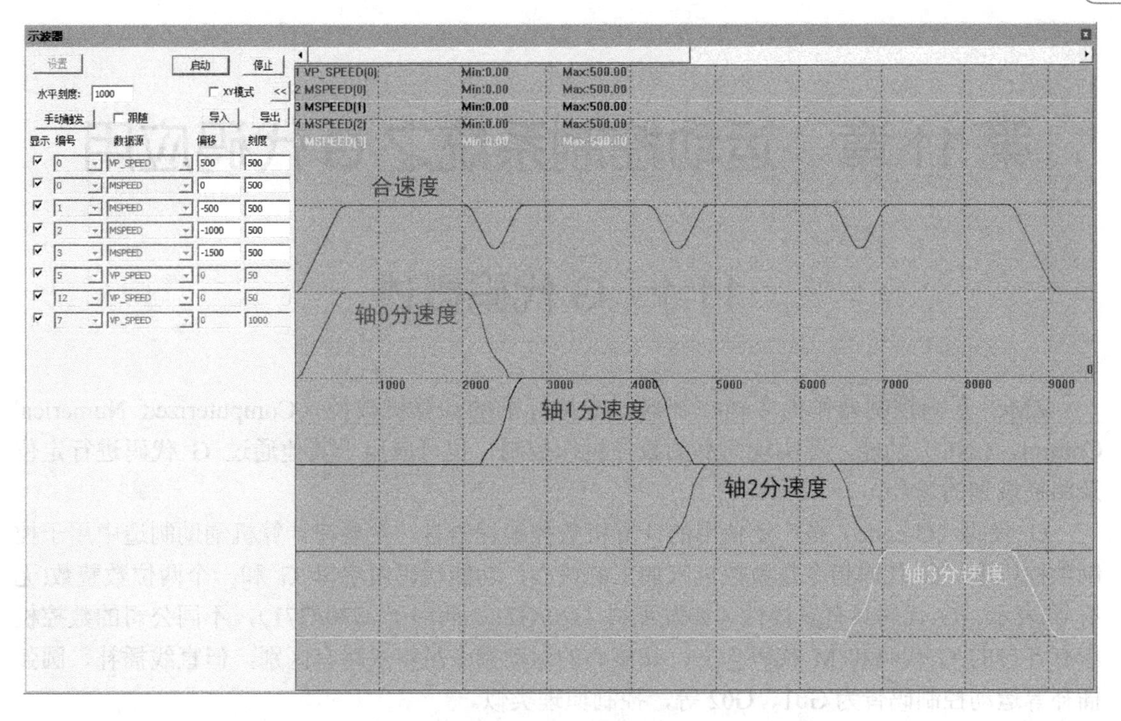

示波器
设置
启动
停止
水平刻度: 1000
XY模式
手动触发
跟随
导入
导出
显示 编号 数据源 偏移 刻度
1 VP_SPEED(0) Min:0.00 Max:500.00
2 MSPEED(0) Min:0.00 Max:500.00
3 MSPEED(1) Min:0.00 Max:500.00
4 MSPEED(2) Min:0.00 Max:500.00
合速度
轴0分速度
轴1分速度
轴2分速度
轴3分速度
1000
2000
3000
4000
5000
6000
7000
8000
9000

图 10-42　速度波形

第 11 章　运动控制系统之 G 代码应用

11.1　G 代码概述

ZMC 系列控制器作为多轴控制器，支持标准的计算机数控（Computerized Numerical Control，CNC）功能，可实现简易的数控机床控制，也可应用于其他通过 G 代码进行定位及路径规划的场合。

G 代码（G-code）是广泛使用的计算机数控编程语言，主要在计算机辅助制造中用于控制数控机床。G 代码指令是数控机床加工的核心，功能代码由字母 G 和一个两位数整数(无符号)表示。G 代码具有多样性（如发那科 G20/G21、西门子 G70/G71），不同公司的数控机床有各自的 G 代码和 M 代码含义，其核心的运动指令虽格式略有区别，但直线插补、圆弧插补等运动控制码皆为 G01、G02 等，控制原理类似。

ZBasic 支持 G 代码形式的 SUB 过程，支持标准格式的 G 代码，可根据实际加工需求自定义 G 代码功能，形成 GSUB 形式来解析 CNC 文件，支持 UG、MasterCam、ArtCAM 等多种 CAD/CAM 软件生成的 NC 加工代码，可应用于雕铣机、精雕机、钻攻中心和加工中心等机床加工场合。

本章介绍 ZMC 系列控制器 G 代码使用方法。

11.2　G 代码指令

在正运动控制器上，ZBasic 支持 G 代码形式的 SUB 过程，可在 GSUB 函数中使用运动指令编写 G 代码的控制过程，G 代码执行时，将运动参数传入 GSUB，GSUB 执行控制轴按要求动作。

每个 G 代码和 M 代码都由用户使用 GSUB 函数编写其动作。

常见的 G 代码如表 11-1 所示。

表 11-1　常见的 G 代码

G 代码	含　义	指 令 格 式
G00	快速定位	G00 X__ Y__ Z__ A__ B__ C__ F__
G01	直线插补	G01 X__ Y__ Z__ A__ B__ C__ F__
G02	顺时针圆弧插补	G02 X__ Y__ R__ F__
G03	逆时针圆弧插补	G02 X__ Y__ R__ F__
G90	相对运动	G90
G91	绝对运动	G91

（1）自定义。

语法：GSUB　label([char1] [,char2]…)

```
'编写 G 代码功能
…
END SUB
```

label：过程名称，不能与现有的关键词冲突

char1、char2 等：过程调用时传入的字母参数，自动作为 LOCAL 局部变量。

（2）读取 G 代码传入参数。

语法：GGSUB_PARA(char)

char：GSUB 定义时传入的字母参数。

（3）判断 G 代码参数是否传入。

语法：GGSUB_IFPARA(char)

char：GSUB 定义时传入的字母参数。

返回值：-1—传入；0—未传入。

G 代码示例如下：

```
G01 X100 Y100 Z100 U100                          '调用 G01 直线插补
END                                              '主程序结束
GLOBAL GSUB G01(X,Y,Z,U)                         '定义 GSUB 过程 G01
    PRINT   GSUB_PARA(X),GSUB_PARA(Y),GSUB_PARA(Z),GSUB_PARA(U)
    IF coor_rel THEN                             '相对位置
        MOVE(GSUB_PARA(X),GSUB_PARA(Y),GSUB_PARA(Z),GSUB_PARA(U))
    ELSE                                         '绝对位置
        LOCAL xdis, ydis, zdis, udis
        IF GSUB_IFPARA(X) THEN                   '判断是否有参数传入 GSUB
            xdis = GSUB_PARA(X)
        ELSE
            xdis = ENDMOVE_BUFFER(0)
        ENDIF
        IF GSUB_IFPARA(Y) THEN
            ydis = GSUB_PARA(Y)
        ELSE
            ydis = ENDMOVE_BUFFER(1)
        ENDIF
        IF GSUB_IFPARA(Z) then
            zdis = GSUB_PARA(Z)
        ELSE
            zdis = ENDMOVE_BUFFER(2)
        ENDIF
        IF GSUB_IFPARA(U) then
            udis = GSUB_PARA(U)
        ELSE
            udis = ENDMOVE_BUFFER(3)
        ENDIF
        MOVEABS(xdis,ydis,zdis,udis)              '绝对位置
    ENDIF
END SUB
```

11.3 CAD导图软件

ZCadToMore V2.0是一款强大的图形转换软件，可将Basic代码及NC代码生成加工图形，主要功能包括矢量文件的导入，图形的优化、显示，Basic代码及NC代码的显示、编辑、导出，原点位置的设置，自定义图形的动作，加工轨迹的规划，模拟加工及下载到控制器中加工等。

支持的导入文件格式有DXF、PLT、AI，导出的文件格式为BAS或NC。

G代码显示的主界面如图11-1所示，Basic代码显示的主界面如图11-2所示。

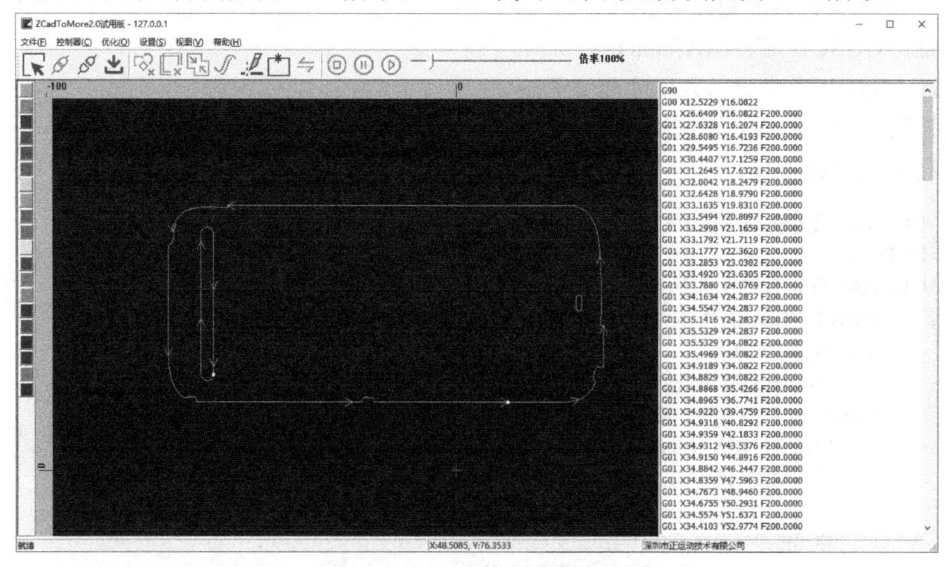

图11-1　主界面（G代码）

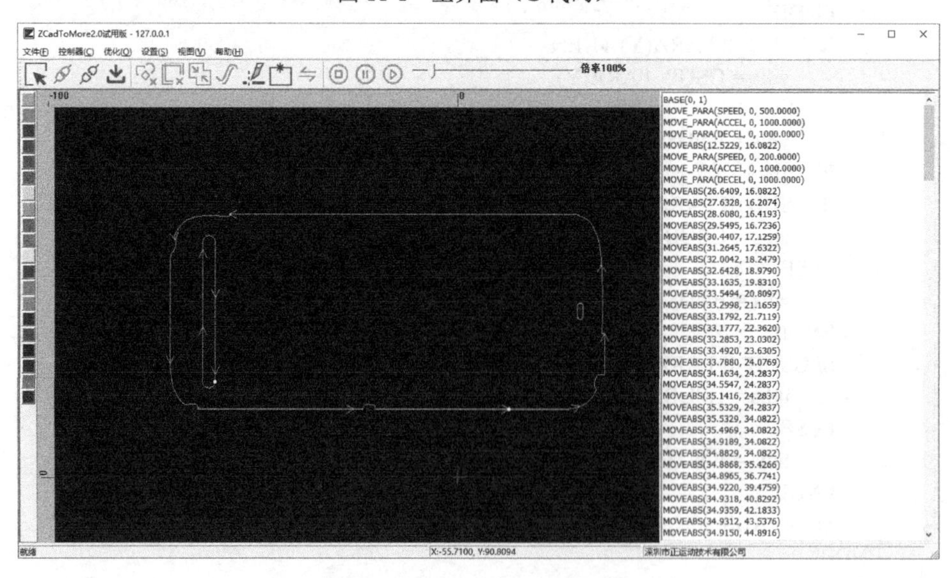

图11-2　主界面（Basic代码）

在“设置”窗口中可查看图形对应的以 G 代码和 Basic 代码显示的加工数据。

11.4　G 代码应用实例

11.4.1　系统架构

本系统应用于六轴 G 代码加工，主要实现 G01 直线插补功能。程序主要由以下四部分组成。

（1）主程序：编写系统的功能，进行参数定义、轴参数初始化，执行启动、停止、急停等过程。

（2）G 代码解析程序：使用 GSUB 编写 G00、G01 等 G 代码控制过程，等待被 G 代码调用时执行。

（3）三次文件加载：搜索 U 盘或 Flash 中的三次文件（Z3P 文件）并加载到控制器，启动加工时调用三次文件内的 G 代码。

（4）HMI 组态界面：实现人机交互，如选择三次文件、手动控制加工的启动/停止、显示加工过程及控制器的状态信息等。

11.4.2　系统配置

本系统采用六个轴加工，分为三个任务。主要使用 TABLE 寄存器临时存储 G 代码要显示在触摸屏上的数据，支持连接到仿真器、控制器运行。系统界面如图 11-3 所示。

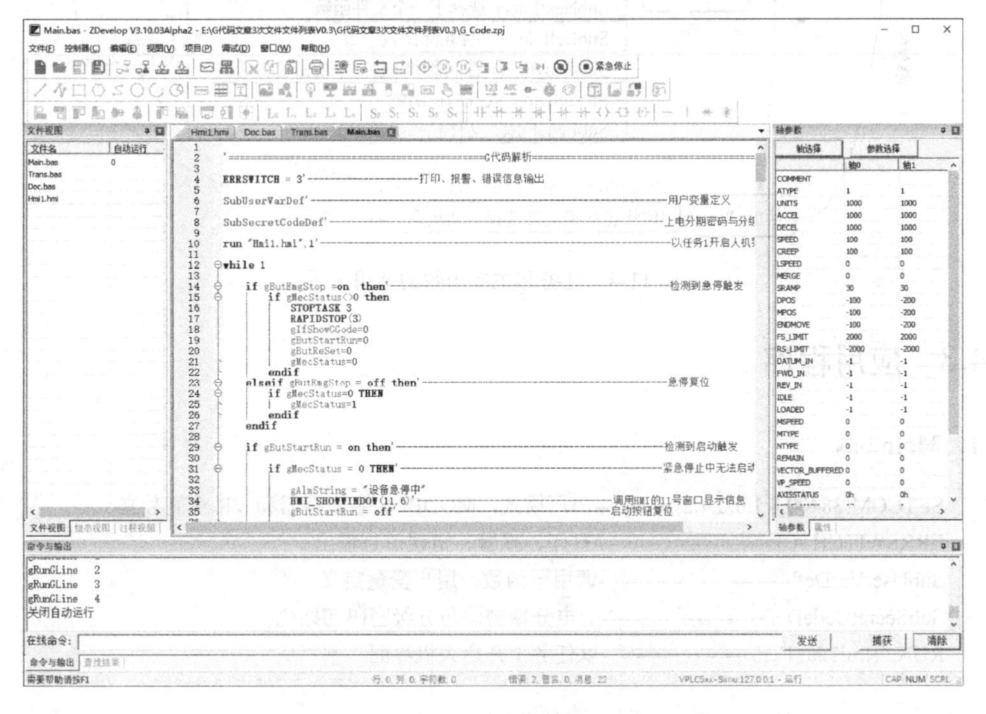

图 11-3　系统界面

任务 0：上电自动运行的主任务，用于程序初始化，控制启动/停止等。

任务 1：HMI 组态界面任务。

任务 3：回零任务、G 代码加工任务，上电后先执行回零，回零完成才能加工。

不同的功能用同一个任务号运行时，注意不要同时进行，否则会导致任务重复开启，控制器将报错。

任务和主要函数的调用关系如图 11-4 所示，部分函数由 HMI 的功能键直接调用，在 main 文件的主循环中循环扫描 HMI 元件，其位状态变化将触发不同的运动过程。

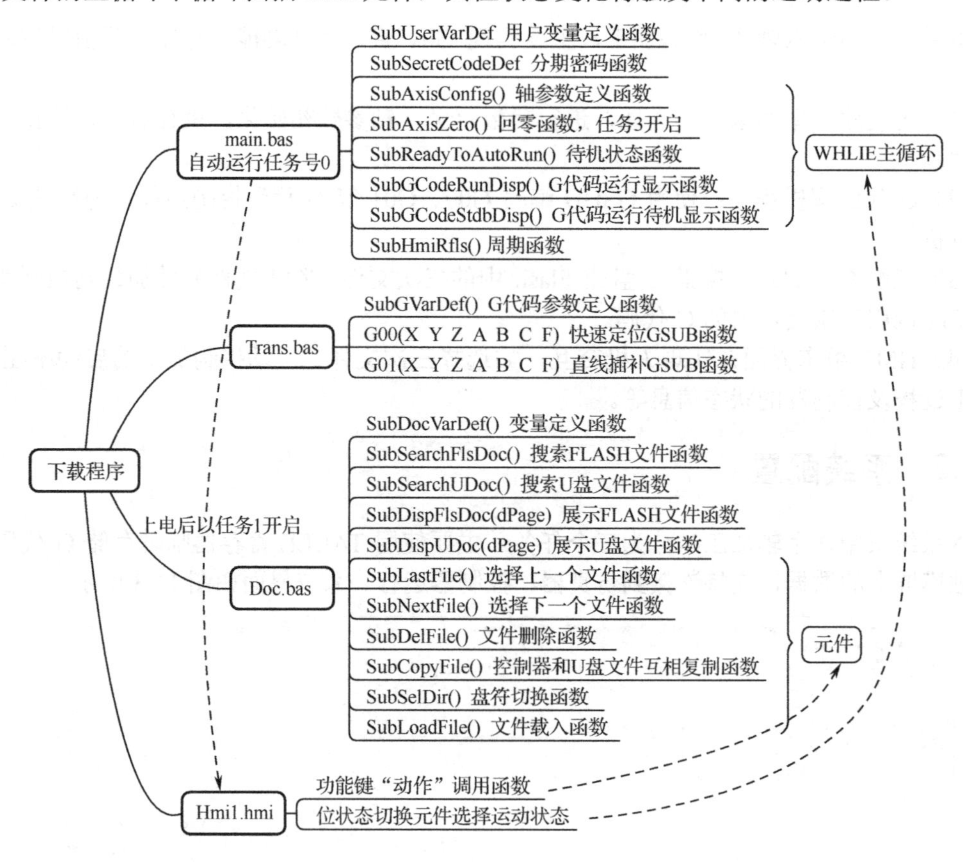

图 11-4　任务和主要函数的调用关系

11.4.3　应用程序

1. Main.bas

```
SETCOM(38400,8,1,0,0,4,2,1000)'---出厂模式，MODBUS 字寄存器和 VR 空间独立
ERRSWITCH = 3'----------------------打印、报警、错误信息输出
SubUserVarDef'-----------------------调用子函数：用户变量定义
SubSecretCodeDef'--------------------上电分期密码与分级密码初始化
RUN "Hmi1.hmi",1'-------------------以任务 1 开启人机界面

WHILE 1'------------------------------主程序循环扫描
```

```
IF gButEmgStop =ON    THEN'-----------------------------检测到急停触发
    IF gMecStatus<>0 THEN
        STOPTASK 3
        RAPIDSTOP(3)
        gIfShowGGode=0
        gButStartRun=0
        gButReSet=0
        gMecStatus=0
    ENDIF
ELSEIF gButEmgStop = OFF THEN'-----------------------急停复位
    IF gMecStatus=0 THEN
        gMecStatus=1
    ENDIF
ENDIF

IF gButStartRun = ON THEN'------------------------------检测到启动触发
    IF gMecStatus = 0 THEN'------------------------------紧急停止中，无法启动
        gAlmString = "设备急停中"
        HMI_SHOWWINDOW(11,6)'------------------调用 HMI 的 11 号窗口显示信息
        gButStartRun = OFF'---------------------------- "启动" 按钮复位
    ELSEIF gFlagZero=0 THEN'-------------------------如果设备未回零则弹出提示，开关复位
        gAlmString = "设备上电未回原点"
        HMI_SHOWWINDOW(11,6)'-----------------弹出提示
        gButStartRun = OFF
    ELSEIF gMecStatus = 4 THEN'---------------------设备回零中
        gAlmString = "设备回零中"
        HMI_SHOWWINDOW(11,6)
        gButStartRun = OFF
    ELSEIF gMecStatus = 1 THEN'---------------------如果当前为待机状态
        STOPTASK 3
        SubReadyToAutoRun'--------------------------调用准备运动子函数
        IF STRCOMP(VRSTRING(25,20),"NULL")<>0 THEN
            FILE3_RUN VRSTRING(25,20),3'----三次文件以任务 3 启动
            gMecStatus=2
        ENDIF
    ELSEIF gMecStatus=3 THEN'----------------------如果当前为暂停状态
        BASE(gAxisX)
        MOVE_RESUME'-----------------------------运动恢复
        gMecStatus=2
    ENDIF
ELSEIF gButStartRun = OFF THEN'------------------检测到暂停信号
    IF gMecStatus=2 THEN'---------------------------如果当前为运行状态则暂停
        BASE(gAxisX)
```

```
            MOVE_PAUSE(0)'-------------------------运动暂停
            gMecStatus=3'--------------------------------记录暂停状态
        ENDIF
    ENDIf

    IF gButStop =ON THEN
        IF gMecStatus =2 OR gMecStatus =3 THEN
            STOPTASK 3'-------------------------------停止G代码加工任务
            CANCEL(2) AXIS(0)'----------------------快速停止轴运动
            CANCEL(2) AXIS(1)
            CANCEL(2) AXIS(2)
            CANCEL(2) AXIS(3)
            CANCEL(2) AXIS(4)
            CANCEL(2) AXIS(5)
            WAIT UNTIL IDLE(0)AND IDLE(1)AND IDLE(2)AND IDLE(3)AND IDLE(4)AND
IDLE(5)'------------------------------------------------------------------等待轴停止
            gButStartRun = OFF'----------------------“运动”按钮复位
            gMecStatus = 1'----------------------------回到待机状态
            gIfShowGGode = 0'-----------------------行号显示回到初始状态
        ENDIF
        gButStop = OFF
    endif

    IF gButReSet = ON   THEN'-------------------------设备复位
        IF gMecStatus = 0 THEN'-----------------------设备急停中
            gAlmString = "设备急停中"'--------------要显示字符存入
            HMI_SHOWWINDOW(11,6)'------------调用HMI窗口显示上方的信息
            gButReSet = OFF
            ?"复位失败 1"
        ELSEIF gMecStatus =2 OR gMecStatus = 3   THEN'------设备运行中
            gAlmString = "设备运行中"
            HMI_SHOWWINDOW(11,6)
            gButReSet = OFF
            ?"复位失败 2"
        ELSEIF gMecStatus = 1 then'------------------启动回零
            gMecStatus = 4'----------------------------系统状态变更为回零
            RUNTASK 3,SubAxisZero'---------------以任务3运行回零子程序
        ENDIF
    ENDIF

    IF gMecStatus=2 THEN'------------------------------运行状态
        IF PROC_STATUS(3) = 0 AND IDLE(gAxisX) THEN'------判断加工任务状态和轴是否停止
            gIfShowGGode = 0
```

```
            gMecStatus = 1
            gButStartRun = OFF
            ?"关闭自动运行"
        ENDIF
    ENDIF
WEND
END'--------------------------------------主程序结束

GLOBAL SUB SubUserVarDef()
    GLOBAL gMecStatus'------设备状态，0—急停中，1—待机中，2—运行中，3—暂停中，4—回零中
        gMecStatus=0
    GLOBAL gButEmgSTOp'----------“急停”按钮，0—急停未触发，1—急停触发
        gButEmgSTOp=0
    GLOBAL gButReSet'----------------“回零”按钮，0—设备复位，1—设备复位中
        gButReSet=0
    GLOBAL gButStartRun'-------------“启动”按钮，0—设备未启动，1—设备运行中
        gButStartRun=0
    GLOBAL gButSTOp'----------------“停止”按钮，0—设备停止，1—执行停止中
        gButSTOp = 0
    GLOBAL gFlagZero'-----------------回零标志位，0—设备未回原点，1—设备已回原点
        gFlagZero=0
    GLOBAL gAlmString(30)'----------报警信息提示
        gAlmString = " "
    GLOBAL CONST gGCodeCharNum=100'-------------------每行 G 代码显示咱用寄存器数量
    GLOBAL gShowGCodeText(gGCodeCharNum*10)'--------当前运行 G 代码展示
        dmset gShowGCodeText(0,gGCodeCharNum*10,0)
    GLOBAL gShowGCodeNum(10)'------------------------------G 代码展示，G 代码行号展示
        DMSET gShowGCodeNum(0,10,0)
    GLOBAL gShowSigGCode(gGCodeCharNum)'--------------单条 G 代码展示
        DMSET gShowSigGCode(0,gGCodeCharNum,0)
    GLOBAL gShowStartLine'--------------------------------------G 代码起始行号
        gShowStartLine = 0
    GLOBAL gShowEndLine'--------------------------------------当前显示的最新一条 G 代码指令
        gShowEndLine=0
    GLOBAL gTolGcodeNum'---------------------------------------G 代码总条数
        gTolGcodeNum=0
    GLOBAL gIFShowGGode'---------------------------------------G 代码信息显示
        gIFShowGGode=0
    GLOBAL gCmd'--------------------------------------------------指令寄存器
        gCmd=0

    GLOBAL CONST gWhite = RGB(255,255,255)'------------显示颜色设置
    GLOBAL CONST gGreen = RGB(0,128,0)
```

```
    GLOBAL CONST gGray = RGB(180,180,180)

    GLOBAL gArrXPos(20480)
    GLOBAL gArrYPos(20480)
    GLOBAL gArrZPos(20480)
    GLOBAL gArrAPos(20480)
    GLOBAL gArrBPos(20480)
    GLOBAL gArrCPos(20480)

    SubAxisConfig'------------------------------调用轴初始化子函数
    SubGVarDef'---------------------------------调用G代码中的变量定义子函数
    SubDocVarDef'-------------------------------文件变量定义
    gSelOpStor=1'-------------------------------选择U盘
    SubSelDir'----------------------------------读文件
END SUB

GLOBAL SUB SubAxisConfig()'----------------轴初始化子函数
    GLOBAL CONST gAxisX = 0'------------定义轴号
    GLOBAL CONST gAxisY = 1
    GLOBAL CONST gAxisZ = 2
    GLOBAL CONST gAxisA = 3
    GLOBAL CONST gAxisB = 4
    GLOBAL CONST gAxisC = 5

    BASE(gAxisX)'-------------------------------选择轴号X
    ATYPE=1'------------------------------------设置轴类型，脉冲型
    UNITS=1000'---------------------------------脉冲当量
    ACCEL=1000'---------------------------------加速度
    DECEL=1000'---------------------------------减速度
    SRAMP=30'-----------------------------------S曲线
    SPEED=100'----------------------------------运动速度
    DATUM_IN=-1'--------------------------------原点开关映射
    FWD_IN=-1'----------------------------------正限位开关映射
    REV_IN=-1'----------------------------------负限位开关映射
    ALM_IN=-1'----------------------------------报警开关映射
    FS_LIMIT=2000'------------------------------正向软限位
    RS_LIMIT=-2000'-----------------------------负向软限位

    BASE(gAxisY)
    ATYPE=1'------------------------------------设置轴类型，脉冲型
    UNITS=1000'---------------------------------脉冲当量
    ACCEL=1000'---------------------------------加速度
    DECEL=1000'---------------------------------减速度
```

```
SRAMP=30'-----------------------------S 曲线
SPEED=100'---------------------------运动速度
DATUM_IN=-1'-----------------------原点开关映射
FWD_IN=-1'---------------------------正限位开关映射
REV_IN=-1'---------------------------负限位开关映射
ALM_IN=-1'---------------------------报警开关映射
FS_LIMIT=2000'----------------------正向软限位
RS_LIMIT=-2000'---------------------负向软限位

BASE(gAxisZ)
ATYPE=1'------------------------------设置轴类型，脉冲型
UNITS=1000'--------------------------脉冲当量
ACCEL=1000'--------------------------加速度
DECEL=1000'--------------------------减速度
SRAMP=30'-----------------------------S 曲线
SPEED=100'---------------------------运动速度
DATUM_IN=-1'-----------------------原点开关映射
FWD_IN=-1'---------------------------正限位开关映射
REV_IN=-1'---------------------------负限位开关映射
ALM_IN=-1'---------------------------报警开关映射
FS_LIMIT=2000'----------------------正向软限位
RS_LIMIT=-2000'---------------------负向软限位

BASE(gAxisA)
ATYPE=1'------------------------------设置轴类型，脉冲型
UNITS=1000'--------------------------脉冲当量
ACCEL=1000'--------------------------加速度
DECEL=1000'--------------------------减速度
SRAMP=30'-----------------------------S 曲线
SPEED=100'---------------------------运动速度
DATUM_IN=-1'-----------------------原点开关映射
FWD_IN=-1'---------------------------正限位开关映射
REV_IN=-1'---------------------------负限位开关映射
ALM_IN=-1'---------------------------报警开关映射
FS_LIMIT=2000'----------------------正向软限位
RS_LIMIT=-2000'---------------------负向软限位

BASE(gAxisB)
ATYPE=1'------------------------------设置轴类型，脉冲型
UNITS=1000'--------------------------脉冲当量
ACCEL=1000'--------------------------加速度
DECEL=1000'--------------------------减速度
SRAMP=30'-----------------------------S 曲线
```

```
    SPEED=100'------------------------------运动速度
    DATUM_IN=-1'-------------------------原点开关映射
    FWD_IN=-1'----------------------------正限位开关映射
    REV_IN=-1'-----------------------------负限位开关映射
    ALM_IN=-1'----------------------------报警开关映射
    FS_LIMIT=2000'-----------------------正向软限位
    RS_LIMIT=-2000'----------------------负向软限位

    BASE(gAxisC)
    ATYPE=1'-------------------------------设置轴类型，脉冲型
    UNITS=1000'---------------------------脉冲当量
    ACCEL=1000'---------------------------加速度
    DECEL=1000'---------------------------减速度
    SRAMP=30'------------------------------S 曲线
    SPEED=100'----------------------------运动速度
    DATUM_IN=-1'------------------------原点开关映射
    FWD_IN=-1'--------------------------- 正限位开关映射
    REV_IN=-1'-----------------------------负限位开关映射
    ALM_IN=-1'--------------------------- 报警开关映射
    FS_LIMIT=2000'-----------------------正向软限位
    RS_LIMIT=-2000'----------------------负向软限位
END SUB

GLOBAL SUB SubAxisZero()'---------------回零子函数
    gFlagZero = 0'---------------------------未回零
    '先 Z 轴回零，仿真时直接驱动到零位，实际回零时接入原点和限位开关；采用 DATUM 指令回零
    MPOS(gAxisZ)=0
    MPOS(gAxisX)=0
    MPOS(gAxisY)=0
    MPOS(gAxisA)=0
    MPOS(gAxisB)=0
    MPOS(gAxisC)=0
    '其余轴直接调用回零指令，或走到绝对零位
    BASE(gAxisZ)
    MOVEABS(0)
    WAIT IDLE(gAxisZ)

    BASE(gAxisX)
    MOVEABS(0)
    BASE(gaxisy)
    MOVEABS(0)
    WAIT UNTIL IDLE(gaxisx) AND IDLE(gAxisY)
```

```
        BASE(gAxisA,gAxisB,gAxisC)
        MOVEABS(0,0,0)
        WAIT UNTIL IDLE(gAxisA) AND IDLE(gAxisB) AND IDLE(gAxisC)
        DELAY(3000)

        gButReSet = off'---------- 回零按钮复位
        gFlagZero = 1'------------ 回零完成
        gMecStatus   = 1'-------- 回零完成，系统进入待机状态
    END SUB

    GLOBAL SUB SubReadyToAuTORun()
        DMSET table(1000,1000,0)'--------------将 TABLE 地址中从 1000 开始的 1000 个数据清零
        DMSET gShowGCodeNum(0,10,0)'-----清零数组
        DMSET gArrXPos(0,20480,0)
        DMSET gArrYPos(0,20480,0)
        DMSET gArrZPos(0,20480,0)
        DMSET gArrAPos(0,20480,0)
        DMSET gArrBPos(0,20480,0)
        DMSET gArrCPos(0,20480,0)
        HMI_CONTROLBACK(10,110) = gGreen'-----设置 HMI 控件的显示颜色
        HMI_CONTROLBACK(10,111) = gWhite
        HMI_CONTROLBACK(10,112) = gWhite
        HMI_CONTROLBACK(10,113) = gWhite
        HMI_CONTROLBACK(10,114) = gWhite
        HMI_CONTROLBACK(10,115) = gWhite
        HMI_CONTROLBACK(10,116) = gWhite
        HMI_CONTROLBACK(10,117) = gWhite
        HMI_CONTROLBACK(10,118) = gWhite
        HMI_CONTROLBACK(10,119) = gWhite
        gRunGLine=0'--------------------------------当前 G 代码实际运行的行数
        gReadGLine=0'------------------------------- 当前预读到的 G 代码行数
        gShowEndLine=-1'---------------------------当前显示的最新一条 G 代码指令
        gShowStartLine=0'-------------------------- G 代码起始行号
        gIFShowGGode = 1'-----------------------G 代码信息展示
        ?"准备开始自动运行"
    END SUB

    GLOBAL SUB SubGCodeRunDisp()'------------界面根据运行显示 G 代码，最多显示 10 行，向上显示
        LOCAL lcurtab,lcurnum,lcuri,lReDraw'--- 定义局部变量
            lReDraw=0
        IF gRunGLine<>TABLE(0) THEN
            gRunGLine = TABLE(0)
            ?"gRunGLine",gRunGLine'------------ 打印正在执行的 G 代码行号
```

```
            lReDraw = 1
        ENDIF
        IF gReadGLine>gTolGcodeNum THEN
            gTolGcodeNum=gReadGLine
        ENDIF

        '程序预读加载显示 G 代码指令
        IF gShowEndLine-gShowStartLine < 9 THEN
            IF gShowEndLine <=gReadGLine THEN
                DMCPY  TABLE(1800 - (gShowEndLine-gShowStartLine)*100),  TABLE(10000 +
(gShowEndLine MOD 1000)*gGCodeCharNum), gGCodeCharNum
                gShowGCodeNum(8 - (gShowEndLine - gShowStartLine)) = gShowEndLine
                gShowEndLine = gShowEndLine +1
                lReDraw = 1
            ENDIF
        ENDIF

        '运动清空，整体向上移动
        IF gShowStartLine<=gRunGLine THEN
            FOR lcuri =0 TO gShowEndLine-gShowStartLine -1
                DMCPY TABLE(1900 - 100*lcuri),TABLE(1800 - 100 *lcuri),gGCodeCharNum
                gShowGCodeNum( 9 - lcuri ) = gShowGCodeNum( 8 - lcuri )
            NEXT
            TABLESTRING(1900 - 100*(gShowEndLine-gShowStartLine))=" "
            gShowGCodeNum(9-(gShowEndLine-gShowStartLine))= -1
            gShowStartLine=gShowStartLine +1
            lReDraw = 1
        ENDIF

        IF lReDraw = 1 THEN
            lcurnum = gShowEndLine - gRunGLine '------------------------------ 总行数-当前运行的实际行数
            FOR lcuri=1 TO 9
                IF lcuri < lcurnum THEN
                    HMI_CONTROLBACK(10,110 + lcuri) = gWhite'------- 加载了 G 代码的行显示白色
                ELSE
                    HMI_CONTROLBACK(10,110 + lcuri) = gGray'---------未用到的行显示灰白色
                ENDIF
            NEXT
        ENDIF

    END SUB

    GLOBAL SUB SubGCodeStdbDisp()'-------------------------------------------- 待机时页面展示
```

```
        local lcuri
        FOR lcuri=0 TO 9
            IF lcuri < gTolGcodeNum - 1 THEN
                gShowGCodeNum(9 - lcuri)=lcuri+1
                DMCPY  TABLE(1900  -  lcuri*100),TABLE(10000  +  lcuri*gGCodeCharNum  +
gGCodeCharNum),gGCodeCharNum
                HMI_CONTROLBACK(10,110 + lcuri) = gWhite
            ELSE
                gShowGCodeNum(9 - lcuri)=-1
                TABLESTRING(1900 - lcuri*100,gGCodeCharNum)=" "
                HMI_CONTROLBACK(10,110 + lcuri) = gGray
            ENDIF
        NEXT
    END SUB

    '==================备用功能：分级密码与分期密码操作 Sub==================
    global sub SubSecretCodeDef()'--------------------------------密码相关变量定义
        global dim gSeCLoadLevel'--------------------------------登录等级
        gSecLoadLevel=0
    end sub
    '========================触摸屏周期函数========================
    GLOBAL SUB SubHmiRfls()'---------------------------------界面周期循环
        IF gIFShowGGode=1 THEN
            SubGCodeRunDisp'-----------------------------------运行时的 G 代码展示
        ELSE
            SubGCodeStdbDisp'----------------------------------待机时的 G 代码展示
        ENDIF
    END SUB
```

2．Trans.bas

```
    'G 代码解析
    GLOBAL SUB SubGVarDef()'----------------------------------G 代码中的变量定义子函数
        GLOBAL CONST gWorkSpeed=30
        GLOBAL CONST gFastSpeed=30
        GLOBAL gReadGLine'-------------------------------------当前预读的 G 代码行数
            gReadGLine=0
        GLOBAL gRunGLine'--------------------------------------当前 G 代码实际运行的行数
            gRunGLine=0
        GLOBAL gIfAbsCry'-------------------------------------- 0—相对，1—绝对
            gIfAbsCry=1
        GLOBAL gStartCoordinate(6)'---------------------------坐标系数据
            DMSET gStartCoordinate(0,6,0)
        GLOBAL gIncrement(6)'-----------------------------------当前运动增量数据
```

```
            DMSET gIncrement(0,6,0)
        GLOBAL gEndCoordinate(6)'-------------------当前运动终点位置
            DMSET gEndCoordinate(0,6,0)
    END SUB

    '============================G00 快速定位============================
    'G00 X__ Y__ Z__ A__ B__ C__ F__ X、Y、Z、A、B、C 为各轴的运动参数，F 为指定运动速度
    '=====================================================================

    GLOBAL GSUB G00(X Y Z A B C F)
        LOCAL lstartab
            gReadGLine=FILE3_LINE(3)
        BASE(gAxisX,gAxisY,gAxisZ,gAxisA,gAxisB,gAxisC)
        MOVE_TABLE(0,gReadGLine)
        DMSET gShowSigGCode(0,100,0)

        lstartab = 10000 + (gReadGLine mod 1000)*gGCodeCharNum'----------从 1000 开始缓存指令，最
                                                                        多 1000 条

        IF GSUB_IFPARA(6) THEN'--------------- 设置快速定位速度
            FORCE_SPEED = GSUB_PARA(F)
        ELSE
            FORCE_SPEED = gFastSpeed
        ENDIF

        IF gIfAbsCry=0 THEN'-----------------------相对运动，给相对坐标
            IF SUB_IFPARA(0)THEN
                gShowSigGCode="G00 " + "X"
                gShowSigGCode=gShowSigGCode+TOSTR(GSUB_PARA(X),10,4)
                gIncrement(0) = GSUB_PARA(X)
            ELSE
                gIncrement(0) = 0
            ENDIF

            IF GSUB_IFPARA(1)THEN
                gShowSigGCode = gShowSigGCode + "Y"
                gShowSigGCode = gShowSigGCode + TOSTR(GSUB_PARA(Y),10,4)
                gIncrement(1) = GSUB_PARA(Y)
            ELSE
                gIncrement(1) = 0
            ENDIF

            IF GSUB_IFPARA(2) THEN
                gShowSigGCode = gShowSigGCode + "Z"
```

```
            gShowSigGCode = gShowSigGCode + TOSTR(GSUB_PARA(Z),10,4)
            gIncrement(2) = GSUB_PARA(Z)
        ELSE
            gIncrement(2) = 0
        ENDIF

        IF GSUB_IFPARA(3) THEN
            gShowSigGCode = gShowSigGCode + "A"
            gShowSigGCode = gShowSigGCode + TOSTR(GSUB_PARA(A),10,4)
            gIncrement(3) = GSUB_PARA(A)
        ELSE
            gIncrement(3) = 0
        ENDIF

        IF GSUB_IFPARA(4) THEN
            gShowSigGCode = gShowSigGCode + "B"
            gShowSigGCode = gShowSigGCode + TOSTR(GSUB_PARA(B),10,4)
            gIncrement(4) = GSUB_PARA(B)
        ELSE
            gIncrement(4) = 0
        ENDIF

        IF GSUB_IFPARA(5) THEN
            gShowSigGCode = gShowSigGCode + "C"
            gShowSigGCode = gShowSigGCode + TOSTR(GSUB_PARA(C),10,4)
            gIncrement(5) = GSUB_PARA(C)
        ELSE
            gIncrement(5) = 0
        ENDIF
        MOVESP(gIncrement(0),gIncrement(1),gIncrement(2),gIncrement(3),gIncrement(4),gIncrement(5))

        gEndCoordinate(0) = gStartCoordinate(0) + gIncrement(0)
        gEndCoordinate(1) = gStartCoordinate(1) + gIncrement(1)
        gEndCoordinate(2) = gStartCoordinate(2) + gIncrement(2)
        gEndCoordinate(3) = gStartCoordinate(3) + gIncrement(3)
        gEndCoordinate(4) = gStartCoordinate(4) + gIncrement(4)
        gEndCoordinate(5) = gStartCoordinate(5) + gIncrement(5)

    ELSE   '--------------------------------当前运动为相对运动

        IF GSUB_IFPARA(0)THEN
            gShowSigGCode = "G00 " + "X"
            gShowSigGCode = gShowSigGCode+TOSTR(GSUB_PARA(X),10,4)
```

```
            gEndCoordinate(0) = GSUB_PARA(X)
        ENDIF

        IF GSUB_IFPARA(1)THEN
            gShowSigGCode = gShowSigGCode + "Y"
            gShowSigGCode = gShowSigGCode + TOSTR(GSUB_PARA(Y),10,4)
            gEndCoordinate(1) = GSUB_PARA(Y)
        ENDIF

        IF GSUB_IFPARA(2) THEN
            gShowSigGCode = gShowSigGCode + "Z"
            gShowSigGCode = gShowSigGCode + TOSTR(GSUB_PARA(Z),10,4)
            gEndCoordinate(2) = GSUB_PARA(Z)
        ENDIF

        IF GSUB_IFPARA(3) THEN
            gShowSigGCode = gShowSigGCode + "A"
            gShowSigGCode = gShowSigGCode + TOSTR(GSUB_PARA(A),10,4)
            gEndCoordinate(3) = GSUB_PARA(A)
        ENDIF

        IF GSUB_IFPARA(4) THEN
            gShowSigGCode = gShowSigGCode + "B"
            gShowSigGCode = gShowSigGCode + TOSTR(GSUB_PARA(B),10,4)
            gEndCoordinate(4) = GSUB_PARA(B)
        ENDIF

        IF GSUB_IFPARA(5) THEN
            gShowSigGCode = gShowSigGCode + "C"
            gShowSigGCode = gShowSigGCode + TOSTR(GSUB_PARA(C),10,4)
            gEndCoordinate(5) = GSUB_PARA(C)
        ENDIF

        gIncrement(0) = gEndCoordinate(0) - gStartCoordinate(0)
        gIncrement(1) = gEndCoordinate(1) - gStartCoordinate(1)
        gIncrement(2) = gEndCoordinate(2) - gStartCoordinate(2)
        gIncrement(3) = gEndCoordinate(3) - gStartCoordinate(3)
        gIncrement(4) = gEndCoordinate(4) - gStartCoordinate(4)
        gIncrement(5) = gEndCoordinate(5) - gStartCoordinate(5)
        MOVEABSSP(gEndCoordinate(0),gEndCoordinate(1),gEndCoordinate(2),gEndCoordinate(3),
gEndCoordinate(4),gEndCoordinate(5))
    ENDIF
```

```
        DMCPY TABLE(lstartab),gShowSigGCode(0),gShowGCodeNum
        gStartCoordinate(0) = gEndCoordinate(0)
        gStartCoordinate(1) = gEndCoordinate(1)
        gStartCoordinate(2) = gEndCoordinate(2)
        gStartCoordinate(3) = gEndCoordinate(3)
        gStartCoordinate(4) = gEndCoordinate(4)
        gStartCoordinate(5) = gEndCoordinate(5)
    END SUB

    '===============================G01 直线插补===============================
    'G01 X__Y__Z__
    GLOBAL GSUB G01(X Y Z A B C F)
        LOCAL lstartab
        gReadGLine=FILE3_LINE(3)
        BASE(gAxisX,gAxisY,gAxisZ,gAxisA,gAxisB,gAxisC)
        MOVE_TABLE(0,gReadGLine)
        ?"MOVE_TABLE",gReadGLine
        DMSET gShowSigGCode(0,100,0)
        lstartab = 10000 + (gReadGLine mod 1000)*gGCodeCharNum'----从 1000 开始缓存指令，最多 1000 条

        IF GSUB_IFPARA(F) THEN
            FORCE_SPEED = GSUB_PARA(F)
        ELSE
            FORCE_SPEED = gWorkSpeed
        ENDIF

        IF gIfAbsCry=0 THEN'------------------------相对运动，给相对坐标
            IF GSUB_IFPARA(X) = TRUE THEN
                gShowSigGCode="G00 " + "X"
                gShowSigGCode=gShowSigGCode+TOSTR(GSUB_PARA(X),10,4)
                gIncrement(0) = GSUB_PARA(X)
            ELSE
                gIncrement(0) = 0
            ENDIF

            IF GSUB_IFPARA(Y) = TRUE THEN
                gShowSigGCode = gShowSigGCode + "Y"
                gShowSigGCode = gShowSigGCode + TOSTR(GSUB_PARA(Y),10,4)
                gIncrement(1) = GSUB_PARA(Y)
            ELSE
                gIncrement(1) = 0
            ENDIF
```

```
        IF GSUB_IFPARA(Z) = TRUE THEN
            gShowSigGCode = gShowSigGCode + "Z"
            gShowSigGCode = gShowSigGCode + TOSTR(GSUB_PARA(Z),10,4)
            gIncrement(2) = GSUB_PARA(Z)
        ELSE
            gIncrement(2) = 0
        ENDIF

        IF GSUB_IFPARA(A) = TRUE THEN
            gShowSigGCode = gShowSigGCode + "A"
            gShowSigGCode = gShowSigGCode + TOSTR(GSUB_PARA(A),10,4)
            gIncrement(3) = GSUB_PARA(A)
        ELSE
            gIncrement(3) = 0
        ENDIF

        IF GSUB_IFPARA(B) = TRUE THEN
            gShowSigGCode = gShowSigGCode + "B"
            gShowSigGCode = gShowSigGCode + TOSTR(GSUB_PARA(B),10,4)
            gIncrement(4) = GSUB_PARA(B)
        ELSE
            gIncrement(4) = 0
        ENDIF

        IF GSUB_IFPARA(C) THEN
            gShowSigGCode = gShowSigGCode + "C"
            gShowSigGCode = gShowSigGCode + TOSTR(GSUB_PARA(C),10,4)
            gIncrement(5) = GSUB_PARA(C)
        ELSE
            gIncrement(5) = 0
        ENDIF

    MOVESP(gIncrement(0),gIncrement(1),gIncrement(2),gIncrement(3),gIncrement(4),gIncrement(5))
        gEndCoordinate(0) = gStartCoordinate(0) + gIncrement(0)
        gEndCoordinate(1) = gStartCoordinate(1) + gIncrement(1)
        gEndCoordinate(2) = gStartCoordinate(2) + gIncrement(2)
        gEndCoordinate(3) = gStartCoordinate(3) + gIncrement(3)
        gEndCoordinate(4) = gStartCoordinate(4) + gIncrement(4)
        gEndCoordinate(5) = gStartCoordinate(5) + gIncrement(5)

    ELSE  '--------------------------------当前运动为相对运动
        IF GSUB_IFPARA(X) = TRUE THEN
            gShowSigGCode = "G00 " + "X"
```

```
            gShowSigGCode = gShowSigGCode+TOSTR(GSUB_PARA(x),10,4)
            gEndCoordinate(0) = GSUB_PARA(X)
        ENDIF

        IF GSUB_IFPARA(Y) = TRUE THEN
            gShowSigGCode = gShowSigGCode + "Y"
            gShowSigGCode = gShowSigGCode + TOSTR(GSUB_PARA(Y),10,4)
            gEndCoordinate(1) = GSUB_PARA(Y)
        ENDIF

        IF GSUB_IFPARA(Z) = TRUE THEN
            gShowSigGCode = gShowSigGCode + "Z"
            gShowSigGCode = gShowSigGCode + TOSTR(GSUB_PARA(Z),10,4)
            gEndCoordinate(2) = GSUB_PARA(Z)
        ENDIF

        IF GSUB_IFPARA(A) = TRUE THEN
            gShowSigGCode = gShowSigGCode + "A"
            gShowSigGCode = gShowSigGCode + TOSTR(GSUB_PARA(A),10,4)
            gEndCoordinate(3) = GSUB_PARA(A)
        ENDIF

        IF GSUB_IFPARA(B) = TRUE THEN
            gShowSigGCode = gShowSigGCode + "B"
            gShowSigGCode = gShowSigGCode + TOSTR(GSUB_PARA(B),10,4)
            gEndCoordinate(4) = GSUB_PARA(B)
        ENDIF

        IF GSUB_IFPARA(C) = TRUE THEN
            gShowSigGCode = gShowSigGCode + "C"
            gShowSigGCode = gShowSigGCode + TOSTR(GSUB_PARA(C),10,4)
            gEndCoordinate(5) = GSUB_PARA(C)
        ENDIF

        gIncrement(0) = gEndCoordinate(0) - gStartCoordinate(0)
        gIncrement(1) = gEndCoordinate(1) - gStartCoordinate(1)
        gIncrement(2) = gEndCoordinate(2) - gStartCoordinate(2)
        gIncrement(3) = gEndCoordinate(3) - gStartCoordinate(3)
        gIncrement(4) = gEndCoordinate(4) - gStartCoordinate(4)
        gIncrement(5) = gEndCoordinate(5) - gStartCoordinate(5)
        MOVEABSSP(gEndCoordinate(0),gEndCoordinate(1),gEndCoordinate(2),gEndCoordinate(3),
gEndCoordinate(4),gEndCoordinate(5))
    ENDIF
```

```
        DMCPY TABLE(lstartab),gShowSigGCode(0),gGCodeCharNum
        gStartCoordinate(0) = gEndCoordinate(0)
        gStartCoordinate(1) = gEndCoordinate(1)
        gStartCoordinate(2) = gEndCoordinate(2)
        gStartCoordinate(3) = gEndCoordinate(3)
        gStartCoordinate(4) = gEndCoordinate(4)
        gStartCoordinate(5) = gEndCoordinate(5)
    END SUB
```

3．Doc.bas

```
    '文件变量定义
    GLOBAL SUB SubDocVarDef()
        GLOBAL CONST gDocCharNum=20'-------------------------------------- 文件名字符数
        GLOBAL DIM gMaxFlsDoc'--------------------------------------------------Flash 最多存储数量
            gMaxFlsDoc=100
        GLOBAL DIM gTemFlsDocName(gDocCharNum)'---------------------- 当前 Flash 文件名
            gTemFlsDocName="NULL"
        GLOBAL DIM gMaxFlsDocName(gDocCharNum*gMaxFlsDoc)'------ Flash 总文件名
            FOR i=0 TO gMaxFlsDoc-1
                DMCPY gMaxFlsDocName(gDocCharNum*i), gTemFlsDocName(0), gDocCharNum
            NEXT
        GLOBAL DIM gTolFlsDoc'------------------------------------------------- 当前 Flash 文件个数
            gTolFlsDoc=0
            GLOBAL DIM gMaxUDoc'-------------------------------------------- U 盘文件数量
            gMaxUDoc=100
        GLOBAL DIM gTemUDocName(gDocCharNum)'------------------------- 当前 U 盘文件名
            gTemUDocName="NULL"
        GLOBAL DIM gMaxUDocName(gMaxUDoc*gDocCharNum)'--------- U 盘总文件名
            FOR i=0 TO gMaxUDoc-1
                DMCPY gMaxUDocName(gDocCharNum*i),gTemUDocName(0),gDocCharNum
            NEXT
        GLOBAL DIM gTolUDoc'----------------------------------------------------U 盘三次文件数量
            gTolUDoc=0

        GLOBAL DIM gDispDocLine0(gDocCharNum)
        GLOBAL DIM gDispDocLine1(gDocCharNum)
        GLOBAL DIM gDispDocLine2(gDocCharNum)
        GLOBAL DIM gDispDocLine3(gDocCharNum)
        GLOBAL DIM gDispDocLine4(gDocCharNum)
        GLOBAL DIM gDispDocLine5(gDocCharNum)
        GLOBAL DIM gDispDocLine6(gDocCharNum)
        GLOBAL DIM gDispDocLine7(gDocCharNum)
```

```
    GLOBAL DIM gDispDocLine8(gDocCharNum)
    GLOBAL DIM gDispDocLine9(gDocCharNum)

    GLOBAL DIM gDispDocArr(10)'------------------------------------------ 内容索引
        DMSET gDispDocArr(0,10,0)
    GLOBAL DIM gDispDocNum(10)'----------------------------------------- 文件编号
        DMSET gDispDocNum(0,10,0)
        gDispDocArr(0)=ZINDEX_LABEL(gDispDocLine0)
        gDispDocArr(1)=ZINDEX_LABEL(gDispDocLine1)
        gDispDocArr(2)=ZINDEX_LABEL(gDispDocLine2)
        gDispDocArr(3)=ZINDEX_LABEL(gDispDocLine3)
        gDispDocArr(4)=ZINDEX_LABEL(gDispDocLine4)
        gDispDocArr(5)=ZINDEX_LABEL(gDispDocLine5)
        gDispDocArr(6)=ZINDEX_LABEL(gDispDocLine6)
        gDispDocArr(7)=ZINDEX_LABEL(gDispDocLine7)
        gDispDocArr(8)=ZINDEX_LABEL(gDispDocLine8)
        gDispDocArr(9)=ZINDEX_LABEL(gDispDocLine9)

    GLOBAL DIM gSelOpStor'---------------------------------------------盘选择：0—Flash，1—U 盘
    GLOBAL DIM gSelNum'---------------------------------------------- 选择编号
    GLOBAL DIM gTolNum
    GLOBAL DIM gSelName(gDocCharNum)'---------------------------选择文件名
    GLOBAL DIM gSelName1(gDocCharNum+10)'-------------------- 路径
END SUB

'搜索 Flash 文件
GLOBAL SUB SubSearchFlsDoc()
    LOCAL lret,lnum
        lret=FALSE
        gTemFlsDocName="NULL"
    FOR lnum=0 TO gMaxFlsDoc-1
        DMCPY gMaxFlsDocName(gDocCharNum*lnum), gTemFlsDocName(0), gDocCharNum
    NEXT
    lnum=0
    gTolFlsDoc=0

    lret=FILE "FLASH_FIRST",".Z3p",0'----搜索第一个三次文件，放入 vrstring(0)
    WHILE lret=TRUE
        gTemFlsDocName=VRSTRING(0,gDocCharNum)
        DMCPY gMaxflsDocName(gDocCharNum*lnum), gTemFlsDocName(0), gDocCharNum
        lnum=lnum+1
        lret=FILE "FLASH_NEXT",0
    WEND
```

```
        gTolFlsDoc=lnum

        DMCPY gSelName(0),gMaxFlsDocName(0),gDocCharNum
        IF VR(20)=1 THEN'--------------------选择运行文件为 Flash 文件
            gTemFlsDocName=VRSTRING(25,gDocCharNum)
            FOR lnum=0 TO gTolFlsDoc-1
                DMCPY gSelName(0),gMaxFlsDocName(lnum*gDocCharNum),gDocCharNum
                IF STRCOMP(gTemFlsDocName,gSelName)=0 THEN
                    EXIT FOR
                ENDIF
            NEXT
            IF lnum=gTolFlsDoc THEN'----------未找到,取第一个
                gSelNum=0
                DMCPY gSelName(0),gMaxFlsDocName(0),gDocCharNum
                DMCPY gTemFlsDocName(0),gMaxFlsDocName(0),gDocCharNum
            ELSE
                gSelNum=lnum
                DMCPY gTemFlsDocName(0), gMaxFlsDocName(gSelNum*gDocCharNum), gDocCharNum
            ENDIF
        ENDIF
    END SUB

    GLOBAL SUB SubSearchUDoc()
        LOCAL lret,lnum
            lret=FALSE
        gTemUDocName="NULL"
        FOR lnum=0 TO gMaxUDoc-1
            DMCPY gMaxUDocName(gDocCharNum*lnum),gTemUDocName(0),gDocCharNum
        NEXT
        lnum=0
        gTolUDoc=0

        lret=FILE "FIND_FIRST",".Z3p",0'----搜索第一个三次文件，放入 vrstring(0)
        WHILE lret=TRUE
            gTemUDocName=VRSTRING(0,gDocCharNum)
            DMCPY gMaxUDocName(gDocCharNum*lnum),gTemUDocName(0),gDocCharNum
            lnum=lnum+1
            lret=FILE "FIND_NEXT",0
        WEND
        gTolUDoc=lnum

        DMCPY gSelName(0),gMaxUDocName(0),gDocCharNum
        IF VR(20)=2 THEN'--------------------选择运行文件为 Flash 文件
```

```
            gTemUDocName=VRSTRING(25,gDocCharNum)
            FOR lnum=0 TO gTolUDoc-1
                DMCPY gSelName(0),gMaxUDocName(lnum*gDocCharNum),gDocCharNum
                IF STRCOMP(gTemUDocName,gSelName)=0 THEN
                    EXIT FOR
                ENDIF
            NEXT
            IF lnum=gTolUDoc THEN'---------------------------未找到,取第一个
                gSelNum=0
                DMCPY gSelName(0),gMaxUDocName(0),gDocCharNum
                DMCPY gTemUDocName(0),gMaxUDocName(0),gDocCharNum
            ELSE
                gSelNum=lnum
                DMCPY gTemUDocName(0), gMaxUDocName(gSelNum*gDocCharNum), gDocCharNum
            ENDIF
        ENDIF
    END SUB

    GLOBAL SUB SubDispFlsDoc(dPage)'------------------------展示 Flash 文件
        LOCAL lcurnum,lm
        FOR lm=0 TO 9
            lcurnum=dPage*10 + lm
            IF lcurnum<gTolFlsDoc THEN
                gDispDocNum(lm)=lcurnum
            ELSE
                gDispDocNum(lm)=-1
            ENDIF
            DMCPY    ZINDEX_ARRAY(gDispDocArr(lm))(0),    gMaxFlsDocName(lcurnum*gDocCharNum),
gDocCharNum
        NEXT
        gTolNum=gTolFlsDoc
    END SUB

    GLOBAL SUB SubDispUDoc(dPage)'--------------------------展示 U 盘文件
        LOCAL lcurnum,lm
        For lm=0 TO 9
            lcurnum=dPage*10 + lm
            IF lcurnum<gTolUDoc THEN
                gDispDocNum(lm)=lcurnum
            ELSE
                gDispDocNum(lm)=-1
            ENDIF
            DMCPY ZINDEX_ARRAY(gDispDocArr(lm))(0), gMaxUDocName(lcurnum*gDocCharNum),
gDocCharNum
```

```
        NEXT
        gTolNum=gTolUDoc
    END SUB

    GLOBAL SUB SubLastFile()'----------------------------------上一个文件
        IF gSelOpStor=0 THEN'------------------------------------如果选择 Flash
            IF gSelNum>0 AND gSelNum<gTolFlsDoc THEN
                gSelNum=gSelNum-1
            ELSE
                gSelNum=0
            ENDIF
            DMCPY gSelName(0),gMaxFlsDocName(gSelNum*gDocCharNum),gDocCharNum
            gSelName1=""
            SubDispFlsDoc(gSelNum\10)
        ELSE
            IF gSelNum>0 AND gSelNum<gTolUDoc THEN
                gSelNum=gSelNum-1
            ELSE
                gSelNum=0
            ENDIF
            DMCPY gSelName(0),gMaxUDocName(gSelNum*gDocCharNum),gDocCharNum
            SubDispUDoc(gSelNum\10)
        ENDIF
    END SUB

    GLOBAL SUB SubNextFile()'----------------------------下一个文件
        IF gSelOpStor=0 THEN
            IF gSelNum>=0 AND gSelNum<gTolFlsDoc-1 THEN
                gSelNum=gSelNum+1
            ELSE
                gSelNum=0
            ENDIF
            DMCPY gSelName(0),gMaxFlsDocName(gSelNum*gDocCharNum),gDocCharNum
            SubDispFlsDoc(gSelNum\10)
        ELSE
            IF gSelNum>=0 AND gSelNum<gTolUDoc-1 THEN
                gSelNum=gSelNum+1
            ELSE
                gSelNum=0
            ENDIF
            DMCPY gSelName(0),gMaxUDocName(gSelNum*gDocCharNum),gDocCharNum
            SubDispUDoc(gSelNum\10)
        ENDIF
```

```
END SUB

GLOBAL SUB SubDelFile()'---------------------文件删除
    IF gSelOpStor=0 THEN
        FILE "FLASH_DEL",gSelName
        SubSearchFlsDoc
        SubDispFlsDoc(0)
    ELSE
        FILE    "DELETE",gSelName
        SubSearchUDoc
        SubDispUDoc(0)
    ENDIF
END SUB

global sub SubCopyFer()
    HMI_BASEWINDOW()
END SUB

GLOBAL SUB SubCopyFile()
    IF gSelOpStor=0 THEN'---------------------从控制器复制到 U 盘
        FILE "MAKE_DIR" "C:\"
        FILE "COPY_FROM", gSelName,gSelName
        SubSearchUDoc
    ELSE'-----------------------------------------从 U 盘复制到控制器
        FILE "MAKE_DIR" "A:\"
        FILE "COPY_TO",gSelName,gSelName
        SubSearchFlsDoc
    ENDIF
END SUB

GLOBAL SUB SubSelDir()'---------------------- 盘符切换
    IF gSelOpStor=0 THEN'---------------------切换未 U 盘
        IF U_STATE=TRUE THEN
            SubSearchUDoc
            SubDispUDoc(gSelNum\10)
            gSelOpStor=1
        ELSE
            ?"U 盘未插入"
        ENDIF
    ELSE
        SubSearchFlsDoc
        SubDispFlsDoc(gSelNum\10)
        gSelOpStor=0
```

```
        ENDIF
    END SUB

    GLOBAL SUB SubLoadFile()'---------------------------文件载入
        IF gSelOpStor=0 THEN
            IF gSelNum<gTolFlsDoc THEN
                VR(20)=1'---------------------------------记录 Flash 文件运行
                VRSTRING(25,gDocCharNum)=gSelName
            ELSE
                VR(20)=0
                VRSTRING(25,gDocCharNum)="NULL"
            ENDIF
        ELSE
            IF gSelNum<gTolUDoc THEN
                VR(20)=2
                VRSTRING(25,gDocCharNum)=gSelName
            ELSE
                VR(20)=0
                VRSTRING(25,gDocCharNum)="NULL"
            ENDIF
        ENDIF
    END SUB
```

4．Hmi.hmi

G 代码显示界面如图 11-5 所示，可控制启动、停止、急停、回零，并显示当前的运动信息。三次文件选择界面如图 11-6 所示。

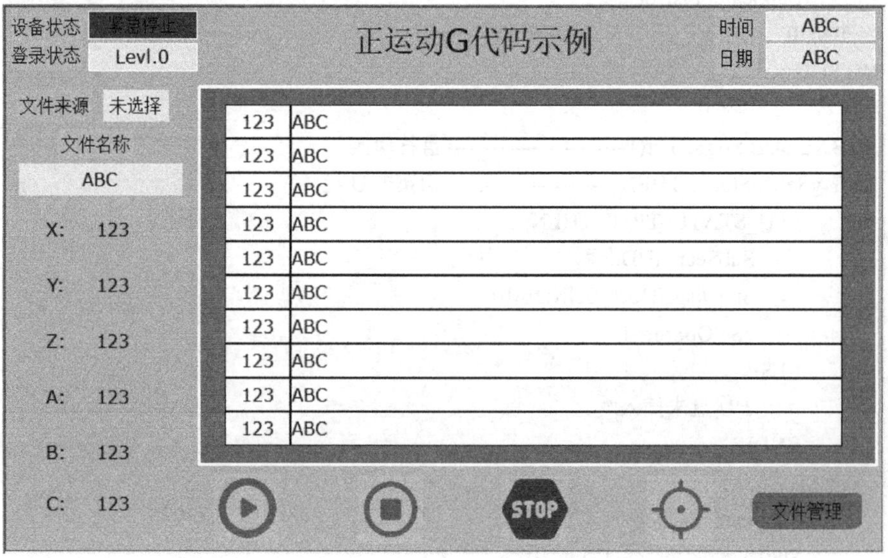

图 11-5　G 代码显示界面

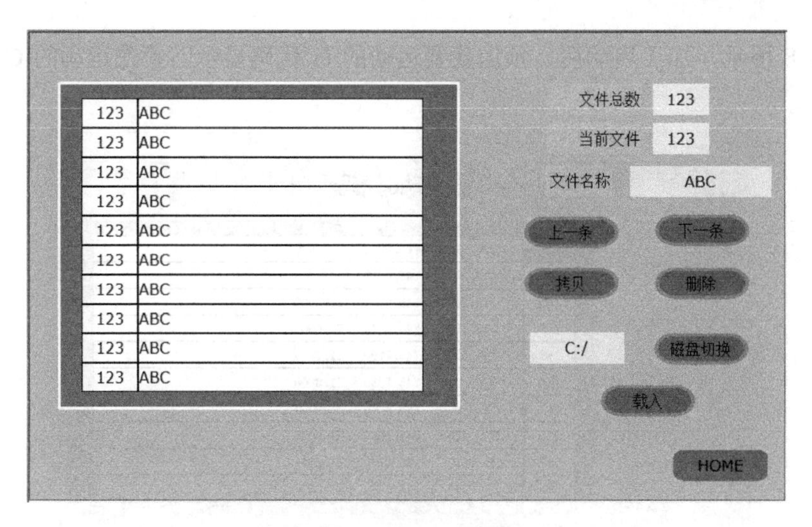

图 11-6　三次文件选择界面

11.4.4　运动效果

下载程序后，打开文件管理器选择三次文件，将 G 代码程序下载到控制器，下载完成后，主界面显示当前文件名和文件所在位置，如图 11-7 所示。

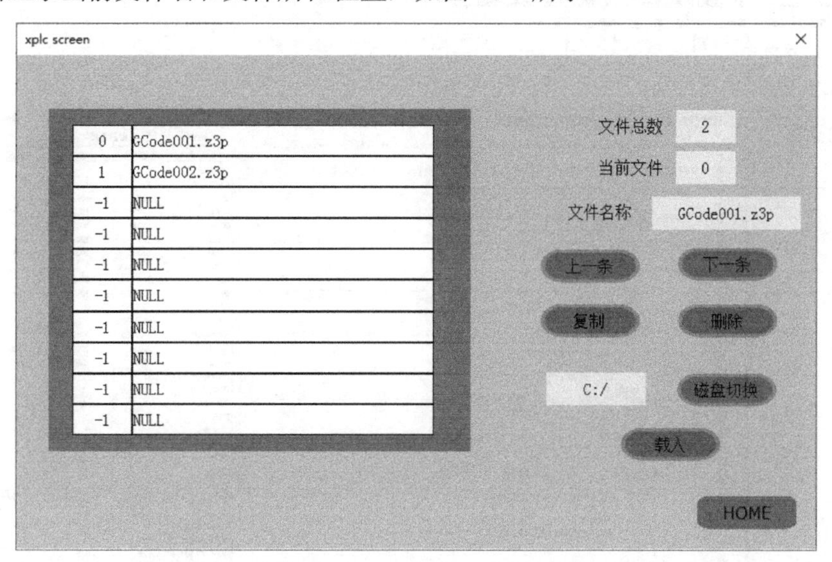

图 11-7　主界面显示当前文件名和文件所在位置

返回主界面，待回零完成后才能执行 G 代码加工，按下“启动”按钮，开启 G 代码加工任务，HMI 界面显示当前要运行的 G 代码，在运动中按下“停止”按钮可随时暂停运动，再次按下“启动”按钮可恢复运动，从暂停行继续运动。

按下“紧急停止”按钮后，所有任务停止，想要再次运动需要重新下载程序到控制器。

若未完成回零便按下“启动”按钮，则会弹出提示信息，提醒用户先完成回零再进行后续操作。

如图 11-8 所示，加工启动后，预加载要运动的 G 代码显示，正在运动的 G 代码行显示为绿色。

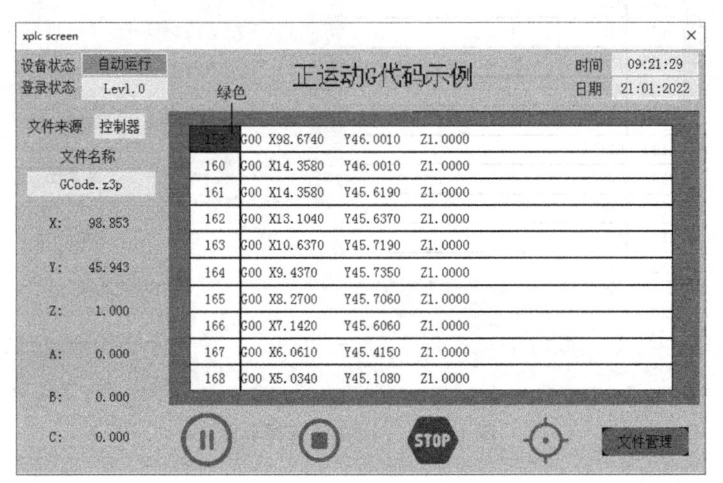

图 11-8　G 代码运行效果

如图 11-9 所示，在运动过程中可通过“轴参数”对话框实时监控轴参数，通过示波器功能可查看运动轨迹，如图 11-10 所示。

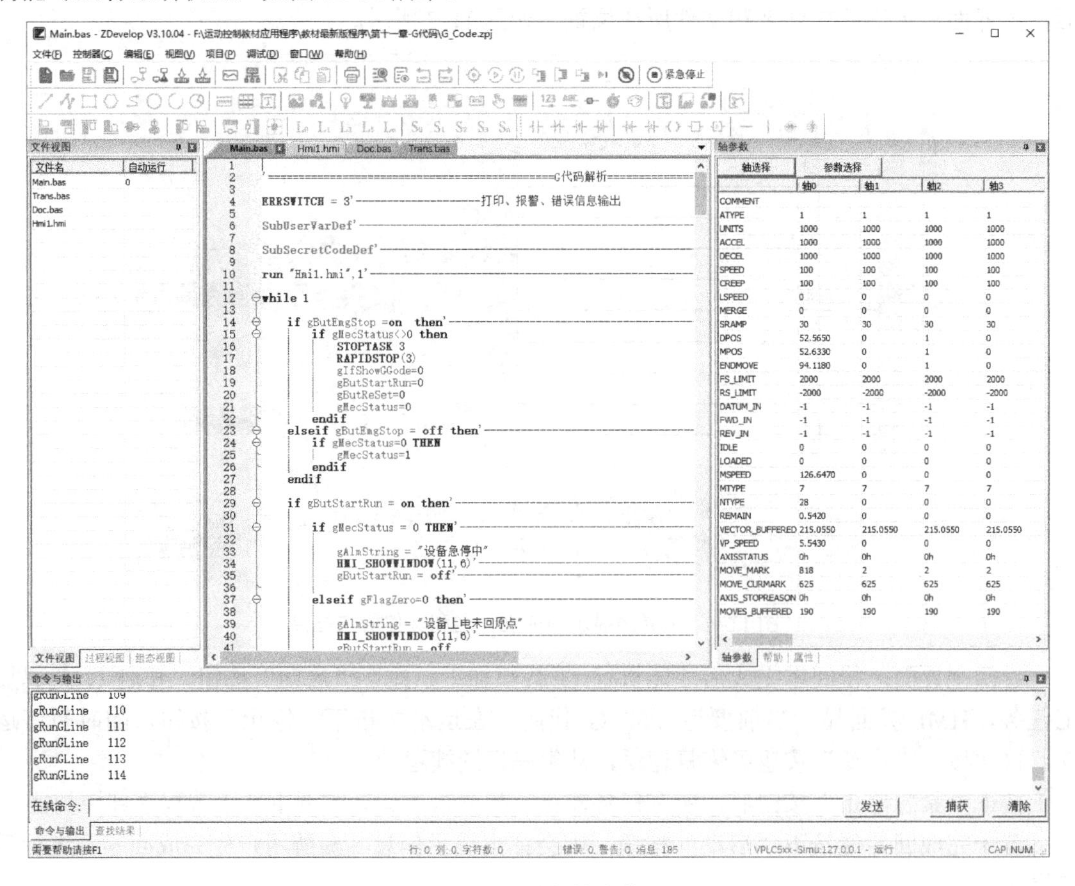

图 11-9　监控轴参数

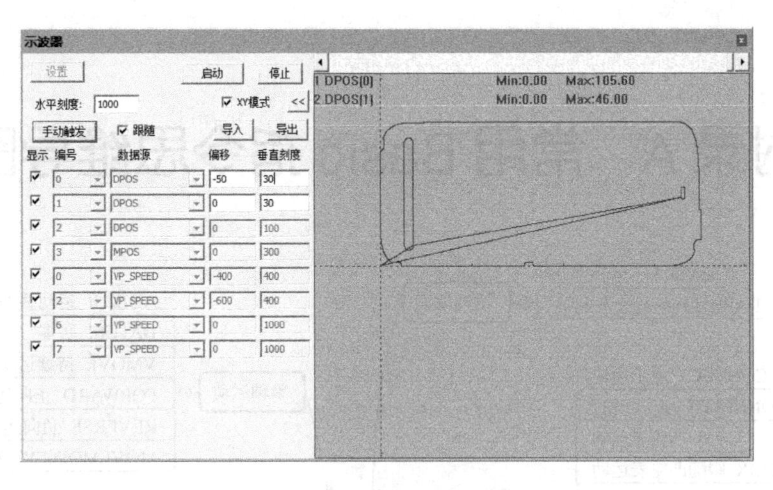

图 11-10　查看运动轨迹

与本章内容相关的“正运动小助手”微信公众号文章和视频讲解

1. 快速入门|篇二十二：运动控制器 ZHMI 组态编程简介一
2. 运动控制器的自定义 G 代码编程应用
3. 正运动技术 CAD 导图软件配合控制器的使用方法

附录A 常用Basic指令思维导图

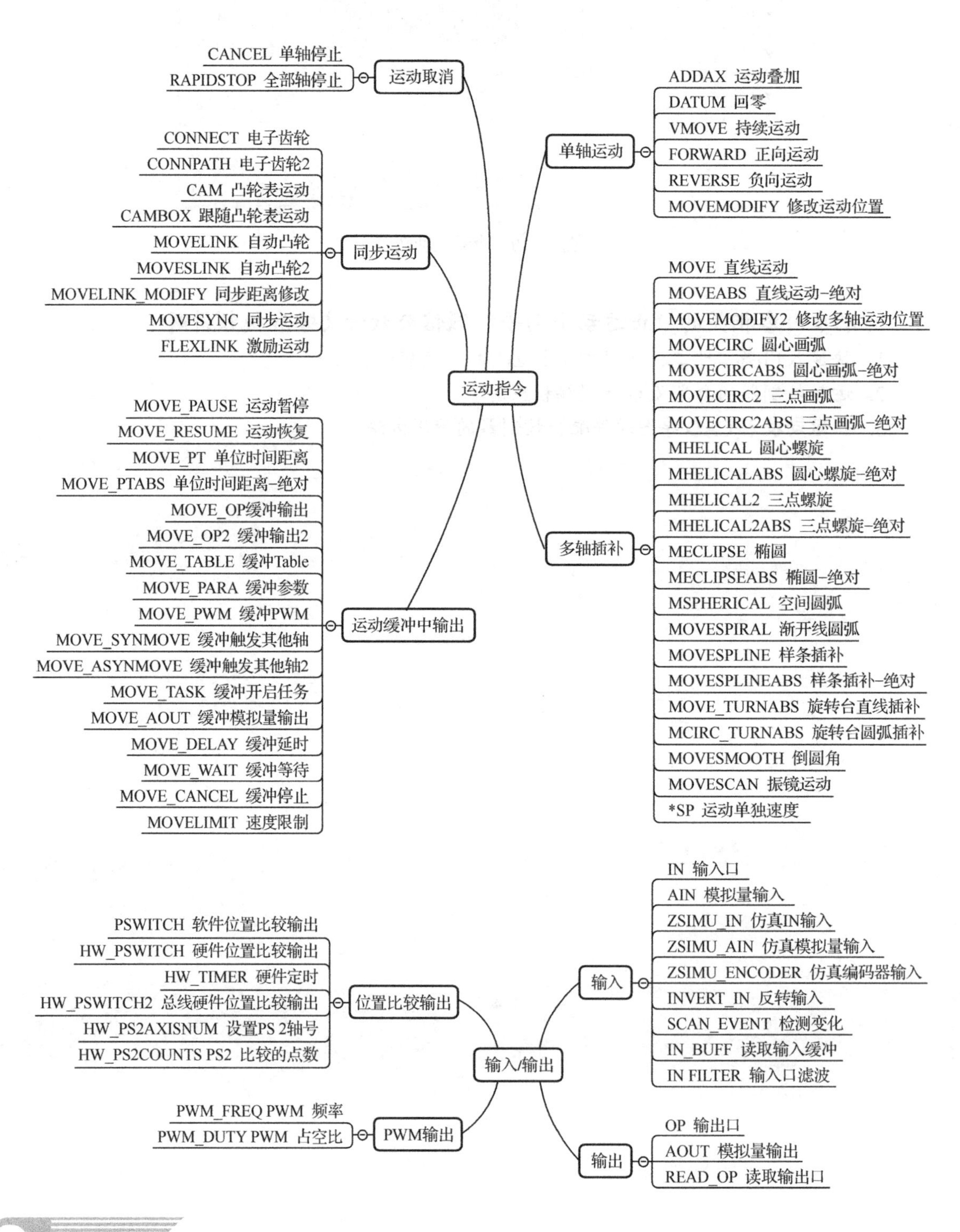

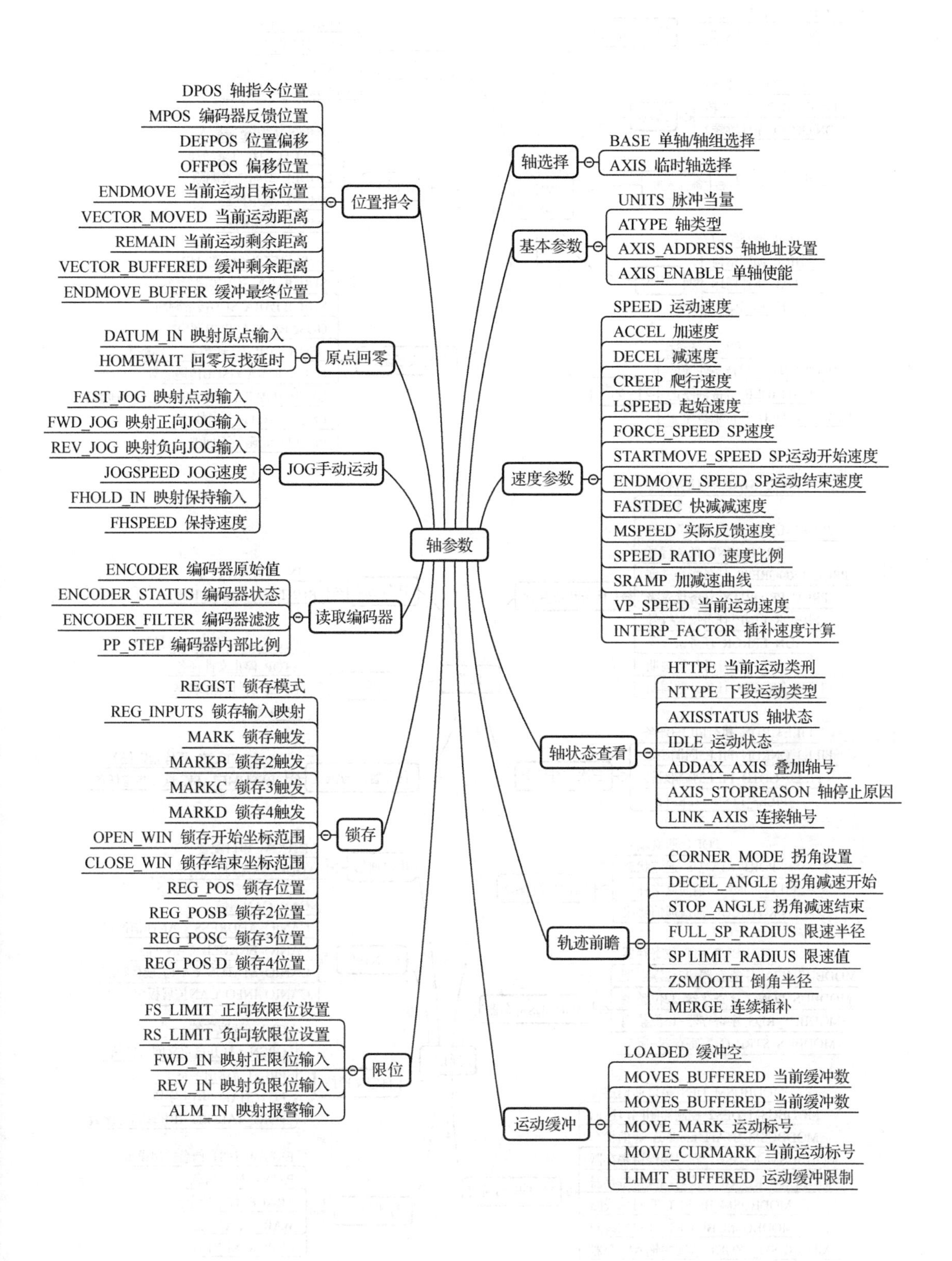

轴参数
位置指令
DPOS 轴指令位置
MPOS 编码器反馈位置
DEFPOS 位置偏移
OFFPOS 偏移位置
ENDMOVE 当前运动目标位置
VECTOR_MOVED 当前运动距离
REMAIN 当前运动剩余距离
VECTOR_BUFFERED 缓冲剩余距离
ENDMOVE_BUFFER 缓冲最终位置
原点回零
DATUM_IN 映射原点输入
HOMEWAIT 回零反找延时
JOG手动运动
FAST_JOG 映射点动输入
FWD_JOG 映射正向JOG输入
REV_JOG 映射负向JOG输入
JOGSPEED JOG速度
FHOLD_IN 映射保持输入
FHSPEED 保持速度
读取编码器
ENCODER 编码器原始值
ENCODER_STATUS 编码器状态
ENCODER_FILTER 编码器滤波
PP_STEP 编码器内部比例
锁存
REGIST 锁存模式
REG_INPUTS 锁存输入映射
MARK 锁存触发
MARKB 锁存2触发
MARKC 锁存3触发
MARKD 锁存4触发
OPEN_WIN 锁存开始坐标范围
CLOSE_WIN 锁存结束坐标范围
REG_POS 锁存位置
REG_POSB 锁存2位置
REG_POSC 锁存3位置
REG_POS D 锁存4位置
限位
FS_LIMIT 正向软限位设置
RS_LIMIT 负向软限位设置
FWD_IN 映射正限位输入
REV_IN 映射负限位输入
ALM_IN 映射报警输入
轴选择
BASE 单轴/轴组选择
AXIS 临时轴选择
基本参数
UNITS 脉冲当量
ATYPE 轴类型
AXIS_ADDRESS 轴地址设置
AXIS_ENABLE 单轴使能
速度参数
SPEED 运动速度
ACCEL 加速度
DECEL 减速度
CREEP 爬行速度
LSPEED 起始速度
FORCE_SPEED SP速度
STARTMOVE_SPEED SP运动开始速度
ENDMOVE_SPEED SP运动结束速度
FASTDEC 快减减速度
MSPEED 实际反馈速度
SPEED_RATIO 速度比例
SRAMP 加减速曲线
VP_SPEED 当前运动速度
INTERP_FACTOR 插补速度计算
轴状态查看
HTTPE 当前运动类刑
NTYPE 下段运动类型
AXISSTATUS 轴状态
IDLE 运动状态
ADDAX_AXIS 叠加轴号
AXIS_STOPREASON 轴停止原因
LINK_AXIS 连接轴号
轨迹前瞻
CORNER_MODE 拐角设置
DECEL_ANGLE 拐角减速开始
STOP_ANGLE 拐角减速结束
FULL_SP_RADIUS 限速半径
SP LIMIT_RADIUS 限速值
ZSMOOTH 倒角半径
MERGE 连续插补
运动缓冲
LOADED 缓冲空
MOVES_BUFFERED 当前缓冲数
MOVES_BUFFERED 当前缓冲数
MOVE_MARK 运动标号
MOVE_CURMARK 当前运动标号
LIMIT_BUFFERED 运动缓冲限制

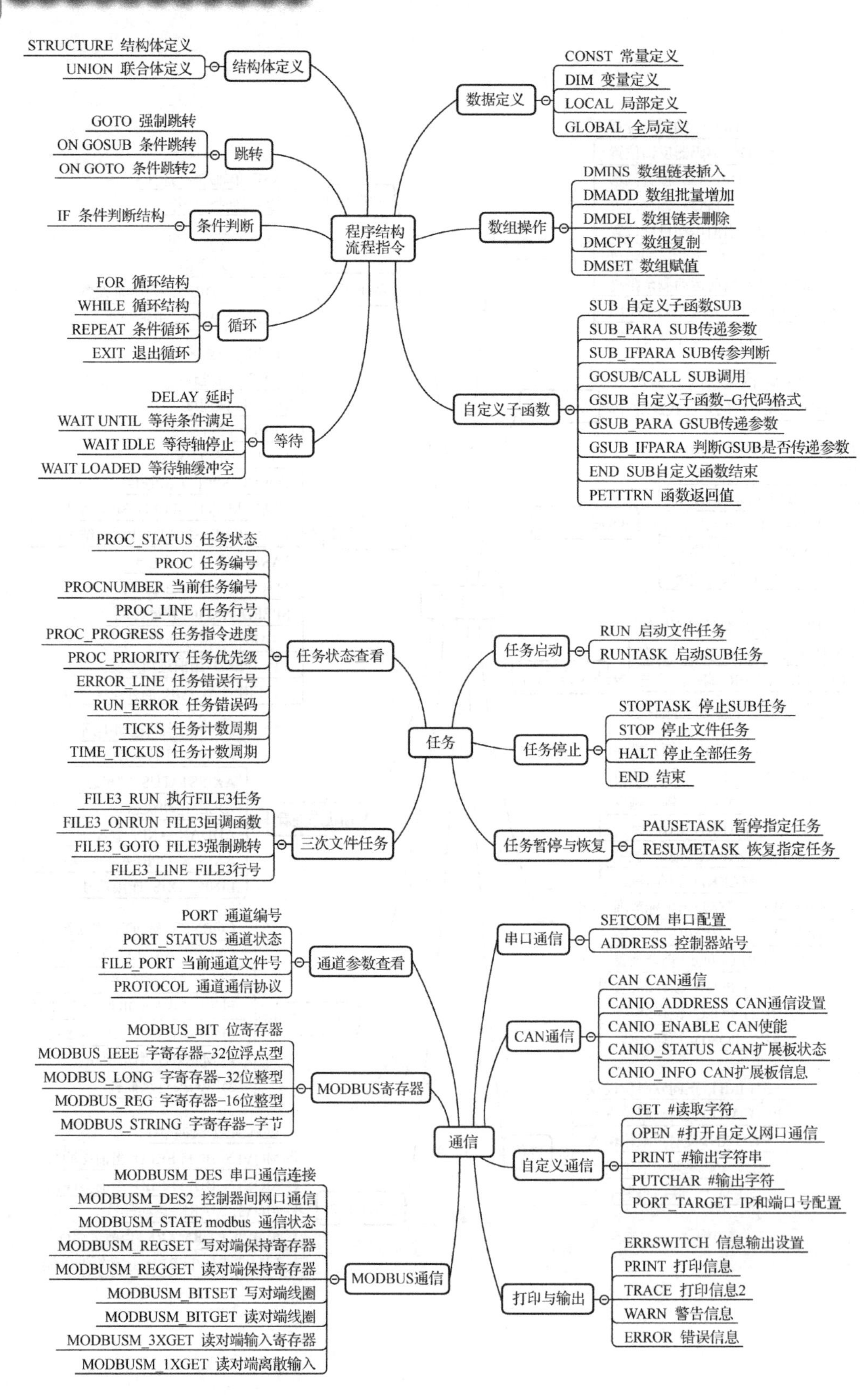
程序结构流程指令
结构体定义
STRUCTURE 结构体定义
UNION 联合体定义
跳转
GOTO 强制跳转
ON GOSUB 条件跳转
ON GOTO 条件跳转2
条件判断
IF 条件判断结构
循环
FOR 循环结构
WHILE 循环结构
REPEAT 条件循环
EXIT 退出循环
等待
DELAY 延时
WAIT UNTIL 等待条件满足
WAIT IDLE 等待轴停止
WAIT LOADED 等待轴缓冲空
数据定义
CONST 常量定义
DIM 变量定义
LOCAL 局部定义
GLOBAL 全局定义
数组操作
DMINS 数组链表插入
DMADD 数组批量增加
DMDEL 数组链表删除
DMCPY 数组复制
DMSET 数组赋值
自定义子函数
SUB 自定义子函数SUB
SUB_PARA SUB传递参数
SUB_IFPARA SUB传参判断
GOSUB/CALL SUB调用
GSUB 自定义子函数-G代码格式
GSUB_PARA GSUB传递参数
GSUB_IFPARA 判断GSUB是否传递参数
END SUB自定义函数结束
PETTTRN 函数返回值
任务
任务状态查看
PROC_STATUS 任务状态
PROC 任务编号
PROCNUMBER 当前任务编号
PROC_LINE 任务行号
PROC_PROGRESS 任务指令进度
PROC_PRIORITY 任务优先级
ERROR_LINE 任务错误行号
RUN_ERROR 任务错误码
TICKS 任务计数周期
TIME_TICKUS 任务计数周期
三次文件任务
FILE3_RUN 执行FILE3任务
FILE3_ONRUN FILE3回调函数
FILE3_GOTO FILE3强制跳转
FILE3_LINE FILE3行号
任务启动
RUN 启动文件任务
RUNTASK 启动SUB任务
任务停止
STOPTASK 停止SUB任务
STOP 停止文件任务
HALT 停止全部任务
END 结束
任务暂停与恢复
PAUSETASK 暂停指定任务
RESUMETASK 恢复指定任务
通信
通道参数查看
PORT 通道编号
PORT_STATUS 通道状态
FILE_PORT 当前通道文件号
PROTOCOL 通道通信协议
MODBUS寄存器
MODBUS_BIT 位寄存器
MODBUS_IEEE 字寄存器-32位浮点型
MODBUS_LONG 字寄存器-32位整型
MODBUS_REG 字寄存器-16位整型
MODBUS_STRING 字寄存器-字节
MODBUS通信
MODBUSM_DES 串口通信连接
MODBUSM_DES2 控制器间网口通信
MODBUSM_STATE modbus 通信状态
MODBUSM_REGSET 写对端保持寄存器
MODBUSM_REGGET 读对端保持寄存器
MODBUSM_BITSET 写对端线圈
MODBUSM_BITGET 读对端线圈
MODBUSM_3XGET 读对端输入寄存器
MODBUSM_1XGET 读对端离散输入
串口通信
SETCOM 串口配置
ADDRESS 控制器站号
CAN通信
CAN CAN通信
CANIO_ADDRESS CAN通信设置
CANIO_ENABLE CAN使能
CANIO_STATUS CAN扩展板状态
CANIO_INFO CAN扩展板信息
自定义通信
GET #读取字符
OPEN #打开自定义网口通信
PRINT #输出字符串
PUTCHAR #输出字符
PORT_TARGET IP和端口号配置
打印与输出
ERRSWITCH 信息输出设置
PRINT 打印信息
TRACE 打印信息2
WARN 警告信息
ERROR 错误信息

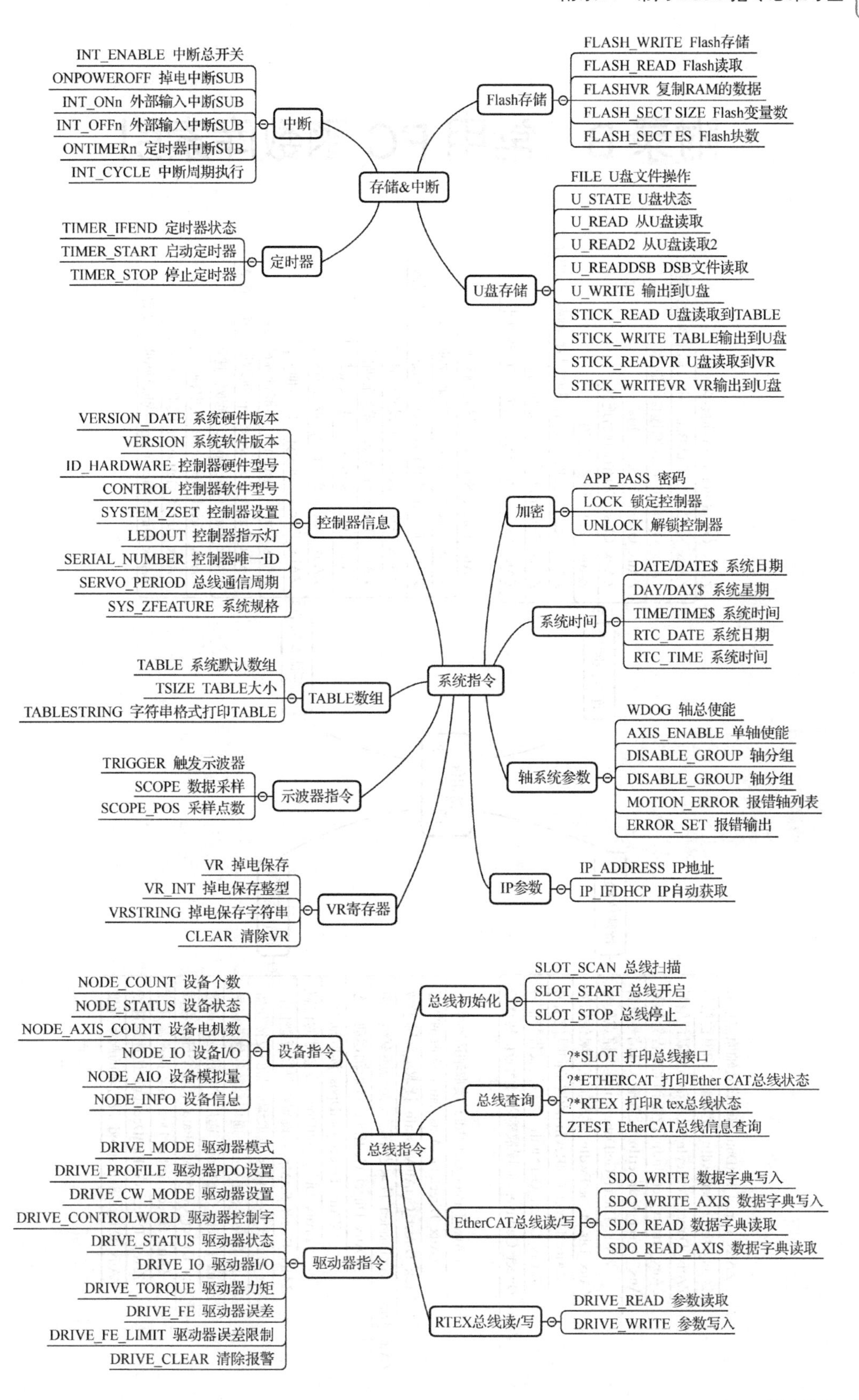
存储&中断
中断
INT_ENABLE 中断总开关
ONPOWEROFF 掉电中断SUB
INT_ONn 外部输入中断SUB
INT_OFFn 外部输入中断SUB
ONTIMERn 定时器中断SUB
INT_CYCLE 中断周期执行
定时器
TIMER_IFEND 定时器状态
TIMER_START 启动定时器
TIMER_STOP 停止定时器
Flash存储
FLASH_WRITE Flash存储
FLASH_READ Flash读取
FLASHVR 复制RAM的数据
FLASH_SECT SIZE Flash变量数
FLASH_SECT ES Flash块数
U盘存储
FILE U盘文件操作
U_STATE U盘状态
U_READ 从U盘读取
U_READ2 从U盘读取2
U_READDSB DSB文件读取
U_WRITE 输出到U盘
STICK_READ U盘读取到TABLE
STICK_WRITE TABLE输出到U盘
STICK_READVR U盘读取到VR
STICK_WRITEVR VR输出到U盘
系统指令
控制器信息
VERSION_DATE 系统硬件版本
VERSION 系统软件版本
ID_HARDWARE 控制器硬件型号
CONTROL 控制器软件型号
SYSTEM_ZSET 控制器设置
LEDOUT 控制器指示灯
SERIAL_NUMBER 控制器唯一ID
SERVO_PERIOD 总线通信周期
SYS_ZFEATURE 系统规格
TABLE数组
TABLE 系统默认数组
TSIZE TABLE大小
TABLESTRING 字符串格式打印TABLE
示波器指令
TRIGGER 触发示波器
SCOPE 数据采样
SCOPE_POS 采样点数
VR寄存器
VR 掉电保存
VR_INT 掉电保存整型
VRSTRING 掉电保存字符串
CLEAR 清除VR
加密
APP_PASS 密码
LOCK 锁定控制器
UNLOCK 解锁控制器
系统时间
DATE/DATE$ 系统日期
DAY/DAY$ 系统星期
TIME/TIME$ 系统时间
RTC_DATE 系统日期
RTC_TIME 系统时间
轴系统参数
WDOG 轴总使能
AXIS_ENABLE 单轴使能
DISABLE_GROUP 轴分组
DISABLE_GROUP 轴分组
MOTION_ERROR 报错轴列表
ERROR_SET 报错输出
IP参数
IP_ADDRESS IP地址
IP_IFDHCP IP自动获取
总线指令
设备指令
NODE_COUNT 设备个数
NODE_STATUS 设备状态
NODE_AXIS_COUNT 设备电机数
NODE_IO 设备I/O
NODE_AIO 设备模拟量
NODE_INFO 设备信息
驱动器指令
DRIVE_MODE 驱动器模式
DRIVE_PROFILE 驱动器PDO设置
DRIVE_CW_MODE 驱动器设置
DRIVE_CONTROLWORD 驱动器控制字
DRIVE_STATUS 驱动器状态
DRIVE_IO 驱动器I/O
DRIVE_TORQUE 驱动器力矩
DRIVE_FE 驱动器误差
DRIVE_FE_LIMIT 驱动器误差限制
DRIVE_CLEAR 清除报警
总线初始化
SLOT_SCAN 总线扫描
SLOT_START 总线开启
SLOT_STOP 总线停止
总线查询
?*SLOT 打印总线接口
?*ETHERCAT 打印Ether CAT总线状态
?*RTEX 打印R tex总线状态
ZTEST EtherCAT总线信息查询
EtherCAT总线读/写
SDO_WRITE 数据字典写入
SDO_WRITE_AXIS 数据字典写入
SDO_READ 数据字典读取
SDO_READ_AXIS 数据字典读取
RTEX总线读/写
DRIVE_READ 参数读取
DRIVE_WRITE 参数写入

附录 B　常用 PC 函数库索引

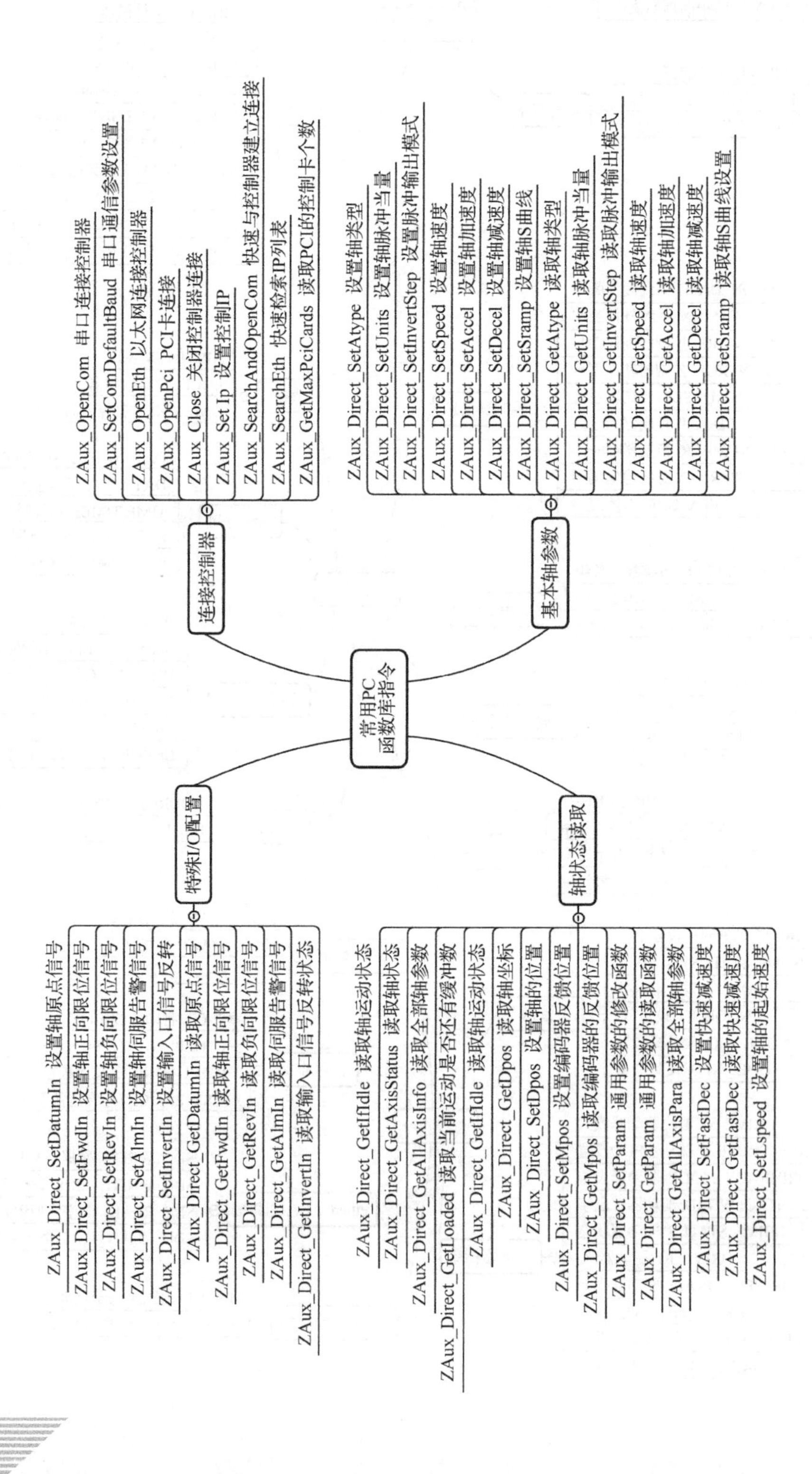

常用PC函数库指令
连接控制器
ZAux_OpenCom 串口连接控制器
ZAux_SetComDefaultBaud 串口通信参数设置
ZAux_OpenEth 以太网连接控制器
ZAux_OpenPci PCI卡连接
ZAux_Close 关闭控制器连接
ZAux_Set Ip 设置控制IP
ZAux_SearchAndOpenCom 快速与控制器建立连接
ZAux_SearchEth 快速检索IP列表
ZAux_GetMaxPciCards 读取PCI的控制卡个数
基本轴参数
ZAux_Direct_SetAtype 设置轴类型
ZAux_Direct_SetUnits 设置轴脉冲当量
ZAux_Direct_SetInvertStep 设置脉冲输出模式
ZAux_Direct_SetSpeed 设置轴速度
ZAux_Direct_SetAccel 设置轴加速度
ZAux_Direct_SetDecel 设置轴减速度
ZAux_Direct_SetSramp 设置轴S曲线
ZAux_Direct_GetAtype 读取轴类型
ZAux_Direct_GetUnits 读取轴脉冲当量
ZAux_Direct_GetInvertStep 读取脉冲输出模式
ZAux_Direct_GetSpeed 读取轴速度
ZAux_Direct_GetAccel 读取轴加速度
ZAux_Direct_GetDecel 读取轴减速度
ZAux_Direct_GetSramp 读取轴S曲线设置
特殊I/O配置
ZAux_Direct_SetDatumIn 设置轴原点信号
ZAux_Direct_SetFwdIn 设置轴正向限位信号
ZAux_Direct_SetRevIn 设置轴负向限位信号
ZAux_Direct_SetAlmIn 设置轴伺服告警信号
ZAux_Direct_SetInvertIn 设置输入口信号反转
ZAux_Direct_GetDatumIn 读取原点信号
ZAux_Direct_GetFwdIn 读取轴正向限位信号
ZAux_Direct_GetRevIn 读取负向限位信号
ZAux_Direct_GetAlmIn 读取伺服告警信号
ZAux_Direct_GetInvertIn 读取输入口信号反转状态
轴状态读取
ZAux_Direct_GetIfIdle 读取轴运动状态
ZAux_Direct_GetAxisStatus 读取轴状态
ZAux_Direct_GetAllAxisInfo 读取全部轴参数
ZAux_Direct_GetLoaded 读取当前运动是否还有缓冲数
ZAux_Direct_GetIfIdle 读取轴运动状态
ZAux_Direct_GetDpos 读取轴坐标
ZAux_Direct_SetDpos 设置轴的位置
ZAux_Direct_SetMpos 设置编码器反馈位置
ZAux_Direct_GetMpos 读取编码器的反馈位置
ZAux_Direct_SetParam 通用参数的修改函数
ZAux_Direct_GetParam 通用参数的读取函数
ZAux_Direct_GetAllAxisPara 读取全部轴参数
ZAux_Direct_SetFastDec 设置快速减速度
ZAux_Direct_GetFastDec 读取快速减速度
ZAux_Direct_SetLspeed 设置轴的起始速度

附录C　参考资料

以下手册可联系正运动销售工程师或在正运动官方网站获取：

1．正运动技术运动控制器使用入门手册 V2.1

2．正运动技术 ZMotion Basic 编程手册 Version 3.3.0

3．正运动技术 ZMotion PLC 编程手册 Version 2.0.0

4．正运动技术 ZMotion Hmi 编程手册 Version 2.0.0

5．正运动技术 ZMotion Vision 视觉指令手册 Version 1.0.0

6．正运动技术视觉培训教材 Version 1.0.0

7．正运动技术 ZDevelop 使用手册 Version 3.10.04

8．正运动技术机械手指令说明手册 Version 2.6

9．正运动技术 ZRobotView 机械手仿真工具使用手册

10．正运动技术 ZMotion PC 函数库编程手册 Version 2.1

附录 D　相关技术文档和视频讲解

与本书内容相关的“正运动小助手”微信公众号相关文章和视频讲解索引。

Basic 相关

1. 快速入门|篇一：如何进行运动控制器硬件升级
2. 快速入门|篇二：如何进行运动控制器 ZBasic 程序开发
3. 快速入门|篇三：如何进行运动控制器 ZPLC 程序开发
4. 快速入门|篇四：如何进行运动控制器与触摸屏通信
5. 快速入门|篇五：如何进行运动控制器输入/输出 I/O 的应用
6. 快速入门|篇六：如何进行运动控制器数据与存储的应用
7. 快速入门|篇七：如何进行运动控制器 ZCAN 总线扩展模块的使用
8. 快速入门|篇八：如何进行运动控制器 EtherCAT 总线的基础使用
9. 快速入门|篇九：如何进行运动控制器示波器的应用
10. 快速入门|篇十：运动控制器多任务运行特点
11. 快速入门|篇十一：正运动技术运动控制器中断的应用
12. 快速入门|篇十二：正运动技术运动控制器 U 盘接口的使用
13. 快速入门|篇十三：正运动技术运动控制器 ZDevelop 编程软件的使用
14. 快速入门|篇十四：运动控制器基础轴参数与基础运动控制指令
15. 快速入门|篇十五：运动控制器运动缓冲简介
16. 快速入门|篇十六：正运动控制器 EtherCAT 总线快速入门
17. 快速入门|篇十七：运动控制器多轴插补运动指令的使用
18. 快速入门|篇十八：正运动技术脉冲型运动控制器的使用
19. 快速入门|篇十九：正运动技术运动控制器多轴同步与电子凸轮指令简介
20. 快速入门|篇二十：正运动技术运动控制器 MODBUS 通信
21. 快速入门|篇二十一：正运动技术运动控制器自定义通信
22. 快速入门|篇二十二：运动控制器 ZHMI 组态编程简介一
23. 8 轴 EtherCAT 轴扩展模块 EIO24088 的使用
24. 运动控制器激光振镜控制
25. EtherCAT 总线运动控制器应用进阶一
26. 运动控制器 RTEX 总线使用入门
27. ZMC 运动控制器 SCARA 机械手应用快速入门
28. 离线仿真调试，加快项目进度
29. 运动控制器之追剪应用 Demo
30. 运动控制器的自定义 G 代码编程应用

31．正运动技术 CAD 导图软件配合控制器的使用方法

PLC 梯形图相关

1．EtherCAT 运动控制器的 PLC 编程（一）直线插补
2．EtherCAT 运动控制器的 PLC 编程（二）圆弧插补
3．EtherCAT 运动控制器的 PLC 编程（三）电子齿轮
4．EtherCAT 运动控制器的 PLC 编程（四）电子凸轮

PC 上位机编程相关

1．运动控制卡应用开发教程之 C++
2．运动控制卡应用开发教程之 C#
3．运动控制卡应用开发教程之 MATLAB
4．运动控制卡应用开发教程之 Python
5．运动控制卡应用开发教程之 Linux
6．运动控制卡应用开发教程之 VB.NET
7．运动控制卡应用开发教程之 VB6.0
8．运动控制卡应用开发教程之 VC6.0
9．运动控制卡应用开发教程之使用 Qt
10．运动控制卡应用开发教程之 LabVIEW
11．简单易用的运动控制卡（一）：硬件接线和上位机开发
12．简单易用的运动控制卡（二）：外设读/写与 ZDevelop 诊断
13．简单易用的运动控制卡（三）：轴参数配置和单轴运动控制
14．简单易用的运动控制卡（四）：函数库的封装
15．简单易用的运动控制卡（五）：I/O 配置与回零运动
16．简单易用的运动控制卡（六）：Basic 文件下载和连续轨迹加工
17．简单易用的运动控制卡（七）：一次性加载多条连续小线段数据
18．简单易用的运动控制卡（八）：直线插补和手轮运动
19．简单易用的运动控制卡（九）：圆弧插补和螺旋插补
20．简单易用的运动控制卡（十）：连续插补和小线段前瞻
21．简单易用的运动控制卡（十一）：运动的暂停恢复和速度倍率设置
22．简单易用的运动控制卡（十二）：运动控制系统的安全设置
23．简单易用的运动控制卡（十三）：I/O 动作与运动控制的同步
24．简单易用的运动控制卡（十五）：PC 启停控制器的实时程序
25．简单易用的运动控制卡（十四）：PWM、模拟量输出与运动控制的同步
26．简单易用的运动控制卡（十六）：螺距补偿和反向间隙补偿
27．运动控制卡应用开发教程之硬件比较输出

激光振镜相关

1．运动控制卡应用开发教程之激光振镜控制

2．开放式激光振镜+运动控制器（一）：硬件接口
3．开放式激光振镜+运动控制器（二）：振镜填充
4．开放式激光振镜+运动控制器（三）：振镜矫正
5．开放式激光振镜+运动控制器（四）：PSO位置同步输出在激光振镜加工中的应用

机器视觉运动控制一体机相关

1．机器视觉运动控制一体机应用例程（一）多目标形状匹配
2．机器视觉运动控制一体机应用例程（二）颜色识别
3．机器视觉运动控制一体机应用例程（三）基于BLOB分析的多圆定位
4．机器视觉运动控制一体机应用例程（四）提取目标轮廓
5．机器视觉运动控制一体机应用例程（五）飞拍定位
6．机器视觉运动控制一体机应用例程（六）液位检测
7．机器视觉运动控制一体机应用例程（七）齿轮缺齿检测
8．机器视觉运动控制一体机应用例程（八）零件分拣系统
9．机器视觉运动控制一体机应用例程（九）线束颜色排序识别
10．机器视觉运动控制一体机应用例程（十）工件圆度检测
11．机器视觉运动控制一体机应用例程（十一）产品全局外观检测
12．机器视觉运动控制一体机应用例程（十二）瓶盖密封完整性检测
13．机器视觉运动控制一体机应用例程（十三）检测手表内部零件正反和定位
14．机器视觉运动控制一体机应用例程（十四）电子烟二维码识别
15．机器视觉运动控制一体机应用例程（十五）胶囊药板完整性检测
16．机器视觉运动控制一体机应用例程（十六）条码文本和印刷文本进行字符串对比
17．机器视觉运动控制一体机应用例程（十七）芯片引脚缺陷检测系统
18．机器视觉运动控制一体机应用例程（十八）多相机应用
19．机器视觉运动控制一体机应用例程（十九）检测面饼有无异物
20．机器视觉运动控制一体机应用例程（二十）轮廓在线提取与轮廓轨迹加工（上）
21．机器视觉运动控制一体机应用例程（二十一）轮廓在线提取与轮廓轨迹加工（下）
22．机器视觉运动控制一体机应用例程（二十二）颜色识别定位分拣系统
23．机器视觉运动控制一体机应用例程（二十三）锂电池上料加工定位系统
24．机器视觉运动控制一体机应用例程（二十四）连接器针脚完整性检测系统
25．机器视觉运动控制一体机应用例程（二十五）天地盖贴合定位系统
26．机器视觉运动控制一体机应用例程（二十六）柔性振动盘上料解决方案

附录E　机器视觉运动控制一体机示例

体积小|功能全|易开发

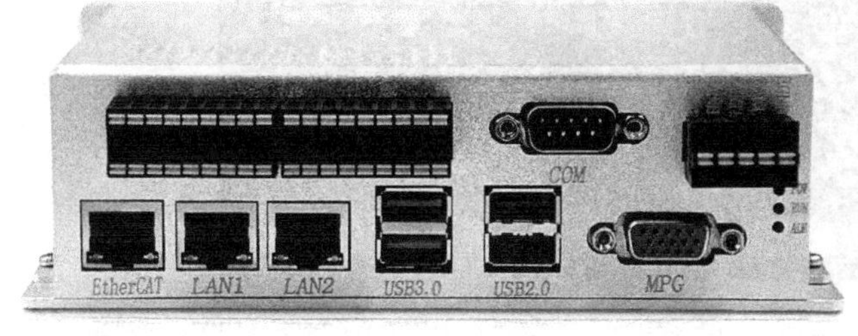

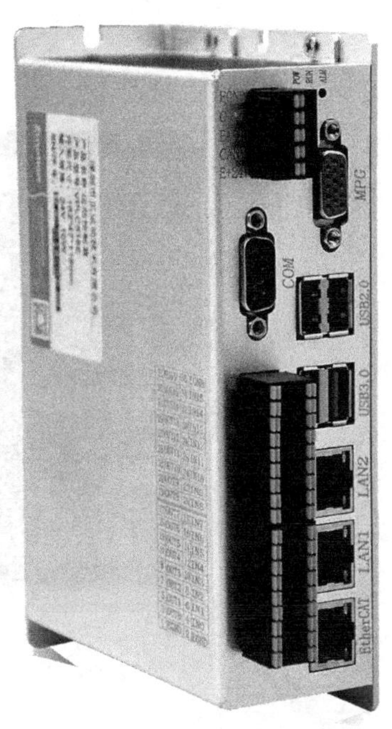

机器视觉功能

定位 | 测量 | 检测 | 识别

运动控制功能

机械手算法 | 视觉飞拍 | PWM与速度同步

位置精准输出PSO（一维/二维/三维）

电子凸轮 | 多轴插补 | 小线段前瞻

- ZDevelop一站式免安装开发环境
- 可用于PLC、Basic、HMI、Motion、Vision等开发
- 替代PC+Windows+视觉算法+运动控制卡
- 强大的兼容能力，支持国内外主流相机与总线伺服
- Basic或梯形图编程，会PLC就能搞定机器视觉应用
- 直接内存交互，比PCI/PCIe数据交互快一个数量级
- 用户可C语言扩展Basic指令，增加实时性与灵活性

附录F　16轴脉冲+EtherCAT运动控制器示例

EtherCAT

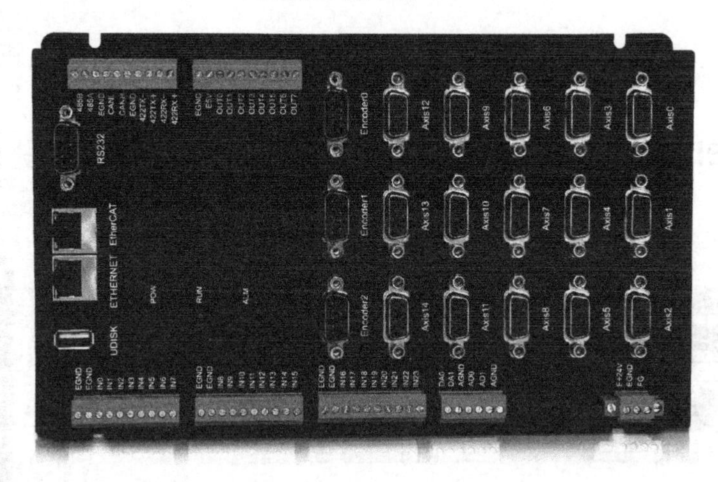

编程方式

Zmotion

功能特点

- 板载RS232、RS485、CAN通信接口
- 板载EtherNET、EtherCAT、U盘接口、板载2AD、2DA
- 板载24+15点输入(2个色标输入)、8+15点输出(2个PWM)
- 高精度位置同步输出PSO支持机器视觉飞拍、点胶与激光的应用
- CAN通信接口支持512点输入、512点输出、256点AD、256点DA
- 板载15个差分脉冲+1个单端脉冲输出、3个差分编码器输入+1个单端编码器输入